中华人民共和国
科学技术发展规划纲要
部门篇
（2016—2020）

中华人民共和国科学技术部战略规划司　编

科学技术文献出版社
SCIENTIFIC AND TECHNICAL DOCUMENTATION PRESS
·北京·

图书在版编目（CIP）数据

中华人民共和国科学技术发展规划纲要. 部门篇. 2016—2020 / 中华人民共和国科学技术部战略规划司编. —北京：科学技术文献出版社，2019. 5
ISBN 978-7-5189-5357-8

Ⅰ. ①中…　Ⅱ. ①中…　Ⅲ. ①科技发展—科学规划—中国—2016—2020　Ⅳ. ① G322.1

中国版本图书馆 CIP 数据核字（2019）第 054588 号

中华人民共和国科学技术发展规划纲要·部门篇（2016—2020）

策划编辑：丁芳宇　　责任编辑：杨瑞萍　　责任校对：文　浩　　责任出版：张志平

出 版 者　科学技术文献出版社
地　　址　北京市复兴路15号　邮编 100038
编 务 部　（010）58882938，58882087（传真）
发 行 部　（010）58882868，58882870（传真）
邮 购 部　（010）58882873
官方网址　www.stdp.com.cn
发 行 者　科学技术文献出版社发行　全国各地新华书店经销
印 刷 者　北京时尚印佳彩色印刷有限公司
版　　次　2019 年 5 月第 1 版　2019 年 5 月第 1 次印刷
开　　本　889 × 1194　1/16
字　　数　536千
印　　张　23
书　　号　ISBN 978-7-5189-5357-8
定　　价　86.00元

指导委员会

编委会

序言

根据我国社会主义建设事业的需要，制定科学技术发展规划纲要，阐明一个时期内我国科学技术发展的战略、方针、政策和重点任务，是党和政府领导科学技术工作的有效途径，对于凝聚全社会共识，形成各方面合力，共同推动科学技术事业发展和创新型国家建设，具有极其重要的作用。

中华人民共和国成立以来，在党中央、国务院领导下，从1956年起，我国先后制定了《1956—1967年科学技术发展远景规划纲要》《1963—1972年科学技术发展规划纲要》《1978—1985年全国科学技术发展规划纲要》《1986—2000年国家中长期科学技术发展纲领》《科学技术发展十年规划和“八五”计划纲要（1991—1995—2000年）》《全国科技发展“九五”计划和2010年长期规划纲要》《国家中长期科学和技术发展规划纲要（2006—2020年）》等一系列科学技术发展规划纲要。这些规划纲要在时间、任务上有序衔接，明确各个时期科技发展的指导方针和总目标，与五年科技规划相互协调、互为支撑，有力推动了我国科学技术事业实现整体性、历史性、格局性的重大变化。在科学技术发展规划纲要的指引下，我国科技实力和创新能力不断提升，取得了“两弹一星”、杂交水稻、载人航天和探月工程、载人深潜、深地钻探、超级计算、量子通信、中微子振荡、诱导多功能干细胞等重大创新成果，高速铁路、水电装备、特高压输变电、新一代移动通信、对地观测卫星、北斗导航、电动汽车等重大装备和战略产品取得了重大突破，部分技术和产品开始走向世界，这极大地增强了我国的综合国力、提高了我国的国际地位、振奋了我们的民族精神，为经济发展、民生改善和国家安全提供了有力支撑。

未来10～20年是全球政治、经济和创新格局深刻变革的历史时期，是我国从大国迈向强国的战略机遇期，也是我国科学技术事业加速赶超的关键阶段。全球科技创新现在已经进入空前密集活跃期，新一轮科技革命和产业变革正在重构全球创新版图、重塑全球经济结构。以人工智能、量子信息等为代表的新一代信息技术加速突破应用，以合成生物学、基因编辑等为代表的生命科学领域孕育新的变革，融合机器人、数字化、新材料的先进制造技术正在加速推进制造业向智能化转型。众多前沿技术、颠覆性技术持续涌现，科学研究、技术创新和产业发展范式正在发生重大变革，科学学科、技术领域、社会人文之间日益呈现交叉融合趋势。在新形势下，科学系统地梳理我国历次科技发展、科技创新规划纲要，总结宝贵历史经验，对于科学判断世界科技发展趋势，准确把握经济社会发展需求，着力解决科技发展中的突出问题，充分发挥科技创新规划对科技乃至经济社会发展的引领作用，指导新一轮科技创新规划编制工作具有非常重要的意义。

党的十八大以来，以习近平同志为核心的党中央对科技创新提出一系列新理念、新战略、新部署。党的十九大对建设社会主义现代化强国新征程做出战略安排，对加快建设创新型国家和世界科技强国提出明确要求，进一步强调创新是引领发展的第一动力。2018年7月13日，习近平总书记在中央财经委员会第二次会议上指出，要抓紧研究制定2021—2035年中长期科技创新规划。制定新一轮中长期科技创新规划是全面落实习近平总书记关于科技创新重要论述和党的十九大精神、聚焦国家重大战略和经济社会发展需求，明确主攻方向，构筑先发优势，增强高质量科技供给，建设科技强国，实现2035年跻身创新型国家前列的目标的行动指南；也是与历次科学技术发展规划形成梯次接续的重要一环。

以史为鉴，面向未来。我们要以习近平新时代中国特色社会主义思想为指引，紧抓规划引领，坚持科技创新和制度创新“双轮驱动”，为开创国家创新发展新局面、早日建成世界科技强国不懈奋斗。

科技部党组书记、部长 王志刚

二〇一八年十月

前　言

为贯彻落实习近平新时代中国特色社会主义思想和党的十九大精神，贯彻落实习近平总书记关于科技创新的重要论述，科技部战略规划司组织汇编了《中华人民共和国科学技术发展规划纲要（1956—2020年）》，对回顾总结我国科学技术发展历程和重大科技创新成就，指导新一轮国家中长期科技规划纲要编制具有重要的借鉴意义。

回顾历史，中华人民共和国成立以来，我国科学技术发展走过了“向科学进军”“科学的春天”“科教兴国”“建设创新型国家”和“建设世界科技强国”5个阶段。制定科学技术发展规划纲要在我国科学技术事业发展过程中发挥着引领、指南和凝聚的重要作用。我们取得了一系列重大历史性成就，涌现出了一大批重大成果，锻炼成长了一支敢打硬仗的科研队伍，使我国科研实力正在从量的积累向质的变化跃迁，从点的突破向系统能力提升转变，在若干重要领域开始成为全球创新的引领者。

围绕我国科学技术发展的历史逻辑，我们收录了中华人民共和国成立以来的科学技术发展规划纲要文件共151件，分4册，体现了以下三个方面的特点。一是还原历史脉络。以1956年党中央制定《1956—1967年科学技术发展远景规划纲要》为历史起点，到2016年党中央、国务院印发的《国家创新驱动发展战略纲要》和国务院印发的《“十三五”国家科技创新规划》为关键标志，完整收集整理了中华人民共和国成立以来，特别是改革开放40年来，尤其是党的十八大以来我国科学技术发展规划纲要，以及行业、领域和各项科技工作专项规划纲要。二是彰显时代特征。各个时期的规划纲要具有很强的时代性，充分反映了当时我国科学技术发展的时代特点。特别是《“十三五”国家科技创新规划》，首次将“科技创新”作为一个整体，强调实施创新驱动发展战略，支撑供给侧结构性改革这条主线，从创新的全链条进行顶层设计。三是突出引领未来。各个时期的规划纲要既有对现状的总结描述，又有对未来我国科学技术发展的超前研究、谋划布局和顶层设计。通过对历史文献的梳理、研究，以及与现实科学技术发展的印证分析，我们可以从中寻找我国科学技术发展的基本规律和经验模式，为科技创新战略决策和编制新的中长期科技发展规划纲要提供依据和参考。

中国特色社会主义已经进入新时代。科技创新面临新的使命，与建设社会主义现代化强国和世界科技强国的宏伟目标相比，还要做出更加艰苦的努力、进行更加扎实的奋斗。按照党中央、国务院的统一部署，科技部牵头启动2021—2035年国家中长期科技发展规划纲要的研究编制工作。“雄关漫道真如铁，而今迈步从头越”。我们将按照习近平总书记“抓战略、抓规划、抓政策、抓服务”的要求和关于科技工作“思路、政策、重点”的重要指示精神，坚持战略思维和系统思维，加强战略谋划和规划布局，积极组织推动新一轮国家中长期科技发展规划纲要和“十四五”国家科技规划的编制工作，努力描绘新时代我国科学技术事业发展的宏伟蓝图，支撑引领创新型国家和世界科技强国建设。

科技部党组成员、副部长 李萌

二〇一八年十月

出版说明

为迎接中华人民共和国成立70周年，我们在编辑出版《中华人民共和国科学技术发展规划纲要（1956—2020年）》的基础上，汇总了国务院有关部门公开发布的18部“十三五”时期科技发展（创新）规划。

本书出版过程中，得到了国家发展和改革委员会、教育部、国家民族事务委员会、生态环境部、住房和城乡建设部、交通运输部、水利部、农业农村部、文化和旅游部、中国人民银行、国家广播电视总局、中国科学院、中国气象局、国家能源局、国家林业和草原局、中国民用航空局、国家文物局、国家中医药管理局等部门的大力支持，在此一并表示感谢。

希望本书的出版，能够为制定《2021—2035年国家中长期科技发展规划纲要》和“十四五”时期科技创新发展规划提供借鉴和参考，为科技管理部门的科学决策提供依据。同时，能够增强广大读者对我国科学技术发展历程和发展方向的了解和认识。如有遗漏之处，敬请谅解。

编　者

二〇一九年五月

目录

能源技术革命创新行动计划
（2016—2030年）

能源是人类生存和文明发展的重要物质基础，我国已成为世界上最大的能源生产国和消费国，能源供应能力显著增强，技术装备水平明显提高。同时，我们也面临着世界能源格局深度调整、全球应对气候变化行动加速、国家间技术竞争日益激烈、国内经济进入新常态、资源环境制约不断强化等挑战。为积极应对挑战，党中央、国务院审时度势，在中央财经领导小组第六次会议上作出了推动能源消费、供给、技术和体制革命，全方位加强国际合作的战略部署。党的十八届五中全会进一步明确建设清洁低碳、安全高效的现代能源体系。

科技决定能源的未来，科技创造未来的能源。能源技术创新在能源革命中起决定性作用，必须摆在能源发展全局的核心位置。为贯彻落实党的十八届五中全会和中央财经领导小组第六次会议精神，围绕可能产生重大影响的革命性能源技术创新和对建设现代能源体系具有重要支撑作用的技术领域，明确今后一段时期我国能源技术创新的工作重点、主攻方向以及重点创新行动的时间表和路线图，特制订本行动计划。

一、能源科技的发展形势

（一）世界能源科技发展趋势

当前，新一轮能源技术革命正在孕育兴起，新的能源科技成果不断涌现，正在并将持续改变世界能源格局。非常规油气勘探开发技术在北美率先取得突破，页岩气和致密油成为油气储量及产量新增长点，海洋油气勘探开发作业水深记录不断取得突破；主要国家均开展了700℃超超临界燃煤发电技术研发工作，整体煤气化联合循环技术、碳捕捉与封存技术、增压富氧燃烧等技术快速发展。燃气轮机初温和效率进一步提高，H级机组已实现商业化，以氢为燃料的燃气轮机正在快速发展；三代核电技术逐渐成为新建机组主流技术，四代核电技术、小型模块式反应堆、先进核燃料及循环技术研发不

国家发展改革委、国家能源局，发改能源〔2016〕513号，2016年4月7日。

断取得突破；风电技术发展将深海、高空风能开发提上日程，太阳能电池组件效率不断提高，光热发电技术开始规模化示范，生物质能利用技术多元化发展；电网技术与信息技术融合不断深化，电气设备新材料技术得到广泛应用，部分储能技术已实现商业化应用。可再生能源正逐步成为新增电力重要来源，电网结构和运行模式都将发生重大变化。

近年来，主要能源大国均出台了一系列法律法规和政策措施，采取行动加快能源科技创新。美国发布了《全面能源战略》等战略计划，将“科学与能源”确立为第一战略主题，提出形成从基础研究到最终市场解决方案的完整能源科技创新链条，强调加快发展低碳技术，已陆续出台了提高能效、发展太阳能、四代和小型模块化核能等清洁电力等新计划。日本陆续出台了《面向 2030 年能源环境创新战略》等战略计划，提出了能源保障、环境、经济效益和安全并举的方针，继续支持发展核能，推进节能和可再生能源，发展新储能技术，发展整体煤气化联合循环（IGCC）、整体煤气化燃料电池循环等先进煤炭利用技术。欧盟制订了《2050 能源技术路线图》等战略计划，突出可再生能源在能源供应中的主体地位，提出了智能电网、碳捕集与封存、核聚变以及能源效率等方向的发展思路，启动了欧洲核聚变联合研究计划。

纵观全球能源技术发展动态和主要能源大国推动能源科技创新的举措，可以得到以下结论和启示：一是能源技术创新进入高度活跃期，新兴能源技术正以前所未有的速度加快迭代，对世界能源格局和经济发展将产生重大而深远的影响。二是绿色低碳是能源技术创新的主要方向，集中在传统化石能源清洁高效利用、新能源大规模开发利用、核能安全利用、能源互联网和大规模储能以及先进能源装备及关键材料等重点领域。三是世界主要国家均把能源技术视为新一轮科技革命和产业革命的突破口，制定各种政策措施抢占发展制高点，增强国家竞争力和保持领先地位。

（二）我国能源科技发展形势

近年来，我国能源科技创新能力和技术装备自主化水平显著提升，建设了一批具有国际先进水平的重大能源技术示范工程。初步掌握了页岩气、致密油等勘探开发关键装备技术，煤层气实现规模化勘探开发，3000 米深水半潜式钻井船等装备实现自主化，复杂地形和难采地区油气勘探开发部分技术达到国际先进水平，千万吨炼油技术达到国际先进水平，大型天然气液化、长输管道电驱压缩机组等成套设备实现自主化；煤矿绿色安全开采技术水平进一步提升，大型煤炭气化、液化、热解等煤炭深加工技术已实现产业化，低阶煤分级分质利用正在进行工业化示范；超超临界火电技术广泛应用，投运机组数量位居世界首位，大型 IGCC、CO_2 封存工程示范和 700℃超超临界燃煤发电技术攻关顺利推进，大型水电、1000kV 特高压交流和 ±800kV 特高压直流技术及成套设备达到世界领先水平，智能电网和多种储能技术快速发展；基本掌握了 AP1000 核岛设计技术和关键设备材料制造技术，采用“华龙一号”自主三代技术的首堆示范项目开工建设，首座高温气冷堆技术商业化核电站示范工程建设进展顺利，核级数字化仪控系统实现自主化；陆上风电技术达到世界先进水平，海上风电技术攻关及示范有序推进，光伏发电实现规模化发展，光热发电技术示范进展顺利，纤维素乙醇关键技术取得重要突破。

虽然我国能源科技水平有了长足进步和显著提高，但与世界能源科技强国和引领能源革命的要求相比，还有较大的差距。一是核心技术缺乏，关键装备及材料依赖进口问题比较突出，三代核电、新能源、页岩气等领域关键技术长期以引进消化吸收为主，燃气轮机及高温材料、海洋油气勘探开发技术装备等长期落后。二是产学研结合不够紧密，企业的创新主体地位不够突出，重大能源工程提供的宝贵创新实践机会与能源技术研发结合不够，创新活动与产业需求脱节的现象依然存在。三是创新体制机制有待完善，市场在科技创新资源配置中的作用有待加强，知识产权保护和管理水平有待提高，科技人才培养、管理和激励制度有待改进。四是缺少长远谋划和战略布局，目前的能源政策体系尚未把科技创新放在核心位置，国家层面尚未制定全面部署面向未来的能源领域科技创新战略和技术发展路线图。

（三）我国能源技术战略需求

我国能源技术革命应坚持以国家战略需求为导向，一方面为解决资源保障、结构调整、污染排放、利用效率、应急调峰能力等重大问题提供技术手段和解决方案；另一方面为实现经济社会发展、应对气候变化、环境质量等多重国家目标提供技术支撑和持续动力。

1. 围绕“两个一百年”奋斗目标提供能源安全技术支撑。我国正处于实现“两个一百年”奋斗目标和中华民族伟大复兴的中国梦的关键阶段，能源需求在很长时期内还将持续增长。这要求通过能源技术创新加快化石能源勘探开发和高效利用，大力发展新能源和可再生能源，构建常规和非常规、化石和非化石、能源和化工以及多种能源形式相互转化的多元化能源技术体系。

2. 围绕环境质量改善目标提供清洁能源技术支撑。我国正在建设“蓝天常在、青山常在、绿水常在”的美丽中国，这要求通过能源技术创新，大幅减少能源生产过程污染排放，提供更清洁的能源产品，加强能源伴生资源综合利用，构建清洁、循环的能源技术体系。

3. 围绕二氧化碳峰值目标提供低碳能源技术支撑。我国对世界承诺，到 2030 年单位国内生产总值二氧化碳排放比 2005 年下降 60%～65%、非化石能源占一次能源消费比重达到 20% 左右、二氧化碳排放 2030 年左右达到峰值并争取早日实现。这要求通过能源技术创新，加快构建绿色、低碳的能源技术体系。在可再生领域，要重点发展更高效率、更低成本、更灵活的风能、太阳能利用技术，生物质能、地热能、海洋能利用技术，可再生能源制氢、供热等技术。在核能领域，要重点发展三代、四代核电，先进核燃料及循环利用，小型堆等技术，探索研发可控核聚变技术。在二氧化碳封存利用领域，要重点发展驱油驱气、微藻制油等技术。

4. 围绕能源效率提升目标提供智慧能源技术支撑。我国能源利用效率总体处于较低水平，这要求通过能源技术创新，提高用能设备设施的效率，增强储能调峰的灵活性和经济性，推进能源技术与信息技术的深度融合，加强整个能源系统的优化集成，实现各种能源资源的最优配置，构建一体化、智能化的能源技术体系。要重点发展分布式能源、电力储能、工业节能、建筑节能、交通节能、智能电网、能源互联网等技术。

5. 围绕能源技术发展目标提供关键材料装备支撑。能源技术发展离不开先进材料和装备的支撑。

根据重点能源技术需要，重点发展特种金属功能材料、高性能结构材料、特种无机非金属材料、先进复合材料、高温超导材料、石墨烯等关键材料；重点发展非常规油气开采装备、海上能源开发利用平台、大型原油和液化天然气船舶、核岛关键设备、燃气轮机、智能电网用输变电及用户端设备、大功率电力电子器件、大型空分、大型压缩机、特种用途的泵和阀等关键装备。

二、总体要求

（一）指导思想

全面贯彻落实党的十八大和十八届二中、三中、四中、五中全会精神，深入学习贯彻习近平总书记系列重要讲话精神，坚持“四个全面”战略布局，牢固树立创新、协调、绿色、开放、共享的发展理念，主动引领经济社会发展新常态，以建设清洁低碳、安全高效现代能源体系的需求为导向，以提升能源自主创新能力为核心，以突破能源重大关键技术为重点，以能源新技术、新装备、新产业、新业态示范工程和试验项目为依托，实施制造强国战略，推动能源技术革命，实现我国从能源生产消费大国向能源技术强国战略转变。

（二）基本原则

坚持自主创新。必须把自主创新摆在能源科技创新的核心位置，加强能源领域基础研究，强化原始创新、集成创新和引进消化吸收再创新，重视颠覆性技术创新。

坚持市场导向。发挥市场在科技创新资源配置中的决定性作用，强化企业创新主体地位和主导作用，促进创新资源高效合理配置。加快政府职能从研发管理向创新服务转变。

坚持重点突破。坚持问题导向，瞄准制约能源发展和可能取得革命性突破的关键和前沿技术，依托重大能源工程开展试验示范，推动能源技术创新能力显著提升。

坚持统筹协调。健全政产学研用协同创新机制，鼓励重大技术研发、重大装备研制、重大示范工程和技术创新平台四位一体创新，坚持统筹国际国内能源科技开放式创新。

（三）总体目标

到 2020 年，能源自主创新能力大幅提升，一批关键技术取得重大突破，能源技术装备、关键部件及材料对外依存度显著降低，我国能源产业国际竞争力明显提升，能源技术创新体系初步形成。

到 2030 年，建成与国情相适应的完善的能源技术创新体系，能源自主创新能力全面提升，能源技术水平整体达到国际先进水平，支撑我国能源产业与生态环境协调可持续发展，进入世界能源技术强国行列。

三、重点任务

（一）煤炭无害化开采技术创新

加快隐蔽致灾因素智能探测、重大灾害监控预警、深部矿井灾害防治、重大事故应急救援等关键技术装备研发及应用，实现煤炭安全开采。加强煤炭开发生态环境保护，重点研发井下采选充一体化、绿色高效充填开采、无煤柱连续开采、保水开采、采动损伤监测与控制、矿区地表修复与重构等关键技术装备，基本建成绿色矿山。提升煤炭开发效率和智能化水平，研发高效建井和快速掘进、智能化工作面、特殊煤层高回收率开采、煤炭地下气化、煤系共伴生资源综合开发利用等技术，重点煤矿区基本实现工作面无人化，全国采煤机械化程度达到 95% 以上。

（二）非常规油气和深层、深海油气开发技术创新

深入开展页岩油气地质理论及勘探技术、油气藏工程、水平井钻完井、压裂改造技术研究并自主研发钻完井关键装备与材料，完善煤层气勘探开发技术体系，实现页岩油气、煤层气等非常规油气的高效开发，保障产量稳步增长。突破天然气水合物勘探开发基础理论和关键技术，开展先导钻探和试采试验。掌握深—超深层油气勘探开发关键技术，勘探开发埋深突破 8000 米领域，形成 6000 ～ 7000 米有效开发成熟技术体系，勘探开发技术水平总体达到国际领先。全面提升深海油气钻采工程技术水平及装备自主建造能力，实现 3000 米、4000 米超深水油气田的自主开发。

（三）煤炭清洁高效利用技术创新

加强煤炭分级分质转化技术创新，重点研究先进煤气化、大型煤炭热解、焦油和半焦利用、气化热解一体化、气化燃烧一体化等技术，开展 3000 吨 / 天及以上煤气化、百万吨 / 年低阶煤热解、油化电联产等示范工程。开发清洁燃气、超清洁油品、航天和军用特种油品、重要化学品等煤基产品生产新工艺技术，研究高效催化剂体系和先进反应器。加强煤化工与火电、炼油、可再生能源制氢、生物质转化、燃料电池等相关能源技术的耦合集成，实现能量梯级利用和物质循环利用。研发适用于煤化工废水的全循环利用零排放技术，加强成本控制和资源化利用，完成大规模工业化示范。进一步提高常规煤电参数等级，积极发展新型煤基发电技术，全面提升煤电能效水平；研发污染物一体化脱除等新型技术，不断提高污染控制效率、降低污染控制成本和能耗。

（四）二氧化碳捕集、利用与封存技术创新

研究 CO_2 低能耗、大规模捕集技术，研究 CO_2 驱油利用与封存技术、CO_2 驱煤层气与封存技术、CO_2 驱水利用与封存技术、CO_2 矿化发电技术、CO_2 化学转化利用技术、CO_2 生物转化利用技术，研究 CO_2 矿物转化、固定和利用技术，研究 CO_2 安全可靠封存、监测及运输技术，建设百万吨级 CO_2 捕集利用和封存系统示范工程，全流量的 CCUS 系统在电力、煤炭、化工、矿物加工等系统获得覆盖性、常规性应用，实现 CO_2 的可靠性封存、监测及长距离安全运输。

（五）先进核能技术创新

开展深部及非常规铀资源勘探开发利用技术研究，实现深度1000米以内的可地浸砂岩开发利用，开展黑色岩系、盐湖、海水等低品位铀资源综合回收技术研究。实现自主先进核燃料元件的示范应用，推进事故容错燃料元件（ATF）、环形燃料元件的辐照考验和商业运行，具备国际领先核燃料研发设计能力。在第三代压水堆技术全面处于国际领先水平基础上，推进快堆及先进模块化小型堆示范工程建设，实现超高温气冷堆、熔盐堆等新一代先进堆型关键技术设备材料研发的重大突破。开展聚变堆芯燃烧等离子体的实验、控制技术和聚变示范堆DEMO的设计研究。

（六）乏燃料后处理与高放废物安全处理处置技术创新

推进大型商用水法后处理厂建设，加强先进燃料循环的干法后处理研发与攻关。开展高放废物处置地下实验室建设、地质处置及安全技术研究，完善高放废物地质处置理论和技术体系。围绕高放废液、高放石墨、α废物处理，以及冷坩埚玻璃固化高放废物处理等方面加强研发攻关，争取实现放射性废物处理水平进入先进国家行列。研究长寿命次锕系核素总量控制等放射性废物嬗变技术，掌握次临界系统设计和关键设备制造技术，建成外源次临界系统工程性实验装置。

（七）高效太阳能利用技术创新

深入研究更高效、更低成本晶体硅电池产业化关键技术，开发关键配套材料。研究碲化镉、铜铟镓硒及硅薄膜等薄膜电池产业化技术、工艺及设备，大幅提高电池效率，实现关键原材料国产化。探索研究新型高效太阳能电池，开展电池组件生产及应用示范。掌握高参数太阳能热发电技术，全面推动产业化应用，开展大型太阳能热电联供系统示范，实现太阳能综合梯级利用。突破太阳能热化学制备清洁燃料技术，研制出连续性工作样机。研究智能化大型光伏电站、分布式光伏及微电网应用、大型光热电站关键技术，开展大型风光热互补电站示范。

（八）大型风电技术创新

研究适用于200～300米高度的大型风电系统成套技术，开展大型高空风电机组关键技术研究，研发100米级及以上风电叶片，实现200～300米高空风力发电推广应用。深入开展海上典型风资源特性与风能吸收方法研究，自主开发海上风资源评估系统。突破远海风电场设计和建设关键技术，研制具有自主知识产权的10MW级及以上海上风电机组及轴承、控制系统、变流器、叶片等关键部件，研发基于大数据和云计算的海上风电场集群运控并网系统，实现废弃风电机组材料的无害化处理与循环利用，保障海上风电资源的高效、大规模、可持续开发利用。

（九）氢能与燃料电池技术创新

研究基于可再生能源及先进核能的制氢技术、新一代煤催化气化制氢和甲烷重整/部分氧化制氢技术、分布式制氢技术、氢气纯化技术，开发氢气储运的关键材料及技术设备，实现大规模、低成本氢气的制取、存储、运输、应用一体化，以及加氢站现场储氢、制氢模式的标准化和推广应用。研究氢气 / 空气聚合物电解质膜燃料电池（PEMFC）技术、甲醇 / 空气聚合物电解质膜燃料电池（MFC）技术，解决新能源动力电源的重大需求，并实现 PEMFC 电动汽车及 MFC 增程式电动汽车的示范运行和推广应用。研究燃料电池分布式发电技术，实现示范应用并推广。

（十）生物质、海洋、地热能利用技术创新

突破先进生物质能源与化工技术，开展生物航油（含军用）、纤维素乙醇、绿色生物炼制大规模产业化示范，研究新品种、高效率能源植物，建设生态能源农场，形成先进生物能源化工产业链和生物质原料可持续供应体系。加强海洋能开发利用，研制高效率的波浪能、潮流能和温（盐）差能发电装置，建设兆瓦级示范电站，形成完整的海洋能利用产业链。加强地热能开发利用，研发水热型地热系统改造及增产技术，突破干热岩开发关键技术装备，建设兆瓦级干热岩发电和地热综合梯级利用示范工程。

（十一）高效燃气轮机技术创新

深入研究燃气轮机先进材料与智能制造、机组设计、高效清洁燃烧等关键技术，开展燃气轮机整机试验，突破高温合金涡轮叶片和设计技术等燃气轮机产业发展瓶颈，自主研制先进的微小型、工业驱动用中型燃气轮机和重型燃气轮机，全面实现燃气轮机关键材料与部件、试验、设计、制造及维修维护的自主化。

（十二）先进储能技术创新

研究太阳能光热高效利用高温储热技术、分布式能源系统大容量储热（冷）技术，研究面向电网调峰提效、区域供能应用的物理储能技术，研究面向可再生能源并网、分布式及微电网、电动汽车应用的储能技术，掌握储能技术各环节的关键核心技术，完成示范验证，整体技术达到国际领先水平，引领国际储能技术与产业发展。积极探索研究高储能密度低保温成本储能技术、新概念储能技术（液体电池、镁基电池等）、基于超导磁和电化学的多功能全新混合储能技术，争取实现重大突破。

（十三）现代电网关键技术创新

掌握柔性直流输配电技术、新型大容量高压电力电子元器件技术；开展直流电网技术、未来电网电力传输技术的研究和试验示范；突破电动汽车无线充电技术、高压海底电力电缆关键技术，并推广应用；研究高温超导材料等能源装备部件关键技术和工艺。掌握适合电网运行要求的低成本、量子级的通信安全工程应用技术，实现规模化应用。研究现代电网智能调控技术，开展大规模可再生能源和分布式发电并网关键技术研究示范；突破电力系统全局协调调控技术，并示范应用；研究能源大数据条件下的现代复杂大电网的仿真技术；实现微电网 / 局域网与大电网相互协调技术、源—网—荷协调智能调控技术的充分应用。

（十四）能源互联网技术创新。

能源互联网是一种互联网与能源生产、传输、存储、消费以及能源市场深度融合的能源产业发展新业态。推动能源智能生产技术创新，重点研究可再生能源、化石能源智能化生产，以及多能源智能协同生产等技术。加强能源智能传输技术创新，重点研究多能协同综合能源网络、智能网络的协同控制等技术，以及能源路由器、能源交换机等核心装备。促进能源智能消费技术创新，重点研究智能用能终端、智能监测与调控等技术及核心装备。推动智慧能源管理与监管手段创新，重点研究基于能源大数据的智慧能源精准需求管理技术、基于能源互联网的智慧能源监管技术。加强能源互联网综合集成技术创新，重点研究信息系统与物理系统的高效集成与智能化调控、能源大数据集成和安全共享、储能和电动汽车应用与管理以及需求侧响应等技术，形成较为完备的技术及标准体系，引领世界能源互联网技术创新。

（十五）节能与能效提升技术创新

加强现代化工业节能技术创新，重点研究高效工业锅（窑）炉、新型节能电机、工业余能深度回收利用以及基于先进信息技术的工业系统节能等技术并开展工程示范。开展建筑工业化、装配式住宅，以及高效智能家电、制冷、照明、办公终端用能等新型建筑节能技术创新。推动高效节能运输工具、制动能量回馈系统、船舶推进系统、数字化岸电系统，以及基于先进信息技术的交通运输系统等先进节能技术创新。加强能源梯级利用等全局优化系统节能技术创新，开展散煤替代等能源综合利用技术研究及示范，对我国实现节能减排目标形成有力支撑。

以上各项重点任务分解为若干具体技术创新行动，详见附件。

四、政策保障

（一）完善能源技术创新环境

建立健全能源领域相关法律法规及科技成果转化、知识产权保护、标准化等配套政策法规。加强能源技术创新文化建设，培育多元包容、尊重创新、宽容失败、良性竞争的科研文化。完善能源新技术、新模式等知识产权创造、运用、管理、保护机制。完善能源技术标准体系，推动能源自主创新成果及时转化为标准。建立健全能源技术装备标准、检测、认证和质量监督组织体系，保障能源技术装备质量。加强能源技术创新成果使用、处置和收益管理，强化对能源技术创新成果转化的激励。完善以能力和贡献为导向的能源技术人才评价和激励机制。完善能源技术项目全生命周期闭环评价体系，加强事中事后监管和服务，突出创新绩效评价。

（二）激发企业技术创新活力

建立健全企业主导的能源技术创新机制。激发企业创新内生动力，培育一批具有国际竞争力的能源技术创新领军企业，推动企业成为能源技术与能源产业紧密结合的重要创新平台。健全国有能源企业技术创新经营业绩考核制度，加大技术创新在国有能源企业经营业绩考核中的比重，切实推动国有能源企业成为重大能源技术装备研制和工程应用的主体。鼓励民营企业开展能源技术创新，积极承担国家能源技术创新任务。完善能源领域中小微企业创业孵化等创新服务体系，鼓励能源领域中小微企业加大研发力度，激发“大众创业、万众创新”良好局面。鼓励围绕重点和新兴能源技术领域构建以企业为主导、产学研合作的产业技术创新联盟。

（三）夯实能源技术创新基础

深化能源领域科研院所分类改革和高等学校科研体制机制改革，强化科研院所和高等院校的源头创新主力军地位，依托国家重点实验室加强能源技术创新基础研究和重大战略研究，提升原始创新能力。依托骨干能源企业、高校和科研院所建设一批国家能源技术创新平台，探索建立新型的组织结构和运行机制。完善能源领域军民技术融合政策制度，加速核能、航空航天等领域符合条件的军用技术向能源领域转化应用。组织实施能源技术人才培养计划，完善从研发、转化、生产到管理的人才培养体系。抓好高层次骨干人才培养，引进和培养一批站在世界能源技术前沿、勇于创新的技术带头人。培育一批具有宏观战略思维和市场思维的复合型管理人才。

（四）完善技术创新投融资机制

加强中央预算内资金和政府性基金对能源技术创新的支持力度。深化科技计划（专项、基金）管理改革，强化对能源重点领域技术研发和示范应用的支持。推动企业成为能源技术研发投入主体，鼓励企业自主投入开展能源重大关键共性技术、装备和标准的研发攻关。研究设立能源产业科技创新投资基金，支持能源科技示范工程建设和企业技术改造。引导风险投资、私募股权投资等支持能源技术创新。深化金融领域改革，拓宽能源技术创新融资渠道，降低融资成本。积极发挥政策性金融、开发性金融和商业金融的优势，加大对能源技术重点领域的支持力度。

（五）创新税收价格保险支持机制

实施有利于能源技术创新的税收政策，完善能源企业研发费用计核方法，切实减轻能源企业税收负担。研究按照“一案一策”的原则，针对能源技术创新示范工程落实资源、能源、土地等要素和产品价格优惠政策，促进先进能源技术创新成果的工程应用。完善首台（套）重大能源技术装备支持政策，推进保险补偿机制，研究使用首台（套）装备的优惠政策，加快重大能源技术装备自主化。

（六）深化能源科技国际合作交流

制定能源技术创新国际化战略，积极开展全方位、多层次、高水平的能源技术国际合作。充分利用国际国内能源技术资源，积极融入全球创新网络，提升我国对全球能源技术战略资源配置的掌控能力。相关部门在国际合作交流中，注重在技术合作、知识产权、跨国并购等方面为企业搭建沟通和对话平台。鼓励能源企业、高校和科研机构与国外相关机构开展联合技术创新。结合“一带一路”战略[1]实施，依托重大能源项目，推动我国先进能源技术、装备和标准“走出去”。

五、组织实施

（一）加强组织领导

进一步发挥国家能源委员会在能源技术创新中的统筹协调作用，建立和完善工作会商制度和协调机制，分解任务，明确责任，加强协同配合，确保行动计划各项任务落到实处。发展改革委、能源局重点负责组织实施能源技术创新示范工程。各有关部门根据职能做好相关支持配合工作。各地区要结合本地区特点和发展需求，制定相关配套政策文件，为能源技术创新及相关示范工程建设提供有利条件，切实推动本地区能源技术进步。

（二）组织开展工程试验示范

针对重点技术创新行动，研究设立国家能源技术创新试验示范依托工程，按照公平、公正、公开原则，通过竞争性机制确定示范工程牵头承担单位。建立国家能源技术创新示范项目跟踪监测和协调服务平台，对示范项目开展全过程、全周期跟踪和服务。按技术领域建立专家组和咨询服务指导机制，对示范效果进行及时评价和总结，并提出推广应用建议。

（三）完善评价机制

建立健全动态评估机制，强化《国家能源技术革命创新行动计划（2016—2030 年）》实施的跟踪监测、科学评估和督促检查，定期对相关战略目标、计划执行等情况进行科学评估评价，及时协调解决行动计划实施过程中遇到的问题。根据能源技术发展形势动态修订行动计划。

（四）做好配套衔接工作

在实施《能源技术革命创新行动计划（2016—2030 年）》中，要加强与《国家中长期科学和技术发展规划纲要（2006—2020 年）》、国家科技专项规划、《中国制造 2025》等战略规划的衔接配合，积极推荐重大能源技术创新项目列入国家相关创新专项规划，相互支撑，互为补充，形成共同推进行动落实的良好局面，切实推动我国能源技术革命。

① 为了尊重历史，本书中“一带一路”战略说法仍保留。

附

能源技术革命重点创新行动路线图

一、煤炭无害化开采技术创新

（一）战略方向

1. 煤炭资源安全高效智能开发。重点在煤炭开采隐蔽灾害探查、重大灾害综合治理、应急救援技术及装备、煤系共生伴生资源综合高效开发利用、煤炭资源回收率提高、煤炭智能开采、地下气化开采等方面开展研发与攻关。

2. 煤炭资源绿色开发与生态矿山建设。重点在绿色高效充填开采、绿色高效分选技术与装备、采动损伤监测与控制、采动塌陷区治理与利用、保水开采、矿井水综合利用及深度净化处理、生态环境治理等方面开展研发与攻关。

（二）创新目标

1. 2020 年目标。煤炭安全绿色、高效智能开采技术水平大幅提升。大中型矿区基本实现安全绿色开采，原煤入洗率达到 80%，采动环境损害降低 70% 以上，煤矿稳定塌陷土地治理率达到 85% 以上；基本实现智能开采，机械装备及智能化控制系统在煤炭生产上全覆盖，重点煤矿区采煤工作面人数减少 50% 以上，全国煤矿采煤机械化程度达到 90% 以上，掘进机械化程度达到 65% 以上；单个气化矿井年气化 50 万吨煤炭。

2. 2030 年目标。煤炭实现科学产能。实现煤炭安全开采；基本建成绿色矿山，原煤入洗率达到应洗尽洗，采动环境损伤降低 90% 以上，煤矿稳定塌陷土地治理率达到 90% 以上；实现智能化开采，重点煤矿区基本实现工作面无人化、顺槽集中控制，全国煤矿采煤机械化程度达到 95% 以上，掘进机械化程度达到 80% 以上；规模化地下气化开采矿井实现工业示范。

3. 2050 年展望。全面建成安全绿色、高效智能矿山技术体系，实现煤炭安全绿色、高效智能生产。

（三）创新行动

1. 地质保障与安全建井关键技术。研究西部煤田地质勘探技术、大深度和智能化的地质钻探技术及装备、直升机时间域航空电磁技术、无人机航磁技术、环境地质和灾害地质的评价及煤矿安全地质保障技术；研究千米冲积层立井施工、西部弱胶结软弱岩层钻井法凿井和大斜长沿轴线斜井冻结等安

煤炭无害化开采技术创新路线图

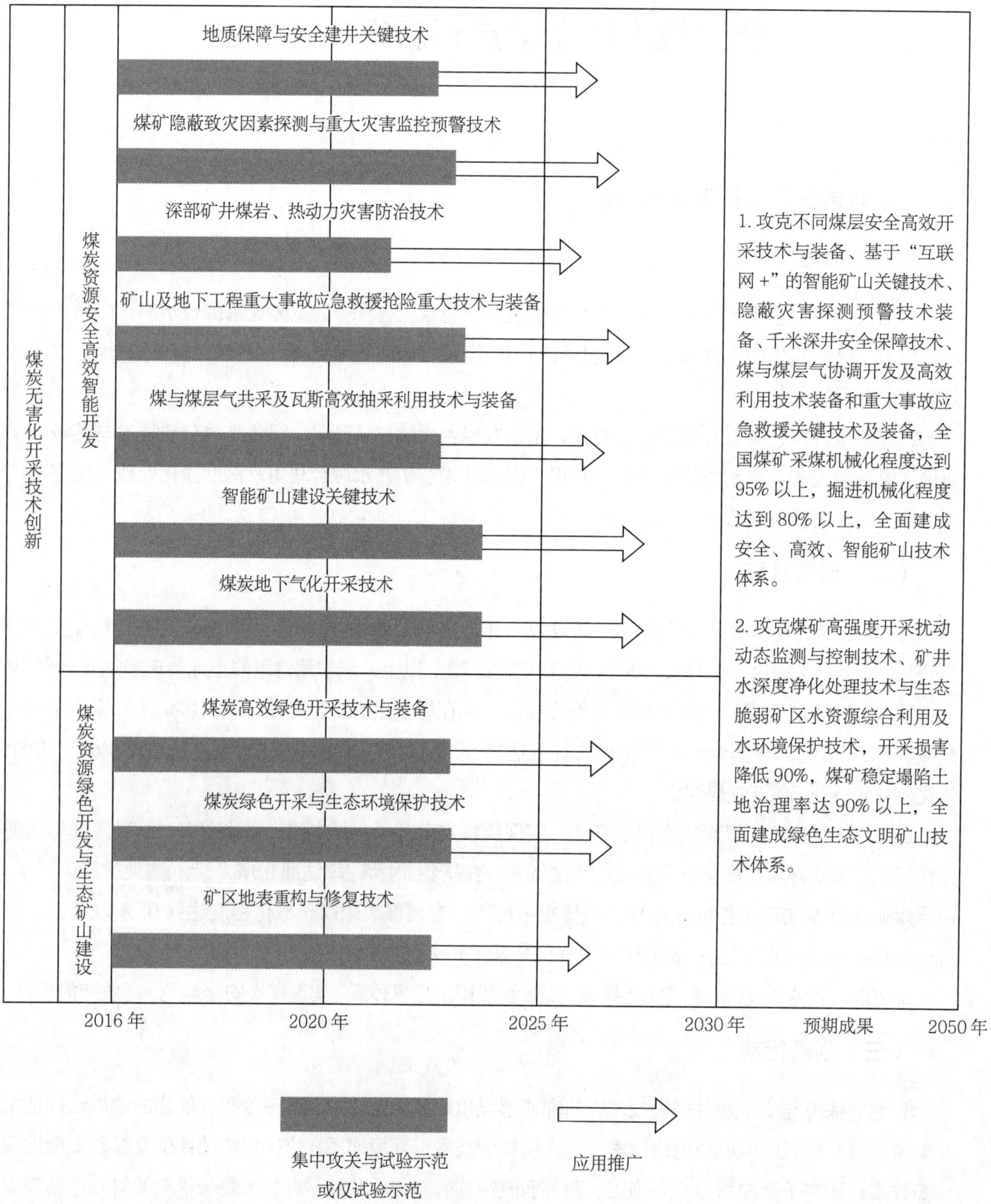

全建井关键技术。

2. 隐蔽致灾因素智能探测及重大灾害监控预警技术。研发煤矿水害、火灾、瓦斯、顶板及冲击地压等主要灾害隐蔽致灾因素智能探测技术与装备，研究重大灾害危险源及前兆信息识别与自分析评价技术，研发事故隐患相关基础参数、工程参数、人员及设备运行状态与故障参数等信息监测技术及装备，以及重大灾害智能预警技术。

3. 深部矿井煤岩、热动力灾害防治技术。研发深部矿井采场及围岩控制技术与装备、以区域卸压增透和致裂卸压增透为主的深部矿井煤岩瓦斯灾害治理技术及装备，研发以阻化泥浆和液氮为主的深部矿井自然发火综合防治技术、工艺与装备；研究以集中降温和局部降温为主的深部矿井热害综合治理技术。

4. 矿山及地下工程重大事故应急救援技术及装备。研发煤矿重大事故灾区高可靠性无人侦测技术、救援通道快速构建技术及装备、灾变环境应急通信及遇险人员搜求技术与装备，以及分布式联合仿真救援培训演练系统与综合管理信息平台。

5. 煤炭高效开采及智能矿山建设关键技术。研发煤矿智能化工作面成套技术及装备、巷道高效快速掘进技术与装备，以及薄和较薄、大倾角—急倾斜及特厚的煤层高效高回收率开采技术与装备；研发千万吨级矿井大型提升装备、煤矿智能供配电与节能技术；研究矿山海量数据存储管理和并行分析技术、基于云服务和大数据技术的煤矿智能预测和决策系统，以及矿业感知、管控、诊断与维护技术。

6. 与煤系共伴生资源综合开发利用技术。研究煤矿区煤炭及伴生资源条件探测和精细识别技术，以及矿井水井下储存、深度净化处理、综合利用与水环境保护技术；研发西部煤田控火及热能利用技术、煤与煤层气共采及瓦斯高效抽采利用技术与装备；开发“煤—水—气—热—铀”多资源共采关键技术。

7. 煤炭绿色开采与生态环境保护技术。研发井下采选充一体化技术及装备、绿色结构充填控制岩层沉陷关键技术，以及大型露天矿连续、半连续开采工艺生产系统关键技术与装备。开展无煤柱连续开采、保水开采、矿区环境遥感监测、采动损伤监测与控制、高强度大规模开采、西部浅埋煤层开采覆岩移动与控制等技术研究，研发毛煤井下分选与矸石井下充填处置技术与装备。

8. 煤炭高效分选关键技术与装备。研发煤炭精细化重介质分选技术、高效干法选煤技术、煤炭产品质量监测与选煤过程智能控制技术、千万吨 / 年模块化洗选技术与装备，以及矿区煤泥综合利用技术。

9. 矿区地表修复与重构技术。研究煤炭开采与城镇化建设协调开发技术、煤炭高强度开采沉陷与生态演变精准监测及修复治理技术，以及赤泥与煤矸石混合堆存技术；研发矿区地貌、土壤、植被、水体重构和景观再造技术。

10. 煤炭地下气化开采技术。研究气化煤层的赋存条件判识，以及高可靠性的地下气化炉燃烧工作面位置监测方法，研发拉管法后退式注气装备与工艺，以及地下气化的燃空区充填及气化工作面组的接替技术与工艺。

二、非常规油气和深层、深海油气开发技术创新

（一）战略方向

1. 非常规油气勘探开发。重点在页岩油气赋存机理、资源和选区评价等基础理论与技术，页岩油气藏地质建模、动态预测和开采工艺，页岩油气长水平井段水平井钻完井及压裂改造技术和关键装备等方面开展研发与攻关；在深层煤层气开发、复杂储层煤层气高效增产、低阶煤层气资源评价与开发、煤层气开发动态分析与评价，以及煤层气井高效排水降压工艺等方面开展研发与攻关；在天然气水合物勘探目标预测及评价、钻井及井筒工艺、高效开采，以及环境影响评价和安全控制等方面开展研发与攻关。

2. 深层油气勘探开发。重点在深—超深层油气成藏地质理论及评价、储层地震预测及安全快速钻井、深层超高压油气流体评价，以及复杂储集层深度改造和开发配套等方面开展研发与攻关。

3. 深海油气开发技术与装备。重点在深远海复杂海况下的浮式钻井平台工程、水下生产系统工程、海底管道与立管工程、深水流动安全保障与控制、深水钻井技术与装备，以及基于全生命周期经济性的开发技术评价及优选等方面开展研发与攻关。

（二）创新目标

1. 2020 年目标。在非常规油气勘探开发方面，初步明确页岩油气富集机理、流动机理，建立页岩油气资源与选区评价、储层微观孔隙结构表征、页岩含气量准确测定、页岩气测井综合评价、“甜点”地球物理预测、产能预测、长水平段水平井钻完井及分段压裂技术，陆相页岩油气地质与工程应用基础研究取得进展，主要装备、工具、材料基本实现自主化生产，单井成本降低 10% 以上，页岩油气勘探开发技术体系总体达到国际先进水平；主要煤层气基地直井平均产量达到 2500 方 / 天，水平井产量达到 15000 方 / 天，实现高煤阶煤层气高效开采；油页岩地面干馏收油率达到 90% 以上、尾料利用率达到 80% 以上，地下原位裂解技术实现产业化，建成 3 ～ 5 个示范工程；落实冻土区和海域天然气水合物资源潜力，建成 2 ～ 3 个先导开采试验区。在深层油气勘探开发方面，形成深层油气成藏地质理论体系，勘探开发技术体系完善，且总体上都达到国际先进水平；初步形成埋深 7000 米以上深层油气开发技术。在深海油气勘探开发方面，形成具有自主知识产权的深海油气田开发工程技术体系，自主建造效率更高、能耗更低的第七代超深水半潜平台，形成自主开发 3000 米深水大型油气田工程技术能力。

2. 2030 年目标。在非常规油气勘探开发方面，查明不同类型页岩油气富集机理、开发机理、流固耦合机理，形成适合于中国地质特点的页岩油气资源与选区评价、储层微观孔隙结构表征、页岩含气量准确测定、页岩油气测井综合评价、“甜点”地球物理预测、产能预测、长水平井段水平井钻完井及分段压裂等技术，配套装备、工具、材料国产化率达到 80% 以上，水平井钻完井及压裂改造费用大幅度降低，部分技术达到国际领先水平，实现海相页岩气的高效开发和陆相页岩油气的有效开发；实现低煤阶煤层气选区动用；形成天然气水合物有效开发能力，初步建成天然气水合物试验基地。在

非常规油气和深层、深海油气开发技术创新路线图

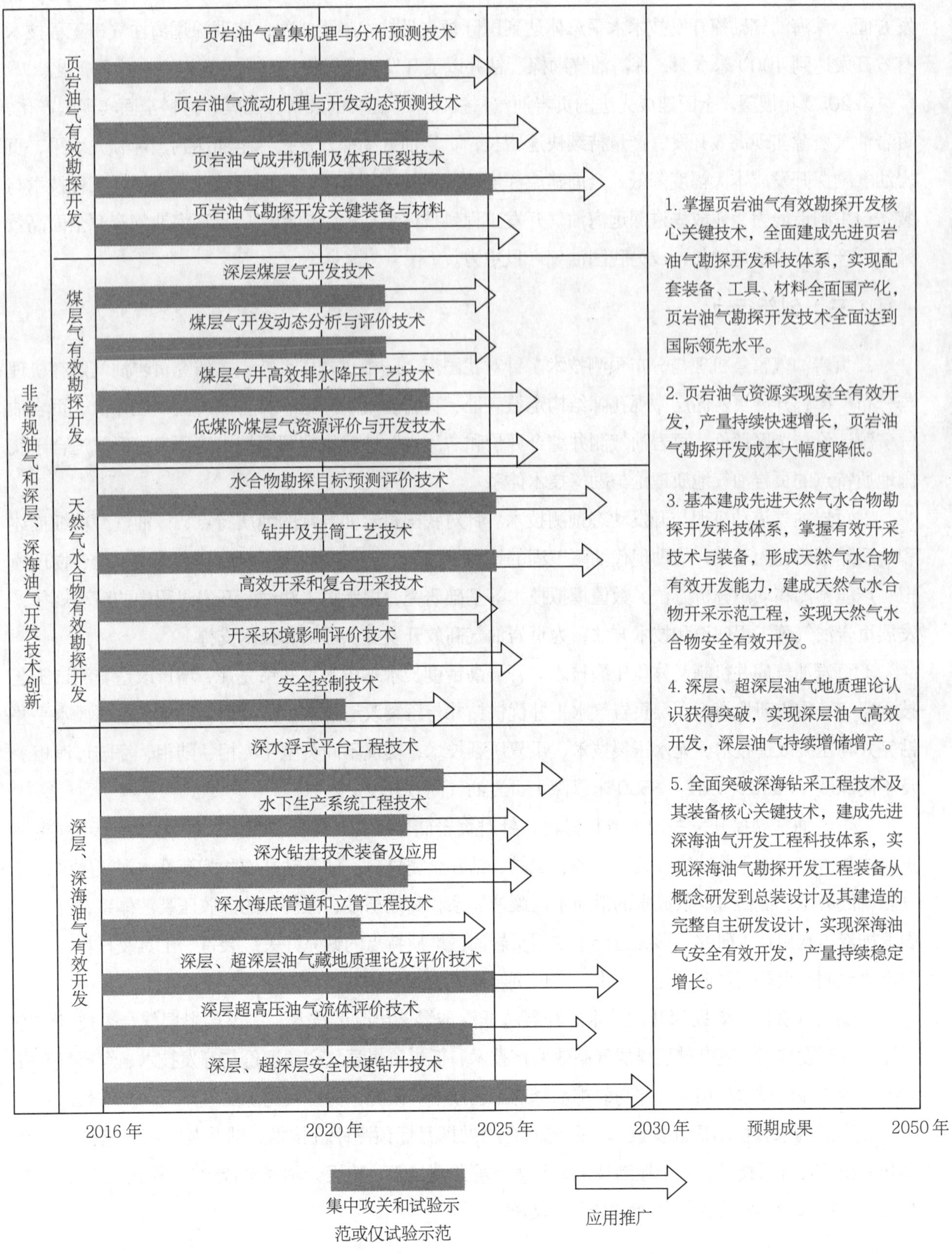

深层油气勘探开发方面，技术水平总体达到国际领先且技术趋于成熟；深—超深层油气资源有效开发，勘探开发埋深突破 8000 米领域，形成 6000 ～ 7000 米有效开发成熟技术体系。在深海油气勘探开发方面，深海油气勘探开发技术水平总体达到国际领先且技术趋于成熟；实现深远海油气田工程技术有效开发达到 4000 米水深，深海油气勘探、钻井以及开发生产关键工程技术与装备完全国产化。

3. 2050 年展望。全面建成先进的页岩油气科技体系，配套的装备、工具、材料全面实现国产化，页岩油气资源实现高效开发，产量持续快速增长，页岩油气勘探开发技术全面达到国际领先水平，页岩油气勘探开发成本大幅度降低。全面建成深层油气科技创新体系。全面突破深远海钻采工程技术与装备自主制造能力，建成先进深远海油气开发工程科技体系。非常规和深层、深海油气资源全面高效开发，产量持续快速增长，成为我国油气产量主力。

（三）创新行动

1. 页岩油气富集机理与分布预测技术。针对我国海、陆相页岩层系特点，研究页岩油气赋存机理与分布规律，开展页岩储层微观孔隙结构定量表征、页岩含气量测定、页岩油可流动性评价、页岩油气资源评价与选区评价、页岩油气测井综合评价和“甜点”地球物理预测技术等研究，形成适合于我国地质特点的页岩油气地质理论与勘探技术体系。

2. 页岩油气流动机理与开发动态预测技术。针对我国页岩油气藏的地质特点，以油气藏精细描述和地质建模研究为基础，借助现代油藏工程的技术手段，开展页岩油气多尺度耦合流动机理、物理模拟、产能预测和动态分析方法、数值模拟技术等基础研究，揭示页岩油气藏开发过程中的流动规律，发展页岩油气藏工程理论和技术方法，为页岩油气高效开发提供理论和技术支撑。

3. 页岩油气成井机制及体积压裂技术。开展高精度长水平段水平井钻完井、增产改造与测试工艺技术研究，重点研发海相深层页岩气水平井优快钻井与压裂改造技术、陆相页岩油气长水平段水平井钻完井与压裂改造技术、无水压裂技术、重复压裂技术，实现不同类型（海相、陆相、海陆过渡相）及不同深度（3500 米以浅、3500 米以深）页岩油气高效开发。

4. 页岩油气勘探开发关键装备与材料。针对页岩储层低孔、特低渗特点，研发适合于不同类型页岩的长水平段水平井钻完井关键装备、工具、钻井金属材料、油基钻井液和弹塑性水泥浆体系，开发制备低磨阻、低伤害、低成本的滑溜水压裂液体系和高效携砂、低伤害的冻胶压裂液体系，开展压裂返排液再利用技术研究，形成适合于中国页岩油气地质特点的钻完井关键装备、工具及材料，提高国产化比例，大幅度降低钻完井成本，实现页岩油气的高效开发。

5. 煤层气资源有效勘探开发技术。开展超低渗透煤储层改造技术、多煤层煤层气合采技术、深层煤层气开发技术、复杂储层煤层气高效增产技术、低煤阶煤层气资源评价与开发技术、煤层气开发动态分析与评价技术和煤层气井高效排水降压工艺技术等研究，保障我国煤层气产量稳步增长。

6. 天然气水合物勘探开发技术。研究水合物勘探目标预测评价技术、钻井及井筒工艺技术、高效开采和复合开采技术、安全控制技术、开采环境监测技术，建设天然气水合物开采示范工程，掌握有效开采技术，实现天然气水合物安全高效开发。

7.深层油气高效勘探开发技术。开展深层—超深层油气成藏地质理论及评价技术、深层—超深层油气储层地震预测技术、深层超高压油气流体评价技术、深层复杂储集层深度改造与开发配套技术，以及深—超深层安全快速钻井技术等研究，实现深层油气高效开发。

8.深海油气有效勘探开发技术与装备。开展深远海浮式钻井平台工程技术、水下生产系统工程技术、深水海底管道和立管工程技术、深水流动安全保障与控制技术，以及深水大载荷采油装备关键设备轻量化技术、深水油气田全生命周期监测技术研究。研发水深 3000 米领域油气资源的勘探开发技术与装备，建设海洋深水油气配套产业链。构建基于海洋工程大数据的全景式全生命周期应用研究技术。全面提升海洋工程装备从概念研发到总装设计及其建造的完整自主研发设计能力。

9.海洋油气开发安全环保技术。研发海底管道运行监测技术、海洋油气泄漏应急处理技术与装备。针对深远海作业，开展海工装备零排放技术、节能技术，健康、安全与环境管理体系（HSE）分析，以及海底油气设备安全监测技术等研究。

10.非常规及深海油气高效转化及储运技术。研究天然气水合物高效储运技术。针对海上及偏远地区油田，重点开展天然气就地高效转化紧凑型高通量转化技术研究。

三、煤炭清洁高效利用技术创新

（一）战略方向

1.煤炭分级分质转化。重点在先进煤气化、大型煤炭热解、加氢液化、焦油和半焦高效转化等方面开展研发与攻关。

2.重要能源化工产品生产。重点在天然气、超清洁油品、航天和军用特种油品、基础化学品、专用和精细化学品的生产工艺技术等方面开展研发与攻关。

3.煤化工与重要能源系统耦合集成。重点在与火力发电、炼油、可再生能源制氢、生物质转化、燃料电池等系统的耦合集成方面开展研发与攻关。

4.煤化工废水安全高效处理。重点在提高复杂废水处理能力、降低成本、资源化利用和减少排放等方面开展研发与攻关。

5.先进煤电技术。重点在常规煤电参数等级进一步提高、新型煤基发电和污染物一体化脱除等方面上开展研发与攻关。

（二）创新目标

1. 2020 年目标。开发出 3000 吨 / 天以上大型煤气化技术及煤种适应性强的新一代气化技术；形成成熟的低阶煤热解分质转化技术路线，完成百万吨级工业示范。煤制燃料技术、能效水平进一步提升，掌握成熟高效的百万吨级煤制油及特种油品工业技术和催化剂，完成 10 亿立方米级自主甲烷化技术开发及工业示范，实现煤制化学品技术的升级和技术集成。突破煤气化废水预处理、改善可生化性、特征污染物降解及深度处理等关键技术，完成废水处理技术工业示范。全面掌握 700℃等级高

煤炭清洁高效利用技术创新路线图

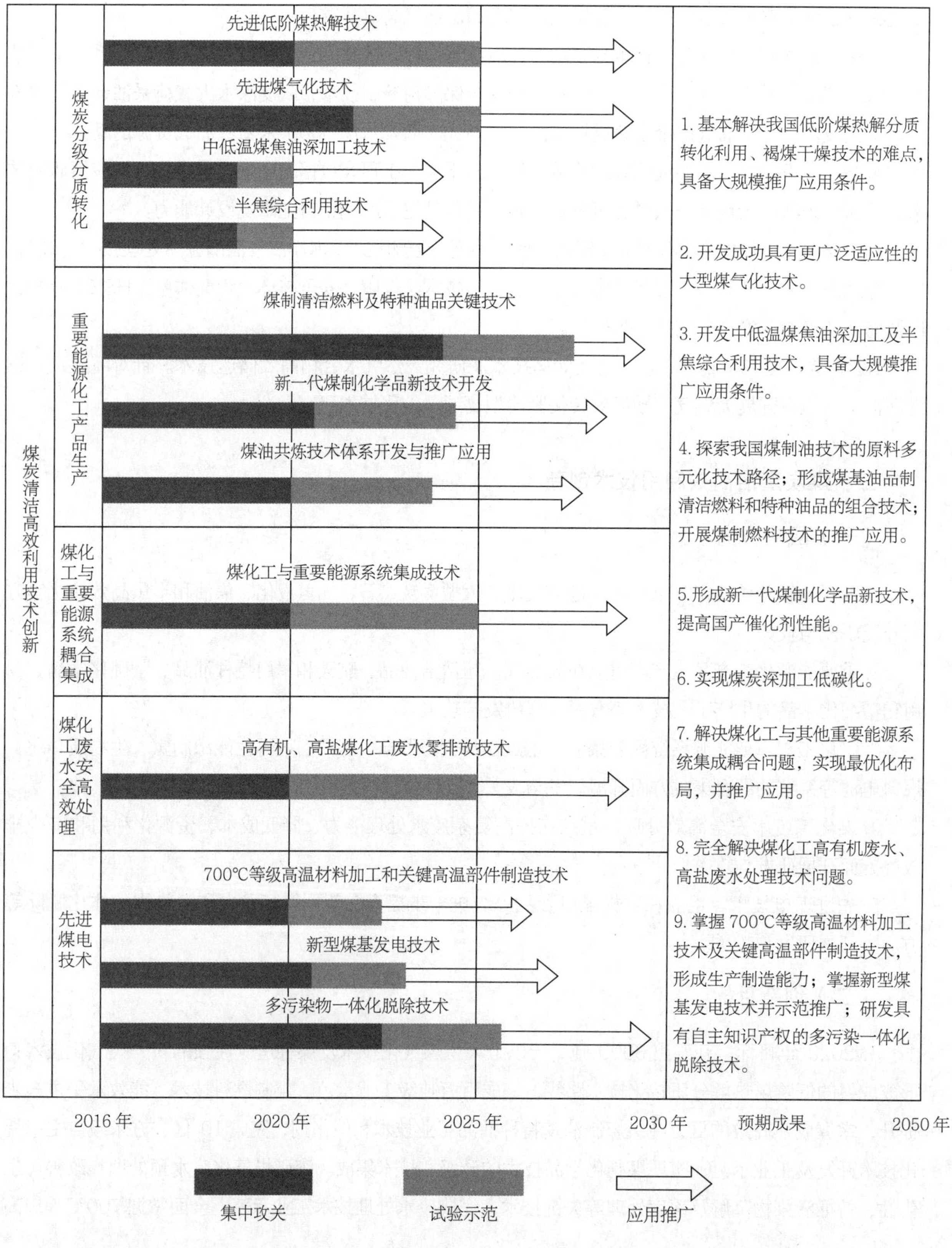

温材料制造和加工技术，掌握新型煤基发电技术，开发和示范燃煤机组烟气多污染物（SO_2、NO_x、Hg等）一体化脱除技术。

2. 2030年目标。形成适应不同煤种、系列化的先进煤气化技术体系，突破基于新概念的催化气化、加氢气化等技术。实现百万吨级低阶煤热解转化技术推广应用，突破热解与气化过程集成的关键技术。开发出一批高效率、低消耗、低成本的煤制燃料和化学品新技术，并实现工业化应用。突破煤化工与炼油、石化化工、发电、可再生能源耦合集成技术，并完成工业化示范。建设700℃超超临界燃煤电站，建成新型煤基发电技术示范工程并推广，形成具有自主知识产权的燃煤污染物净化一体化工艺设备成套技术。

3. 2050年展望。形成完整的煤炭清洁高效利用技术体系，整体达到世界领先水平，煤炭加工转化全生命周期经济、社会和环保效益显著提高，支撑产业实现绿色可持续发展。700℃常规煤电技术供电效率达到56%～60%；掌握磁流体发电联合循环（MHD-CC）发电等探索技术，实现示范应用；全部煤电机组实现低成本污染物超低排放，重金属污染物控制技术全面应用。

（三）创新行动

1. 先进煤气化技术。研发适应于高灰熔点煤的新型超高温气流床气化技术、处理能力3000吨级/天以上大型气化炉、千吨级/天连续自动液态排渣床加压气化炉；突破大型流化床加压气化关键技术，开展2000吨级/天气化炉工业示范；研制日输送量千吨以上煤气化专用粉煤输送泵；开展新一代煤催化气化和加氢气化技术研究，并推进工业示范。

2. 先进低阶煤热解技术。研发清洁高效的低阶煤热解技术，开展百万吨级工业化示范。加强热解与气化、燃烧的有机集成，开发气化—热解一体化技术和燃烧—热解一体化技术，与燃气循环发电或蒸汽循环发电结合，开展油化电多联产工业示范。研究更高油品收率的快速热解、催化（活化）热解、加压热解和加氢热解等新一代技术。

3. 中低温煤焦油深加工技术。研发煤焦油轻质组分制对二甲苯、中质组分制高品质航空煤油和柴油、重质组分制特种油品的分质转化技术，开展百万吨级工业示范。研究中低温煤焦油提取精酚、吡啶、咔唑等高附加值精细化工产品技术。建设50万吨/年中低温煤焦油全馏分加氢制芳烃和环烷基油工业化示范工程。

4. 半焦综合利用技术。研究半焦在民用散烧、工业锅炉、冶金、气化、发电等方面的高效清洁利用技术，完成清洁高效的民用炉灶和工业窑炉燃烧试验、示范及推广；完成半焦用于烧结、高炉喷吹、大型化气流床和固定床气化、粉煤炉和循环流化床锅炉工业化试验、示范及推广。

5. 超清洁油品和特种油品技术。研发温和反应条件下的新一代煤直接液化技术、高温费托合成等新型煤间接液化技术；开发超清洁汽柴油以及军用柴油、大比重航空煤油、火箭柴油等特种油品生产技术；研究煤衍生油预处理、芳香化合物提取、分离及深加工技术。加强煤直接液化与间接液化、高温费托合成与低温费托合成的优化集成，完成百万吨级工业示范。

6. 煤制清洁燃气关键技术。开发煤经合成气完全甲烷化制天然气成套工艺技术，开展10亿立方米/年工业示范。研究煤气化与变换、甲烷化的耦合集成技术，探索一步法煤制天然气技术。开发新一代氢气分离技术，中小型洁净煤气化制工业燃气成套技术。

7. 新一代煤制化学品技术。研发新型的氨、甲醇、煤制烯烃、煤制乙二醇合成技术和催化剂；突破甲醇制芳烃、石脑油与甲醇联合制烯烃、二甲醚羰基化/乙酸甲酯加氢制乙醇、合成气制高碳伯醇、煤制聚甲氧基二甲醚、甲醇甲苯烷基化制对二甲苯、煤氧热法制电石等技术，并开展大型工业示范。探索合成气一步法制烯烃、乙醇等技术。开展煤制化学品高效催化剂研发、放大与工业制备，设计制造配套的大型工业反应器及其他关键设备。

8. 煤油共炼技术。研究煤油共炼协同反应机理、原料匹配性调控技术，以及新一代高活性、高分散性催化剂制备技术；开发定向转化生产清洁油品、特种油品和芳烃技术；自主研制单台 150 万吨/年大型浆态床加氢反应器、新型高压差减压阀、高压油煤浆输送泵等关键装备；研发含油残渣高效综合利用技术。

9. 煤化工耦合集成技术。研发煤与生物质和垃圾共气化、煤化工制（用）氢系统与风电（太阳能）制氢集成、煤化工与可再生能源电力储能和调峰集成、煤化工与整体煤气化联合循环发电集成、煤化工与燃料电池发电集成、煤化工与二氧化碳捕集及利用与封存集成等关键技术。

10. 高有机、高盐煤化工废水近零排放技术。开发典型污染物高效预处理、可生化性改善、去除特征污染物酚及杂环类和氨氮等高有机废水近零排放关键技术；开发包括臭氧催化氧化的深度处理技术及浓盐水分离、蒸发结晶组合技术；研究废水处理各项技术的优化组合，完善单质结晶盐分离流程和结晶盐利用，开展废水近零排放技术优化和工业示范。进一步研发基于新概念、新原理、新路线的煤化工废水全循环利用零排放技术。

11. 700℃等级镍基合金耐热材料生产和关键高温部件制造技术，以及主机和关键辅机制造技术。研发 700℃镍基合金高温材料生产和加工技术，耐热材料大型铸件、锻件的加工制造技术，高温部件焊接材料、焊接工艺及高温材料的检验技术等；研究 700℃机组主辅机关键部件加工制造技术；研发 700℃超超临界发电机组锅炉、汽轮机及关键辅机和阀门国产化制造技术。

12. 新型煤基发电技术。研究 600MW 及以上容量机组褐煤预干燥及水回收高效褐煤发电集成及设备开发技术，实现在 600MW 等级或以上容量机组褐煤高效发电集成技术的工程应用；研发 1000MW 等级超超临界褐煤锅炉配套风扇磨煤机设计制造技术。研究并掌握全燃准东煤锅炉燃烧技术，建设示范工程。

13. 多污染物（SO_2、NO_x、Hg 等）一体化脱除技术。研发自主知识产权的多污染物（SO_2、NO_x、Hg 等）一体化脱除技术，包括研发具有同时吸附多污染物的新型高效吸附剂及高效、低成本氧化剂、氧化工艺与设备、高效催化剂等，研发多污染物一体化脱除技术工艺关键装置设计与制造技术，研究工艺流程优化技术等。

14. 煤电技术探索。重点探索研究基于富氧燃烧的超临界二氧化碳布雷顿循环发电及碳捕集技术、整体煤气化燃料电池联合循环（IGFC-CC）发电技术，以及磁流体发电联合循环（MHD-CC）发电技术。

四、二氧化碳捕集、利用与封存技术创新

（一）战略方向

1. CO_2 的大规模、低能耗捕集。重点在燃烧后 CO_2 捕集上实现重大突破，并积极在燃烧前 CO_2 捕集及富氧燃烧等方面开展研发与攻关。

2. CO_2 的大规模资源化利用。重点在 CO_2 的驱油、驱气、驱水及 CO_2 的矿化发电和生物化工规模化利用等方面开展研发与攻关。

3. CO_2 的安全可靠的封存、监测及运输。重点在封存机理、适合我国地质特点的封存理论和工程技术体系建设、全流程的监测和预测（警）、安全高效的 CO_2 长管道运输及管网优化设计等方面开展研发与攻关。

（二）创新目标

1. 2020 年目标。突破低能耗捕集关键材料和工艺，验证基于 IGCC 系统的 CCUS 技术，初步掌握富氧燃烧系统的放大规律和设计方法。集成、配套和完善 CO_2 综合利用与封存的产业化技术，初步建成涵盖石油、化工、电力、煤炭和生物工程等的 CCUS 技术示范工程。建立封存的监测、核证和计量系统，形成安全环保评价标准；突破 CO_2 长距离安全运输技术。建成百万吨级全流程 CCUS 技术示范工程。

2. 2030 年目标。燃烧后捕集材料和工艺获得革命性进展，建成基于 IGCC 系统的全流量 CO_2 捕集示范工程，实现大规模富氧燃烧系统长时间稳定运行。构建涵盖石油、化工、电力、煤炭和生物工程等的 CCUS 技术产业项目集群。建立系统的 CO_2 地质封存技术规范和安全保障体系，掌握 CO_2 长距离安全运输技术。商业化碳捕集和封存技术在煤电机组得到应用。

3. 2050 年展望。革命性捕集技术得到产业化应用，CO_2 减排成本较 2015 年降低 60% 以上，经济安全的 CO_2 捕集和封存技术发展成熟；全流量的 CCUS 系统在电力、煤炭、化工、矿物加工等系统实现覆盖性、常规性应用。

（三）创新行动

1. 新一代大规模低能耗 CO_2 捕集技术。研究新型高效 CO_2 吸收（附）剂和材料，以及气、液二次污染物控制技术；研究新型捕集工艺及设备放大技术、吸收和再生过程强化技术、捕集系统与发电系统耦合集成技术，开发核心专有设备；研究 CO_2 与细微颗粒物、SO_2 等污染物的协同脱除技术。

2. 基于 IGCC 系统的 CO_2 捕集技术。研发新型吸附材料和膜分离材料、低能耗 CO_2 吸收（附）剂、合成气的高效变换技术和净化技术、碳捕集与富氢气体燃烧技术、新型化学链气化技术；研究基于 IGCC 的 CO_2 捕集系统集成优化技术。

3. 大容量富氧燃烧锅炉关键技术。研究大容量富氧燃烧系统放大技术、大容量富氧燃烧锅炉设计计算方法及工程放大规律、富氧燃烧用大型空分与锅炉系统动态匹配技术，研发适合于富氧燃烧烟气

二氧化碳捕集、利用与封存技术创新路线图

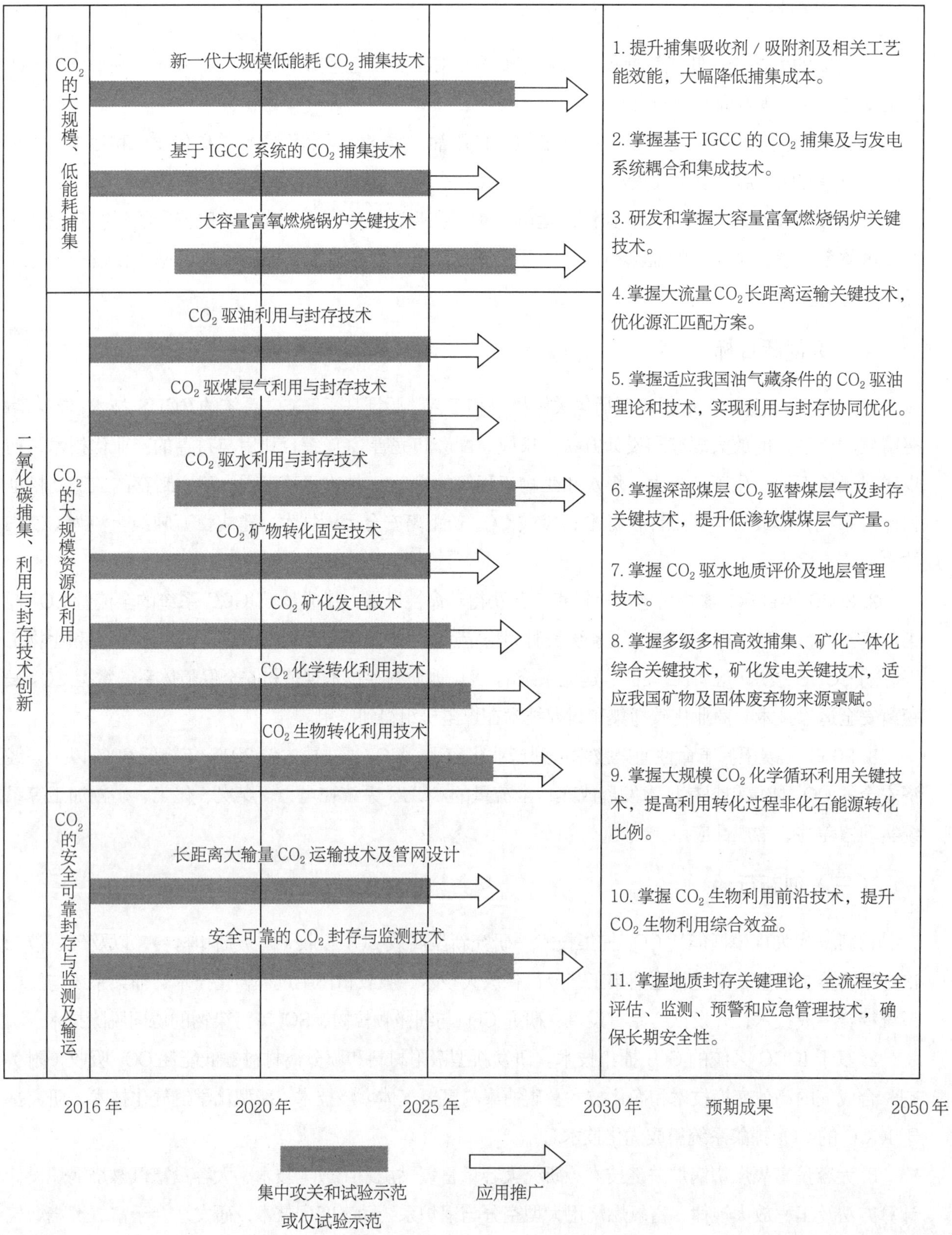

特点的压缩纯化技术（含酸性气体协同处理），以及富氧燃烧全厂系统动态特性、调节控制、节能（水）等技术。

4. CO_2 驱油利用与封存技术。开发特殊油气藏 CO_2 驱油技术，研究 CO_2 与典型油藏混相机理，发展油藏多相多组分相态理论，开发适合驱油封存的调剖技术、混相促进技术、大规模驱油封存场地稳定性评价与控制技术，开发 CO_2 驱油与封存的动态跟踪与调控技术，优化油藏开采方案及相关配套监测方案。研究 CO_2/油/水多相渗流及油气藏 CO_2 封存机理，发展封存潜力评价、CO_2 驱油与封存协同优化方法。

5. CO_2 驱煤层气与封存技术。研究低渗软煤的流固耦合作用理论，深化驱煤层气 CO_2 封存潜力的评估方法；突破并验证适合深度1000米以上、渗透系数1mD以下煤层中驱煤层气的注入性增强技术；开发适合于吸附态 CO_2 的监测技术，形成并验证驱煤层气监测技术体系。

6. CO_2 驱水利用与封存技术。研究封存与驱水相互作用规律，提出驱水利用的潜力评价方法与选址准则，并应用于典型盆地的目标区圈定；提出安全性、稳定性评价方法，开发封存与产水协同优化模型，构筑驱水利用全流程系统工艺。

7. CO_2 矿物转化、固定和利用技术。针对钢铁、化工等过程产生的大量工业固废，结合我国丰富的钾长石等天然矿物质，研发工业固废和典型钙镁基天然矿物中 CO_2 矿化的高选择性产品分离技术，形成多级多相反应与分离一体化大型装备，实现矿渣的高效综合利用。

8. CO_2 矿化发电技术。利用大规模工业碱性固废、天然碱性矿物矿化 CO_2 发电并联产化学品，研究 CO_2 矿化电池（CMC）的化学反应过程、催化材料及传输机制，有效利用矿化反应低位化学能发电；研究 CO_2 矿化电池的工程放大技术，形成可商业化电池堆；研发燃煤电厂低浓度烟气 CO_2 直接矿化发电技术，以及纯碱、镁盐、硅氧化物等化工加工过程中应用 CO_2 矿化电池发电的耦合技术。

9. CO_2 化学转化利用技术。研发 CO_2 与甲烷重整制备合成气技术，研究 CO_2 与氢气制液体燃料、甲醇、碳酸酯、丙烯酸等高值化学品及可降解塑料的高效催化剂和专属反应器的放大技术，研究并验证光/电和光/热的 CO_2 转化技术、电解水与 CO_2 还原耦合的电能和化学能循环利用技术。

10. CO_2 生物转化利用技术。研发高效低成本的固碳优良藻类（菌种）的大规模培育及高效生物光反应器放大技术，研究 CO_2 微藻土壤改良、制备生物柴油和化学品、CO_2 气肥等技术。探索微藻基因工程改良前沿技术。

11. CO_2 安全可靠封存与监测及运输技术。研究地质封存机理、长期运移规律及预测方法，以及封存地质学理论与场地选址方法；开发注入过程和关井后的长期监测、风险预测、预警与应急管理技术与方法，以及长寿命井下设备与工程材料；研究 CO_2 有效封存的计量和验证方法。研究长距离大输量 CO_2 运输的管道微损伤监测和止裂及自封堵技术、管线泄漏检（监）测技术、沿线高后果区智能报警技术。

12. 建设百万吨级碳捕集利用和封存系统示范工程。完成燃烧后 CO_2 捕集技术的放大研究、脱碳工程与电厂系统的工程化集成技术研究；建设百万吨级大型 CO_2 捕集系统示范工程，配合开展百万

吨级 CO_2 驱油和封存的协同优化，保证封存的长期安全性。

五、先进核能技术创新

（一）战略方向

1. 核能资源勘探开发利用。重点在深部铀资源勘探开发理论、新一代高效智能化地浸采铀，以及非常规铀资源（主要包括黑色岩系型及海水中的铀资源等）开发利用等方面开展研发与攻关。

2. 先进核燃料元件。重点在自主先进压水堆核燃料元件示范及推广应用、更高安全性及可靠性和经济性的压水堆燃料元件自主开发、先进燃料技术体系完善，以及智能制造在核燃料设计制造领域应用等方面开展研发与攻关。

3. 新一代反应堆。重点在快堆及先进模块化小型堆示范工程建设、先进核燃料循环系统构建、超高温气冷堆关键技术装备及配套用热工艺，以及新一代反应堆的基础理论和关键技术等方面开展研发与攻关。

4. 聚变堆。重点在 ITER 的设计和建造、堆芯物理和聚变堆工程技术、聚变工程技术试验平台（FETP）自主设计建造，以及大型托卡马克聚变堆装置设计、建造和运行等方面开展研发与攻关。

（二）创新目标

1. 2020 年目标。在核能资源勘探开发利用方面，创新深部铀成矿理论，实用性综合勘查深度达到 1500 米。实现埋深 800 米以内的可地浸砂岩铀资源经济开发利用，建成千吨级数字化、自动化的地浸采铀示范工程。黑色岩系型等低品位铀资源铀浸出率超过 80%。获得先进的盐湖、海水提铀功能材料，完成提铀放大工艺优化设计及配套装置加工。在先进核燃料元件方面，实现自主先进核燃料元件的应用；事故容错燃料元件（ATF）、环形燃料元件初步具备辐照考验条件；研制 MOX 燃料示范快堆考验组件并完成辐照考验。在反应堆技术方面，突破自主第三代超大型压水堆关键技术；示范快堆开工建设；完成超高温气冷堆在 950℃高温运行及核能制氢的可行性论证，建设高温气冷堆 700℃工艺热示范工程；建成先进模块化小型堆示范工程（含海上核动力平台）。熔盐堆、行波堆、聚裂变混合堆等先进堆型关键材料及部分技术取得重要突破；等聚变堆离子体的参数和品质获得提高，为设计建造聚变工程技术试验平台（FETP）奠定基础。

2. 2030 年目标。在核能资源勘探开发利用方面，形成国际领先的深部铀成矿理论体系及技术体系；实现深度 1000 米以内的可地浸砂岩智能化、绿色化经济开发利用；建成黑色岩系型等低品位铀资源综合回收示范工程，建成盐湖、海水连续提铀试验装置并获得技术经济评价参数。先进核燃料元件，具备国际领先核燃料研发设计能力，事故容错燃料先导棒 / 先导组件实现商用堆辐照考验，初步实现环形元件在压水堆核电站商业运行；MOX 组件批量化生产管理技术达到国际先进水平，快堆金属元件具备规模化应用条件。在反应堆技术方面，第三代压水堆技术全面处于国际领先水平，实现系列化发展；突破 100kW 级商用增殖快堆电站关键技术，实现商业后处理厂—MOX 元件—商业快堆

先进核能技术创新路线图

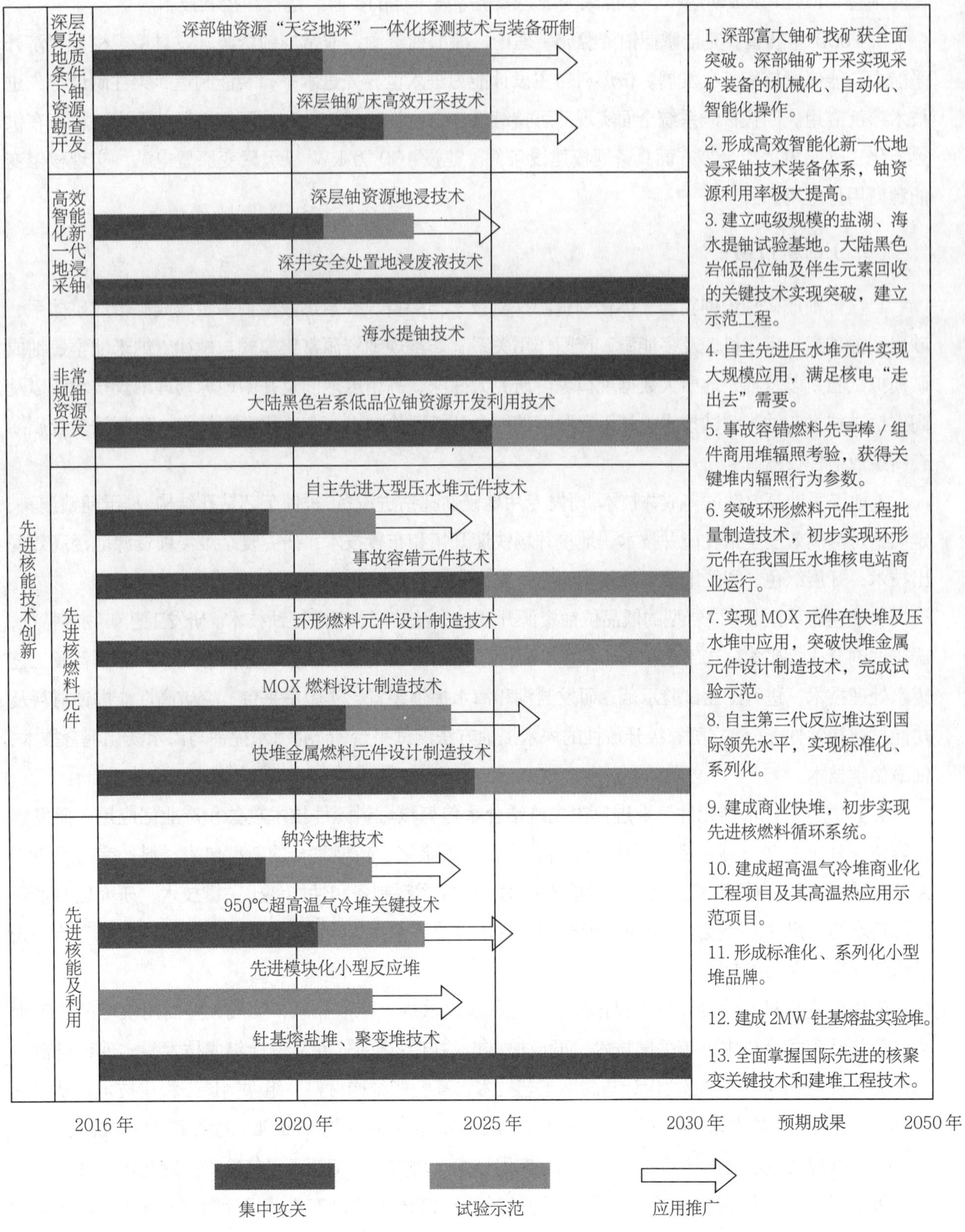

闭路循环；建设完成 950℃超高温气冷堆及高温热应用商业化工程；先进模块化小型堆实现标准化、规模化建设；熔盐堆等先进堆型关键设备材料取得重大突破，具备建设示范工程条件。聚变工程技术试验平台（FETP）成功运行，掌握聚变堆芯燃烧等离子体的实验、运行和控制技术。

3. 2050 年展望。完全掌握铀资源成矿理论，深部铀资源、非常规铀资源开发具备规模化经济开采能力，能保障核能长久发展。核燃料自主设计能力进入世界先进水平，智能制造、柔性制造等先进技术广泛应用。四代核能系统全面实现“可持续性、安全性、经济性和核不扩散”的要求，核能在供热、化工、制氢、冶金等方面具备规模建设条件。建设 100 万 kW 量级聚变原型电站，实现核聚变能源商用化应用。

（三）创新行动

1. 深部铀成矿理论创新与一体化铀资源探测技术与装备。探索热液型铀多金属成矿带成矿体系、砂岩型铀矿超常富集机理及多能源矿产间作用关系、非常规铀资源富集模式与规律、纳米地学、铀成矿模拟试验，以及铀矿地质大数据规律等。研究大探深、高精度地面及井中地球物理勘查技术，以及高效钻进技术、纳米测试技术、基于互联网的综合分析评价技术、智能化预测技术；研制铀多金属勘查新型放射性仪器。

2. 地浸采铀高效钻进与成井技术。研发专用地浸钻孔钻进设备，采铀工艺钻孔结构，基于随钻测斜、定向钻进的高效安全钻孔成井技术、地浸井场快速开拓和布置技术；研究复杂难浸铀资源地浸高效浸出技术；开展绿色、智能地浸采铀技术研究，建设数字化、绿色地浸矿山。

3. 黑色岩系型、磷块岩型的低品位铀资源开发技术及盐湖、海水提铀技术。研发工艺矿物学特征，选矿试剂合成、矿物分选工艺和选矿技术，铀高效浸出工艺及浸出装置、分离方法、产品制备及工艺废水处理技术，进行工业试验示范；研发盐湖和海水提铀装置、实验室平台，突破高性能提铀材料及功能材料提铀性能，建立国家级开放性的海水提铀方法测试平台，研究海水提铀与海水淡化耦合技术、铀酰化学技术。

4. 先进自主压水堆元件。推进自主先进锆合金包壳核燃料元件技术攻关和产业化应用。研发事故容错元件（ATF）高铀密度或掺杂燃料芯块，先进金属、新型复合的新型包壳材料；完善适用于 ATF 元件包壳堆内辐照考验及辐照后检查技术，研究燃料制备和性能评价关键技术。研究压水堆环形燃料堆芯和组件设计技术，开展环形燃料组件堆外热工水力等验证、小组件试验堆内辐照考验和先导组件商用堆内辐照考验。

5. 快堆及燃料元件设计与工程化技术。完善快堆法规、标准体系，突破大型商用快堆的热工水力、非能动事故余热排出等关键技术，形成快堆电站自主化的软件及设计集成技术，实现设备自主化；突破快堆 MOX 组件芯块设计与成型工艺技术，高性能结构材料，组件制造工程化技术，掌握快堆 MOX 换料运行技术。突破大增殖比的（U、Pu）Zr 金属元件及添加 MA 的金属燃料关键技术。

6. 超高温气冷堆关键技术及高温热工程应用技术。攻关 950℃超高温气冷堆关键技术，开展安全与事故分析、堆内构件材料及结构分析等。开发基于 HTR-PM 现有堆芯设计的气—气中间换热器，提供 700℃的工艺热生产煤气、油品和焦炭。

7. 先进小型堆关键技术及工程化。针对陆上模块式小型堆，突破关键设备、模块化建造技术、运行技术及安全审查技术，完善法规标准。针对海上核动力平台，开展工程设计、设备制造、工厂化总体建造和海上运行调试技术研究，建设示范工程，完善法规标准。开展大功率空间核反应堆电源技术研究，突破设计、关键材料、装备、运行技术等。

8. 钍基熔盐堆基础理论与关键技术。建立完善的研究平台体系，研究关键基础理论和关键工艺技术，突破熔盐制备技术、高温材料腐蚀机理及控制技术、回路技术、反应堆运行控制技术，探索钍—铀循环在线后处理技术，建成 2MW 钍基熔盐实验堆。

9. 聚变物理研究。完善等离子体诊断、控制、加热、加料等手段，研究先进托卡马克等离子体实验，实现高比压、高约束的等离子体实验运行，提升对聚变等离子体的认识水平和控制能力，设计建造聚变工程技术试验平台（FETP）。

六、乏燃料后处理与高放废物安全处理处置技术创新

（一）战略方向

1. 乏燃料后处理。重点在大型商用水法后处理厂建设、全分离的无盐二循环流程研究、后处理流程经济性和环保性的提高，以及适用于快堆等的先进燃料循环的干法后处理等方面开展研发与攻关。

2. 高放废物地质处置。重点在高放废物地质处置研发体系创新、高放废物处置地下实验室建设、地质处置及安全技术，以及高放废物地质处置理论和技术体系完善等方面开展研发与攻关。

3. 高放废物处理。重点在高放废液处理、高放石墨处理、α 废物处理，以及冷坩埚玻璃固化高放废物处理等方面开展研发与攻关。

4. 放射性废物嬗变技术。重点在长寿命次锕系核素总量控制、次临界系统设计和关键设备研究、外中子源驱动次临界高效嬗变系统（含加速器驱动和聚变驱动）技术体系完善，以及降低高放废物安全处理（置）难度等方面开展研发与攻关。

（二）创新目标

1. 2020 年目标。在乏燃料后处理方面，掌握大型商用乏燃料后处理厂自主设计、建造及运行技术，突破动力堆乏燃料后处理工艺、设备等关键技术，建立动力堆高放废液分离工艺技术；针对快堆 MOX 乏燃料后处理，建立适用于我国乏燃料后处理中试厂的水法处理工艺流程，具备示范条件；推进乏燃料干法后处理技术研究，基础研究取得重要突破。在高放废物地质处置方面，建成高放废物处置地下实验室，掌握实验室现场试验关键技术体系；掌握场址评价方法，提出 3～5 个高放废物处置库候选场址，确定工程屏障选材，完成高放固化体多重介质多因素蚀变与核素迁移中间规模试验；提出废石墨、重水堆乏燃料等特殊废物的最终处置方案，完成可行性研究；掌握中等深度放射性废物处置技术。在放射性废物处理方面，突破高放废液煅烧、水冷鼓泡、出料和贵金属沉积等技术，研制

乏燃料后处理与高放废物安全处理处置技术创新路线图

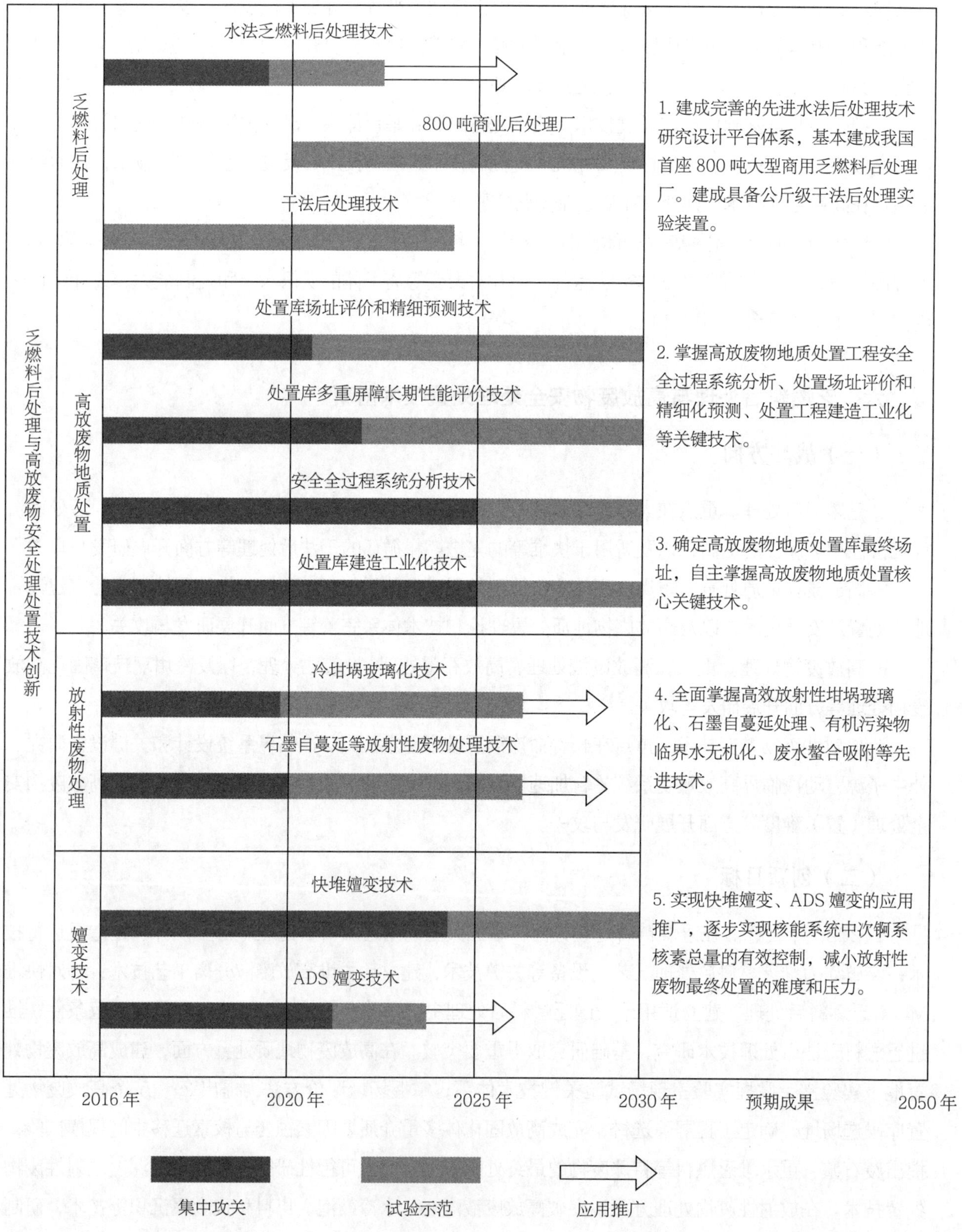

出两步法冷坩埚玻璃固化科研样机（35L/h 高放废液）、石墨自蔓延处理中间装置、有机物超临界水无机化工程样机，以及废水螯合吸附等工程样机，放射性废物处理技术水平显著提高。在先进分离嬗变技术方面，完成实验规模的 MA 嬗变技术和分离工艺研究，掌握分离—嬗变关键技术，获得整个环节的数据和经验；建成较完善的外中子源驱动次临界嬗变系统技术研究平台体系，掌握加速器中子源、紧凑型聚变中子源系统以及次临界反应堆或包层的系统关键技术，确定外中子源驱动次临界系统的嬗变性能等运行参数。

2. 2030 年目标。在乏燃料后处理方面，建成完善的先进水法后处理技术研发平台体系，基本建成我国首座 800 吨大型商用乏燃料后处理厂；建立我国锕系元素分离一体化先进水法后处理流程，提出干法后处理技术的优选路线，建成具备公斤级熔盐电解分离铀、钚的实验装置。在高放废物地质处置方面，确定高放废物处置库推荐场址，完成处置库工程设计，掌握地质处置技术和安全评价技术，具备建库条件；建成中等深度处置库。在放射性废物处理方面，全面掌握高放废液冷坩埚玻璃固化技术、石墨自蔓延处理技术、有机污物超临界水无机化技术、卤渣热等静技术、废水螯合吸附技术，放射性废物处理技术进入先进国家行列。在先进分离嬗变技术方面，完成使用于60 万 kW 快堆核电站的含 MA 混合氧化铀钚燃料（MOX）的设计、研制及随堆考验，确定外源驱动次临界系统技术路线，掌握自主产权的关键设备设计制造技术，建成外源次临界系统工程性实验装置。

3. 2050 年展望。干法后处理实现工业化应用，逐步取代水法后处理，实现快堆嬗变、ADS 嬗变技术的应用推广，逐步实现核能系统中次锕系核素总量的有效控制。解决历史上遗留废物隐患，废物最小化达到世界领先水平。掌握高放废物地质处置工业化技术，建成高放废物处置库并运行。

（三）创新行动

1. 先进乏燃料后处理工艺及关键技术设备。针对大型核燃料后处理厂，开展首端处理技术及新型无盐试剂二循环流程开发、工艺流程台架热试验及验证；建设后处理全流程数字模拟平台，研究脉冲萃取柱数字模拟与仿真技术，实现大型关键设备国产化；研发自动化控制技术、远程操作系统与设备、大型先进热室设计，以及先进干法首端技术及干法分离技术。

2. 高放废物地质处置库技术。围绕地下实验室工程及现场试验，开展高放废物处置库选址研究，并形成完善的场址评价技术体系；重点研究以地下实验室为研发平台的地质处置工程（艺）技术和工程屏障、处置库概念设计、处置库开挖技术，以及废物罐的运输、就位及回取技术和验证；研究处置库的核素释放和迁移、安全评价和安全全过程系统分析，掌握概率安全评价技术；开展处置库屏障系统安全特性演化试验和评价。

3. 先进废物处理技术。研究放射性石墨废物自蔓延处理技术；突破冷坩埚玻璃固化技术、有机污物超临界水处理技术，以及高放卤渣热等静压陶瓷固化技术，研究废水螯合吸附技术。

4. 快堆嬗变技术。完成中国实验快堆（CEFR）中单个次锕系核素小样件的辐照，主要包括 CEFR 嬗变靶件的设计和研制、嬗变靶件的辐照考验和辐照后检验、辐照后芯块的化学分析与分离工艺研究等。完成示范快堆（CFR600）中嬗变组件的辐照和后处理，主要包括含次锕系元素的 MOX

燃料制造技术研究，批量使用含 MA 燃料的快堆堆芯设计、安全评价和随堆考验，批量使用含 MA 燃料的反应堆安全运行技术，以及辐照后含 MA 燃料的后处理技术研究等。

七、高效太阳能利用技术创新

（一）战略方向

1. 太阳能高效晶体硅电池及新概念光电转换器件。重点在开发平均效率≥ 25% 的晶体硅电池产线 [如异质结（HIT）电池和叉指背接触（IBC）电池或二者的结合]，探索更高效率、更低成本的新概念光电转换器件及面向产业化技术等方面开展创新与攻关。

2. 高参数太阳能热发电与太阳能综合梯级利用系统。重点在超临界太阳能热发电、空气吸热器、固体粒子吸热器、50 ～ 100MW 级大型全天连续运行太阳能热电站及太阳能综合梯级利用、100MWe 槽式太阳能热电站仿真与系统集成等方面开展研发与攻关。

3. 太阳能热化学制备清洁燃料。重点在太阳能热化学反应体系筛选、热化学在非平衡条件下的反应热力学和动力学机理及其与传热学和多项流的耦合作用机理探索、太阳能制取富含甲烷的清洁燃料等方面开展研发与攻关。

4. 智能光伏电站与风光热互补电站。重点在高能效、低成本智能光伏电站，智能化分布式光伏和微电网应用，50MW 级储热的风光热互补混合发电系统等方面开展研发与攻关。

（二）创新目标

1. 2020 年目标。突破三五（Ⅲ－Ⅴ）族化合物电池和铁电—半导体耦合电池的产业化关键技术，建成 100MW 级 HIT 太阳能电池示范生产线；掌握分布式太阳能热电联供系统的集成和控制，以及太阳能热化学制备燃料机理；掌握智能光伏电站设计和建造成套技术，实现发电效率≥ 80%；掌握 50MW 级塔式光热电站整体设计及关键部件制造技术；突破光热—光伏—风电集成设计和控制技术，促进风光互补利用技术产业化。

2. 2030 年目标。大幅提高铜铟镓硒（CIGS）、碲化镉（CdTe）电池的效率，建立完整自主知识产权生产线，实现在建筑中规模应用并达到国际前沿水平；HIT 电池国产化率≥ 85% 并达到批产化水平。掌握高参数太阳能热发电技术，全面推动产业化应用；建成 50MW 太阳能热电联供系统，形成自主知识产权和标准体系。突破太阳能热化学反应器技术，研制出连续性工作样机。

3. 2050 年展望。开发出新型高性能光伏电池，大幅提升光电转换效率并降低成本，至少一种电池达到世界最高效率；实现光电转化和储能一体化；太阳能热化学制备清洁燃料获重大突破并示范。

（三）创新行动

1. 新型高效太阳能电池产业化关键技术。研发铁电—半导体耦合电池、钙钛矿电池及钙钛矿 / 晶体硅叠层电池产业化的关键技术、工艺及设备，建立电池组件生产及应用示范线，建成产能≥

高效太阳能利用技术创新路线图

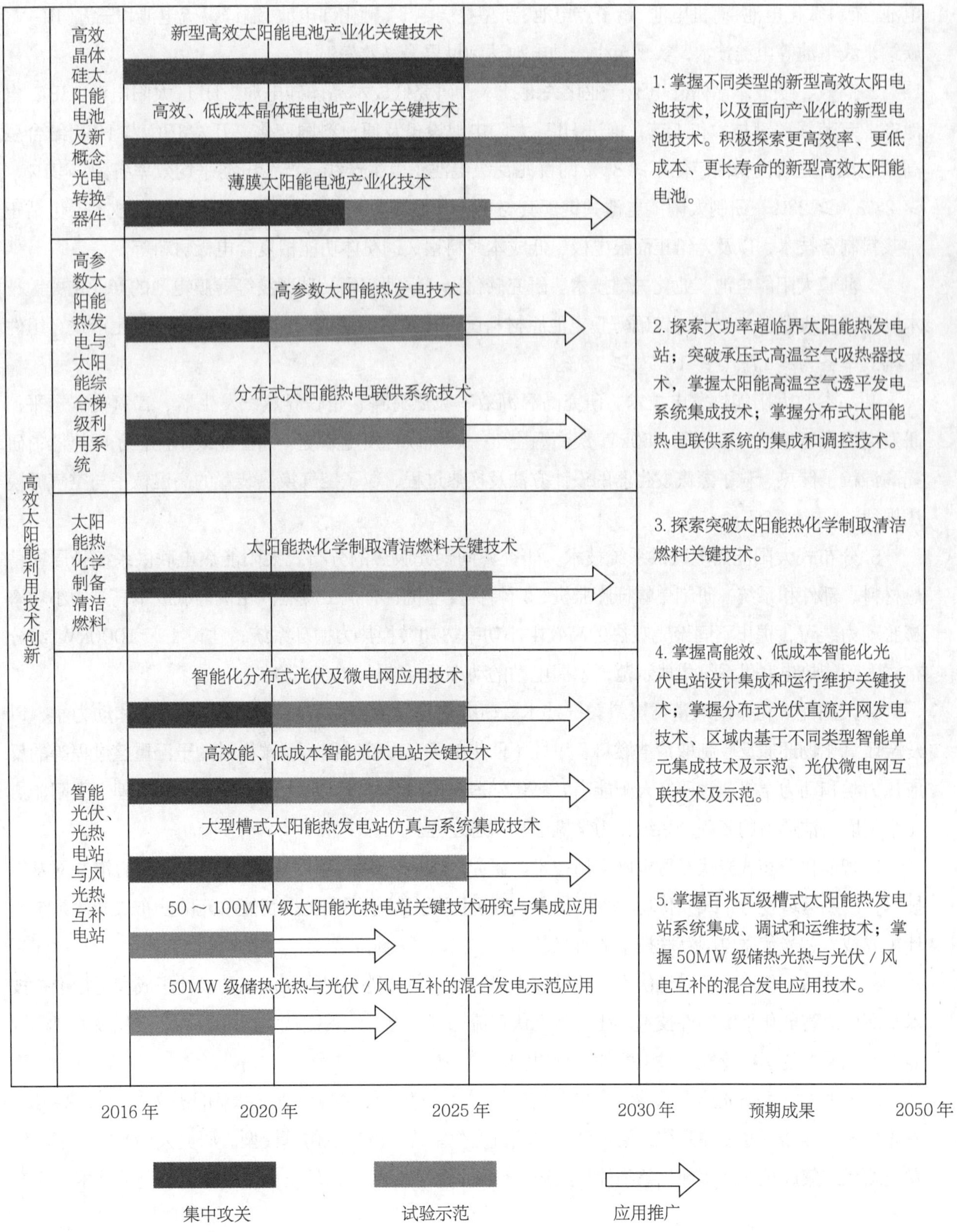

2MWp 的中试生产线，组件平均效率各为≥ 14%、≥ 15%、≥ 21%。探索新型高效太阳能电池技术，探索研发更高效、更低成本的铁电—半导体耦合电池、铁电—半导体耦合 / 晶体硅叠层电池、钙钛矿电池、染料敏化电池、有机电池、量子点电池、新型叠层电池、硒化锑电池、铜锌锡硫电池和三五（III-V）族纳米线电池等电池技术，实现至少一种电池达到世界最高效率。

2. 高效、低成本晶体硅电池产业化关键技术。研究低成本晶体硅电池、HIT 太阳电池、IBC 电池产业示范线关键技术和工艺，推进 HIT 太阳电池设备及原材料国产化，开发 IBC 与 HIT 结合型高效电池；建成设备国产化率≥ 80% 的百兆瓦级电池示范生产线，产线电池平均效率各为≥ 21%、≥ 23%、≥ 23%。研制太阳能电池关键配套材料，开发高效电池用配套电极浆料关键技术，包括正银浆料制备技术，以及无铅正面银电极、低成本浆料银 / 铜粉体功能相复合电极材料等。

3. 薄膜太阳能电池产业化关键技术。研究碲化镉、铜铟镓硒及硅薄膜等薄膜电池的产业化关键技术、工艺及设备，掌握铜铟镓硒薄膜电池原材料国产化技术；建成产能 100MWp 示范生产线，组件平均效率各为≥ 17%、≥ 17%、≥ 15%。

4. 高参数太阳能热发电技术。研究高温高效率吸热材料、超临界蒸汽发生器、二氧化碳透平；研发高温承压型空气吸热器、50kW 级高温空气—燃气联合发电系统、高性能太阳能粒子吸热器；研究高温粒子储热、粒子蒸汽发生器的设计方法及换热过程、粒子空气换热装置的高温粒子与空气间换热规律。

5. 分布式太阳能热电联供系统技术。研究不同聚光吸热的分布式太阳能热电联供系统长周期蓄热材料、部件和系统，研制单螺杆膨胀机、斯特林发动机、有机工质蒸汽轮机等低成本高效中小功率膨胀动力装置，提出不同聚光吸热的高效中小功率热功转换热力循环系统；建设 1 ～ 1000kW 级分布式太阳能热电联供系统集成示范，掌握电站的动态运行特性和调控策略。

6. 太阳能热化学制取清洁燃料关键技术。研究热化学反应体系筛选及反应热力学和动力学，以及金属氧化物还原反应制取清洁燃料、甲烷（催化）干湿重整过程、含碳物料的干湿重整过程等的反应热力学和动力学机理；研究太阳能高温热化学器内传热学与反应动力学的耦合作用机理、太阳能热化学制取清洁燃料的多联产系统热力学机理和动态过程。

7. 智能化分布式光伏及微电网应用技术。研究分布式光伏智能化技术、分布式光伏直流并网发电技术，以及区域性分布式光伏功率预测技术，开展区域内基于不同类型智能单元的分布式光伏系统设计集成技术、光伏微电网互联技术的研究及示范。

8. 高能效、低成本智能光伏电站关键技术研究及示范。研究智能光伏电站设计集成和运行维护技术、高可靠智能化平衡部件技术、兆瓦级光伏直流并网发电系统关键技术，开展百万千瓦级大规模智能光伏电站群的运行特性及对电网的影响研究。

9. 大型槽式太阳能热发电站仿真与系统集成技术。建立 100MWe 槽式太阳能热发电站仿真系统，搭建槽式集热器、导热油系统、储热系统、蒸汽发生系统、汽轮机仿真模型。研究大型槽式太阳能热发电站系统集成技术，实现气象条件与集热、储热、蒸汽发生与汽轮发电协同控制与调节技术，研究可复制、模块化的系统集成与集成控制技术，电站参数优化方法等。

10. 50～100MW 级大型太阳能光热电站关键技术研究与集成应用。研究定日镜及大型定日镜场技术、塔式电站大型镜场在线检测技术、大型吸热器技术及大型高效储换热技术、适合光热发电系统的热力装备技术，研究塔式电站系统集成与控制技术、光热发电系统参与电网调节的主动式控制技术，建立可全天连续发电的 50MW 级槽式太阳能高效梯级利用示范电站；研究 20MW 级直接产生过热蒸汽型的多塔集成调控塔式太阳能热发电站集成应用。

11. 50MW 级储热光伏、光热、风电互补的混合发电示范应用。研究储能光热电站（>10MW）与光伏（>20MW）/ 风电（>20MW）混合发电站的整体设计技术，研究储能光热电站与光伏 / 风电互补发电的协调技术；研究混合发电站的控制技术及自动化运维技术，实现各种工况下光热—光伏 / 风电混合发电站的平稳发电以及突变条件下的快速响应；研究 50MW 级储能光热电站与光伏 / 风电混合发电站整体系统集成、工程化及运营技术，实现示范应用。

八、大型风电技术创新

（一）战略方向

1. 大型风电关键设备。重点在 10MW 级及以上风电机组，以及 100 米级及以上风电叶片、10MW 级及以上风电机组变流器和高可靠、低成本大容量超导风力发电机等方面开展研发与攻关。

2. 远海大型风电系统建设。重点在远海大型风电场设计建设、适用于深水区的大容量风电机组漂浮式基础、远海风电场输电，以及海上风力发电运输、施工、运维成套设备等方面开展研发与攻关。

3. 基于大数据和云计算的风电场集群运控并网系统。重点在典型风资源特性研究与评估、基于大数据大型海上风电基地群控、风电场群优化协调控制和智能化运维、海上风电场实时监测及智能诊断技术装备等方面开展研发与攻关。

4. 废弃风电设备无害化处理与循环利用。重点在风电设备无害化回收处理、风电磁体和叶片的无害化回收处理等方面开展研发与攻关。

（二）创新目标

1. 2020 年目标。形成 200～300 米高空风力发电成套技术。掌握自主知识产权的 10MW 级以下大型风电机组及关键部件的设计制造技术，形成国际竞争力；突破近海风电场设计和建设成套关键技术，形成海上风电工程技术标准。掌握复杂条件下的风资源特性及各区域风电资源时空互补性，评估风资源可获得性，进行风电场优化布局；建立风电场群控制与运维体系，支撑区域风电规模并网。

2. 2030 年目标。200～300 米高空风力发电获得实际应用并推广。突破 10MW 级及以上大型风电机组关键部件设计制造技术，建立符合海况的远海风电场设计建设标准和运维规范；掌握风电场集群的多效利用、风电场群发电功率优化调度运行控制技术；掌握废弃风电机组材料的无害化处理与循环利用技术，支撑风电可持续发展；成为风电技术创新和产业发展强国。

大型风电技术创新路线图

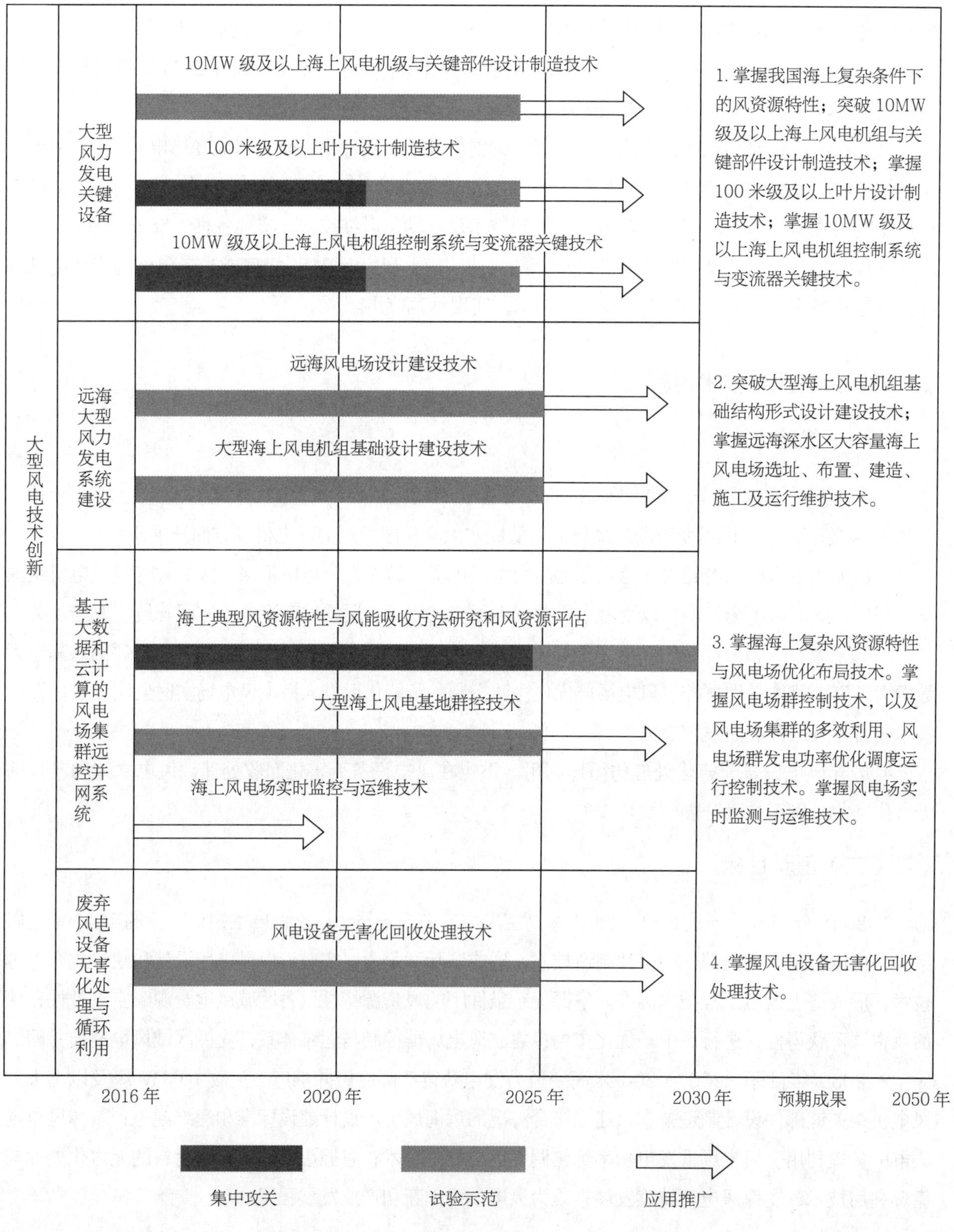

3. 2050年展望。突破30MW级超大型风电机组关键技术，掌握不同海域规模化风电开发成套技术与装备，形成完整的风能利用自主创新体系和产业体系，使风能成为我国主要能源之一。

（三）创新行动

1. 100米级及以上叶片设计制造技术。研究100米级及以上叶片三维设计方法与设计体系、叶片载荷与破坏机理和优化校核方法，以及基于高效叶片气弹、轻量化结构和新材料技术相结合的一体化设计技术；研究100米级及以上叶片结构轻量化设计技术、叶片碳—玻材料混杂及铺层优化设计技术；研制100米级及以上大型海上风电机组叶片，研究大型叶片测试技术，推动具有自主知识产权的系列化风电叶片产业化。

2. 大功率陆上风电机组及部件设计与优化关键技术。研究大功率风电机组整机一体化优化设计及轻量化设计技术；开展大功率机组叶片、载荷与先进传感控制集成一体化降载优化技术，大功率风电机组电气控制系统智能诊断、故障自恢复免维护技术，以及大功率陆上风电机组及关键部件绿色制造技术研发。

3. 陆上不同类型风电场运行优化及运维技术。研究风电机组和风电场综合智能化传感技术、风电大数据收集及分析技术；研究复杂地形、特殊环境条件下风电场与大型并网风电场的设计优化方法及基于大数据的风电场运行优化技术；研究基于物联网、云计算和大数据综合应用的陆上不同类型风电场智能化运维关键技术，以及适合接入配电网的风电场优化协调控制、实时监测和电网适应性等关键技术。

4. 典型风资源特性与风能吸收方法研究及资源评估。研究陆上和海上复杂条件影响下的风特性并揭示脉动特性，研究边界层风垂直变化并分析不同海域的热力稳定度。根据海上典型风资源特征，探明多尺度叶片流场复杂特性和描述方法，获得不同尺度流场特征参数相互耦合的物理机制，开展适合我国风资源特性的高性能大型风电机组的专用翼型族研究。普查陆上和海上典型风资源并分析数据，建立风资源评估数值模型，开发自主知识产权的风资源评估系统。

5. 10MW级及以上海上风电机组及关键部件设计制造关键技术。研究适合我国海况和海上风资源特点的风电机组精确化建模和仿真计算技术；研究10MW级及以上海上风电机组整机设计技术，包括风电机组、塔架、基础一体化设计技术，以及考虑极限载荷、疲劳载荷、整机可靠性的设计优化技术；研究高可靠性传动链及关键部件的设计、制造、测试技术，以及大功率风电机组冷却技术。研制自主知识产权的10MW级及以上海上风电机组及其轴承和发电机等关键部件。

6. 10MW级及以上海上风电机组控制系统与变流器关键技术。研究海上风电机组在风、波浪、洋流耦合下的运行特性；研究风电机组智能化控制技术、极端工况（覆冰、台风）下的载荷安全控制技术。研究风电机组变流器和变桨距控制系统等的模块化设计技术，以及中高压变流技术、新型变流器冷却技术；研制大型海上风电机组智能型整机控制系统、变流器及变桨距控制装备，并推广应用。

7. 远海风电场设计建设技术。研究海上风电场建设选址技术，提出适合我国远海深水区风资源条件的风电机组优化布置方法。开展极端海洋环境荷载作用下海上风电机组结构的非线性荷载特性、远海深水区极端海况条件下大容量海上风电机组基础的荷载联合作用计算方法等研究；开发远海风电机组施工与建造技术、远海风电场并网技术、深水电缆铺设及动态跟随风电机组的柔性连接技术、风能与海洋能综合一体化互补利用技术与装备。

8. 大型海上风电机组基础设计建设技术。研究提出适用于我国远海深水区大容量风电机组的海上基础结构型式。探索远海深水区大容量海上风电机组基础的疲劳发生机理与控制方法，开展极端海洋环境荷载作用下的失效模式与分析方法研究，提出其反应控制策略与防灾减灾对策。研究大容量风电机组基础设计制造技术，研制远海海洋环境荷载特点下满足施工与制造要求的新型漂浮式基础。

9. 大型海上风电基地群控技术。建立包含海上风电场群运行数据、实测气象数据以及数值天气预报数据的大数据平台，研发基于大数据的海上大型风电基地运行优化技术、风电场群发电功率一体化预测技术、风电场群协同控制优化技术、风电场及场群真实能效评估和优化策略。研究海上风电场群电能的多效利用技术，研究储能系统的功率和容量选取以及混合储能系统的协调控制问题。

10. 海上风电场实时监测与运维技术。分析影响海上风电场群运维安全及成本的因素，研究海上风电场运维技术，开发基于寿命评估的动态智能运维管理系统；研发海上风电场的运行维护专用检测和作业装备及健康模型与状况评估、运行风险评估、剩余寿命预测和运维决策支持等技术。研究海上机组的新型状态监测系统装备技术及智能故障预估的维护技术、关键部件远程网络化监控与智能诊断技术。

11. 风电设备无害化回收处理技术。研究叶片无害化回收处理技术，研究适合叶片性能要求和大尺度几何结构的易回收或降解的树脂体系及其成型技术；研发不同类型风电叶片组成材料的高效分离回收技术及装备，以及不可回收材料无害化处理技术与装备。研发不同类型风电磁体回收与无害化处理关键技术与装备；研究不同组成材料的永磁体高效清洁分类回收技术与永磁材料再利用技术，并研制回收处理设备。

九、氢能与燃料电池技术创新

（一）战略方向

1. 氢的制取、储运及加氢站。重点在大规模制氢、分布式制氢、氢的储运材料与技术，以及加氢站等方面开展研发与攻关。

2. 先进燃料电池。重点在氢气 / 空气聚合物电解质膜燃料电池（PEMFC）、甲醇 / 空气聚合物电解质膜燃料电池（MFC）等方面开展研发与攻关。

3. 燃料电池分布式发电。重点在质子交换膜燃料电池（PEMFC）、固体氧化物燃料电池（SOFC）、金属空气燃料电池（MeAFC），以及分布式制氢与燃料电池（PEMFC 和 SOFC）的一体化设计和系统集成等方面开展研发与攻关。

氢能与燃料电池技术创新路线图

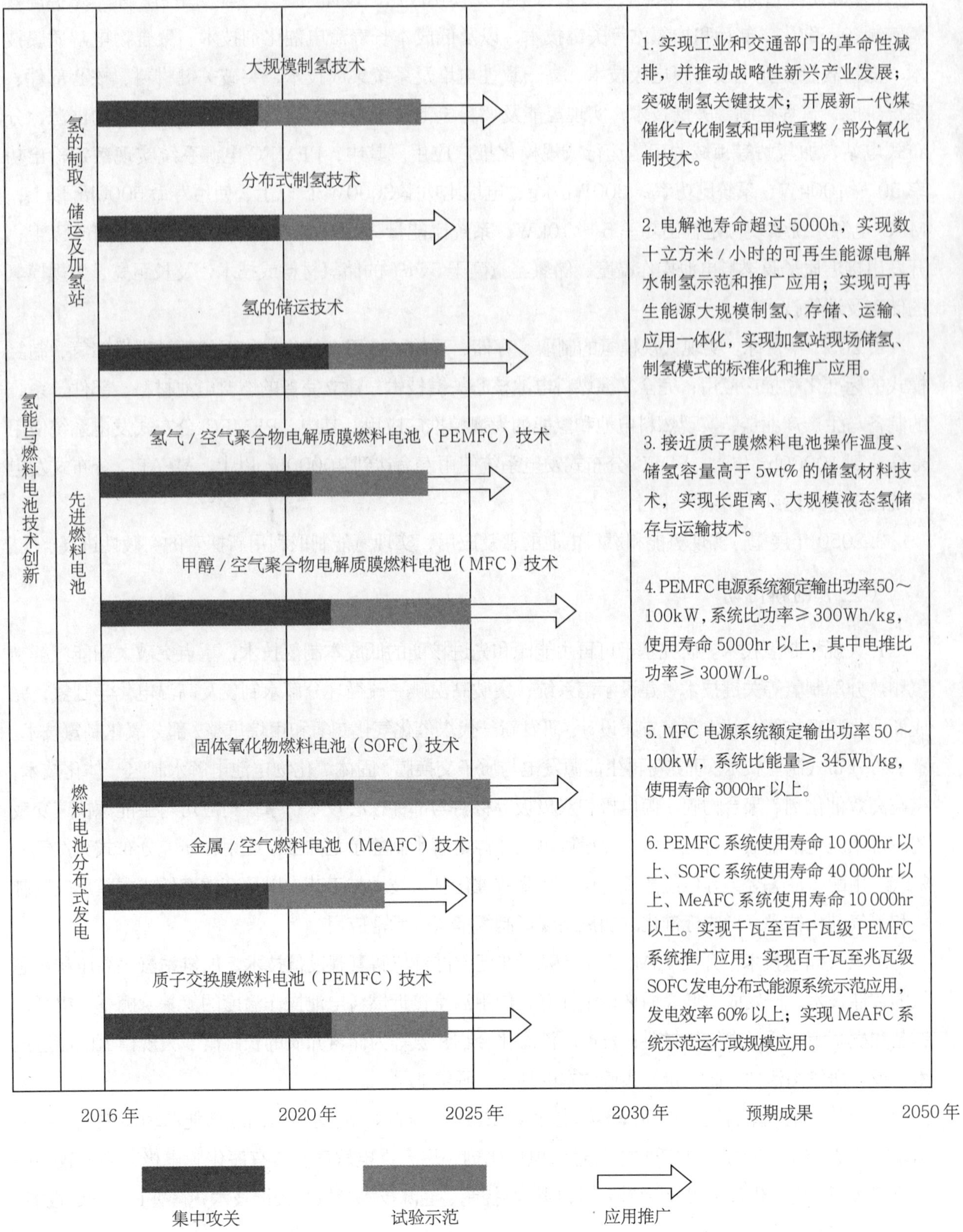

（二）创新目标

1. 2020 年目标。建立健全氢能及燃料电池规模化应用的设计、工艺、检测平台。基本掌握高效氢气制备、纯化、储运和加氢站等关键技术，以及低成本长寿命电催化剂技术、聚合物电解质膜技术、低铂载量多孔电极与膜电极技术、高一致性电堆及系统集成技术，突破关键材料、核心部件、系统集成、过程控制等关键技术，实现氢能及燃料电池技术在动力电源、增程电源、移动电源、分布式电站、加氢站等领域的示范运行或规模化推广应用。其中，PEMFC 电源系统实现额定输出功率 50 ～ 100kW、系统比功率≥ 300Wh/kg、电堆比功率 3000W/L 以上、使用寿命 5000hr 以上；MFC 电源系统实现额定输出功率 5 ～ 10kW、系统比能量≥ 345Wh/kg、使用寿命 3000hr 以上；开发出接近质子膜燃料电池操作温度、储氢容量高于 5wt% 的储氢材料或技术，及长距离、大规模氢的储存及运输技术。

2. 2030 年目标。实现大规模氢的制取、存储、运输、应用一体化，实现加氢站现场储氢、制氢模式的标准化和推广应用；完全掌握燃料电池核心关键技术，建立完备的燃料电池材料、部件、系统的制备与生产产业链，实现燃料电池和氢能的大规模推广应用。其中，PEMFC 分布式发电系统使用寿命达到 10000hr 以上、SOFC 分布式发电系统使用寿命达到 40000hr 以上、MeAFC 分布式发电系统使用寿命达到 10000hr 以上。

3. 2050 年展望。实现氢能和燃料电池的普及应用，实现氢能制取利用新探索的突破性进展。

（三）创新行动

1. 大规模制氢技术。研究基于可再生能源和先进核能的低成本制氢技术，重点突破太阳能光解制氢和热分解制氢等关键技术，建设示范系统；突破高温碘—硫循环分解水制氢及高温电化学制氢，完成商业化高温核能分解水制氢方案设计。研发新一代煤催化气化制氢和甲烷重整 / 部分氧化制氢技术。

2. 分布式制氢技术。研究可再生能源发电与质子交换膜 / 固体氧化物电池电解水制氢一体化技术，突破高效催化剂、聚合物膜、膜电极和双极板等材料与部件核心技术，掌握适应可再生能源快速变载的高效中压电解制氢电解池技术，建设可再生能源电解水制氢示范并推广应用；研究分布式天然气、氨气、甲醇、液态烃类等传统能源与化工品高效催化制氢技术与工艺，以及高效率低成本膜反应器制氢和氢气纯化技术，形成标准化的加氢站现场制氢模式并示范应用。

3. 氢气储运技术。开发 70Mpa 等级碳纤维复合材料与储氢罐设备技术、加氢站氢气高压和液态氢的存储技术；研发成本低、循环稳定性好、使用温度接近燃料电池操作温度的氮基、硼基、铝基、镁基和碳基等轻质元素储氢材料；发展以液态化合物和氨等为储氢介质的长距离、大规模氢的储运技术，设计研发高活性、高稳定性和低成本的加氢 / 脱氢催化剂。

4. 氢气 / 空气聚合物电解质膜燃料电池（PEMFC）技术。针对清洁高效新能源动力电源的重大需求，重点突破 PEMFC 的低成本长寿命电催化剂、聚合物电解质膜、有序化膜电极、高一致性电堆及双极板、模块化系统集成、智能化过程检测控制、氢源技术等核心关键技术，解决 PEMFC 性能、寿命、成本等关键问题，并实现 PEMFC 电动汽车的示范运行和推广应用。

5. 甲醇 / 空气聚合物电解质膜燃料电池（MFC）技术。针对清洁高效新能源动力电源的重大需求，重点突破 MFC 耐高温长寿命电催化剂、新型耐高温聚合物电解质膜、有序化膜电极、一体化有机燃料重整、高温条件下电堆系统集成优化、智能控制等核心关键技术，并实现 MFC 在电动汽车上应用的示范运行和推广应用（无须制氢、储氢、加氢站）。

6. 燃料电池分布式发电技术。重点研发质子交换膜燃料电池（PEMFC）及氢源技术、固体氧化物燃料电池技术（SOFC），以及金属空气燃料电池（MeAFC）技术。在分散电站工况条件下，突破 PEMFC、SOFC、MeAFC 燃料电池关键材料、核心部件、系统集成和质能平衡管理等关键技术，建立分布式发电产业化平台，实现千瓦至百千瓦级 PEMFC 系统在通信基站和分散电站等领域的推广应用；实现百千瓦至兆瓦级 SOFC 发电分布式能源系统示范应用，发电效率 60% 以上，并开发适于边远城市和工矿企业等分布式电站；实现 MeAFC 系统在智能微电网、通信基站和应急救灾等领域的示范运行或规模应用。

十、生物质、海洋、地热能利用技术创新

（一）战略方向

1. 先进生物质能与化工。重点在生物航油（含军用）制取、绿色生物炼制升级、生态能源农场构建等方面开展研发与攻关。

2. 海洋能开发利用。重点在海洋能源高效开发利用、远海海域海洋能开发利用、海洋能利用技术应用领域扩展等方面开展研发与攻关。

3. 地热能开发利用。重点在干热岩开发利用、水热型地热系统开发利用升级等方面开展研发与攻关。

（二）创新目标

1. 2020 年目标。在先进生物质能与化工方面，建成千吨级生物航油示范工程，完成台架试验并实现木质纤维素生物航油试飞验证；建成万吨级纤维素乙醇示范，实现生物天然气商业化示范；开发生物柴油多联产和炼制技术，形成万吨级示范工程；建设千吨级生物橡胶和生物基材料单体及聚合物、万吨级生物基聚氨酯、十万吨级生物基增塑剂及 PVC 制品等的示范生产线；升级生物天然气工程技术，实现商业化；培育一批新兴能源植（作）物新品系（种），初步建立生物质原料可持续供应体系。在海洋能开发利用方面，制订南海海洋能利用路线图。完善潮流能、波浪能装置设计体系，开发高效率的潮流能装置翼型与叶轮；提高温（盐）差能发电效率，研发温（盐）差能发电实型装置。地热能开发利用，掌握干热岩开发关键技术，建成 100kW 级干热岩发电示范；突破干热岩开发设备设计及制造关键技术，解决结垢、回灌难题，实现浅层地热规模化开发利用；建成兆瓦级地热综合梯级利用示范。

生物质、海洋、地热能利用技术创新路线图

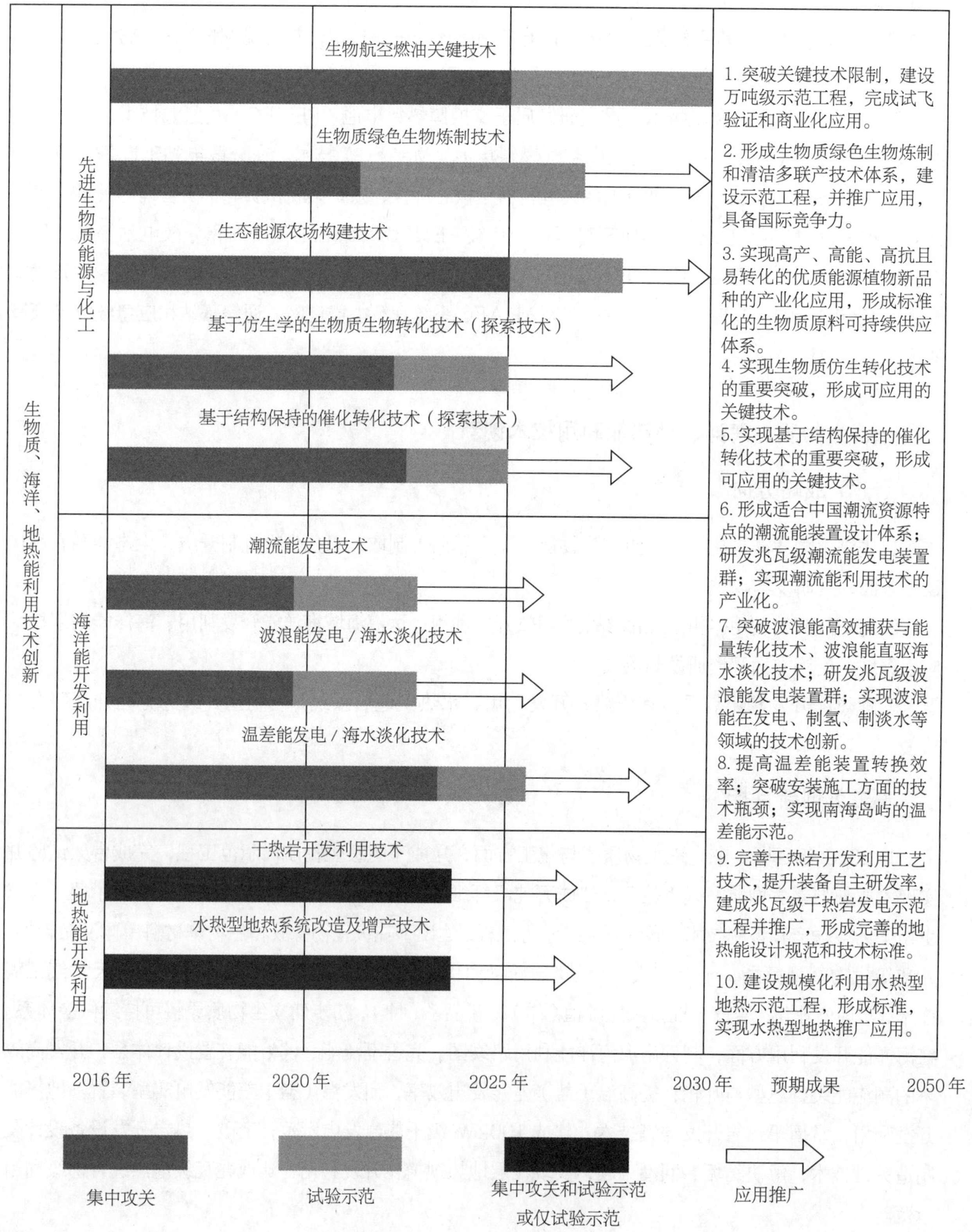

2. 2030 年目标。在先进生物质能与化工方面，具有商业化运营能力；完成万吨级多元化原料的生物航油集成与生产示范，形成十大类、百余种重大化工产品的先进生物制造工艺及产业链，建立 10 余个重大化工产品生物制造产业示范工程；创建 5 ～ 10 个生态能源农场示范，设立能源植物生态影响长期定位试验观测点，形成标准化的生物质原料可持续供应体系。在海洋能开发利用方面，实现海洋能装置设计与制造技术的协同发展并提升自主研发率，突破关键基础元器件和功能部件设计制造技术；突破波浪能高效捕获与能量转换技术，实现潮流能电场运行标准化，完善温（盐）差能海况样机开发；在南海建立波浪能、温差能示范电站，实现波浪能、温差能利用技术在南海的初步应用；全面推广应用成熟的海洋能利用技术。在地热能开发利用方面，实现干热岩开发利用设计与制造技术的协同发展，完善干热岩开发利用工艺，提升装备自主研发率，建成兆瓦级干热岩发电示范工程；建设规模化利用水热型地热示范工程，形成完善的设计规范和技术标准。

3. 2050 年展望。生物航空燃料技术支撑商业化应用，形成多元化生物质原料可持续供应保障体系，低值生物质生物炼制和绿色多联产技术形成国际竞争力，生态能源农场具有持续绿色能源贡献能力。建立兆瓦级波浪能、潮流能发电装置群；实现潮流能、波浪能发电技术在近海海域的产业化；建立完整的海洋能产业链，实现海洋能发电和制淡水技术的全面应用。形成完善的地热能利用技术标准体系，实现干热岩发电工程推广、水热型地热应用。

（三）创新行动

1. 生物航油（含军用）制取关键技术。突破纤维素及非粮生物质的水热降解、中间体加氢脱氧等技术，研究油脂提取及加氢异构技术、油脂与木质纤维素生物航油的加氢精制技术、油脂与木质纤维素原料互补的燃油组成及能质性能调控技术、生物航油适应性燃烧技术；提升基于纤维素和油脂类原料互补、生物航油高洁净精制和副产物高质化利用等的技术体系。打造生物航油产业化研发平台并研制全产业链制备装备，建立千（万）吨级示范工程，加强自主技术集成与工业应用示范。

2. 绿色生物炼制技术。突破烃类大宗化学品绿色炼制转化的共性关键技术，研发分散生物质原料高效清洁收集模式，升级生物能源、生物基材料和化学品联产技术，建立生物质生化转化技术平台；研制大型连续高效发酵转化关键设备，研发国产化、成套化、标准化的生物质绿色制造和多联产装备体系，优化废弃物原料智能化收集、高效转化和资源综合利用等关键技术体系，推进生物质能源与化工产品的配额应用，形成产业化应用模式。

3. 生态能源农场。研究能源植物高效光合固碳、细胞壁生物合成、油脂合成、糖合成代谢网络及其调控机制，选育能源植物新品种；突破能源植物资源在非农耕边际土地或废水中高产、低成本、规模化培育技术，研究能源植物生态影响调控技术，建立生态能源农场资源数据库；研发智能化生物质原料收运储技术装备，建立多元化、多渠道、智能化的新兴生物质原料持续供给体系，建设生态能源农场示范。

4. 生物质能源开发利用探索技术。重点探索研究基于仿生学的生物质生物转化技术、基元结构保持的催化转化技术等。

5. 波浪能利用技术。突破海上生存能力技术、波浪能利用关键元器件和功能部件设计制造技术，研究高转换率波浪能发电技术与工艺，研发兆瓦级波浪能发电装置群；研发海上多能互补发电制淡水综合平台，开展波浪能在海洋仪器供电/驱动、海水淡化和海洋综合养殖业等方面的应用；实现波浪能装置设计制造及电场运行的标准化，推进波浪能技术产业化。

6. 潮流能利用技术。研发潮流能发电机组水下密封技术，开发高效率的潮流叶轮及适合潮流资源特点的翼型叶片，突破发电机组水下密封、低流速启动、模块设计与制造等关键技术；研发兆瓦级潮流能发电装置群，研究潮流能发电场建设技术与标准体系；建设示范工程，推进规模化利用。

7. 温（盐）差能利用技术。研究温（盐）差能发电热力循环技术，研制温（盐）差能实际海况试验样机，突破安装施工方面的技术瓶颈，建设温（盐）差能利用技术示范工程，并推广应用成熟技术。

8. 干热岩开发利用技术。研发靶区定位和探测的技术设备、大体积压裂技术设备及配套施工技术；突破人工裂隙发育延伸控制技术及施工工艺、裂隙网络优化技术、宽负荷耦合发电技术、干热岩中高温发电工艺，开发高效热电转换地面发电设备，掌握系统高压全封闭运行设计工艺；研究干热岩开发利用系统稳定运行优化控制方法、成井测试及微地震监测装置，形成开发利用环境影响评价方法与指标体系，建立开发利用工程化技术体系和标准，建设示范工程。

9. 水热型地热系统改造与增产技术。突破储层物性综合测试技术及相应测试方法和手段、储层增效技术，掌握孔隙和裂隙型热储动态开发回灌示踪与评价方法，研制示踪、酸化处理材料及储层酸化技术配套装备，形成完善的增效工艺；研究群井开发动态测试、预测与评价技术；研发储层、井筒、输运系统和发电系统核心部件防除垢技术，形成整套工艺；研发规范化取样和测试设备与工艺、结垢预测热动力学软件、阻垢剂加注工艺与设备。形成水热型地热热储可持续开发利用的创新理论、技术体系、行业标准与大数据信息化技术平台。

十一、高效燃气轮机技术创新

（一）战略方向

1. 先进材料与制造。重点在高性能复合材料、高温耐热合金材料涂层、大尺寸高温合金（单晶、定向结晶）铸造、复杂结构高温合金无余量精密铸造、高精度与高质量 3D 打印及智能制造等方面开展研发与攻关。

2. 燃气轮机机组设计。重点在微型燃气轮机领域的高效径流式叶轮及系统一体化设计、中小型燃气轮机领域的高效多级轴流压气机设计、重型燃气轮机领域的先进气动布局与通流设计等方面开展研发与攻关。

3. 高效清洁燃烧。重点在低污染燃烧室、分级燃烧燃烧室、回流燃烧室、贫预混与预蒸发燃烧室和可变几何燃烧室，以及低热值燃料稳燃与多燃料适应性、富氢与氢燃料燃烧等方面开展研发与攻关。

高效燃气轮机技术创新路线图

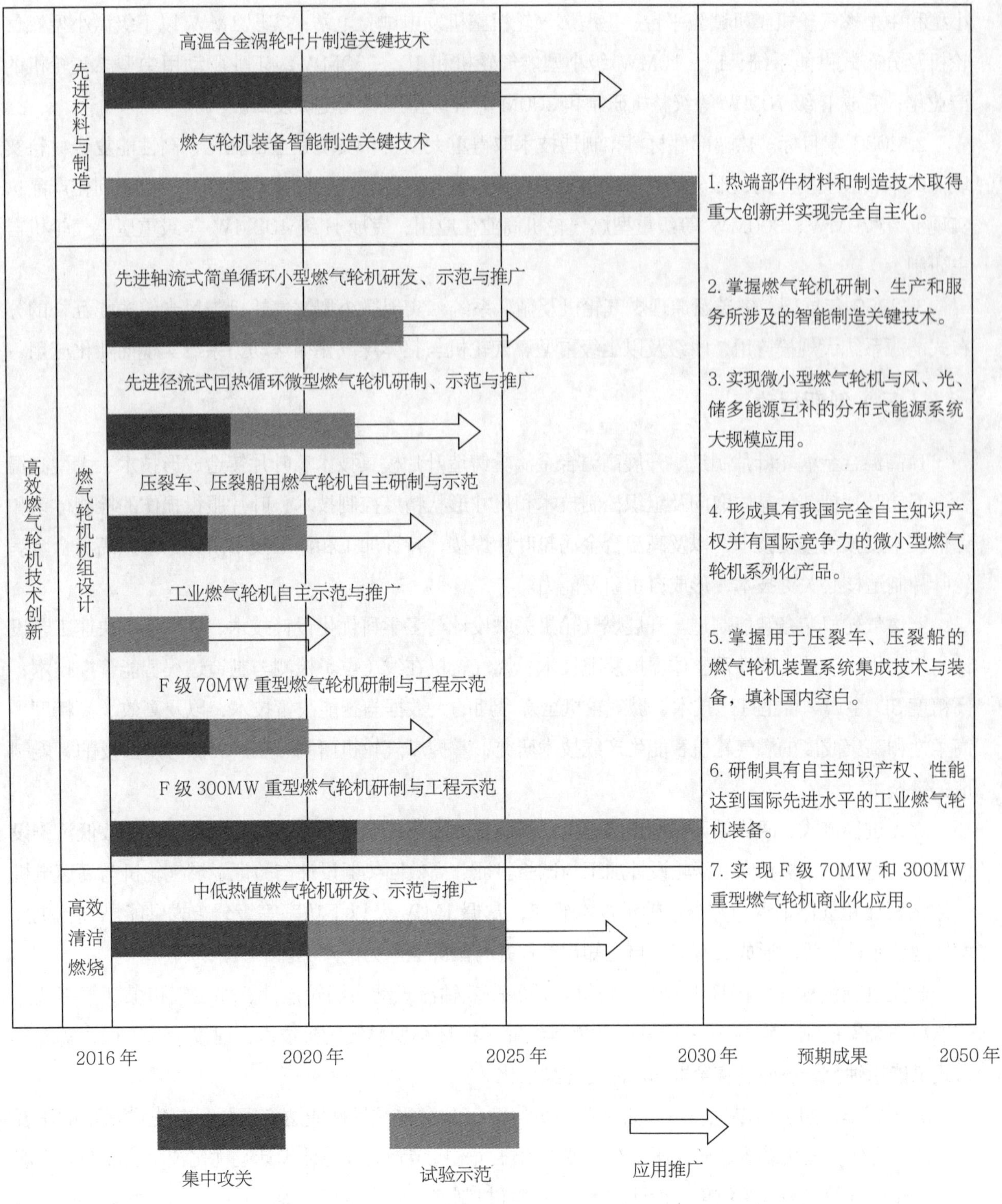

（二）创新目标

1. 2020 年目标。突破热端部件设计制造技术，具备高性能复合材料大规模制备技术；建成微型、小型和中型燃气轮机整机试验平台、重型燃气轮机整机发电试验电站；实现 1MW 以下级微小型燃气轮机及分布式供能系统、1 ～ 10MW 级小型燃气轮机和 10 ～ 50MW 级工业驱动用中型燃气轮机的产业化；完成 F 级 70MW 等级整机研制和 300MW 等级重型燃气轮机设计。

2. 2030 年目标。热端部件材料和制造技术取得重大创新和实现完全自主化，高性能复合材料实现低成本和大规模应用；形成具有完全自主知识产权并有国际竞争力的微小型燃气轮机系列化产品；实现 F 级 70MW、300MW 等级重型燃气轮机商业化应用；完成 H 级 400MW 等级重型燃气轮机自主研制。

3. 2050 年展望。突破新原理燃气轮机及循环系统，实现微小型燃气轮机与风光储多能互补的分布式能源系统大规模应用，H 级及以上级重型燃气轮机与整体煤气化循环动力系统实现商业化应用。

（三）创新行动

1. 高温合金涡轮叶片制造。开展高温合金涡轮铸造叶片模具技术、叶片铸造成形技术、大型高温合金涡轮叶片精铸件晶体取向及组织控制技术和尺寸形状精度控制技术、叶片服役损伤的检测体系和评估技术及损伤修复技术，以及高温合金涡轮叶片焊接、特种加工和涂层技术研究，掌握高温合金涡轮叶片制造核心关键技术，形成自主研发能力。

2. 燃气轮机装备智能制造。开展燃气轮机关联设计与多学科优化设计技术、燃气轮机快速工艺设计与仿真优化设计、部件及整体虚拟装配技术、燃气轮机在线（位）检测与制造过程智能管控技术、高精度 3D 金属 / 合金打印技术、燃气轮机全寿命期的大数据与智能决策技术，以及高效、高精度、高柔性和高集成度的燃气轮机智能生产线技术研究，掌握燃气轮机研制、生产和服务所涉及的智能制造关键技术。

3. 先进径流式、回热循环微型燃气轮机。开展整体插拔式单筒燃烧室和回流燃烧室高效低污染设计技术、离心压气机和向心涡轮设计加工与试验验证、高效回热器设计与验证、燃气轮机与高速电机一体化设计和气浮轴承与磁悬浮轴承技术研究，掌握 1MW 及以下功率等级分布式供能燃气轮机技术；建设示范工程，形成具有完全自主知识产权并有国际竞争力的产品。

4. 先进轴流式简单循环小型燃气轮机。开展高效轴流式动力涡轮设计、伴生气和煤制气等低热值燃料燃烧室研制，掌握 1 ～ 10MW 功率等级简单循环小型燃气轮机技术；建设示范工程，实现分布式供能用轴流式小型燃气轮机的产品化与型谱化。

5. 压裂车（船）用燃气轮机。研制满足页岩油气开发需求且性能达到国际目前先进水平的压裂车（船）用燃气轮机装置，研究压裂车（船）用燃气轮机装置集成总体设计及优化技术、高功率密度和轻量化燃气轮机装置系统集成设计技术；完成样机制造，建设示范工程。

6. F 级 70MW 重型燃气轮机。开展具有完全自主知识产权的燃气轮机整机设计制造与系统集成、全尺寸燃烧室的全温全压性能试验、透平叶片冷却试验，以及整机空负荷试车试验与带负荷发电试验，掌握 F 级 70MW 等级重型燃气轮机核心技术；建设示范工程。

7. F 级 300MW 等级重型燃气轮机。研制 F 级 300MW 等级重型燃气轮机整机装备，开展整机设计、关键部件试验及工业考核，以及整机制造与系统集成，整机空负荷试验及带负荷发电试验验证，实现装备从部分国产化制造到自主设计、制造及保障；建设示范工程。

8. 高参数燃氢燃气轮机。开展燃氢燃气轮机稳燃技术、燃氢燃气轮机高效低 NO_x 燃烧室设计技术、有效防止氢脆和提高机组寿命的新型合金材料，以及燃氢燃气轮机高温涡轮叶片冷却技术研究。

9. 燃气轮机试验平台建设。建设燃气轮机试验与示范平台、高性能微型和小型燃气轮机整机验证平台、30MW 等级天然气管线燃气轮机增压试验站示范平台，以及 70MW、300MW 等级重型燃气轮机示范电站，满足各功率档燃气轮机试验与示范需要。

十二、先进储能技术创新

（一）战略方向

1. 储热 / 储冷。重点在太阳能光热的高效利用、分布式能源系统大容量储热（冷）等方面开展研发与攻关。

2. 物理储能。重点在电网调峰提效、区域供能的物理储能应用等方面开展研发与攻关。

3. 化学储能。重点在可再生能源并网、分布式及微电网、电动汽车的化学储能应用等方面开展研发与攻关。

（二）创新目标

1. 2020 年目标。突破高温储热的材料筛选与装置设计技术、压缩空气储能的核心部件设计制造技术，突破化学储电的各种新材料制备、储能系统集成和能量管理等核心关键技术。示范推广 10MW/100MWh 超临界压缩空气储能系统、1MW/1000MJ 飞轮储能阵列机组、100MW 级全钒液流电池储能系统、10MW 级钠硫电池储能系统和 100MW 级锂离子电池储能系统等一批趋于成熟的储能技术。

2. 2030 年目标。全面掌握战略方向重点布局的先进储能技术，实现不同规模的示范验证，同时形成相对完整的储能技术标准体系，建立比较完善的储能技术产业链，实现绝大部分储能技术在其适用领域的全面推广，整体技术赶超国际先进水平。

3. 2050 年展望。积极探索新材料、新方法，实现具有优势的先进储能技术储备，并在高储能密度低保温成本热化学储热技术、新概念电化学储能技术（液体电池、镁基电池等）、基于超导磁和电化学的多功能全新混合储能技术等实现重大突破，力争完全掌握材料、装置与系统等各环节的核心技术。全面建成储能技术体系，整体达到国际领先水平，引领国际储能技术与产业发展。

先进储能技术创新路线图

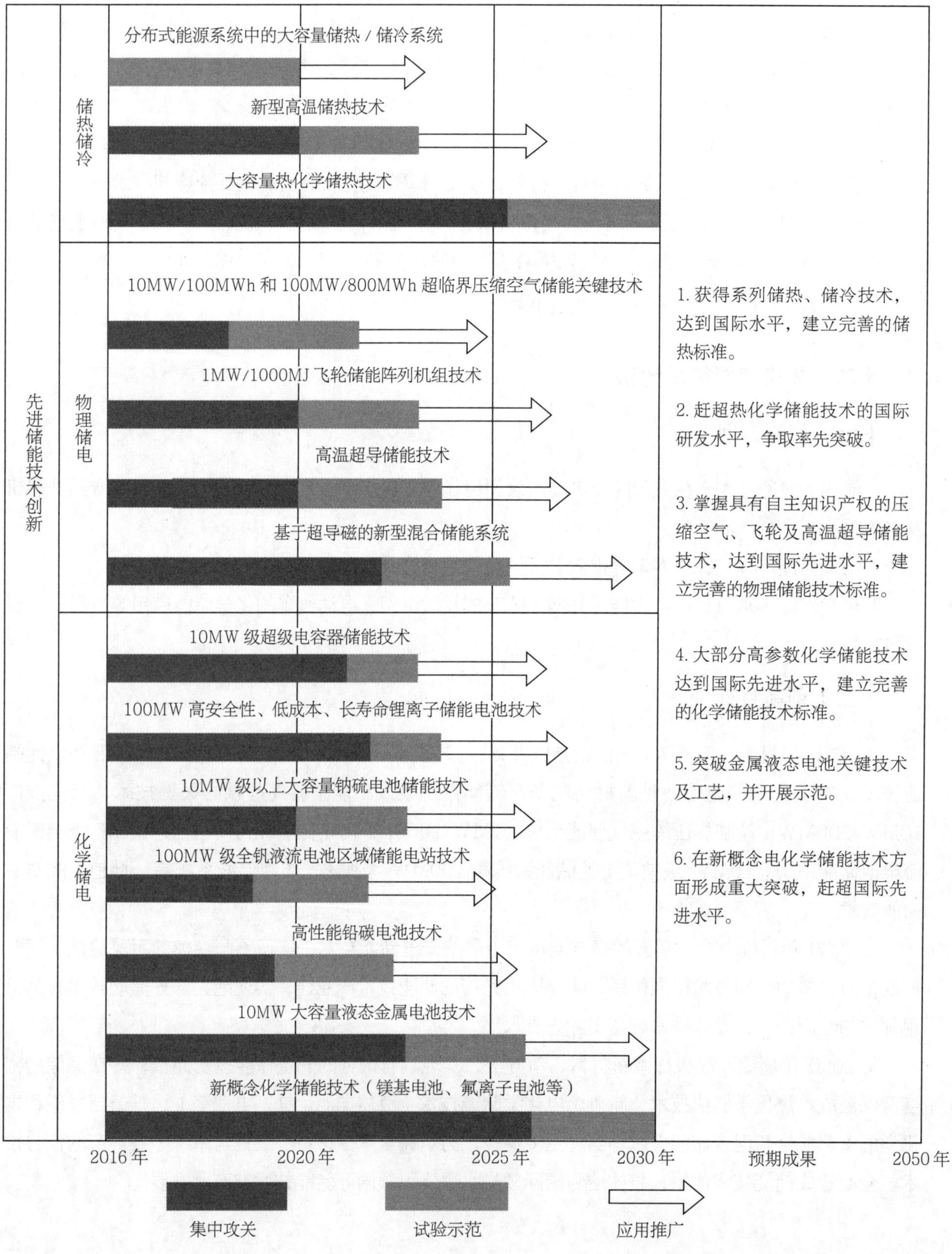

（三）创新行动

1. 储热 / 储冷技术。研究高温（≥ 500℃）储热技术，开发高热导、高热容的耐高温混凝土、陶瓷、熔盐、复合储热材料的制备工艺与方法；研究高温储热材料的抗热冲击性能及机械性能间关系，探究高温热循环动态条件下材料性能演变规律；研究 10MWh 级以上高温储热单元优化设计技术。开展 10 ～ 100MWh 级示范工程，示范验证 10 ～ 100MWh 级面向分布式供能的储热（冷）系统和 10MW 级以上太阳能光热电站用高温储热系统；开发储热（冷）装置的模块化设计技术，研究大容量系统优化集成技术、基于储热（冷）的动态热管理技术。研究热化学储热等前瞻性储热技术，探索高储热密度、低成本、循环特性良好的新型材料配对机制；突破热化学储热装置循环特性、传热特性的强化技术；创新热化学储热系统的能量管理技术。

2. 新型压缩空气储能技术。突破 10MW/100MWh 和 100MW/800MWh 的超临界压缩空气储能系统中宽负荷压缩机和多级高负荷透平膨胀机、紧凑式蓄热（冷）换热器等核心部件的流动、结构与强度设计技术；研究这些核心部件的模块化制造技术、标准化与系列化技术。突破大规模先进恒压压缩空气储能系统、太阳能热源压缩空气储能系统、利用 LNG 冷能压缩空气储能系统等新型系统的优化集成技术与动态能量管理技术；突破压缩空气储能系统集成及其与电力系统的耦合控制技术；建设工程示范，研究示范系统调试与性能综合测试评价技术；研发储能系统产业化技术并推广应用。

3. 飞轮储能技术。发展 10MW/1000MJ 飞轮储能单机及阵列装备制造技术。突破大型飞轮电机轴系、重型磁悬浮轴承、大容量微损耗运行控制器以及大功率高效电机制造技术；突破飞轮储能单机集成设计、阵列系统设计集成技术；研究飞轮单机总装、飞轮储能阵列安装调试技术；研究飞轮储能系统应用运行技术、检测技术、安全防护技术；研究飞轮储能核心部件专用生产设备、总装设备、调试设备技术和批量生产技术。研究大容量飞轮储能系统在不同电力系统中的耦合规律、控制策略；探索飞轮储能在电能质量调控、独立能源系统调节以及新能源发电功率调控等领域中的经济应用模式；建设大型飞轮储能系统在新能源的应用示范。

4. 高温超导储能技术。探索高温超导储能系统的设计新型原理，突破 2.5MW/5MJ 以上高温超导储能磁体设计技术；研究高温超导储能系统的功率调节系统 PCS 的设计、控制策略、调制及制造技术；研究高温超导储能低温高压绝缘结构、低温绝缘材料和制冷系统设计技术；研究高性能在线监控技术、实时快速测量和在线检测控制技术。布局基于超导磁和电化学及其他大规模物理储能的多功能全新混合储能技术，重点突破混合储能系统的控制技术及多时间尺度下的能量匹配技术。开发大型高温超导储能装置及挂网示范运行。

5. 大容量超级电容储能技术。开发新型电极材料、电解质材料及超级电容器新体系。开展高性能石墨烯及其复合材料的宏量制备，探索材料结构与性能的作用关系；开发基于钠离子的新型超级电容器体系。研究高能量混合型超级电容器正负电极制备工艺、正负极容量匹配技术；研发能量密度 30Wh/kg、功率密度 5000W/kg 的长循环寿命超级电容器单体技术。研究超级电容器模块化技术，突破大容量超级电容器串并联成组技术。研究 10MW 级超级电容器储能装置系统集成关键技术，突破大容量超级电容器应用于制动能量回收、电力系统稳定控制和电能质量改善等的设计与集成技术。

6. 电池储能技术。突破高安全性、低成本、长寿命的固态锂电池技术，以及能量密度达到300Wh/kg 的锂硫电池技术、低温化钠硫储能电池技术；研究比能量 >55Wh/kg ，循环寿命 >5000次（80%DOD）的铅炭储能电池技术；研究总体能量效率≥ 70% 的锌镍单液流电池技术；研究储能电池的先进能量管理技术、电池封装技术、电池中稀有材料及非环保材料的替代技术。研究适用于100kW 级高性能动力电池的储能技术，建设 100MW 级全钒液流电池、钠硫电池、锂离子电池的储能系统，完善电池储能系统动态监控技术。突破液态金属电池关键技术，开展 MW 级液态金属电池储能系统的示范应用。布局以钠离子电池、氟离子电池、氯离子电池、镁基电池等为代表的新概念电池技术，创新电池材料，突破电池集成与管理技术。

十三、现代电网关键技术创新

（一）战略方向

1. 基础设施和装备。重点在柔性直流输配电、无线电能传输、大容量高压电力电子元器件和高压海底电力电缆等先进输变电装备技术，以及用于电力设备的新型绝缘介质与传感材料、高温超导材料等方面开展研发与攻关。

2. 信息通信。重点在电力系统量子通信技术应用、电力设备在线监测先进传感技术、高效电力线载波通信、推动电力系统与信息系统深度融合等方面开展研发与攻关。

3. 智能调控。重点在可再生能源并网、主动配电网技术、大电网自适应 / 自恢复安全稳定技术、适应可再生能源接入的智能调度运行、电力市场运营、复杂大电网系统安全稳定等方面开展研发与攻关。

（二）创新目标

1. 2020 年目标。突破柔性直流输配电、电动汽车无线充电技术，掌握大容量高压电力电子元器件和高压海底电力电缆等先进输变电装备关键技术，实现工业化、低成本制造及示范推广，相关技术及装备走向国际市场。突破信息通信安全技术和电力线载波技术，形成宽带电力线通信标准；形成适合电网运行要求的低成本、量子级的通信安全技术。研究大规模可再生能源和分布式发电并网关键技术并开展示范；突破电力系统全局协调调控技术，实现示范应用。完成现代复杂大电网安全稳定技术研究，实现现代复杂大电网安全稳定运行。

2. 2030 年目标。柔性直流输配电技术、新型大容量高压电力电子元器件和高压海底电力电缆等先进输变电装备达到国际先进水平。突破高温超导材料关键技术和工艺。形成适合电网运行要求的低成本、量子级的通信安全工程应用技术解决方案，实现规模化应用。微电网 / 局域网与大电网相互协调技术、源—网—荷协调智能调控技术获得充分应用。

3. 2050 年展望。无线输电技术得到应用，电网的系统、设备、通信、控制等技术引领国际先进水平，

现代电网关键技术创新路线图

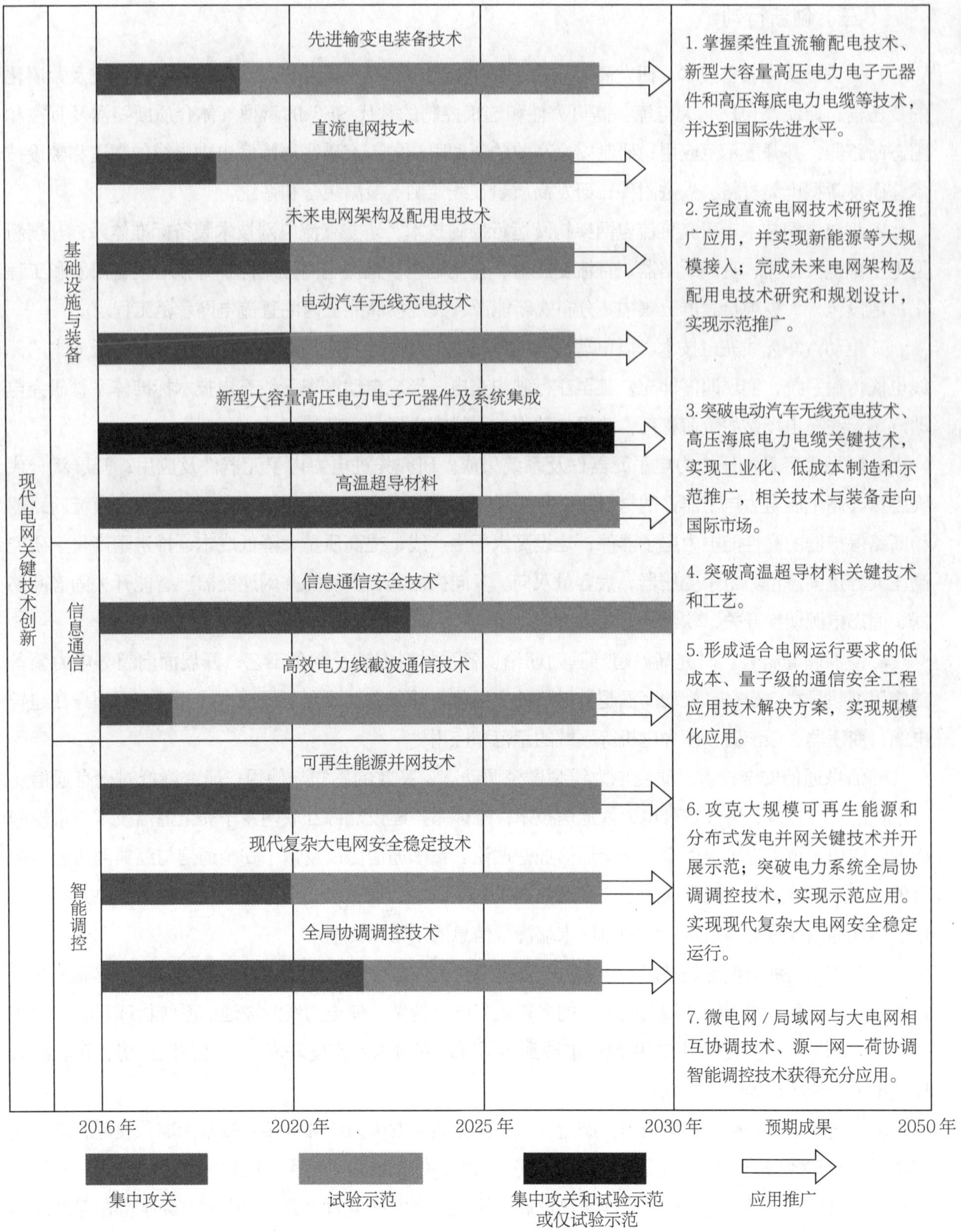

完全掌握材料、核心器件、装备和系统成套技术。完全解决可再生能源和分布式电源并网消纳问题。建成世界领先的、安全高效的、绿色环保的现代电网。

（三）创新行动

1. 先进输变电装备技术。研发高可靠性、环保安全（难燃、低噪声）、低损耗、智能化及紧凑化的变压器；研制高电压、大电流、高可靠性和选相控制的替代 SF6 的新型气体介质断路器及真空和固态断路器，并开展示范应用；研制安全高效的新型限流器；突破高压海底电力电缆的制造和敷设技术，研发新型电缆材料、先进附件；研发高质量在线监测 / 检测装备和系统。

2. 直流电网技术。研究直流电网架构及运行控制技术，建立直流电网技术装备标准体系；开展新型电压源型换流器、直流断路器、直流变压器、直流电缆、直流电网控制保护等核心设备研发和工程化；建设包含大规模负载群、集中 / 分布式新能源、大规模储能在内的直流电网示范工程。

3. 电动汽车无线充电技术。以电动汽车无线充电为突破点和应用对象，研发高效率、低成本的无线电能传输系统，实现即停即充，甚至在行驶中充电。形成电动汽车无线充电技术标准体系，研究电动汽车无线充电场站的负荷管理，建设电动汽车无线充电场站示范工程。

4. 新型大容量高压电力电子元器件及系统集成。研究先进电力电子元器件及应用；开展新一代大容量、高电压电力电子器件的材料研发和关键工艺技术研究；研发用于高电压、大容量直流断路器和断路保护器的高性能电力电子器件；建设高水平生产线，提高质量、降低成本，推进国产化。研究高压大容量固态电力电子变压器、大容量双向 / 多向换流器、多功能并网逆变器、智能开关固态断路器、固态电源切换开关、软常开开关设备。

5. 高温超导材料。研究高温超导基础理论、各系材料配方及制备工艺；开展面向超导电力装备的应用型超导材料研究；推动高温超导材料的实用化，并研究其成套工程技术；开展高温超导在超导电缆、变压器、限流器、超导电机等领域的示范和应用。

6. 信息通信安全技术。研究电力线频谱资源动态、高效的感知与使用；研究降低对已有通信业务干扰的关键技术，形成宽带电力线通信技术标准体系。建设能源互联网量子安全通信技术与常规网络融合应用示范，提出电网量子安全通信加密理论、量子通信协议及量子安全通信与经典网络通信融合的模型。形成适合我国电网量子安全通信要求的低成本、量子级安全可靠的通信技术解决方案。采用低功耗通用无线通信技术，实现电网末端海量信息的采集和传输。

7. 高效电力线载波通信技术。研究进一步提高电力线载波通信频谱效率的通信方式，提高工作带宽并充分考虑利用电力线三相之间形成的多输入多输出构架，使电力线载波通信系统物理层的传输速率达到 Gbps；使电力线通信应用范围扩展到包括互联网接入、家庭联网、家庭智能控制、新能源监控及电力安全生产等众多领域。

8. 可再生能源并网与消纳技术。制定大规模清洁能源发电系统并网接入技术标准和规范。研究并实现基于天气数据的可再生能源发电精确预测。研发并推广增强可再生能源并网能力的储能、多能源互补运行与控制、微电网、可再生能源热电联产等技术。发挥电力大数据和电力交易平台在促进可再生能源并网和消纳中的作用。实现电网和可再生能源电源之间的高度融合，促进可再生能源高效、大容量的分布式接入及消纳。

9. 现代复杂大电网安全稳定技术。研究交直流混合电网、智能电网、微电网构成的复杂大电网稳定机理分析技术，在线/实时分析技术和协调控制技术；建立能源大数据条件下的现代复杂大电网仿真中心，研究满足大规模间歇性能源/分布式能源/智能交互/大规模电力电子设备应用的、高效精确的电力系统仿真技术；加强电网大面积停电的在线/实时预警和评估技术研究。

10. 全局协调调控技术。研究大规模风电/光伏接入的输电网与含高比例分布式可再生能源的配电网之间协调互动的建模分析、安全评估、优化调度与运行控制技术，建立多种特性发电资源并存模式下的输配协同运行控制模式；针对未来电网中多决策主体、多电网形态特点，构建具有高度适应性的调度运行控制体系，开展“分布自律—互动协调”的源—网—荷协同的能量管理技术研发与示范应用。

十四、能源互联网技术创新

（一）战略方向

1. 能源互联网架构设计。重点在能源互联网全局顶层规划、功能结构设计、多能协同规划、面向多能流的能源交换与路由等方面开展研发与攻关。

2. 能源与信息深度融合。重点在能量信息化与信息物理融合、能源互联网信息通信等方面开展研发与攻关。

3. 能源互联网衍生应用。重点在能源大数据、能量虚拟化、储能及电动汽车应用与管理、需求侧响应以及能源交易服务平台、智慧能源管理与监管支撑平台等方面开展研发与攻关。

（二）创新目标

1. 2020 年目标。初步建立能源互联网技术创新体系，能源互联网基础架构、能源与信息深度融合及能源互联网相关应用技术取得重大突破并实现示范应用。部分能源互联网核心装备取得突破并实现商业化应用。建立智慧能源管理与监管技术支撑平台。初步建立开放的能源互联网技术标准、检测、认证和评估体系。

2. 2030 年目标。建成完善的能源互联网技术创新体系。形成具有国际竞争力的系列化、标准化能源互联网核心技术装备，核心设备和发展模式实现规模化应用。形成完善的能源互联网技术标准、检测、认证和评估体系，以及具有国际竞争力的能源互联网支撑系统和行业服务体系。

3. 2050 年展望。全面建成国际领先的能源互联网技术创新体系，引领世界能源互联网技术创新。建成基础开放、共享协同的能源互联网生态体系。

（三）创新行动

1. 能源互联网生产消费智能化技术。研究可再生能源、化石能源智能化生产，以及多能源智能协

能源互联网技术创新路线图

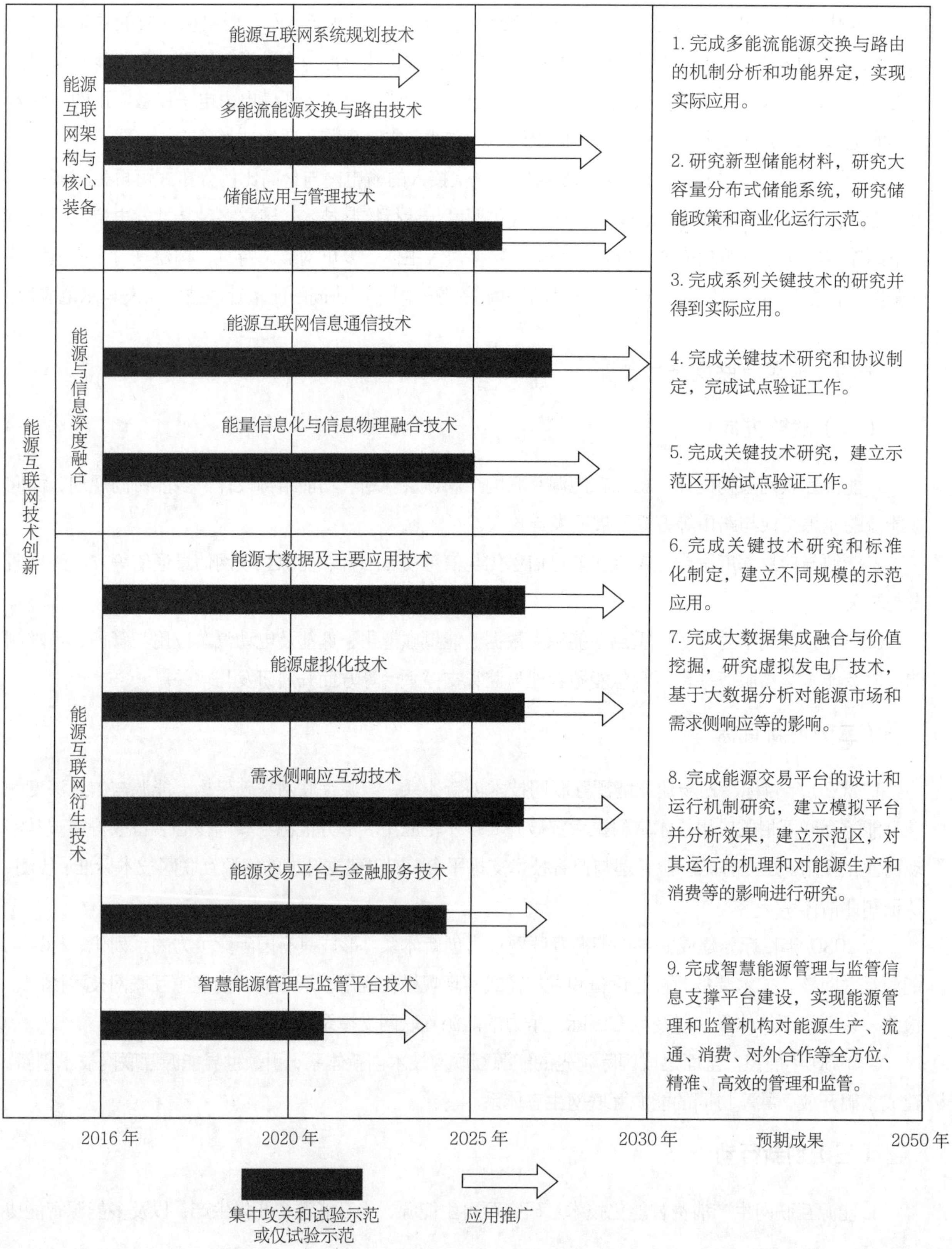

同生产技术。研究智能用能终端、智能监测与调控等能源智能消费技术。研究综合能源和智能建筑集成技术，将分布式能源发电和天然气网、建筑节能等相结合实现冷、热、电三大能源系统的整合优化运行。

2. 多能流能源交换与路由技术。研究灵活高效、标准化的能源互联网网络拓扑结构。研究能源路由器、能源交换机、能量网卡等关键设备。研究适用于能源互联网的新型电力电子器件、超导材料等基础技术。研究多能流能源交换与路由机制与方法，建立标准化的能源交换机与路由器系统架构与功能指标。研究多能耦合的能源互联网运行及控制可靠性技术，确保能源互联网的高可靠性运行。

3. 能量信息化与信息物理融合技术。研究能量信息数字化处理的理论架构和方法。研究信息—能量耦合的统一建模与安全分析技术。研究系统结构优化、多元信息物理能源系统的网络协同控制等信息物理能源系统融合技术。研究开放的信息物理能源融合技术接口标准。研究利用能量信息化与网络化管控盘活碎片化存量灵活性能源资源技术。

4. 能源互联网信息通信技术。研究面向能源互联网的新型海量信息采集技术体系架构与高效传输处理核心技术。研究支撑大规模分布式电源和负荷计量、监测等功能的各类新型传感器件。研究信息物理系统数据、终端客户信息、物理网络数据等能源互联网海量信息技术处理与融合技术。研究能源互联网信息安全技术。

5. 能源大数据及其应用技术。研究能源互联网用户大数据、设备大数据、运行大数据、交易大数据、金融大数据等各类大数据集成技术。研究多源数据集成融合与价值挖掘关键技术。研究能源大数据在引导政府决策、提升企业业务水平与服务质量以及创新能源产业商业模式等方面的支撑技术。

6. 能源虚拟化技术。研究虚拟电厂、分布式能源预测、区域多能源系统综合优化控制及复杂系统分布式优化技术，研究能源虚拟化技术参与多能源系统的能量市场、辅助服务市场、碳交易市场等支撑技术。在能源系统自动化程度较高、分布式能源较为丰富的地区开展能源虚拟化技术参与市场交易试点工作。

7. 能源互联网储能应用与管理技术。研发能源互联网各类应用场景下的支持即插即用、灵活交易的分布式储能设备和电动汽车应用技术。研发支撑电、冷、热、气、氢、储等多种能源形态灵活转化、高效存储、智能协同的核心装备。研发支撑储能设备模块化设计、标准化接入、梯次化利用与网络化管理关键技术。

8. 需求侧响应互动技术。研究基于智能用能的需求侧响应互动技术。研究基于用户行为心理学等交叉学科手段进行需求响应建模技术。研究需求响应资源辨识与量化，需求响应计量，需求响应参与辅助服务结算等关键技术。研究需求响应参与系统调峰、调频等辅助服务市场支撑技术。

9. 能源交易服务平台技术。研究满足能源互联网各类功能的市场交易平台技术。研究能源结构生态化、产能用能一体化、资源配置高效化的全新市场架构设计技术。研发基于身份识别的自动交易和实时结算技术体系。研究基于能源互联网的金融服务技术。开发服务于能源生产、传输、储存和消费等全寿命周期的能源互联网金融产品与融资工具。研究能源自由交易情景下能源系统安全保障技术。

10. 智慧能源管理监管平台技术。研究基于能源大数据，支撑能源规划、改革和决策的智慧能源精准管理技术；研究基于能源互联网，覆盖能源生产、流通、消费和国际合作等全领域，且和智慧能源发展水平相适应的现代能源监管技术。

十五、节能与能效提升技术创新

（一）战略方向

1. 现代化工业节能。重点在高效工业锅（窑）炉、新型节能电机、工业余能深度回收利用等相关领域，以及基于先进信息技术的工业系统节能等方面开展研发与攻关。

2. 新型建筑节能。重点在建筑工业化、装配式住宅、被动式节能技术与产品等相关领域，以及高效智能家电、制冷、照明、办公等终端用能产品开展研发与攻关。

3. 先进交通节能。重点在高效节能运输工具、制动能量回馈系统、船舶推进系统、数字化岸电系统等相关领域，以及基于先进信息技术的交通运输系统开展研发与攻关。

4. 全局优化系统节能。重点在能源全局优化系统集成，能源梯级利用等相关领域，包括系统优化、多能互补、多能转化、智能调度等方面开展研发与攻关。

（二）创新目标

1. 2020 年目标。工业、建筑、交通等重点行业基本形成具有自主知识产权的先进节能技术和装备体系，建立开放的节能标准、检测、认证和评估技术体系。重点高耗能产品单位能耗明显降低，终端用能产品能效大幅提升，主要交通运输工具能耗显著下降，以超低能耗、高比例非化石能源为基本特征的绿色建筑体系初步形成，能源全局系统优化技术初见成效，对实现节能减排目标形成有力支撑。

2. 2030 年目标。在能源消费领域全面建立具有自主知识产权的先进节能技术体系，节能技术、产品和装备具有全球竞争力。形成国际先进的能效标准、检测、认证和评估技术体系。主要领域能源效率达到国际先进水平，系统节能成为能效提升的关键驱动力，支撑温室气体排放在 2030 年前尽早达到峰值。

3. 2050 年展望。全面建成国际领先的节能技术体系，引领全球节能技术创新。先进节能技术与新一代信息技术深度融合，各领域能源获得充分、高效和有序利用。

（三）创新行动

1. 高效工业锅（窑）炉技术。开发新型高效煤粉锅炉、大型流化床锅炉、燃气锅炉烟气全热回收、高炉煤气锅炉蓄热稳燃、高效低氮解耦燃烧（层燃）、新型低温省煤器、智能吹灰优化与在线结焦预警系统等工业锅炉节能技术。研究新型蓄热式燃烧、低热导率纳米绝热保温材料、黑体强化辐射和预混式二次燃烧等工业窑炉节能技术。建设绿色锅炉示范工程，运行效率提高到 90% 以上，促进高效节能锅炉应用。

节能与能效提升技术创新路线图

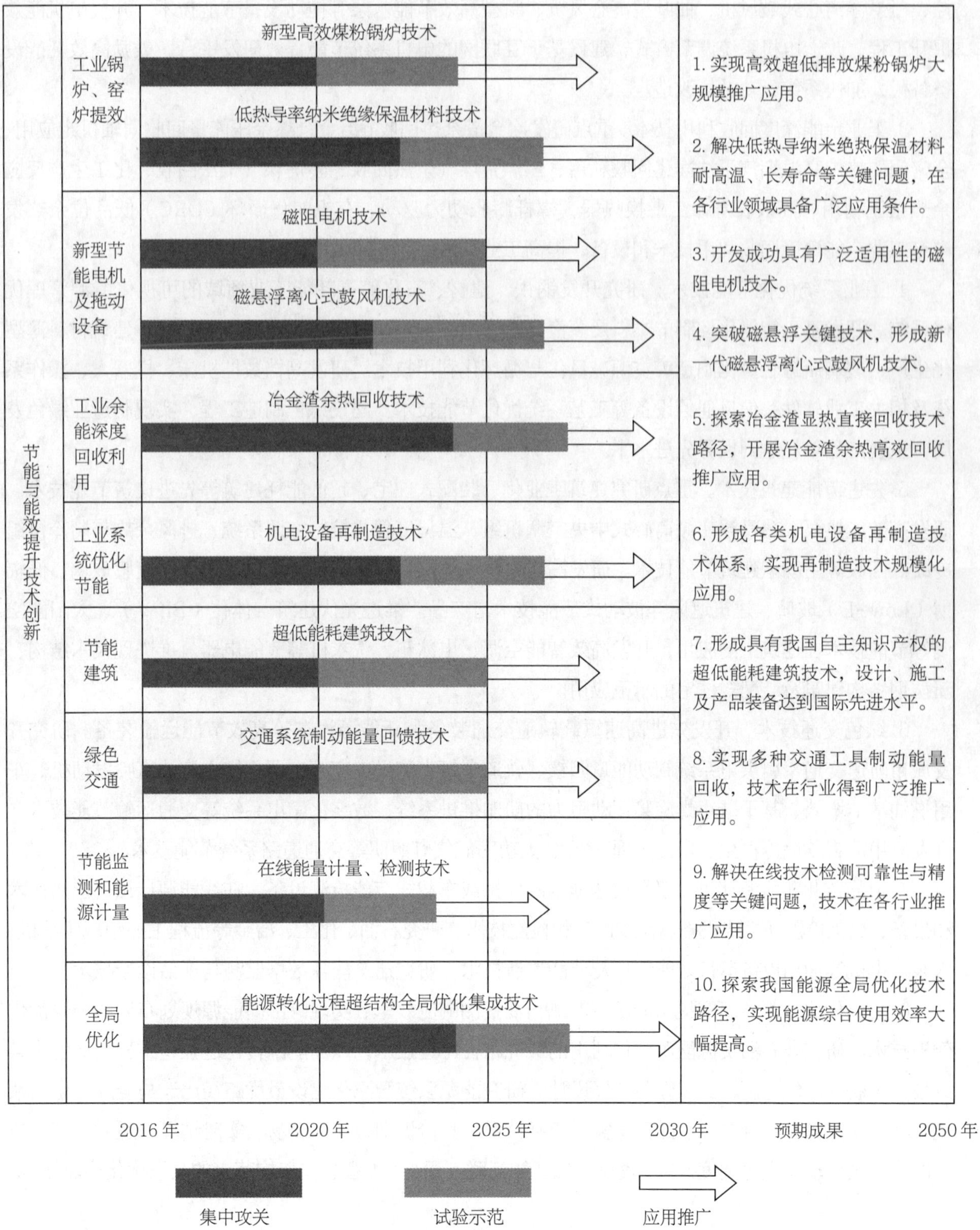

2. 新型节能电机及拖动设备。研究新型自励异步三相电机、磁阻电机、稀土永磁同步电机、变极起动无滑环绕线转子感应电动机等新型高效电机节能技术与设备。研究大型往复压缩机流量无级调控、磁悬浮离心式鼓风机、曲叶型离心风机、新型高效节能水泵等拖动设备节能技术。开展电机能效提升工程，改造电机系统调节方式，建设基于互联网的电机系统节能提效研发平台，鼓励高效耗能设备替代，加快系统无功补偿改造。

3. 工业余能深度回收利用技术。重点研发冶金渣余热回收、冶金余热余压能量回收同轴机组应用、全密闭矿热炉高温烟气干法净化回收利用、焦炉荒煤气余热回收、转炉煤气干法回收、化工生产反应余热余压利用、高效长寿命工业换热器、螺杆膨胀动力驱动、有机朗肯循环（ORC）低品位余热发电等工业余能深度回收利用技术和设备，提高工业余能回收利用效率。

4. 工业系统优化节能技术。研究开发钢铁、建材、石化等高耗能工业领域的可视化能源管理优化系统。开发基于智能化控制的燃料及蒸汽高效利用技术。研究应用机电设备再制造、建筑材料薄型化生产、玻璃瓶罐轻量化制造等资源减量化与循环化利用技术。研发高档数控机床、机器人、操作系统及相关工业软件、信息通信设备等工艺系统优化节能技术。建设绿色制造工程，实现制造业绿色发展，主要产品单耗达到世界先进水平。

5. 先进节能建筑技术。重点研究建筑工业化、装配式住宅、超低能耗建筑等先进建筑节能技术。研发高效能热泵、磁悬浮变频离心式中央空调机组、温湿度独立控制空调系统、排风余热与制冷机组冷凝热回收等主动型建筑节能技术。研发高防火性墙体保温材料、节能型材、热反射镀膜玻璃、低辐射（Low-E）玻璃、建筑遮阳等被动式节能技术与产品。推进光伏建筑一体化（BIPV）、太阳能空调等节能技术在建筑上的应用，开发高效智能空调、电冰箱、洗衣机等节能电器。推进现代木结构、新型钢结构建筑及装配式住宅的示范应用。

6. 绿色交通技术。开发先进高速重载轨道交通装备和新能源汽车等高效节能运输装备。研究开发城市轨道交通牵引供电系统制动能量回馈、轨道车辆直流供电变频空调、缸内汽油直喷发动机、车用燃油清洁增效、基于减小螺旋桨运动阻力的船舶推进系统、数字化岸电系统等交通运输节能技术。开发应用沥青路面冷再生、LED 智能照明、大功率氙气灯照明等交通道路系统节能技术。

7. 节能监测和能源计量。研发快速准确的便携或车载式节能检测设备，在线能源计量、检测技术和设备，热工检测便携式设备、在线设备和检测技术。研究石油、化工、冶金等流程工业领域压缩机、水泵、电机等通用设备运行效能评估及节能改造技术。研究建筑能耗数据监测与评估诊断技术。

8. 全局优化技术。研究提高能源生产侧与消费侧响应效率、实现跨部门能源规划布局的全局优化建模技术。研究非石油资源能源转化利用的最优路径比选技术，以及能源转化过程超结构全局优化集成技术。研发油气跨区域最优管网布局设计。研究能源系统智慧化建设最优路径比选与全局优化的系统设计。研究具有耦合金融、匹配供需、精准计量、身份识别、自动交易、实时结算、适时监管等功能的能源全局动态优化调度技术，攻克一批智能互联互通、支撑智慧化架构节点的全局优化构建技术。

高等学校“十三五”科学和技术发展规划

党的十八届五中全会确立了“创新、协调、绿色、开放、共享”的发展理念，提出了创新是引领发展第一动力，处于国家发展全局的核心位置。科技创新在全面创新中具有引领作用，高等学校作为国家科技创新的重要力量，发展机遇前所未有。为更好地贯彻落实国家国民经济和社会发展“十三五”规划，全面提升高校创新能力，引领支撑国家创新驱动发展战略实施，服务创新型国家建设和全面建成小康社会目标的实现，特制定本规划。

一、形势与需求

“十二五”期间，高校科技战线认真贯彻落实国家教育、科技、人才中长期规划纲要和党中央国务院重大战略部署，适应经济发展新常态，深化改革，开拓创新，精心谋划，奋发有为，实现了科技工作新突破。高校创新能力显著增强，创新体系更加完善，体制改革逐步深化，国际影响力持续提升。

——综合实力显著提升。“十二五”期间，高校科技经费总额达到5936亿元，较“十一五”时期增长约78%。高校牵头承担80%以上的国家自然科学基金项目和一大批973、863等国家重大科技任务，牵头承建了国家“十二五”规划的16项重大科技基础设施中的5项，依托高校建设的国家重点实验室占总数的60.0%，获国家科技三大奖占全部授奖数量的60%以上。在暗物质、干细胞、拓扑绝缘体、量子隐形传态、高强度氮化硼、半浮栅晶体管、超级计算机等研究领域取得了一批具有重大影响力的标志性研究成果。

——主动服务国民经济主战场取得新跨越。“十二五”期间，高校服务产业、企业和社会需求获得的科研经费总额超过2028亿元，占高校科研经费总量的33.8%；科技成果直接交易额超过196亿元，发明专利授权量占全国年发明专利授权总数的26.3%。依托高校建设的各类科技园区已经成为创新创业和创客空间的主要聚集区。新型科技智库为党和政府建言献策，成为各级政府科学决策的

教育部，教技〔2016〕5号，2016年11月18日。

重要支撑。启动实施高校创新能力提升计划（2011 计划），一批协同创新中心正在成为服务国民经济的新生长点。

——科技体制改革深入推进。结合高校综合改革，全面落实国家科技体制改革战略部署和重点任务，深入开展科研项目和经费管理、科技评价、科技成果转化、科技资源开放共享等改革试点，推进科技治理体系和治理能力现代化，高校科技体制机制改革的联动效应逐渐彰显。

——国际学术影响力再上台阶。我国高校科技论文数量达到全球八分之一，高影响力论文数量同步提升。若干高水平大学国际学术排行榜位置不断前移。在基于论文及其被引次数的国际学科评估中，2010 年到 2014 年期间，进入世界前 1% 的学科从 335 个增加到 616 个，学科进入世界前 1% 的高校从 104 所增加到 164 所。受邀在国际重要学术会议上做特邀、专题和主题报告，担任国际学术会议主席和著名学术期刊编委，参加国际学术交流的人数均大幅度提高。

高校作为科技第一生产力、人才第一资源和创新第一动力的结合点，引领国家基础研究和高素质创新人才培养，在国家发展中的地位和作用更加凸显，已成为前沿技术研究和颠覆性技术创新的策源地，在服务国家和区域经济社会发展、发挥思想库和智囊团作用等方面成为重要战略支撑。

“十三五”时期是我国进入创新型国家行列和全面建成小康社会的决胜阶段，党的十八届五中全会提出的国家发展的新需求和新任务对高校科技工作提出了更高要求。

——贯彻落实“四个全面”战略布局和实施创新驱动发展战略，迫切需要全面提升高校创新能力，发挥引领创新的先导作用。科技创新是提高社会生产力和综合国力的战略支撑，是调结构、转方式、增动力，主动适应经济发展新常态的根本之策。加强基础研究，强化原始创新、集成创新和引进消化吸收再创新，重视颠覆性技术创新研究；在重大创新领域组建一批国家实验室，布局建设国家技术创新中心；实施一批国家重大科技项目，提出并牵头组织国际大科学计划和大科学工程；是“十三五”期间国家科技创新的战略任务。实现上述目标和任务，迫切需要高校敢于担当历史重任，为创新型国家建设和全面建成小康社会的实现提供战略支撑。

——应对新一轮国际科技竞争，迫切需要高校加强引领型创新，抢占科技创新战略制高点。当前，全球范围内新一轮科技革命加速兴起，抢占发展制高点的战略竞争全面展开。美国、欧盟、日本、韩国等发达国家和新兴国家相继推出国家创新战略，围绕加强基础研究，吸引全球顶级人才，提高教育质量，加强重大科技装备和设施等方面展开部署，以求得主导权和竞争力。高校是引领创新的主体，各国科技创新的综合竞争力往往由其高等教育的竞争力决定，提升国家科技核心竞争力，必须全面提升高校创新能力。

——加快建设高等教育强国步伐迫切需要高校科学研究和科技创新发挥引领和支撑作用。统筹推进“双一流”建设，为建设高等教育强国明确了任务和路径。全面提升人才培养、科学研究、社会服务、文化传承创新、国际合作等整体水平，建成一批国际知名、有特色、高水平的大学，使若干所大学和一批学科达到或接近世界一流水平，才能显著增强高等教育国际竞争力。大力提升高校创新能力，既是高等教育强国建设的主要内容，也是实现高等教育强国目标的有效手段和必然选择。

——军民融合国家战略深度实施，更加迫切需要高校服务国家安全重大战略。随着国际竞争的不断加剧，国防科技和军事实力已成为决定国家主权、领土安全、国际地位和保障发展的核心要素。深入实施军民融合发展战略，提升国防科技创新能力，突破发达国家对国防关键技术的防范遏制，更加需要高校在知识创新和人才培养方面的大力支撑。顺应时代要求和发展机遇，高校应加强国防科技原始创新，为国防科技持续发展提供基础研究、前沿技术和人才储备，成为支撑国家国防科技和武器装备发展的重要力量。

——国家科技体制改革向纵深推进，对高校科技发展方式和科技治理能力提出了更高要求。坚持需求导向和问题导向，使市场在科技资源配置中起决定性作用，更好发挥政府作用，是当前深化科技体制改革的主要方向。深化中央财政科技计划管理体制改革，修订《促进科技成果转化法》，完善科研项目资金管理，推动大型科研基础设施共享，建立科技报告制度等一系列重大改革举措，已经形成联动效应。高校科技发展方式转型和科技治理能力必须紧紧围绕体制机制改革新要求，适应发展新环境，强化改革新动力。

高校科技工作取得了巨大成绩，正处于从量的积累向质的飞跃、从点的突破向系统能力提升的重要时期，但与国家需求和社会期待，与世界先进水平尚有明显差距。原创理论、原创发现仍然缺乏；支撑经济社会发展的能力有待进一步加强；引领学科建设和创新人才培养、推动文化传承创新的作用有待充分发挥；有组织科研、高端人才聚集、科技成果转化、科技评价、稳定投入等内部治理结构和外部发展环境需要不断优化，高校科技工作发展不平衡不协调问题依然突出；激励潜心研究的制度环境和文化氛围尚未普遍形成。

“十三五”是我国高校科技工作迈上新台阶实现大发展的重要战略机遇期，要牢固树立教学决定生存、科研决定水平、服务决定地位、质量决定兴衰、制度决定成败的办学理念，加快转变发展方式，拓展发展空间，凝练战略目标，落实战略举措，全面提升创新能力，引领和支撑国家创新驱动发展战略实施。

二、发展理念与主要目标

（一）发展理念

深入贯彻党的十八大及十八届三中、四中、五中、六中全会和习近平总书记系列重要讲话精神，围绕“四个全面”战略布局，紧扣国家“十三五”国民经济和社会发展规划部署，全面落实国家教育、科技“十三五”发展规划，坚持“引领创新，支撑发展，科教融合，开放协同，追求卓越”的发展理念，牢固确立服务需求导向，以提升科技创新质量和贡献为核心，以促进科教融合为主线，以推动开放协同为突破口，以深化改革为动力，坚持科技、教育、经济三结合，科技创新、机制创新、管理创新三并举，全面提升科学研究原始创新、支撑创新人才培养、服务经济社会发展三种能力。

（二）主要目标

到 2020 年，高校科技创新质量和国际学术影响力实现新的跃升；服务经济社会发展能力和支撑高质量人才培养效果显著增强；开放协同高效的现代大学科研组织机制基本形成；引领支撑国家创新驱动发展，成为建设创新型国家和人才强国的战略支撑力量。具体目标包括：

——原始创新能力和国际影响力大幅跃升。建成若干国际领先的国家实验室、重大科学基础设施和一批协同创新平台；造就一批具有卓越国际声誉的科学大师、领军人才和创新团队；涌现一批代表国家水平、引领国际科学前沿发展方向的重大标志性成果。

——引领国家创新驱动发展的能力明显提升。牵头或参与组建若干国家技术创新中心和一批标志性产业技术创新联盟，建立专业的知识产权运营机构和技术经纪人队伍；在共性关键技术研究、前沿技术和颠覆性技术创新、产业技术新体系建设、科技成果转化等方面实现重大突破。

——支撑学科建设和人才培养的效果显著增强。培养汇聚高端人才，师资队伍结构更加优化、学术水平显著提升；以创新链引领学科群建设，以科研平台建设支撑学校优势特色学科发展；科教融合、政产学研用协同育人成为创新创业人才培养主要模式；人才培养质量显著提升。

——开放协同高效的现代大学科研组织机制基本形成。多学科交叉融合机制、政产学研用一体的创新网络、军民融合机制进一步完善；牵头建成一批国际创新合作平台，牵头组织若干国际大科学计划和大科学工程；科技资源开放共享、科技评价改革、科技创新文化建设取得明显进展；科技治理体系和治理能力现代化稳步推进。

三、坚持引领创新，抢占原始创新战略制高点

全面提升高校原始创新能力是高校科技发展的首要任务，是落实以科技创新为核心的全面创新，加速创新驱动发展的基础。

（一）大力加强需求引导的基础研究

——坚持战略和前沿导向，聚焦国家重大战略需求，整合高校基础研究优势和特色，建立遴选和组织高校优势领域重大项目的运行机制。引导科学家集成跨学科、跨领域的优势力量，加快重点突破，提升高校落实创新驱动发展战略的源头供给能力和水平。

——围绕可能催生重大创新和深刻影响未来发展的前沿科学领域，组织高校积极参与脑科学、纳米科技、全球气候变化应对、量子信息、蛋白质、发育与生殖、合成生物学、变革性技术的科学基础等重大科学计划和重点研发计划的实施。

——围绕严重制约国家发展的重大战略领域，引导高校加强对信息、能源、安全、材料、核、网络、海洋、工程制造、深海、深地、深空等领域的重大基础研究和战略高技术攻关。

——围绕对经济社会发展具有重要支撑作用的民生领域，引导高校加强对医疗卫生、健康保障、

现代农业、新农村和城镇化建设、资源开采利用、环境修复、生态保护等领域的重大基础研究和技术攻关，争取实现关键科学问题的突破，提供系统性解决方案。

——加强面向区域、产业发展需求的基础性、共性关键科学问题研究。将行业产业技术发展需求转化凝练为基础性的关键科学问题，促进知识创新与技术创新的有机衔接。

（二）聚焦前沿技术和颠覆性技术创新

——面向市场需求，立足基础研究和多学科协同优势，前瞻性布局前沿技术和颠覆性技术创新，加强战略高技术和关键共性技术源头供给。

——发展具有重大产业变革前景的颠覆性技术。开发移动智能技术、物联网技术、量子信息技术，加强增材制造、智能机器人、基因组、干细胞、合成生物、再生医学、生物材料等技术研究。

——发展安全、清洁、高效、低碳的现代能源技术。突破化石能源的清洁高效利用技术瓶颈，加快核能、风能、太阳能、生物质能源等清洁能源技术开发，加强大规模供需互动、储能和并网关键技术攻关。

——发展资源高效利用和生态修复技术。加强城镇生活垃圾资源化利用、再生资源回收利用、工业固体废弃物综合利用等技术体系研究，加强水、大气和土壤污染防治、危险废弃物处置、环境监测与环境应急技术研究，加强城乡环境治理技术的研究。

——加强深海、深地、深空、深蓝等领域的战略高技术部署。加快海洋立体同步观测、海洋生物医药、海洋资源开发等技术研究，大力提升空间进入、利用和控制等技术研究，推进卫星遥感、卫星通信、导航和位置服务技术研究。

——发展智慧城市和数字社会技术。发展交通、电力、通信、地下管网等市政基础设施的标准化、数字化和智能化技术，加强村镇规划、环境整理、新型民宅、社区服务等重点领域技术研究。

——发展人口健康技术。促进生命科学、中西医药、生物工程等多领域技术融合，加强重大疾病、公共卫生、生殖健康、新药创制等技术研究，发展精准医疗、建立医学大数据库，研发基于分子诊断的遗传基因筛查技术和慢性病易感基因筛查技术。

——发展现代农业技术。发展农业作物新品种，保障粮食和经济作物的丰产增效。发展畜禽和水产的健康、高效、安全养殖技术，提升精准施肥施药和减施降残能力，发展农业污染防治与修复技术、强智能农机技术，加强食品加工、保藏以及有害物质检测等新技术的研发。

（三）加快培养聚集一流人才和创新团队

——坚持人才驱动，深入落实人才优先发展战略。按照创新规律培养和吸引人才，按照市场规律推动人才有序流动、共享人才资源，实现人尽其才、才尽其用、用有所成，营造促进人才发展的良好环境和机制。

——突出“高精尖缺”导向，着力发现、培养、集聚一批战略科学家、科技领军人才和高技能人才。面向学术大师、全球顶尖人才、青年拔尖人才建设一批科学家工作室，进一步加强对未来领军人才的培养和支持，大力加强实验技术队伍建设。

——推动实施更加开放的创新人才引进政策。结合实施国际科技合作引导计划，建立国际访问学者制度，加快构建引进海外高层次人才新机制；成建制引进海外学术团队，提升人才引进效益。

——创新科研团队资助模式。支持组建跨学科、综合交叉的科研团队，加强对从事基础性、公益性研究的拔尖人才及优秀创新团队的稳定支持。推进薪酬制度改革，探索教师协议工资制，保证科技人员合理工资待遇水平。

（四）推进科技创新大平台和重大科技基础设施建设

——瞄准国际科技前沿，以国家目标和战略需求为导向，在高校培育和建设若干高水平国家实验室，形成引领科学前沿发展，为解决重大科学问题和共性关键技术提供长期战略支撑的创新能力，成为国际一流的创新高地。

——发挥高校多学科交叉和人才优势，加强顶层规划和组织预研，聚焦能源、生命、地球系统与环境、材料、粒子物理和核物理、空间和天文、工程技术等领域，培育一批高校重大科技基础设施，承建若干国家重大科技基础设施，组织提出若干依托重大科技基础设施的国际合作计划，凝聚、培养高水平创新人才，加速形成代表国家水平、有效应对重大需求、在国际上拥有话语权的科技创新实力，支撑世界一流大学和一流学科建设。

——优化技术创新和工程化平台体系，聚焦产业需要布局创新链，建设一批国际领先、面向区域和行业的共性关键技术研发平台和国家技术创新中心。

——加强培育和布局，争取依托高校建设一批新的国家重点实验室，加强对高校现有国家重点实验室的规范管理。提升教育部重点实验室建设质量和创新能力，完善结构布局，聚焦科学前沿发展和国家重大战略的新增需求，面向问题导向的交叉综合研究新布局一批教育部重点实验室。

——继续在数理和生命等基础学科领域建设若干冲击世界一流水平、国际化的科学研究机构，为提出新的重大科学问题、形成新的交叉学科领域和开展原创性基础前沿研究提供平台和创新环境，力争产出影响人类文明和社会进步的重大科技成果，历练出一批中国的世界知名学者。

——加强科学实验与观测方法、技术和设备的创新，提升高校科研方法和手段的先进性。组织高校优势力量积极承担国家重大科研仪器开发和研制专项项目，鼓励自主研制具有原创性思想的探索性科研仪器和具有国际领先水平的高端科研设备，提升自主创新的技术能力和水平。引导高校加强野外观测平台和基地的建设。

（五）推进高水平的交叉学科研究

——保持自由探索优势，鼓励高校科技人员根据科研兴趣自主选题开展原创研究。引导高校支持好奇心驱动的基础研究，鼓励在思想、知识、原理、方法的原始创新上积极进取，大力支持开展交叉研究的青年人才和创新团队。引导和鼓励高校积极争取自然科学基金的非共识项目。

——重视基础学科建设，全面协调地发展数学、物理学、化学、天文学、地球科学、生物学等基础学科，并推动基础学科之间、基础学科与应用学科的交叉融合，形成新兴交叉研究领域。

——面向综合性科学问题，引导和鼓励高校大力开展促进自然科学与工程科学及社会科学交叉融合的科学研究，特别是生命科学与工程科学、物质科学与生命科学、能源科学与信息科学、脑科学与信息科学、生命科学与环境科学等的交叉研究。

四、坚持支撑发展，服务国家战略需求

深化科技与经济融合，推动新技术、新产业、新业态发展，实现动力转换，是高校科技支撑发展的直接体现。

（一）积极参与产业技术创新体系建设

——围绕产业共性关键技术问题，依托高校协同创新中心建设若干国家工程实验室，与科研院所和企业联合建立一批国家技术创新中心。

——积极参与智能制造、智慧城市、网络与工业控制安全及清洁能源工程。对接《中国制造2025》和大数据时代的产业发展需求，积极参与构建新型制造体系。增强高校对我国优势制造企业走出去战略的技术支撑作用。

——支撑服务传统产业优化升级。充分发挥高校在工艺、材料、信息、控制等领域的优势，服务能源、制造、交通等产业技术改造和产品技术性能升级，通过科技服务推动传统产业向产业链条的中高端转移。

——面向智能制造、信息技术、高端装备、新能源等战略新兴产业需求，在生物医用材料、材料基因组、智能交通技术、智能机器人、3D打印技术和核能、“互联网+”等方面，加快市场导向的技术研发。

（二）支撑构建各具特色的区域创新体系

——支撑具有全球影响力的区域创新中心建设。创新管理模式，建立高校科技管理创新联盟，加强高校间科技资源整合力度，积极参与全球创新中心、创新设计中心和制造业科技创新中心的建设，支持北京、上海建设具有全球影响力的科技创新中心。

——支持各具特色的国家自主创新示范区建设。对接中关村、东湖、张江、深圳、苏南、天津滨海、长株潭、成都高新区、西安高新、杭州等自主创新示范区建设部署，加强高校与示范区科技优势互补和协同联动。发挥行业院校与所属行业产业紧密联系的传统和创新优势，对接示范区技术与产业布局，支撑主要产业向国际分工价值链高端攀升，培育新兴产业发展新高地。

——加强区域内和跨区域高校优势科技资源协同。联合行业产业专家组建一批产业技术战略联盟和合作组织，发挥高校科技管理战略联盟的协调作用，组团服务东北、西部、中部区域和京津冀、长江经济带、珠三角等国家区域发展战略，积极融入区域系统性、整体性、协同性改革先行先试，支持

国家全面创新改革试验区建设。

——加大对中西部地区的科技支持力度。结合新型工业化、信息化、城镇化、农业现代化发展，发挥高校制造、信息、材料、交通领域的特色和优势，立足当地，创新体制机制，建立区域（专业）研究院、大学科技园分园等成果转移和产业化基地，积极支持建设西部科技创新港，发挥桥头堡作用，服务“一带一路”发展战略。

（三）实现重点领域关键技术的突破

——围绕《中国制造2025》，面向汽车、航空、能源、高铁、石化等典型行业产业，组织开展工业软件与传感器、高端数控加工与成品制造智能化工艺、柔性电子制造技术、新一代工业机器人与服务机器人的研制和应用示范，参与智能机器人重大研究计划的实施。

——围绕工业信息化，组织开展量子信息与量子通信、云计算与大数据、未来网络安全防御、智能融合媒体网络等创新研究，重点在“互联网+”、大数据（金融、交通、医疗）及智慧工厂协同工程上取得突破。

——围绕新型城镇化中的生态城市和美丽乡村建设，组织开展煤炭清洁利用与新型节能技术、可再生能源及能源传输系统的可靠高效技术、特大城市交通的布局协同优化与决策支持、城市交通系统效能提升和安全保障等开展创新研究，支撑“一带一路”交通基础设施的建设。

——围绕航空航天、深海工程和核能与核安全等重大装备制造，在材料领域重点开展高性能结构材料、新型功能材料、新型电子材料的研发，建立材料基因组工程创新战略联盟，加强材料设计、制备与表征技术的研究，支撑重大工程关键材料保障和传统产业升级改造。

——发挥高校学科交叉优势，在信息—物理—社会三元空间融合系统、超高速高精制造、脑科学、物质文化遗产发掘抢救保护及综合利用、超重力效应基础研究、关键技术与应用等方向开展超前研究，为经济社会发展积累原创资源。

（四）加快技术转移和科技成果转化

——营造有利于科技成果转化的政策环境。推动高校整合现有各种类型转移机构，建立专业的知识产权运营机构，完善科技成果转化登记、公示和奖励制度，加强高校、企业的人才双向流动。

——建立市场化的科技成果转化运营机制。探索高校科技创新融资模式，完善资金筹措、市场对接和技术保障，形成科技成果市场化运营体系。

——建立高校科技成果转化绩效评价机制和年度报告制度。完善科技成果转化年度统计和报告制度，科技成果转化情况将作为高校绩效拨款的依据。

——加强高校研究开发、技术转移、检验检测认证、创业孵化、知识产权、科技咨询、科技金融等科技服务职能，支撑科技服务产业集群建设。

（五）服务国防建设与国家安全

——建立健全高校国防协同创新机制和组织体系。探索建立与国防科技和武器装备主管部门在政策、规划、投入、信息、科技计划等方面的合作机制和工作体系，营造公平竞争的国防科研环境，加强协同创新，建设一批高校与涉军行业部门联合的协同创新中心，在空天、海洋与制造、新材料、信息控制与网络空间等领域组建国防科技战略联盟，充分发挥教育部联合研究中心作用，引导高校开展有组织的国防科研活动。

——大力推进高校原始创新在国防中的应用。组织引导高校开展国防基础研究和武器装备预先研究，围绕海洋、空天、网络空间等国防重大战略需求，在先进设计与制造、新材料、信息与控制、电子元器件、动力与能源、仿生等领域，培育和强化自主创新能力，实施与国防科技及武器装备主管部门联合基金计划，进一步聚焦国家重大需求，加强对高校在基础研究、新兴交叉学科、前沿技术、制约性瓶颈技术等方面的支持，引导高校在中央高校基本科研业务费中加大对国防科研的投入，支撑国防科技和武器装备创新发展。

——巩固优化高校国防科研基地建设和布局。围绕国家重大需求并结合高校优势特色，培育若干国防科技重点实验室和国防重点学科实验室，新建若干新兴交叉和空白薄弱领域教育部重点实验室（B类），培育建设有基础、有特色的国防领域重大科技基础设施、国防科技工业固定资产投资建设项目，启动教育部重点实验室（B类）运行评估，推动内涵建设，打造“升级版”的高校国防科研基地集群。

——大力推进一流国防特色学科建设。依据国家国防特色学科体系总体布局，组织有研究基础有学科优势的高校，凝练和培育一批符合国防科技工业发展需求的优势学科，进入国家国防特色学科目录。

——持续深化国防科研资质体系建设和发展。巩固和完善高校保密、质量、科研生产许可、装备承制等国防资质体系建设，提升高校参与国防科研和装备研制的能力，鼓励有基础、有能力的高校进入国防资质体系，扩大和增加许可资格范围。强化高校国防任务质量管理，保障固定资产投资建设和军品配套等项目的质量，为进一步承担国家重大国防科技任务奠定扎实基础。

（六）加强高水平科技智库建设

——聚焦科技领域，坚持问题导向，以全球视野和中国视角谋划智库建设。形成一批特色鲜明、国内一流、国际知名的中国特色高端科技智库，在国家科技创新战略和重大决策中发挥有力支撑，在国际科技创新领域中拥有较大话语权。

——围绕产业技术革命和颠覆性技术预测开展超前研究和对策咨询，提升对世界科技和产业变革前沿趋势的洞察能力，培养战略科学家和优秀团队。加强未来学、技术预测等学科建设和人才培养。

——加快建立科技决策咨询制度，充分发挥教育部科学技术委员会在科技战略研究、政策咨询、独立第三方评价等方面的重要作用。

——深入推进中国特色新型高校智库建设推进计划。加强高等学校战略研究和软科学研究基地建设，以综合性大学现有的高水平战略研究机构为基础，建设一批面向国家重大科技战略问题的国家级智库。支持行业特色院校组建行业、产业科技发展战略研究中心，形成全面覆盖的行业、产业发展战略与政策研究支撑网络。面向区域发展需要，在高校建设一批面向区域产业发展需要的特色政策咨询机构。布局建设一批高校科普和科幻创作基地。

（七）为社会发展提供科技支撑

——围绕加快转变农业发展方式，鼓励高校积极与科研院所和涉农企业加强创新合作，积极参与构建现代农业产业体系、生产体系、经营体系，加强对我国实现农业现代化的技术支撑。

——支持各具特色的新农村发展研究院建设。充分发挥高校人才培养、科学研究、社会服务和文化传承的综合能力，构建农、科、教相结合的新型农村综合服务模式。加强对精准扶贫战略的科技支撑，充分发挥新农村研究院以校地、校企、校农等合作方式建立的综合示范试验基地、特色产业示范基地、分布式试验站在发展生产脱贫致富中的作用。

——充分发挥医学院校医学研究与临床诊疗相结合的优势，引导和鼓励高校加强应对重大慢性疾病、老龄化、中医药健康服务、重大传染性疾病等挑战的科学研究，为加快医学技术的创新和医疗保障水平的提高提供科技支撑。

——聚焦我国社会发展中的应对气候变化、食品安全、公共安全、重大自然灾害风险防控、生态环境治理修复等重大综合性科学问题，发挥高校多学科优势，引导高校加强问题导向的综合交叉研究。

五、坚持科教融合，支撑高质量高等教育

科教融合是现代高等教育的核心理念，支撑人才培养是高校科技工作的内在要求。高校科技工作必须与人才培养更紧密地结合起来，推动创新链与人才培养链有机衔接。

（一）促进世界一流大学和一流学科建设

——推动高水平大学牵头组建若干国际领先的国家实验室、重大科学基础设施和一批高水平协同创新平台，成为世界一流大学和一流学科建设的战略制高点。

——大力加强高水平国际科技和创新合作，以建设世界一流国际合作联合实验室为牵引，造就一批具有卓越国际声誉的科学大师、领军人才和创新团队，瞄准世界一流标准，培育一流人才，产出一流成果，引领一流学科建设。

——统筹推进探索性基础研究和服务国家重大战略需求的有组织科研，加强学科交叉，超前部署基础研究，引领科学前沿。面向国家重大需求，整合优势学科资源构建创新链，承担国家重大科技任务，打造一批优势学科群，全面提升高校和学科的综合实力和国际竞争力。

——创新体制机制，加快科技成果转移转化，形成支撑学科建设的内循环机制和服务经济社会发展的外循环机制，用高水平的科技创新支撑高质量的人才培养和产业创新。

（二）支撑高校特色发展和优势学科建设

——推动行业特色高校围绕主干学科，强化办学特色，扩大国际影响力，带动学校进入世界同类高校前列。

——加快区域高校创新体系建设，充分发挥地方教育行政部门的作用，加强区域内高校科研合作、学术交流和资源开放共享，启动区域高校创新体系建设试点。

——支持地方高校持续、稳定、协调发展。推动地方高校加强地域特色的科研领域布局和特色学科建设，面向市场需求开展应用技术研究。

——提升高校科技活动的规模和水平，将开展科研活动作为提升普通本科高校教师教学能力和学术水平的重要途径，将开展科技服务作为应用型本科高校、高职院校紧扣市场需求、优化专业结构、提升技术技能人才培养质量的重要手段。鼓励和支持民办高校开展科研活动，形成办学特色。

（三）加快科技资源向教育教学转化

——创新人才培养模式，探索用科研计划引领创新人才培养。推动各类科研项目吸纳本科生参与研究。完善研究生依托科研项目开展学位论文研究的机制，提升论文质量和培养水平。

——探索科教、产学、国内外联合育人新机制。增进教学与实践的结合，建立以科学和工程技术研究为主导的导师责任制和导师项目负责制，推行联合培养研究生的“双导师制”和“多导师制”。

——完善教材体系更新机制。加快最新科研成果进教材进课堂，纳入人才培养课程体系。推动学科领域科学家和领军人才编写专业基础课程和核心课程教材，完善专业课程教材内容定期更新机制，丰富教学方法和教学技术。加强信息技术与教育教学深度融合的教育信息化应用。鼓励开展“创新课堂”。

——建立各类创新平台向人才培养开放的长效机制。把科技资源纳入教学活动中，推动将科学精神、创新思维、创造能力的培养贯穿于教育全过程。

（四）大力发展众创空间支撑大学生创新创业

——运用移动互联网、大数据、云计算等现代信息技术，发展新型创业服务模式。依托高校建立一批低成本、便利化、开放式众创空间和虚拟创新社区。

——依托大学科技园区建立大学生创业实践基地，为学生创业提供工作空间、网络空间、社交空间和共享空间，降低创新创业成本和门槛。

——加强高校对创新创业空间的服务和支持。开放校内科技资源、体育设施、生活设施资源，支持创新创业。开放高校科技讲座资源，组织提供多种形式的创新创业辅导和职业继续教育。

——依托科技创新资源构建创新创业教育支持体系。培育跨学科、跨领域的科研教学团队，增强学生创新精神和创业能力。

——建立大学生创新创业扶持基金。鼓励学生利用自主知识产权实施成果转化和产业化。探索学生可休学创业的弹性学习制度。

六、坚持开放协同，构建科研组织新机制

根据国家深化科技体制改革的总体部署，立足高校科技体制特点，打通阻碍创新的障碍，全面提升创新效率。

（一）强化学科开放融合

——大力推进学科开放和交叉融合机制，促进新兴学科形成，培育特色学科，构建交叉学科体系。以前沿问题研究牵引学科发展方向，促进学科交叉。加快利用交叉原创性研究成果改造充实传统学科。

——建立需求导向的交叉学科发展机制。鼓励高校根据研究兴趣和科学前沿，自主设置跨学科、交叉学科和新兴学科研究中心。鼓励高校根据研究问题和任务，建立矩阵式科研组织模式，加强校内科技资源整合，建立跨学科领域、跨院系的研究平台，以跨学科研究组织打通学科建制障碍。

——推动建立科学合理的交叉学科发展评价机制。通过“归属度”方法科学评价跨学科成果，鼓励学科交叉合作创新。

（二）推进与其他创新主体大规模协同

——健全政产学研用协同创新机制，强化创新链和产业链的有机衔接。建立高校与企业等创新主体之间常态化的技术创新对话制度。支持高校积极参与构建以企业为主导的产业技术创新战略联盟和产业创新中心，组织大团队联合攻关。

——推进科技资源整合，加强创新平台共建共享。推动构建校校、校所、校企、校地、校军以及国际合作等横向联动平台和研发服务网络。改革完善创新平台治理结构和运行机制，建立健全开放共享的运行管理模式，规范开放服务流程。

——加快推进高校科学仪器设备、科技文献、科学数据等科技基础条件平台向科研院所、企业、社会研发组织等社会用户开放，实现资源共享。建立高校图书资源与校外图书资源间的传递机制。推动电子资源和科普资源向社会开放。

——推动制订有利于创新资源开放共享的评价标准和监督奖惩办法。将流动人员比例、服务外部客户频次等创新资源开放情况纳入各类科技设施、重点实验室、科技园评价标准。

（三）加强军民科技融合创新

——加快建立军民融合的创新机制。完善教育主管部门和军队、国防科技部门的工作会商机制，推进科研体系进一步开放，推进军民资源双向开放与共享，支持更多高校力量参与国防科技建设。科学评价、合理激励，调动科研人员投身军民融合创新的积极性。实施高校军民融合创新示范区建设。

——建立军民融合重大科研任务形成机制。加强军民融合特色学科、重点实验室、创新团队建设，

形成有组织创新能力。发挥教育部科技委相关学部战略研究优势，凝练颠覆式概念和技术，组织预研项目，构建高技术发展的蓄水池和种子库。

——加强国防科技基础研究。鼓励高校参与国防科学技术发展和武器装备研制，支持开展国防科学技术新理论和新原理的探索研究，为增强国防科技的原始创新能力，加快武器装备现代化建设做贡献。

（四）提升国际合作水平深度融入全球创新网络

——坚持引进来与走出去相结合，以更加主动的姿态融入全球创新网络，以更加开阔的胸怀吸纳全球创新资源，在更高层次上构建开放创新机制。

——落实“一带一路”战略构想和亚太互联互通蓝图，加快与沿线国家和地区高校或科研机构合作建设科技创新基地。鼓励国际知名科研机构来华与高校联合组建国际科技中心，推动高校设置海外创新中心。

——支持高校提出并牵头组织国际大科学计划和大科学工程，积极参与大型国际科技合作计划。建立高校国际合作重大科学研究项目的培育机制，以国际先进水平为标杆，基于全球价值链部署科技研发任务。推动实施高校国际创新合作计划。

——推动高校走上国际学术组织舞台，参与全球创新治理体系。支持优秀科学家到国际组织、高水平国际学术期刊任职。鼓励高校举办有全球影响力的国际学术会议。创办、培育一批高水平的国际学术期刊。

七、坚持追求卓越，营造崇尚创新的文化氛围

牢固树立追求卓越的价值导向和行为规范，营造崇尚创新的文化，是高校科技健康持续发展的必然要求，也是高校引领社会创新文化建设的重要任务。

（一）树立追求卓越的价值理念

——坚持学术卓越。牢固树立质量优先的创新理念，以探究真理、发现新知为使命，努力探索科学前沿，开辟新的领域与方向，提出新概念、新理论与新方法，发现和解决新问题；自觉弘扬和坚持科学精神，倡导求真、创新的价值导向。营造崇尚专业的社会氛围，大力弘扬新时期工匠精神。

——坚持贡献卓越。以服务社会、造福人类为目标，面对重大现实问题，让科技为提高人民生活质量提供新的可能，为中国经济社会的可持续发展注入新的活力，为政府制定政策提供依据，为解决全球性问题做出新的贡献。

——坚持管理卓越。推动建立现代大学制度，加快建设符合科技、教育、经济发展规律的现代管理体系，创新科技管理与服务模式，倡导精准管理、整合管理和全链条管理。加强高校科研信息化，提升科技管理信息化水平。

（二）营造开放包容的创新氛围

——加强科学共同体的自治和自律。保障科学探索的自由和独立，遵守科学研究规范和伦理，加强自我约束、自我管理。保护科学家创新的热情，激发科学家创新的动力，宽容科学家探索过程中的挫折与失败。

——秉持真诚协作、诚实守信的道德准则。尊重他人的工作和发现的优先权，尊重他人理性怀疑的权利。准确无误地记录和报告研究的过程，诚实地向科学界开放自己的科学数据和研究结果，自觉杜绝并坚决抵制学术不端行为，维护科学的声誉。

——担当科学家的社会责任。遵守人类社会和生态的基本伦理准则，遵守科研过程中的科技伦理规范，尊重人的价值和尊严；避免对科学知识的不恰当运用，承担起对科学技术后果进行评估的责任，努力为公众全面、正确地理解科学做出贡献。

（三）完善学风建设长效机制

——坚持教育引导、制度规范、监督约束、查处警示，构建学风建设工作体系。强化高校的主体责任，落实高校科研诚信和学风建设专家机构和办事机构，做到学风建设机构、学术规范制度、不端行为查处机制三落实、三公开。

——建立学术规范教育制度。为本科生开设科学伦理讲座，在研究生中进行学术规范宣讲教育，对新入职教师进行科研诚信教育，把科学道德教育纳入教师岗位培训范畴和职业培训体系，形成弘扬优良学风的长效机制。

——加强对学术不端行为的查处。强化全方位监督和约束。按照《高等学校预防与处理学术不端行为办法》规定，规范学术不端行为调查程序，加大惩治学术不端行为力度，积极推动形成科研诚信和学风自律机制。

（四）加强科学传播和科学普及

——建立高校各类科技场馆、科研平台向全社会开放制度，把丰富的科技资源转化为科普资源。各类创新平台要加强科技成果科普化，向社会公众传播科学发现和创新成果价值。

——加强科学教育和科普活动。深入实施全民科学素质行动，积极开展丰富多样的科普活动，充分发挥高校科协和学生团体的科普作用。加强科普网络建设和人才培养。推动国家各类科技计划加强科普内容和科技成果科普化。加强科幻作品创作。

——加强高校科普能力建设。启动高校科普基地建设计划，加大对高校科普创作的投入和支持。

（五）推进高校科技治理体系和治理能力现代化

——转变政府职能，深化教育部门科技管理体制改革，优化科技管理机构建设，加强战略规划和政策研究，更加注重创新环境营造和重大项目组织。

——加强高校科技管理队伍建设。发挥好专职管理人才和“双肩挑”人才两个方面的积极性，优化结构，提升能力，建设一支高素质、专业化的科技管理队伍。加强管理干部技能培训和业务交流。

——加强高校科技管理与服务体系建设。加强制度、人力、信息化等条件建设，为科研人员提供项目申请、组织实施、项目验收和资金使用等全过程专业服务。健全科研和财务管理相结合的内控制度，完善内部公示制度和常态化的自查自纠机制，提高项目执行、设备购置、经费使用的透明度。

——加强高校科协工作，密切与科技工作者的联系，推动学术交流与合作，开展科学技术普及活动，加强科学道德与学风建设宣讲教育，积极指导学生科技实践活动。

八、深化改革与重大举措

（一）加大投入建立高校科学研究稳定支持制度

——完善高等教育科技创新的财政支持机制。推进经费分配和管理方式改革，强化政策和绩效导向，扩大高校统筹安排使用资金的自主权，开展重大科技创新平台、重大项目预先研究，承担国家重大科技计划项目和企事业研发任务。

——完善中央高校基本科研业务费制度。健全对高校基本科研工作的稳定支持机制，支持高校稳定基本科研队伍，培植基本科研能力；在稳定支持基础上，建立持续增长机制；进一步落实学校科研、财务部门管理职责，赋予高校在稳定基本科研方向、开展学科交叉研究和培育重大项目、提高科研基地运行效率等方面的自主权。

——推动地方建立高校基本科研业务费制度。鼓励地方设立高校基本科研业务费，引导经济发达地区率先试点，逐步推开，为地方高校科技创新提供稳定支持。

——建立适应国家科技体制改革的高校科研项目资金管理服务体系。推动高校落实法人主体责任，制定内部管理办法，落实项目预算调剂、间接经费统筹使用、劳务费分配管理、结余资金使用等管理权限。建立健全科研财务助理制度，提供专业化服务。

（二）大力推进科研组织方式和聘用机制改革

——启动高校科研队伍组织方式改革。鼓励高校自主设立科研岗位，推进高校研究人员聘用制度改革，建立专职科研队伍。加强博士后队伍建设。

——改善科技队伍结构。建立健全科研人才双向流动机制，试点将企业任职经历作为高校聘任工程类教师的必要条件；科学使用科研项目劳务费，建立相对稳定的专职科研队伍；不断完善对高校科技创新的补偿机制，支持高校推进人事与薪酬机制改革，建立健全与科研人员岗位职责、工作业绩、实际贡献紧密相连的分配激励机制。

——加强国外智力资源引进。建立面向海外高端人才的访问学者制度。提高创新平台、研究中心负责人面向全球招聘的比例。探索在不涉密的创新平台和重大科技项目中引进外国高层次专家担任首席科学家。

——健全有利于科技人才向地方高校和中西部地区高校流动聘用的政策机制。

（三）深化技术转移和成果转化机制改革

——积极参与技术和知识产权交易平台建设，建立从实验研究、中试到生产的全过程科技创新融资模式。落实《教育部　科技部关于加强高等学校科技成果转移转化工作的若干意见》，组织实施“高校科技转移与转化行动计划”，继续深入实施“蓝火计划”，建设“中国技术供需在线”，构建“高校新兴产业技术创新网络”。

——推进建立高效多赢的国防科技成果转化机制。协同国防科技和武器装备主管部门，推动将高校国防知识产权信息逐步纳入国家国防信息平台，加大对高校国防知识产权信息资源的整合利用和保护，促进高校国防科技成果的转化与应用，支撑我国国防可持续发展。

——推进高校科技成果转化和投入方式改革。逐步实现高校与下属公司剥离，原则上不再新办企业。推动科技成果以许可方式对外扩散，鼓励以转让、作价入股等方式加强技术转移。提高科研人员成果转化收益比例。

——完善高校教师在岗兼职、离岗创业和返岗任职制度。允许符合条件的科技人员经学校批准，带着科研项目和成果，保留基本待遇到企业开展创新工作或创办企业。

（四）全面推进科技评价机制改革

——对基础和前沿技术研究实行同行评价，突出中长期目标导向，评价重点从研究成果数量转向研究质量、原创价值和实际贡献。对公益性研究强化国家目标和社会责任评价。

——实行科技人员分类评价，建立以能力和贡献为导向的评价和激励机制。对从事基础和前沿技术研究、应用研究、国防科研、成果转化等不同活动的人员建立分类评价制度，建立有利于调动科研人员积极性的评价和考核机制，提升评价的科学性。鼓励科研人员持续研究和长期积累。

——完善开放评价机制。进一步加强评价过程的公开、公平和公正；完善同行评价专家遴选机制和专家库，积极引入外部专家和国际同行评价。加强评价专家的自律教育和责任追究机制。

——探索建立以代表性成果为主要指标的评价体系和国际对标评价。鼓励开展标志性工作的国际同行专家评价。推动以国际一流水平的同类机构或学科为参照的评价制度。

——深化高校科技奖励改革。进一步完善优秀成果提名推荐制，聚焦原创性、突破性、引领性成果，加大对优秀青年科研人员的引导和激励。

（五）深入实施高校创新能力提升计划（2011 计划）

——完善实施机制。进一步落实顶层规划，有效衔接世界一流大学和一流学科建设，完善经费、政策支持机制。优化认定机制，突出对实质性协同和实施效果的后评价，充分激发协同创新的内生动力。

——建立绩效管理模式。加强年度监测、中期绩效检查和周期绩效评估，建立激励约束和退出机制，动态调整。

——推动计划分层实施。推动国家级、省（部）级、校级协同创新中心科学定位、协调发展，形成整体推进态势，实现计划预期目标。探索省部共建机制。

（六）实施高校创新平台体系建设计划

——组织高校牵头或参与组建若干国家实验室、国家科学中心、国家技术创新中心等综合性大平台建设。

——加强和完善国家重点实验室、国家工程（技术）研究中心、国家工程实验室等国家级科研平台建设。

——加强国防科技重点实验室、国防重点学科实验室培育建设，强化教育部重点实验室（B类）优化布局。

——优化教育部重点实验室、教育部工程中心和大学科技园的结构和布局，加强规范管理，提升建设水平和创新能力。

——加快推进新型科研机构和平台建设。建设一批野外科学观测和人才培养研究基地。开展高校科学考察和调查。

（七）实施重大科技项目培育工程

——探索重大科技项目形成机制，充分发挥战略科学家的重要作用。支持开展重大项目预研，充分发挥高校基本科研业务费的效能，构建重大科技项目培育体系。

——设立教育部科学事业费重大项目，资助重大创新平台顶层设计与培育、重大科技项目生成、重大科技战略与政策研究三类科技工作。

（八）加强高校创新团队建设

——鼓励长江学者牵头组建学术团队，加快培育国家自然科学基金委创新研究群体和科技部重大领域创新团队。推进科学家工作室建设。

——加强已立项教育部创新团队的规范化管理，提升建设质量。继续加强对教育部“创新团队发展计划”优秀团队的滚动支持，培育重大成果产出，持续提升创新能力和综合竞争力。

——加强高层次国防科技创新团队、国防拔尖人才培育，在教育部相关人才计划中加大对国防领域人才和团队的支持。

（九）实施科技资源开放共享计划

——引导高校建立科研设施与仪器开放共享的管理制度和网络信息平台，并与国家与地方网络信息平台进行对接。

——按照成本补偿和非营利原则，引导高校建立科研设施与仪器开放服务收费管理运行机制，用于支持开放共享。

——引导和鼓励高校建立科研基础设施和大型科研仪器开放共享的评价和激励机制，推动建立开放共享后补助机制。

（十）实施国际科技合作引导计划

——继续实施国际合作联合实验室计划，坚持高标准、有特色，稳步扩大规模，优化结构布局，强化对“一带一路”、内地和港澳、大陆和台湾地区联合实验室和协同创新平台的支持，加强科技部国际科技合作基地的培育。

——继续实施高校学科创新引智计划（111 计划），坚持服务需求，提升建设质量，推进规范化管理，实现高水平、实质性、可持续的国际合作。积极推进全球顶级科学家工作室建设计划。

——组织参与和发起国际大科学计划和大科学工程，建设一批国际创新网络联盟。

——实施“海桥计划”，推进产业技术国际创新合作与国际技术转移，支持高校在境外建立技术转移中心。

九、组织实施

——明确责任，加强领导。教育部负责本规划的组织实施。省级政府的教育行政部门、有关部门（单位）教育主管部门应结合实际，加强对本地区本部门所属高校科技工作的领导。

——建立高校创新调查制度，加强动态监测。建立本规划实施和高校科技发展情况的动态监测、及时反馈机制，开展中期评估，形成政策预调、微调的科学决策支持系统。

——广泛宣传动员，营造良好环境。统一高校科技战线对提升创新能力、服务创新驱动发展战略的认识，引导社会各界加强对高校科技工作的理解和支持，营造良好的环境和氛围。

国家语委“十三五”科研规划

为做好“十三五”期间的国家语委科研工作，服务和保障国家语言文字事业改革发展，根据《国家中长期语言文字事业改革和发展规划纲要（2012—2020年）》和《国家语言文字事业“十三五”发展规划》，制定本规划。

一、发展需求

科研工作是保障国家语言文字事业改革和发展的重要基础。新世纪以来，国家语委从规划和制度建设入手，推动语言文字科研工作在课题立项、学科发展、机构建设、人才培养等方面取得了长足发展。“十二五”期间，国家语委进一步聚焦国家战略、事业发展和社会应用的迫切需求，设立了440个科研课题，颁布了10多项规范标准，建设了一系列支撑语言文字信息化建设的基础资源库，启动了中华思想文化术语传播、中国语言资源保护等重大语言文化工程，推动语言文字科研工作取得了新的进步。国家语言战略研究、社会语言生活研究成果丰硕并产生重要影响，学科发展呈现良好态势，科研管理和保障制度日益完善，科研机构和人才队伍不断壮大，国际交流和学术合作持续深入。科学研究已成为保障语言文字事业改革创新和科学发展的基石，为推广普及国家通用语言文字、科学保护各民族语言文字、提高国家和国民语言能力、传承中华语言文化、构建和谐语言生活做出了积极贡献。

“十三五”时期，是全面建成小康社会、实现“两个百年”目标的攻坚阶段和关键时期，经济发展进入新常态，科技进步呈现新趋势，社会对国家语言文字事业发展提出新要求，语言文字科研面临重大发展机遇和严峻挑战。强语助力强国，推动语言文字在国家政治、经济、外交、军事、安全等领域更好地发挥作用，迫切要求加强语言文字基础理论研究。转变发展理念，推动以信息技术为核心的现代科技进步，促进互联网与传统行业的深度融合，迫切要求加强语言文字信息化前沿技术研究。文化铸造国魂，发挥语言文字在培育社会主义核心价值观中的基础功能，迫切要求加强教育领域语言文字问题研究。扩大对外开放，推进“一带一路”建设，拓展国家利益，迫切要求加强语言文字国际传

国家语委，国语〔2016〕1号，2016年9月5日。

播与交流合作研究。全面深化改革，妥善处理社会转型期的重大语言问题，努力满足日益增长的语言需求，迫切要求深入了解我国的语言国情、科学保护国家语言资源、加快完善语言文字规范标准体系，加强语言文字决策咨询研究。

当前，语言及语言应用研究还未能完全满足我国语言文字事业发展、经济社会发展和科技进步的要求。创新思维和创新能力有待增强，跨学科、新领域研究需要进一步深化，研究方法、手段的现代化有待进一步提高，“产学研用”尚没有很好地结合，研究成果未能及时产生应有的效益，学科和人才队伍建设需要进一步加强，经费使用效率需要进一步提高。

面对新形势、新需求、新任务，国家语委科研工作要树立机遇意识和大局意识，切实增强责任感和使命感，主动适应科技竞争日趋激烈、学科交叉和技术融合深入推进、创新要素和创新资源流动加快的发展趋势，大力推动语言基础研究及语言应用研究同步发展，继续坚持世界性与民族性、全球化与本土化有机结合，不断拓展研究领域，进一步增强服务国家语言文字事业发展、经济社会发展和科技进步的能力。

二、指导思想和发展目标

（一）指导思想

高举中国特色社会主义伟大旗帜，全面贯彻落实党的十八大和十八届三中、四中、五中全会精神，以马克思列宁主义、毛泽东思想、邓小平理论、“三个代表”重要思想、科学发展观为指导，深入贯彻习近平总书记系列重要讲话精神，牢固树立创新、协调、绿色、开放、共享的发展理念，全面落实《国家中长期语言文字事业改革和发展规划纲要（2012—2020年）》和《国家语言文字事业“十三五”发展规划》，以服务国家重大战略实施和国家语言文字事业发展为宗旨，坚持问题驱动和需求导向，巩固基础研究、强化应用研究、推动决策咨询研究，有效提升创新能力、服务水平和国际影响，为实现语言强国目标提供强有力的科研支撑。

（二）发展目标

到2020年，基本建成较为完善的语言文字科研体系，推出一批标志性成果，打造若干新型智库，培养一批高端人才，全面提升国家语委科研的学术和社会影响力，全面发挥科学研究对国家语言文字事业改革和发展的支撑作用。

——科研质量进一步提升，服务能力明显增强。基础理论研究不断深化，语言信息技术和新兴领域研究有所突破，决策咨询研究富有实效。学科体系进一步完善，研究领域不断拓展、研究方法不断改进，创新能力、科研质量和学术水平有效提升。成果转化更加及时有效。

——队伍建设进一步完善，智库体系初步形成。梯度衔接的人才格局基本形成，中青年学者和高端科研人才培养机制更加完善，语言文字科研队伍不断壮大。科研机构布局合理、功能完备，智库型管理激励机制改革取得突破，咨政、启民、育人功能充分发挥。

——资源建设进一步优化，共享机制逐步落实。语言基础资源建设的门类、层次基本适应需求，资源平台建设有序开展，资源共享有效推进，语言资源服务能力明显增强。

——开放交流进一步推进，国际影响有效提升。主动将语言文字学术交流融入中外人文交流机制。推进大陆与台湾、内地与港澳以及国际学术交流合作更加深入，进一步提升在国际语言文化领域的话语权。

三、重点研究方向

（一）语言文字基础理论研究

提升中国语言文字基础理论研究水平，进一步准确认识、科学把握汉语汉字和各少数民族语言文字的特点与规律。开展汉语汉字探源研究，深入探讨汉语汉字历史发展演变规律，为汉语汉字的当代使用、规范和推广提供理论支撑。加强国内外不同语言文字之间的比较研究及语言接触研究，进一步科学认识语言文字类型特征、演化路径及其在民族文化形成与发展中的作用。加强语言规划、语言政策和语言战略理论研究，进一步促进语言本体研究与应用研究的交流与融合。支持开展语言竞争、语言生态、语言资源、语言传播、语言能力、语言教育、语言习得、语言规范、语言变异等方面的理论探索，鼓励理论创新。

重大研究专题 1：汉语汉字溯源及现代应用研究

全面梳理汉语汉字的发展演变规律。加强汉字的断代研究和字源研究，建设历代汉字形音义属性信息资源库，系统描述汉字的历时发展谱系。深化汉语词源探求及词汇史、语法史研究。加强语言史文字史与文化源流关系的研究。面向社会需求，开展汉语汉字的现代应用研究。

（二）语言文字决策咨询研究

加强关于语言使用和语言舆情的监测与研究，探讨建立应对语言问题突发事件的预警和应急机制。加强关于城乡语言环境建设、城镇化进程中的语言规划、社会语言生活治理、多语社会语言关系处理及语言矛盾化解等重大现实语言问题的对策与方略研究，为国家语言文字科学决策服务。加强教育领域语言文字问题研究，为推动语文课程及评价体系改革、发挥语言文字的人文功能、提升国民语言能力和国家语言能力服务。加强语言认同与国家认同、民族认同、文化认同之间的关系研究，开展全球华语生活协调机制研究，促进国家认同和中华文化认同。加强港澳台地区语言生活和语言政策研究。加强语言发展战略研究，探讨应对全球化、信息化发展的国家语言战略关键问题和重大举措。加强语言服务研究，聚焦“一带一路”、“互联网 +”行动、新型城镇化、自贸试验区建设、区域发展总体战略等的语言需求，探讨语言服务的形式手段、体制机制、人才储备、能力提升等问题，开展语言服务规划研究。

重大研究专题 2：社会语言问题对策研究

加强国家对重要社会语言问题的对策研究。重点开展针对社会快速发展带来的语言冲突问题，不同区域之间的语言文字协调问题，语言服务的能力与形式问题的研究，以及语言认同与国家认同、民族认同、文化认同之间的关系研究。

（三）语言文字信息技术和新兴领域研究

加强以语义研究为重点的语言文字信息处理基础理论研究，开展大数据分析、机器深度学习、多语种机器翻译、语言智能辅助学习和评测等关键技术研发中的语言文字问题研究，支持云计算、大数据、移动互联网环境下中文信息处理技术的研发，推动语言文字信息化关键技术取得新进展。加强语言信息技术转化和应用研究，建设国家语言资源动态流通语料库、通用汉字全息数据库等基础资源库，为全球汉语普通话学习网络平台、语言文字应用咨询服务平台建设等提供学术和技术支持。聚焦语言应用新兴领域，开展语言经济、语言产业、语言服务、语言康复、语言与认知、语言与法律、语言与安全等研究，推进学科交叉与技术融合。

重大研究专题 3：语言文字信息技术与应用研究

支持多语种机器翻译关键技术的研究与应用，推动将大数据、云计算、移动互联网等新的信息技术运用于语言分析、语言知识获取及语义资源建设。推动智能辅助语言学习系统和语音识别关键技术的研究与应用，开展语言理解、语言生成和语言评价的智能化理论和技术研究。加强语言文字信息处理技术评测研究。

（四）语言文字规范标准建设研究

加强语言文字规范标准研制中的理论依据研究，进一步提升标准研制质量。加强国家通用语言文字基础标准，以及学校教育、信息处理、广播影视、新闻出版、辞书编纂和公共服务等领域的应用标准研究，进一步完善国家通用语言文字规范标准体系。加强少数民族语言文字规范标准研究，为加快制定传统通用少数民族语言文字基础标准、推进术语规范化提供支撑。加强通用手语和通用盲文规范标准，以及外语使用标准研究，为优化社会语言服务奠定基础。开展大陆与台湾、内地与港澳语言文字标准的比较研究，参与并主导中国语言文字的国际标准研制，推动语言文字规范标准建设国际化。加强国家通用语言文字应用能力标准、评测认证标准，以及职业语言能力标准和行业语言服务规范研究，为公民语言能力建设服务。加强语言文字规范标准的推广普及研究，促进语言文字规范标准的社会应用。加强语言文字规范标准体系研究，逐步建立信息化条件下的内容全面、类型完整、层次分明的语言文字规范标准体系。

重大研究专题4：语言文字应用能力标准研究

深入了解国家语言能力现状，准确评估国家语言能力需求。建立国家通用语言文字应用能力的评价标准，以及不同行业、不同人群的语言文字应用能力的评价标准。制订行业语言服务标准及提升不同行业语言服务能力的策略与措施。开展多语种能力与社会及个体发展、不同职业或工作岗位对多语种能力的要求的调查研究。

（五）语言国情与语言资源保护研究

开展语言国情调查，推动将语言文字使用状况纳入国家人口普查和其他相关调查内容，了解我国境内各语言、方言的地域分布、使用人口等基本状况。调研重点地区、重点行业领域、跨境民族、人口较少民族、城市流动人口以及虚拟空间的语言文字使用状况，为国家语言文字科学决策提供数据支撑。加强关于语言资源的理论、政策与技术研究，推动国家语言资源的保护、开发和利用。支持建设大规模的现代汉语普通话及方言语料库、语言知识库和语言文献数据库。实施“中国语言资源保护工程”，收集记录汉语方言、少数民族语言和口头文化的实态语料，建设大规模、可持续增长的多模态语言资源数据库。

重大研究专题5：语言文字使用状况调查

调研国家通用语言文字的使用和国家语言文字政策贯彻执行情况，调研边远民族地区、港澳台地区、国内移民和外裔外国人集中地区、汉语方言区等的语言生活状况，调研各种新媒体和数字化产品的语言文字使用状况及特殊语言现象，语言资源保护的政策与措施。

（六）语言文字国际传播与比较研究

加强中国语言文化国际传播，以及中国话语权和话语体系研究，为提升中国语言文化国际地位提供学术支撑。加强汉语国际教育研究，开展海外汉语使用状况调研，为推进针对不同国家或地区、不同母语背景人群的区别化汉语教学奠定理论基础。加强中华思想文化核心术语译介及传播研究，进一步实施“中华思想文化术语传播工程”。加强语言状况、语言生活、语言政策与规划、语言教育等国别比较研究，支持面向国际的语言学习产品、语言技术产品和语言文化产品的研究和开发，服务中外人文交流机制和整体外交需要。

重大研究专题6：“一带一路”语言服务研究

制定并实施《推进“一带一路”建设语言服务行动方案》，研究“一带一路”建设对语言能力、语言人才、语言产品的需求。研究“一带一路”沿线国家的语言政策、语言文字使用现状及其与民族、人口、文化的关系。加强国别语言政策的对比研究。发展语言产业、语言经济等新兴交叉学科，加强语言人才培养和语言产品供给。推进汉语国际传播及中外语言文化交流互鉴的策略与方法研究。

四、改革与保障

（一）提升学科地位，推动理论创新

提升学科地位。协调有关部门进一步重视语言学学科建设，提升学科地位。进一步推动语言规划、语言政策、语言战略等语言应用学科建设，加大扶持力度。鼓励、支持各高等院校结合各自实际自主设立二级学科，形成较为完备的语言文字及其应用学科体系。支持相关学科专业刊物建设，多渠道构建学术交流平台，促进学科可持续发展。

推动理论创新。促进语言学与社会学、人类学、民族学、信息科学、脑科学、心理学等学科的交叉融合，多视角、多维度探讨国内外语言问题，推动我国语言研究价值理念、理论框架、研究方法等全面进步。促进和支持研究方法和研究手段的现代化。鼓励跨学科、跨领域、跨地区开展协同研究。

（二）建设语言智库，优化科研队伍

建设中国特色语言文字新型智库。全面实施《国家语言文字智库建设规划》，努力打造定位明晰、特色鲜明、机制健全、效能优良的国家语言文字智库体系，推进与语言文字智库建设相配套的基础资源建设、激励机制改革和成果开发应用。实施《国家语委科研中心管理办法》《国家语委科研基地管理办法》，充分发挥有关高等学校、科研院所以及相关企事业单位的作用，进一步加强以共建中心和科研基地为重点的国家语委科研机构建设。加大对国家语委科研机构建设的支持力度，推进各机构结合各自实际加强内涵建设，开展面向语言文字政策实践需求的决策咨询研究，积极向智库转型，更好地服务和保障国家语言文字事业的改革发展。

加强科研队伍建设。进一步充实和完善国家语委科研工作专家库，建设国家语言文字智库核心专家库，重点打造政策研究和决策咨询专家队伍；继续开展中青年学者的培训研修工作，加大培训力度，创新培训方式，增强培训效果，形成较为稳定的人才培养机制；推动“走出去”计划，遴选一批优秀的专家学者前往国外相关研究机构特别是相关智库开展研修。

（三）创新转化机制，促进成果应用

创新科研成果转化机制。完善语言文字科研成果转化政策措施，实施一批重大科研成果转化引导项目，逐步建立市场导向、政府服务、企业主体、产学研结合的科研成果转化推广体系。建设语言文字科研成果转化服务网络平台，对科研成果进行评测鉴定，为资源方和需求方提供信息服务。

促进科研成果推广应用。充分挖掘语言文字科研成果的社会效益，推动科研成果为国家重大战略决策、语言文字教育教学、社会语言文字应用等服务，助力国家语言文字事业科学发展。推动科研成果产业化，发挥语言文字应用领域科研与经济的双促效应。支持语言文字知识的科学普及。

推动成果共享。探讨建立“有序开发、多元投入、社会共享”的语言资源建设与统筹协调机制，建设国家级语言资源服务平台，促进语言资源的开放共享。

（四）深化交流合作，提升国际影响

深化大陆与台湾、内地与港澳的语言文字学术交流与合作。完善两岸语言文字交流合作协调机制，推动两岸语言文字学术交流和语言文化交流。继续编写和推广应用两岸中华语文工具书、科技名词工具书，完善两岸中华语文知识库网站建设，继续推动汉语简繁文本转换技术等的合作研究与开发。

加强语言文字国际学术交流与合作。积极配合中外人文交流机制，持续举办或与有关国家轮流主办语言文字高层论坛，打造国家语委联接中外、传递中国声音的国际平台。根据国家战略需求，研判国际语言生活及语言政策理论发展趋势，针对不同国家和地区的语言状况与特点，科学设计论坛主题，逐步提升学术影响力。实施“语言文字国际高端专家来华交流项目”。推动中外语言文字学术成果互译交流，组织翻译一批国外重要的语言文字理论著作，同时向外译介展现我国语言文字事业成就以及相关研究成果的著作。

（五）完善管理制度，增强保障能力

完善科研管理制度。适时完善《国家语委科研项目管理办法（2015 年修订）》，进一步完善项目申报、立项评审、中期检查、结项鉴定各项管理流程，进一步加强经费使用管理。加强监督检查，探索实施优秀项目评选表彰制度和逾期项目黑名单制度，努力提升科研项目的研究质量，进一步扩大国家语委科研规划课题的学术影响。

提升经费保障水平。加大投入，修订重大项目、重点项目和一般项目的资助标准，逐步提升科研项目的经费保障水平。创新资助方式，试点推出《国家语委科研成果后期资助计划》。

推动地方科研工作。以科研立项、研究机构建设为抓手，进一步加大对地方语委科研工作的支持力度。推动和指导各地制定本区域科研规划，发布项目指南，开展项目研究。增强国家语委科研机构服务地方语言文字工作的能力。

国家环境保护“十三五”科技发展规划纲要

一、“十三五”环保科技发展的形势与需求

（一）《国家环境保护“十二五”科技发展规划》执行情况

党中央、国务院高度重视环境保护和环保科技工作。“十二五”期间，国家继续实施水体污染控制与治理科技重大专项（以下简称水专项），不断加大公益性行业科研专项、国家科技支撑计划等国家科技计划对环保科技的支持力度，《国家环境保护“十二五”科技发展规划》布局的重点领域有序推进，取得了显著进展。

在水污染防治领域，水专项共设置100个项目、259个课题，开展了流域减负修复关键技术、饮用水安全保障技术和水环境监控预警业务化运行技术研究；在其他科技计划中，开展了全国地下水污染综合调查评价、华北平原典型地区地下水污染防控，以及简易垃圾填埋场、废弃矿井等对地下水污染风险评价和管理等研究。在大气污染防治领域，实施了“清洁空气研究计划”和“蓝天科技工程专项”，开展了大气颗粒物和臭氧等污染物的地区间输送机理、京津冀区域重污染形成过程机理、重点区域大气环境质量改善技术、大气污染预测预警和大气重污染应急技术，以及机动车尾气、挥发性有机物和汞、含氢氯氟烃等控制技术研究。在土壤污染防治领域，开展了农村土壤环境管理与土壤污染风险管控、典型工业污染场地土壤污染风险评估和修复、矿区和油田区土壤污染控制与生态修复、土壤环境保护法律法规和标准制定等研究。在生态保护与建设领域，开展了生态环境基础研究以及重要生态功能区、资源开发区、农村地区、生态脆弱地区等生态风险评估、生态安全监控、环境监管、生态恢复等技术研究。在核与辐射安全领域，开展了大型先进压水堆审评关键技术、环境中低水平放射性气溶胶与碘监测、核电厂安全监督运行执照文件规范化、核与辐射数据交换标准及其应用、福岛核事故后核电厂改进措施等研究。

环保部、科技部，环科技〔2016〕160号，2016年11月14日。

此外，在固体废物污染防治及化学品管理、环境与健康、环境监管技术、全球环境问题研究，以及绿色经济、清洁生产和循环经济等领域也部署了一批科研项目。通过上述研究，产出了一批环境保护急需的科研成果，有力支撑了污染防治、生态保护和核与辐射安全管理工作，较好地完成了《国家环境保护“十二五”科技发展规划》提出的主要目标和任务。

（二）“十二五”环保科技取得的主要成就

一是基础研究与创新研究成果丰硕。围绕水、大气、土壤、生态、核与辐射安全、环境健康等领域积极开展应用基础研究，加强技术创新，科技成果丰硕。其中，水专项重点突破了1000余项流域减负修复关键技术、流域水环境监控预警业务化运行技术等，申请国内国际专利2300余项（已获得授权1221项）。“清洁空气研究计划”突破了细颗粒物（$PM_{2.5}$）监测与来源解析、挥发性有机物排放源清单构建、人群健康影响评估、移动源污染控制及重点区域空气质量改善等理论与技术，探索了主要大气污染物环境空气质量标准制修订与人群健康之间的关系，以及人群环境暴露行为模式、重金属污染健康风险分区分级等理论与技术。探索了设施农业土壤环境质量变化与风险控制关键技术，突破了有机物污染土壤及重金属污染土壤的关键修复技术。

截至2015年底，共有675项基础理论类、软科学类和应用技术类成果获得国家环境保护科技成果登记。“有机废物生物强化腐殖化及腐植酸高效提取循环利用技术”获国家技术发明二等奖，“环境一号卫星环境应用系统工程”“湖泊底泥污染控制理论技术与应用”“中国生态交错带生态价值评估与恢复治理关键技术”等获国家科技进步二等奖。310项成果获得环境保护科学技术奖励，其中，一等奖30项、二等奖120项、三等奖158项，科普类奖2项。

二是科技成果有效支撑了环境管理。按照环境管理的需求，建立了“边研究、边产出、边应用”的工作机制。水专项成果支持了一批水环境领域国家政策、标准的制定，支撑了国家《水污染防治行动计划》的编制和实施，提升了国家环境监管能力和水平，有力支撑了国家和地方的污染减排、水质改善和水环境修复。依托“清洁空气研究计划”，先后制定发布《大气细颗粒物（$PM_{2.5}$）源排放清单编制技术指南（试行）》等8项技术指南，初步形成了我国大气污染物源排放清单编制技术支撑体系，为污染物总量减排、空气质量达标等提供了核心支撑。国家重大科学仪器设备开发专项成果大大提升了国产化监测仪器的竞争力和市场份额。利用高分一号卫星平台在京津冀、长三角、珠三角等重点区域开展灰霾、大气污染源排放和湖泊水华等遥感监测应用，为南京青奥会、北京亚太经合组织（APEC）领导人非正式会议环境质量保障提供了技术支持。农用地、工业场地土壤环境调查、风险评估和修复等研究成果为我国《污染场地风险评估技术导则》等标准出台以及《土壤环境质量标准》的修订提供了技术基础。物种资源及相关传统知识调查、评价和观测等工作为《生物多样性观测技术导则》《区域生物多样性评价标准》等提供了技术基础。基于分区管理的生态文明建设指标体系和绩效评估方法研究等成果支撑了生态文明示范区建设，我国国土生态安全格局构建关键技术与保护战略研究推动了生态保护红线划定工作。完成了核电厂安全监管运行执照文件规范化研究，依托国家科技重大专项，形成一系列国际先进压水堆安全审评技术，并应用于自主设计的中国先进压水堆核电站（CAP1000）

和“华龙一号”的核安全审评工作。

三是环保科研能力得到明显提升。环保系统第一个国家重点实验室——环境基准与风险评估国家重点实验室经科技部批准建设并通过验收，为我国环境基准与风险评估领域的研究搭建了高水平科研平台。“十二五”期间，批准建设了大气复合污染来源与控制、饮用水水源地保护等 14 个国家环境保护重点实验室，以及大气、土壤等领域 19 个国家环境保护工程技术中心。启动国家环境保护科学观测研究站建设，制定并发布《国家环境保护科学观测研究站管理办法（试行）》。发展改革委批复了国家核与辐射安全监管技术研发基地建设，建成核电厂全范围验证模拟机平台，提高了核与辐射安全监管技术支撑能力。环境保护部与科技部联合批准建设了 22 个国家环保科普基地。

创新人才培养取得新进展。“十二五”期间，环保系统新增中国工程院院士 1 名、中组部“万人计划”领军人才 3 名、科技部中青年科技创新领军人才 2 名、科技部重点领域创新团队 2 个、国家杰出青年基金项目获得者 1 名、自然科学基金创新研究群体 1 个、优秀青年基金项目获得者 2 名。发布《环境保护部专业技术领军人才和青年拔尖人才选拔培养办法（试行）》，首批选拔环境保护领军人才 19 名、环境保护青年拔尖人才 54 名。

（三）环保科技存在的主要问题

一是环保科研前瞻引领不够。部分环保科研工作疲于应对当前的环境管理工作需求，缺乏对环境问题的适度超前预判研究，有时甚至处于被动应对局面。在环境基础理论和基础工作方面，对大气复合污染、地下水污染、土壤重金属污染、电子废物污染、放射性废物污染、环境污染健康影响，以及重大工程引发的环境问题等新型和复杂环境问题的成因、机理和机制研究不足，科技引领有待进一步加强。

二是环保科研整体统筹协调不足。环保科研顶层设计不足，部分科研项目立项、实施和管理存在条块分割、交叉重复现象，缺乏有效的沟通协调机制。一些研究项目在立项过程中对国家环保形势、环保政策分析不够，对国家环保科技需求定位不准，科技支撑能力有待进一步加强。

三是环保科技创新能力仍然薄弱。环保系统科研队伍规模小，环保科技领军人才不足，地方环保科研能力十分薄弱。国家环境保护重点实验室和工程技术中心布局尚不完善，建设与运行资金缺乏保障，环境保护科学观测研究站建设刚刚起步。环保领域技术创新能力不足，环境管理需要的科技创新能力有待进一步加强。

四是环保科技体制机制亟待深化改革。科技投入中竞争性投入比例过大，缺乏对公益性科研机构长期稳定支持，不利于科研工作的系统性和延续性开展。环保科技创新成果转化为实际应用不畅，对环境管理的支撑作用不明显，对环保产业的带动能力不强。人才培养和激励机制有待进一步完善。国家环境保护重点实验室和工程技术中心尚需建立有效的评估和退出机制。

（四）环保科技发展趋势与需求

1. 国际环保科技发展趋势

一是更加关注生态环境风险和人群健康问题。欧美日等发达国家和地区已经过工业化高速发展时期，常规污染问题得到了解决，现阶段重点关注环境风险识别和风险防控问题。主要表现在：更加注重环境污染物和化学品的风险评估和风险控制技术研究。注重过程高效、结果准确、物种本土化的全生命周期毒性测试与预测技术的开发。重视源头上的绿色替代和末端治理的协同控制，以降低环境风险、保护公众健康。

二是更加注重解决复合性、系统性环境问题。地球系统科学研究取得了一系列重要进展，初步建立了以全球变化研究为目的的全球立体观测体系和研究网络，为各级政府提供了科学服务。环境问题需要系统解决，国际上环保科技已从单要素转向多要素综合研究、从局部地区污染防治向区域尺度甚至全球尺度生态环境问题研究转变。主要表现在：环境科学研究进入以地球系统为对象的综合集成研究阶段，开展了天地一体化、多环境要素交互影响的区域生态系统研究，建立了高度发达的环境信息网络，实现了环境要素的长期连续观测，能够在更大程度上揭示人类活动对地球系统的影响机制。

三是更加注重多领域新技术的融合与应用。环保科技将绿色技术融入各行业各领域，从环境问题产生的根源采取措施，寻求可持续的生产和消费方式，促进环境与经济社会协调发展。随着分子技术、生物技术、新材料技术、信息技术、云计算和大数据等在环保领域的应用不断拓展和深入，发达国家突破了一批环境质量改善关键治理技术和管理技术，促进了环境质量监控、预警和环境风险防控技术的创新发展。具体表现在：分子生物技术通过基因杂交、测序来揭示微生物的遗传信息和表现性状，为在生物反应机理上认识环境微生物的遗传特性提供了有力的实验手段。无人机遥感技术向多尺度、多频率、全天候、高精度和高效快速的目标发展，大大提高了环境遥感技术的实时性和运行性。环保科技与新技术的不断融合进一步带动了环保产业大发展。

2. “十三五”我国环境保护科技需求

当前，我国经济社会呈现出从高速增长转为中高速增长，经济结构优化升级，从要素驱动、投资驱动转向创新驱动，环境承载能力已达到或接近上限，环境保护面临着诸多挑战。在面临世界经济深度调整、保护主义抬头、国际绿色贸易壁垒增大、国际履约任务繁重等形势下，国内高污染、高消耗、低附加值产业仍占很大比重，发展模式粗放等问题仍然在一些地区具有“锁定效应”，传统发展模式和路径转型难度大。另一方面，我国已进入环境高风险期，区域性、布局性、结构性环境风险更加突出，环境事故呈高发频发态势，核能核技术利用快速发展，中西部地区部分生态系统稳定性与生态服务功能呈下降趋势，守住环境安全底线的任务尤为艰巨。

“十三五”时期是我国全面建成小康社会的重要时期，是全面深化改革和加快转变经济发展方式的攻坚时期，也是全面推进依法治国的关键时期。建设生态文明迫切需要依靠科技创新突破资源环境瓶颈，环保科技要紧密围绕环保中心工作，大力推动创新发展，为改善环境质量保驾护航。

一是识别环境演变成因，引领国家环境保护方向。充分发挥环保科技的基础性、前瞻性和引领性作用，需要探明水体、大气、土壤污染成因与作用机理，为全国环境保护工作指明方向。今后一段时期，我国环保工作将更加注重环境风险的防控，需要针对重金属、持久性有机污染物等影响公众健康的重大环境问题，研究复合生态毒理效应，探索环境风险评估、控制和监测预警技术，完善支撑绿色发展和全过程污染防治的技术体系。需要针对环境质量标准制订的科学基础，进一步完善环境基准理论、技术与方法以及支撑平台，建立国家环境基准体系。

二是攻克污染治理和生态保护技术，支撑环境质量改善。按照水体、大气、土壤污染治理三大“战役”要求，为实现环境质量改善的目标，需要突破以环境质量为约束的污染负荷削减、环境修复以及区域联防联控技术。针对生态保护、固体废物和化学品污染防治、核与辐射安全监管，需突破生态系统和生物多样性恢复与重建、综合评估与可持续管理技术方法，建立固体废物和化学品污染的控制与管理技术体系，突破一批核设施安全运行、放射源安全使用、核废物处理处置、辐射与核事故应急等监管技术。面向我国推进“一带一路”、京津冀协同发展和长江经济带战略，需要不断依靠科学技术发展，解决国家相关战略过程中面临的区域环境问题。

三是推进环保科技体制改革，提升环保科技创新能力。针对我国环保科技整体创新能力不足问题，需要完善重点实验室、工程技术中心和科学观测研究站创新机制，建立开放的科研数据共享平台，推动产学研深入融合。加大国际科技合作力度，“引进来”和“走出去”并重，服务绿色“一带一路”建设。进一步加强队伍建设，完善人才培养机制，优化整合人才队伍，加强环保科技创新基地建设，形成与国家环保科技需求相适应的国家环保科技支撑能力。

二、指导思想和工作原则

（一）指导思想

全面贯彻党的十八大和十八届三中、四中、五中、六中全会精神，以邓小平理论、“三个代表”重要思想、科学发展观为指导，深入贯彻习近平总书记系列重要讲话精神，牢固树立创新、协调、绿色、开放、共享的发展理念，全面落实《国家中长期科学和技术发展规划纲要（2006—2020年）》、《国家创新驱动发展战略纲要》和《“十三五”国家科技创新规划》。立足全国科技创新大会和生态文明建设要求，以解决损害人民群众健康的生态环境问题为导向，以改善环境质量为核心，以重大科研项目和工程为依托，提升我国环保科技创新能力，为实现全面建成小康社会的奋斗目标提供强有力的环境保护科技支撑。

（二）工作原则

1. 理论创新与技术支撑相结合

通过基础研究和理论创新，探索新型环境问题，深化对现有环境问题成因和机理的认识，引领环保工作的开展。通过环境治理技术研发和环境管理技术研究，突破关键和成套技术，建立环境管理的基础数据、模型和方法，为环境保护和环境管理提供支撑和服务，提升其科学化水平。同时，建立环境治理技术推广机制，培育环保产业发展。

2. 目标导向与问题导向相结合

面向国家环境保护目标，围绕污染防治、生态保护和核与辐射安全监管中可能遇到的重大热点、难点问题，加强环境保护和监管体系关键技术研发，促进发展方式的转变，支撑环境质量改善，保障生态安全和公众健康。

3. 科技创新与体制创新相结合

环保科技领域的科技创新既要鼓励原始创新，也要注重引进消化吸收再创新和集成创新。同时，要按照全面深化改革和生态文明制度建设总体要求，加强环保科技的体制机制创新，全面推进环保科技体制改革。

三、规划目标

满足经济社会可持续发展的环境保护要求，围绕重大区域、流域的环境、生态及核设施安全问题，面向改善环境质量、防范环境风险和保护公众健康目标，深化对典型环境过程的认识，形成针对多污染物及多介质的污染减排、质量改善、风险防范、监督执法、环保产业等科技支撑体系，实现环保科技全方位的跨越发展以及部分领域的赶超引领。

（一）从我国突出的环境问题出发，进一步探明区域、流域环境污染的成因和调控机理，揭示区域、流域生态系统退化与生物多样性保护和修复机理与机制，初步构建我国环境污染物健康风险评估与控制理论体系，夯实符合我国国情和社会发展需要的国家环境基准体系，引领国家中长期环境保护工作重点和方向。

（二）突破天地一体化的环境监测与预警、清洁生产、末端治理和生态修复成套技术 100 套以上，重要授权专利 300 项以上。创新流域、区域和行业环境管理模式，形成技术政策 30 项以上，技术标准 100 项以上，全面满足国家中长期环境保护技术需求。

（三）新建一批国家环境保护重点实验室和科学观测研究站，建设完善一批国家环境保护工程技术中心，建成环保科技基础数据和信息共享平台。争取新建 1 ~ 2 个国家重点实验室、国家工程技术中心或国家工程实验室。科技人才队伍规模稳步扩大，科技人才的国际国内竞争力显著提高，形成一支结构合理、适应国家环境保护事业发展需要的创新型环保科技人才队伍。

四、主要任务

（一）强化环保应用基础研究，促进环保科学决策

1. 环境污染的成因与环境过程

水环境污染的成因及生态效应。针对我国水环境污染来源与过程研究中的关键科学问题，面向水环境质量改善的目标，分析人类活动和自然变化对流域地表水质和近海水质的影响，揭示氮、磷、持久性有机污染物等污染物的产生、迁移、转化等机制及环境生态效应，为建立流域水质目标管理技术

体系建立奠定理论基础。

大气复合污染的成因及反应机理。针对日益严峻的区域大气复合污染问题，进一步阐明不同自然条件下污染排放与空气质量的定量关系。研究我国大气污染形成条件和二次污染形成的化学过程，揭示挥发性有机物等大气复合污染前体物的排放特征，构建我国主要排放源的源成分谱。观测研究典型大气环境下的挥发性有机物大气活性，诊断影响大气中化学活性的关键组分，揭示二次有机气溶胶（SOA）形成的规律及其对区域细颗粒物和大气能见度的影响，量化研究主要大气活性组分对臭氧和细颗粒物形成的贡献，分析我国典型城市群地区大气污染形成的科学机理。研究大气环境对水体和土壤环境的交互影响以及大气污染与气象的双向反馈机制。

土壤污染成因及控制修复原理。针对我国重点区域土壤污染特征和发展态势，研究工业影响区、矿区和高背景值地区土壤污染、地球化学过程和生态效应，揭示区域土壤污染成因规律。研究农用地土壤—生物系统污染物吸收富集、生态效应，揭示土壤中有毒有害重金属和有机物的迁移富集规律、生态毒性效应及其影响机制。开展土壤环境容量与承载力研究。揭示复杂场地条件下土壤及含水层中有机污染物的降解和净化规律，以及重金属价态变化与毒性削减控制因素。研究重金属和有机物复合污染土壤的修复原理及影响机理，以及重金属低积累作物和修复植物筛选的基本原理。

地下水污染过程与迁移规律。针对人为活动对地下水环境的影响和效应，研究地下水系统中污染物赋存与迁移动力学规律，突破地下水污染同位素示踪技术、地下水中溶解性有机物解析技术等，阐明土—水、水—岩界面之间的物质交换，揭示平原地区地下水硝酸盐污染来源、污染机理及阻控途径，岩溶区地下水污染物分布特征及其迁移转化机理，以及再生水补给地下水过程中新兴污染物和重金属的迁移转化规律和环境风险等。研究土壤—地下水系统主要污染物迁移扩散规律和预测模型，制定保护地下水环境质量的土壤环境阈值。

生态系统和生物多样性保护机理。针对我国生态系统类型多样、生态产品供需不平衡、人类活动剧烈等特点，重点开展区域生态格局形成机理和演变规律、生态系统服务与生态格局耦合机制等研究，建立生态系统服务优化和生态安全格局构建的基本理论体系。针对威胁我国生态安全的重大生态环境问题，开展典型地区生物多样性分布格局与演变机理、外来物种入侵与扩散机制、区域环境变化对生物多样性演变的驱动机制、生物入侵对生物多样性的影响机制、生物多样性保护成效评估理论、传统知识对生物多样性保护的促进机制等研究。针对我国森林、草地、湿地、荒漠等主要生态系统类型，研究生态系统动态干扰机理、演替规律、功能与稳定性维持机制以及生态退化机理与驱动因素，阐明生态退化演变规律和趋势，形成我国退化生态系统恢复重建理论体系。研究生物多样性与气候变化的相互影响机制。

固体废物危害识别与风险控制原理。针对新时期生活源和工业源固体废物变化特征，研究互联网时代消费品物质流动规律，揭示生活源固体废物产生、组成、回收规律。研究水体、大气污染控制条件变化和清洁生产要求条件下工业源固体废物产生、组成和污染规律，识别其环境风险。研究重点工业危险废物的产生特性、污染特性及处置利用特性，揭示工业危险废物环境风险控制的关键原理，建立工业危险废物分级分类管理清单，支持国家危险废物名录的更新。

2. 环境污染物的健康影响机理和风险评估

环境污染物人体健康毒理作用与暴露参数。针对我国社会人群特征和环境健康保护中的突出问题，开展区域性、流域性环境健康问题调查和评估研究，结合高通量测序技术、代谢组学和暴露组学技术，研究我国主要高风险污染物和新型污染物快速筛选理论方法，提出健康效应终点评价指标。建立污染物多途径、多介质人群暴露贡献率研究方法、健康毒性数据筛选和评价方法，加强特殊人群暴露参数研究，为制定水、气、土健康基准提供依据。

优控污染物清单与优先序。针对我国区域生态环境、产业结构和污染特征，基于健康风险的区域性、流域性环境问题识别，研发优先控制污染物筛查、生物毒性综合测试、人群早期健康效应检测和早期危害筛查等技术，突破局部区域小概率环境健康效应的调查、判别和风险评估技术。评价环境有害因素（如重金属、抗生素、内分泌干扰物、持久性有机污染物、农药等）对生殖健康、癌症发生及儿童生长发育等的影响。建立环境与健康状况调查技术指南和系列技术规定，研发生物有效态浓度监测评价技术、瞬时暴露和连续暴露动态监测技术。

复合污染环境与健康风险评估与预警。针对我国环境复合型污染特征，研究复合污染的多介质多界面环境行为、健康或毒性效应，研究提出水、气、土环境污染风险控制图，建立复合污染的健康风险评估方法体系及环境管理制度。研究环境健康风险区划和分级技术与方法，建立分区污染控制管理技术体系。研究环境与健康风险预警指标体系、预警分级技术方法，建立支撑环境健康风险管理业务的元数据标准和基本数据集，研发相关的监控预警预报设备。研究环境健康问题的社会风险评价方法，以及基于健康风险的污染控制管理对策。

新型持久性有机污染物和汞毒性效应和风险识别。针对多溴二苯醚、全氟化合物、多氯萘等新型持久性有机污染物，研究其毒性效应、降解和代谢途径、蓄积规律及健康风险，揭示典型工业过程中多种持久性有机污染物协同控制和削减原理。开展含新型持久性有机污染物废物鉴别研究，研发含新型持久性有机污染物废物回收、资源化利用与风险防控机制。研究新型持久性有机污染物排放源清单、排放特征及其控制机理，研究环境介质中汞的形态变化、迁移转化与健康风险，评估汞排放与释放污染特征及环境影响。

3. 环境基准

环境基准理论方法学体系。针对我国环境基准研究中的关键科学问题，综合消化吸收国际环境基准制定的成功经验和成熟方法，结合我国的实际环境特征和管理需要，研究适合我国基本国情和区域特征的环境基准理论与方法学体系。开展环境理化参数、人群暴露参数、人群健康效应、生态风险和生态毒性等环境健康与基准的基础数据调查和整编，构建适合中国不同人群的暴露评价模型、健康风险评价模型，建立评价环境质量的多维度综合评价指标体系。开展新型污染物环境基准推导的相关新技术新方法的研发。

保护水生生物水质基准。以保护水生态系统为目标，重点开展保护水生生物的环境基准研究。筛选适合环境基准需求的水生、陆生和两栖的本土物种实验生物，通过引种驯化和长期培育，完成实验室培育和繁殖技术的标准化规范化。研发多组分污染物的累积生态风险和多层次生态风险评价技术等共性关键技术。以保护水生生物和水产养殖用水水质为目标，开展农药等有毒有害污染物的水质基准研究，提出一批水质基准值和技术规范。以保护水源地和饮用水安全为目标，开展感官性状、微生物、放射性物质的水质基准研究。以保护地下水安全为目标，开展地下水环境背景值、地下水水质基准值及沉积物基准研究。

主要污染物土壤环境基准。以保护农产品安全为目标，开展镉、有机氯农药、难降解除草剂等优控污染物农用地土壤基准研究。以保护人群健康为目标，针对我国居住和工商业用地，开展建设用地中重金属、挥发 / 半挥发性有机污染物、持久性有机污染物的基准研究。

有毒有害大气污染物健康基准。以保护人群健康为目标，开展大气颗粒物（PM_{10}、$PM_{2.5}$和$PM_{0.1}$）、常规气态污染物、多环芳烃等的健康基准研究方法和应用技术规范研究，提出有毒有害大气污染物健康基准。

4. 核与辐射安全基础研究

针对我国核与辐射安全研究基础薄弱的问题，研究核电厂严重事故下安全壳内热工水力现象与气体行为等严重事故机理，研发破前漏（LBB）泄漏率测量及其计算模型，研究基于先进压水堆型的整体热工水力性能。研究异种金属焊接工艺、接头性能及断裂力学模型以及核设施重要材料特性及失效机理，研发核电厂可靠性数据库及数据收集分析体系，建立核设施老化安全评价方法。研究核设施数字化仪控系统失效机理、故障模式。研究核电厂液态放射性流出物排放及其对海洋生态系统的长期效应、周边辐射环境水平与核电厂排放源相关性，以及放射性核素在介质中迁移规律等。针对低放射性近地表处置环境评价，开展放射性物质在包气带中迁移模式的研究。针对内陆可能核电厂址开展放射性物质在水体中转移、沉积的研究。

（二）强化关键技术创新研发，支撑环保高效治理

1. 水环境监测及流域水污染治理成套技术

流域水生态环境质量监测技术。针对水质及水生生态系统监测及预警技术开发的重大需求，开展自动分析流路、定量检测等关键技术研究。研发常规水质分析仪器的小型化设计、快速移动式在线检测集成装置和以质谱仪为中心的在线水质挥发性有机物检测仪器等。发展以梯度扩散薄膜（DGT）技术为基础的新型原位水环境监测方法以及新型生态风险评估模型和流程。开展水环境监测技术和设备集成研究，综合集成我国水生态环境监测技术体系。研究海洋生态系统监测关键技术和方法。

流域水污染治理技术。针对我国水体污染控制与治理存在的关键科技瓶颈问题，进一步研发水污染治理的核心技术。开展流域水污染源控制、水体修复技术的综合评估与系统集成，构建针对城镇生活、农业面源污染控制和受污染水体修复的流域水污染治理技术体系，针对湖泊、河流、城市水体等三类受损水体开展技术评估和系统集成，构建应对典型突发性水污染事件的应急处理处置技术体系，集成研制大型化、移动式、多功能、成套化的应急检测和处理装备。深化印染、造纸、皮革、食品加

工、钢铁、石化、制药和有色等重点工业行业和污泥处理行业的清洁生产，资源、能源回收利用与水污染控制的技术集成和应用，建立服务全行业、覆盖全链条的水污染控制和能源、资源回收利用技术体系。针对整体规划、方案设计、工程实施、运行监管、评估考核的全过程，开展相关技术集成与示范研究，建立海绵城市建设与黑臭水体整治监管平台，提升突发性污染事故的应急处理能力。

2. 大气环境监测和大气复合污染综合防治关键技术

大气污染物监测技术。根据大气细颗粒物变化特征、形成机理，研发大气细颗粒物多参数和便携式在线分析系统，实现大气细颗粒物质量浓度、粒径谱、化学成分的一体化快速测量。开发大气细颗粒物气态前体物的立体分布监测技术，形成前体物立体分布监测成套技术与装备，研发烟气中低浓度气态污染物及颗粒物采样监测技术和设备。针对气体中重金属、挥发性有机物等污染物的监测和预警，研制适用于空气和废气的具有多元素同步监测能力、灵敏度高、性能稳定的新型重金属在线监测仪器和配套设备，研发工业废气样品采集及前处理新装置、大气挥发性有机物在线监测设备、恶臭气体预处理技术和在线监测设备和多组分气体在线及便携式分析仪器等。

固定源大气污染综合防治技术。针对提升固定源污染减排迫切需求，开发先进高效的烟气多污染物联合控制、资源回收型污染控制、新型大气污染控制等关键技术和设备。针对钢铁、火电、工业锅炉、有色、石化、化工、表面涂装、建材等重点行业细颗粒物、二氧化硫、氮氧化物、重金属、二噁英、挥发性有机物、恶臭、二氧化碳等排放以及农业氨排放，突破多污染物协同控制、污染物回收及高值化利用、非常规污染物控制等核心技术与关键装备。针对我国风沙以及施工和道路扬尘污染严重的问题，开发不同类型扬尘污染监测与防治关键技术和设备。针对我国餐饮服务业的特点，开发餐饮油烟污染监测与防治关键技术和设备。

移动源大气污染综合防治技术。针对更加严格的移动源排放控制的要求，研发蒸发排放挥发性有机物控制的关键技术和新材料、应用于车载诊断系统的电子控制软件和硬件、精密燃油喷射控制技术、各种排放控制传感器技术、移动源环保达标监管关键技术和装备等。突破适合我国柴油品质的颗粒物捕集技术、选择性催化还原等先进柴油车尾气后处理技术，以及适合我国汽油品质的高效汽油车颗粒捕集器等排放后处理技术。开发常规污染物、非二氧化碳温室气体及复合污染关键前体物的移动源排放监测技术以及非常规污染物识别与监测技术。建立移动源从油品检验到排放控制的一系列整体控制关键技术。

3. 土壤和地下水环境保护与修复关键技术

土壤和地下水污染监测技术。针对土壤和地下水污染问题，研发土壤和地下水污染的高精度、多功能样品采集和专用监测仪器，建立基于传感器、遥感技术和生物标志物的土壤及地下水环境监测方法，强化卫星遥感技术应用。研发小型化土壤重金属现场监测设备。开展污染场地修复后长期监测方法研究。

农用地和矿区土壤及地下水修复与风险管控技术。针对农用地和矿区土壤及地下水修复与风险管控的重大需求，突破轻度污染农用地土壤环境风险管控、安全利用和修复技术，以及重度污染农用地土壤绿色、可持续、节能低耗的综合治理与修复技术。研发典型矿区土壤污染的复垦、阻控与污染修复一体化的绿色修复技术。研发针对不同污染程度油田污染土壤的综合利用与生物修复技术以及矿山疏干水在地下的储存、利用的修复技术，并进行工程示范。研发页岩气开发中土壤及地下水污染防控关键技术和设备。

污染场地土壤修复技术。针对有色金属冶炼、石油加工、化工、焦化、电镀、皮革等重污染行业的重金属和挥发/半挥发性有机物污染土壤，研发不同污染程度和复合污染土壤关键和共性修复技术，进行综合治理工艺组合工程示范。研发污染土壤的资源化利用、强化降解、脱附净化等修复技术和装备，以及污染土壤修复过程中二次污染防控技术和设备，研制绿色、环境友好修复材料与技术，研发具有缓释功能的氧化/还原修复材料、高效固化/稳定化材料、增容/增流及生物修复强化材料等修复材料，以及土壤污染应急快速修复技术，开展修复全过程环境足迹评估研究和污染场地修复后评估制度研究。

污染场地地下水修复技术。针对高风险污染场地地下水污染修复的技术需求，突破高风险重金属和有机污染物的地下水修复多层抽提、原位定向灌注和复合高效净化等技术，研制可移动、模块化的土壤及地下水修复系列装备。研发用于治理地下水污染的绿色、高效纳米材料和转型生物材料等环境功能材料。研究地下水源地污染源控制技术、污染途径阻断技术、地表水与地下水协同控制技术，以及地下水污染应急修复技术与装备，实现修复技术工程化与设备材料标准化。

4.生态系统监测、保护与恢复关键技术

生态系统监测技术。针对生态监测技术不完善等问题，建立国家生态系统和生物多样性综合监测与评估的方法、标准和规范体系，研发天地一体化的生态系统和生物多样性监测技术和外来物种监测技术，构建大气、水文、土壤和生物多圈层生态环境综合监测体系。研制基于生态要素和生态系统服务功能的数据采集器和无线传感器等设备，构建生态安全监测支撑平台。

生态系统保护与恢复技术。针对构建符合我国国情的生态系统保护与恢复技术体系的重大需求，重点突破生态脆弱区生物多样性恢复、生物多样性保护优先区域综合调控修复、自然保护区关键生境保护与修复、生态廊道建设等关键共性技术。突破提高区域生态承载能力的生态修复关键技术，并进行重点区域示范。研发和集成不同退化生态系统类型和灾害迹地的自然与人工辅助恢复重建、群落物种优化配置，以及生态系统结构调整、服务提升、适应性管理等关键共性技术。

5.固体废物处理处置及有毒有害污染物控制技术

固体废物处理处置技术。针对填埋技术适用性不足和资源性不高等问题，研发适用于中小型填埋场、生活垃圾快速稳定化的准好氧填埋技术，突破填埋气高效收集与利用技术。研发低成本、低能耗、易维护、环境风险可控的村镇生活垃圾处理与资源化利用技术和环境风险可控的生活垃圾焚烧或协同焚烧技术。研究生活垃圾后处置和重点污染源污染控制技术，建立危险废物、生活垃圾填埋设施防渗层渗漏预警系统。

固体废物资源化利用技术。针对有价金属含量高、综合利用潜力大，但环境污染严重的有色金属冶炼废物，研发有价金属深度分离、重金属解毒与尾渣高效胶凝固化、尾渣工业窑炉协同处置利用等关键技术。研发化工污泥、化工残渣、脱硫副产物和脱硝催化剂、表面处理废物处置利用，市政污泥干化焚烧处理、高毒持久性有机污染物废物非焚烧解毒和建材利用，以及生活垃圾焚烧飞灰资源化利用关键技术。研发废弃液晶显示器、废锂电池、废晶体硅太阳能电池板、废旧荧光灯、废旧稀土、汽车尾气废催化剂等废物中贵重金属回收和污染控制，以及建筑废物、废塑料、废橡胶和废玻璃等的高附加值资源化循环利用关键技术。研发粉煤灰、煤矸石等有价元素梯级利用技术。研究废物生产者责任延伸制度建立的关键支撑技术。开发秸秆、餐厨垃圾、园林绿化垃圾、禽畜粪便等生物质固体废物资源化利用关键技术和设备。

新型污染物监测技术和有毒有害污染物控制技术。针对新型污染物的识别和监管，研究典型环境污染物的识别与风险评价技术，建立痕量污染物形态分析、同类物识别、异构体分离的分析技术系统与设备，研制适合新型污染物环境持久性和生物富集性量化表征的仪器。研究基于指纹特征光谱的有机有毒污染物快速分类监测方法与技术，建立有机有毒污染物指纹光谱库。针对化工、农药、兽药、纺织、印染、制革等有毒有害污染物重点行业，开展绿色化工及替代产品与替代技术方法研究，研究行业特征污染物综合毒性评价关键技术，研发相关关键技术、设备、产品和标准。

6. 核与辐射安全监测监管关键技术

核与辐射安全监测技术。加强放射性核素监测分析的研究，突破放射性惰性气体采样及测量技术，建立铀、钍等核素的监测分析方法，研究各介质中钚 -239、钚 -238、浓缩铀、铅 -210、钋 -210 等监测分析方法以及极低本底辐射监测方法，研究辐射环境监测技术标准体系、核与辐射突发事件应急预警监测及响应、航空应急监测、机器人搜寻和应急监测方法体系。建立直流输电工程电磁环境控制限值及监测方法。

核与辐射安全监管关键技术。集中力量突破一批核与辐射安全关键技术，破解当前制约监管水平和能力提升的瓶颈问题。系统开展核设施老化及运行许可证延续（延寿）研究，突破核设施退役场址清污、环境整治等关键技术，逐步建立我国核设施退役管理及相关技术要求。开展高放废物处理处置源项调查和预测研究，研究高放废液玻璃固化处理和固化体性能，突破后处理厂燃耗信任机制应用技术、乏燃料干式安全贮存评价技术。研究近地表、中等深度和深地层放射性废物处置技术安全全过程系统分析技术，确定需要评价的场景及其评价方法。研究放射性废物处置对环境的影响，建立生态补偿机制。突破核事故状况诊断、事故现场快速重构、辐射环境下长距离无线通信、辐射后果评价技术，完善核事故应急监测与评价管理体系。研究铀矿冶工艺废水及渗水处理、地浸采铀深井处置和地下水修复治理、铀煤压覆矿区污染防治、矿产资源开发利用产生的放射性水平较高废渣处理等技术。

7. 天地一体化环境监测与预警技术

水和大气环境遥感监测与预警技术。针对及时监控水和大气环境质量的需求，研究基于高光谱的水体污染物的识别与提取技术，研发拦河工程自动化生态监测技术与设备，研究城市黑臭水体、流域水生态及面源污染、饮用水水源地水安全等水环境遥感监测与预警技术。攻克基于高光谱的大气气溶胶和痕量气体定量遥感反演技术，开展区域灰霾、污染气体、温室气体等大气环境遥感监测与预警技术研究。

环境应急及风险管理的天地一体化监控技术。针对环境应急及环境风险监控的技术需求，突破新型赤潮监测预警技术，开展自然灾害及突发环境事件应急响应、建设项目环评与规划环评等环境监管遥感应用技术研究。攻克多源数据协同的数据预处理和环境指标反演技术，开展无人机环境监管和星空地协同环境监测预警关键技术研究。研发用于企业环境风险源的集物联网、互联网、大数据、云计算、移动终端于一体的连接管理部门、企业与公众的环境风险源管理技术及设备。

8. 噪声污染源的识别、防治技术及设备

噪声污染源监测技术。针对噪声污染源较难识别、难以连续监测，以及因噪声不可复现导致的数据质控难的问题，研发噪声监测的一体化手持监测设备。通过对噪声污染源时域频域信息及算法优化的研究，突破噪声污染源自动识别关键技术，研发可自动识别目标噪声源、背景噪声和其他噪声源的连续在线监管设备。

噪声污染源防治技术。针对重要噪声源及振动污染源，进一步研究噪声源治理技术，特别是复杂噪声源的声源追踪定位技术、空气及结构传播固定设备低频噪声的降噪技术等。继续开展新型吸声、隔声材料以及低噪声路面及车辆的研发。

（三）支撑环境管理改革，创新环境管理方法

1. 水环境管理决策支撑技术

流域水质目标管理技术。结合《水污染防治行动计划》实施对环境管理的科技需求，以水体生态环境质量管理与行业污染控制管理为抓手，开展流域水质目标管理技术评估与系统集成，重点突破流域水生态环境功能分区管理、水环境基准向标准综合转化、污染源清单编制、排污许可一证式管理、生态流量管控、农村面源污染防治最佳可行技术评估、风险评估预警、水环境管理制度政策创新等关键技术，加强水生态环境补偿评估技术、重点行业毒性减排技术、总氮控制管理技术的研究，形成规范化、标准化和系列化的流域水质目标管理成套技术，提出排污许可管理以及重点行业环境技术管理体系，实现我国水环境管理技术模式转型。开展重点区域城镇污水处理设施全指标排放情况分析，针对超标因子，提出前端预处理控制要求以及预处理技术、污水集中处理工艺技术改进建议。

水环境监控平台技术。针对《水污染防治行动计划》提出的有关水环境监测与管理新要求，以实现国家流域水环境质量管理信息化为核心，开展流域水环境管理大数据系统建设总体设计，攻克水环境质量预测预警、城市黑臭水体遥感监管等关键技术，构建国家水环境监测监控业务平台、城市黑臭水体遥感监管平台和流域水环境管理大数据平台，在重点流域实现国家水环境监控平台的业务化示范运行，并开展典型流域的水专项研究成果数字化集成和展示平台建设，为流域水质目标管理技术应用提供平台支撑。

近岸海域水环境管理技术。针对近岸海域水环境管理问题，突破不同人类活动对海岸带生态环境影响识别技术，构建近岸海域水生态系统健康评估技术方法体系。开展近岸海域生态承载力研究，研

究近岸海域污染负荷削减、生态修复和综合调控技术，大幅提升近岸海水环境管理技术标准化与规范化水平。

2. 大气环境管理决策支撑技术

大气环境质量监控预警技术。探讨大气环境约束条件下的产业布局和优化配置，提出相应的重点行业污染源减排策略。围绕排污许可证制度实施，以改善大气环境质量为核心，研究以环境容量表征的大气环境承载力监测预警评估指标体系和技术方法，建立基于风险评估的大气污染重点监控和预警判定技术，提出区域大气环境风险评估指标体系与方法，建立大气重污染天气预警分析技术，大气污染日常预警和事故预警技术，发展高精度监控预测技术。研究基于不同区域尺度大气环境风险源特征的大气环境风险防控技术，构建区域大气污染环境风险全过程管理与应急处置技术方法体系。研究构建大气环境质量状况及其改善的人体健康和生态效应的预测预警技术方法。

环境空气质量规划技术与方法。研究大气复合污染的区划技术，建立主要污染源排放时空分布的获取及更新方法，获取不同行业颗粒物和挥发性有机物等的排放因子及基于组分的排放清单，开发国家多尺度高分辨率动态排放清单，突破重点污染源颗粒物和挥发性有机物源谱技术，研究重点行业挥发性有机物核查核算及优先控制物质分析技术。研究空气质量规划技术方法和模型。

大气污染全过程监管技术体系。研究建立以环境质量改善为核心的总量控制、排污许可证管理和大气污染全过程监管技术，开展大气污染防治制度与政策设计及示范，推动国家空气质量管理从城市尺度、传统污染物控制向区域尺度、多污染物联合控制的转变。开展基于新空气质量标准的重点污染源排放标准关键问题研究，研究分行业、分区域、分时段的污染物排放限值，评估排放标准实施效果并研究不同行业排放标准限值的协同关系。研究燃煤、燃油、石油焦、生物质燃料、涂料等含挥发性有机物的产品、烟花爆竹以及锅炉等产品的环境保护技术要求。

3. 土壤和地下水环境管理支撑技术

土壤环境质量改善和污染风险管控技术。针对土壤环境质量改善和污染风险管控的需要，开展土壤环境质量评价、等级划分和分区管理技术研究，研究确定土壤环境区域背景值和本底值、土壤环境安全阈值和标准，以及建设用地土壤污染风险评估筛选的方法学，研究基于土壤污染源、土壤环境承载力的土壤环境功能分区管理技术方法，建立农用地和建设用地土壤分级分类指标和土壤环境质量综合管理技术体系。研究基于人居环境安全的建设用地和基于农产品质量安全的农用地土壤污染风险评估技术，建立人体健康风险评估关键模型和参数。研究农用地土壤污染与农产品质量响应关系和基于有效生态毒理数据的生态风险评估关键技术，建立面向风险管理的土壤环境安全预测预警关键技术和平台。

土壤环境管理决策支撑体系和制度。开展融合土壤环境监测、风险诊断与评估、修复技术实施、二次污染防治、土壤安全保障等技术的协同创新研究，建立土壤修复综合决策技术支撑体系。开展土壤污染调查、风险诊断与评估、修复模式选择、效果验收与后评估、损害鉴定与赔偿、责任界定、预警预案制定及应急响应管理等相关技术方法研究，构建土壤环境管理政策体系框架，为推进我国土壤污染防治立法提供技术支撑。

地下水环境监控预警技术。突破地下水环境质量分类、分级和区划技术，建立地下水污染预警与风险分级管理技术体系，研究基于地下水风险的地下水模拟预测技术，突破高关注度污染物的高通量筛查与高灵敏分析技术及地下水环境风险诊断方法与污染风险评估技术。开展地下水资源承载力监测预警机制研究，构建地下水资源承载力监测评价和监控预警技术。

4. 生态保护与管理支撑技术

生态系统服务优化与生态安全格局构建。针对生态系统保护的需要，开发基于我国大数据的遥感模型、生物地球化学模型等生态评估模型，构建生态安全决策支撑平台。系统开展生态保护红线区、自然保护区、生物多样性保护优先区域、重点生态功能区和气候变化敏感区等重点区域、流域监测评估技术研究。针对"两屏三带"和生态功能区、生态脆弱区等重点区域生态环境保护的战略需求，研究国家和重点区域生态安全格局构建与保障机制，建立生态系统服务优化评估、生态安全格局稳定性评估、生态格局辨识与调控、流域生态健康评估等技术体系。研究城市生态空间格局演化规律，建立城市空间管控、环境治理和区域生态规划技术方法体系。开展"一带一路"资源环境承载力与生态安全研究，研发生态空间优化与国际生态大通道构建技术、重大开发建设活动生态环境风险评估与防控技术。

生物多样性保护综合监管技术。针对生物多样性保护的需要，构建符合我国国情的生物多样性综合监管技术体系，重点突破自然保护区保护有效性评估、遗传资源及传统知识保存和传承、转基因生物的生态风险评价与监测，以及外来入侵物种利用、控制与防除等关键共性技术。

5. 固体废物、化学品环境与健康风险管理技术

固体废物环境风险管理技术。针对固体废物环境风险管控的需求，基于固体废物暴露风险识别与评估，建立固体废物多场景、多途径和多受体下的风险评估技术体系。研究固体废物资源化、能源化利用过程及其产品中污染物的迁移转化规律，建立固体废物处置利用环境风险管理技术体系。系统评估危险废物综合利用技术和产品的生态环境效应，研究危险废物综合利用标准体系。开展危险废物突发环境事件风险评估、预警、处置以及损害评估与污染修复等关键技术方法研究，构建全过程风险防范和应急管理技术保障体系。研究重点行业汞排放源清单、含汞废物与污染场地清单，建立汞排放源动态管理技术体系。

化学品环境与健康风险管理技术。针对排放量大、对环境危害严重的环境激素类化学品，研究环境激素类化学品的快速筛查技术。建立多层次多指标的化学品高通量表征技术与快速筛选评价新方法，开发基于我国本土物种的化学品实验生物与相应的测试指标体系。研究化学品环境暴露评估技术，开发化学品多介质环境模拟暴露模型，发展适合不同管理需求的多层次化学品风险评估方法体系。

突发事故环境应急技术。构建环境风险管理框架与技术支撑体系，提出适合于经济社会发展的环境风险管理目标。针对危险品尤其是内河运输危险品的环境风险防控技术严重不足、相关规范和要求缺失的问题，研究危险品交通运输环境风险技术体系。开展化学品突发环境事件风险评估、预警、处

置以及损害评估与污染修复等关键技术方法研究。

6. 核与辐射安全监管支撑技术

核与辐射安全监管工具和方法。针对提升我国核实施运行和核技术利用安全水平的需求，有针对性地开展核与辐射安全监管方法和工具研发，提升监管的有效性。研发核电厂堆芯物理分析、热工水力、事故分析、屏蔽和源项分析等模型，建立适用于核安全审评的具有自主知识产权的安全分析软件。研发运行核电厂温排水环境影响评价方法，突破中国实验快堆工程（CEFR）、中国先进研究堆（CARR）等大型研究堆的运行以及微堆低浓化条件下的安全技术，研发后处理设施的临界安全技术规范和环境生态风险评价方法，不断完善核设施核与辐射安全监管体系。研发贫化六氟化铀安全管理与处理处置、铀煤等资源共采环境影响等的评价方法，突破铀矿地勘坑井水处理、铀矿地勘及采冶设施退役治理环境保护技术，建立铀矿地勘及采冶退役设施长期监护机制。研究制定广电类建设项目环境影响评价技术规范。研究高风险放射源及射线装置在线监控及放射源快速搜寻、定位和回收技术。

新建核设施核与辐射安全监管技术。针对新建核设施，推进核与辐射安全监管相关技术研究。研发“从设计上实际消除大量放射性物质释放可能性”的安全要求和评价准则，完善新建核设施核与辐射安全目标。研发新建核电厂概率安全评价（PSA）独立审核计算标准模型，研究三代核电厂性能指标（SPI），建立基于绩效的核安全监管体系。研究示范钠冷快堆、加速器驱动次临界洁净核能系统（ADS）和熔盐堆等新型核能系统，以及海上小型堆核动力平台等新型小型模块化反应堆的核安全监管技术要求，突破高温气冷堆核安全及审评技术，建立相应新堆型的审评技术要求。研究核与辐射事故社会问题和公众心理社会效应。围绕发展我国核燃料循环产业，研究先进燃料和相关组件安全技术、先进乏燃料后处理安全技术，为完善相应监管体系提供支撑。

7. 新常态下的环境政策和管理制度

环境法制创新和新型环境治理体系。针对环境治理体系不完善和治理能力不足的现状，开展环境法治、环境经济和环境社会理论方法研究。着重研究生态文明体制和生态环境保护体制改革、环境治理体系和治理能力现代化以及与环境管理战略转型相适应的生态环境保护制度、政策和机制。研究建立推动改善环境质量、防控环境风险和保障公众健康的环境政策法规框架、环境标准框架和评估方法。

新型环境管理制度和技术方法。加强环境保护与经济社会发展相协调的预判性研究。针对建立和完善环境产权、环境成本内部化、规划和政策环评、生态空间和生态保护红线管控、环境承载力监测预警、环境审计和生态环境损害赔偿等制度的需求，研究突破一批支撑制度实施的理论、技术方法和规范等。开展水资源开发利用和水利水电工程建设生态环境保护管理、供给侧绿色升级、可持续消费以及全面覆盖和城乡环境公平的农村环境治理体系等理论和技术方法研究。开展大数据在环境管理决策中的应用研究。

以排污许可为核心的污染源管理技术方法。坚持以改善环境质量为核心，研究基于环境质量改善要求的排污许可分配方法和以排污许可证为核心的污染源“一证式”管理制度。研究基于排污许可管理的行业总量控制技术与方法，研究面源（分散源）排放量监测核算方法以及相关治理措施减排量核算方法。

8. 清洁生产、循环经济和环保产业发展政策

清洁生产和循环经济推进机制和政策。针对清洁生产与污染预防的瓶颈问题，研究重点行业多污染物清洁生产与末端治理协同控制机制，研发推广重点区域和行业关键、共性清洁生产技术，建立行业污染物源头综合削减智能化技术平台。开展农业清洁生产管理技术研究与示范。针对工业园区物质利用过程和环境风险管理，研究工业园区尺度物质流监测和物质代谢评估方法，构建工业共生系统物质代谢优化模型。研究不同类型工业园区的环境风险评估预警技术和城市矿产基地环境风险防控技术与策略。开展区域与城市物质流分析研究，建立产业结构、工业布局、资源能源消耗与污染排放、环境质量相互作用的量化模型。开展循环经济发展、工业园区整体清洁生产推进模式和创新政策研究。

环保产业推进机制和政策。针对环保产业技术创新能力和企业运营绩效，探索建立环保产业健康度、环境技术创新能力以及政府和社会资本合作（PPP）运营绩效评价方法，研究适合不同特征的各类环保产业园区的发展模式。基于区域环保服务业与产业协调发展模式，研究建立环境服务业运行绩效模型。突破合同环境服务的技术标准、环境治理工程诊断技术和环境技术验证评价技术。研究重点行业绿色发展政策、推进环保“领跑者”和绿色供应链环境管理的政策措施。

9. 其他管理支撑技术

国家环境监测网络优化技术。针对环境质量监测网络优化的需求，研究国家水、大气、土壤、生态环境监测网络点位优化调整技术。开展环境监测任务优化研究，以需求导向性的监测指标体系为基础，构建多手段复合型的监测业务技术体系，支撑《生态环境监测网络建设方案》的实施。试点开展生物监测研究，筛选特征生物指标替代目前繁多检测项目。开展覆盖环境监测全过程的质控体系研究，重点研究健全现场采样与现场监测质量保证和质量控制（QA/QC）技术体系，解决现场质控手段薄弱问题。完善标准物质的研发方法，提高对环境监测工作的支撑能力。

重大规划及工程生态风险管控技术。针对港口规划可能改变沿海陆域生态系统结构、水电梯级开发规划和路网规划可能造成生境破碎化等重大规划的生态环境问题，研究重大规划生态影响机理和生态环境风险评估方法，建立重大规划生态影响评估与修复技术规范，提出生态补偿对策。针对水利水电资源和大宗矿产资源开发、大型煤电基地建设、调水工程、交通运输和油气输送等重大工程建设以及城市快速扩张所引起的生态系统完整性受损、功能下降等关键问题，开展重大工程建设和资源能源开发等区域、流域的生态环境风险评估方法研究，研究水生生态保护和监测方面的标准和技术规范，研发生态保护、修复与重建关键技术和生态环境风险管控技术。

农业环境污染监管技术。针对我国农业环保监管与污染物防治的关键技术瓶颈问题，开展农业污染物监管与防治研究，重点突破农用化学品使用的环境影响与健康效益评估和检测方法、水产养殖污染监测与预警方法与技术、种植业污染监测方法与技术、畜禽养殖污染监测方法与技术、环境友好型农业生产方式环境效益评估技术，以及农业水、大气、固体废物污染综合防治技术等。

城市噪声与振动污染控制技术。针对城市噪声投诉率居高不下，振动防治技术储备严重不足的现

状，开展对噪声与振动污染预警和防治方法的研究，为制定城市发展规划、改善居民生活环境质量提供支撑。研究建立符合我国环境噪声与振动特点的污染源源强预测模型及传播衰减模型，研究大区域噪声与振动地图的快速绘制方法，建立在新城区或大型工程项目建设环境噪声与振动影响预测预警的规范性程序。针对机场、地铁、轻轨和高铁等噪声污染源，开展对人群居住环境和野外生态系统的危害性调查，研究建立多部门联动的防治管理体系。研究建筑群屏蔽效应、城市路网优化设计等方法对改善声环境的有效性，提出通过合理城市规划控制噪声与振动污染的方法指南。研究建筑物室内噪声与振动分析及控制技术。以提高城市声环境舒适度为目的，基于声环境对人主观感受的影响，开展声景观设计研究。

光污染监测与管理技术。针对目前我国光污染监测及防治技术空白的现状，开展对光污染监测管理体系的研究。根据光污染源时空分布特点及污染规律，开展光污染的检测与评价方法和标准研究。以区域夜间光环境监测与评价、玻璃幕墙等眩光检测及评价方法、室外光污染源检测评价方法为重点，研究光污染对城市社会生活以及城市生态系统造成的影响。

（四）开展环保技术集成示范，促进区域流域环境质量改善

1. 重点流域水环境综合调控应用示范

结合国家实施京津冀协同发展重大战略，针对区域人口高度集聚、经济过度开发、环境承载力有限的实际以及面临的水资源短缺、水环境污染、水生态退化等环境问题，以水质目标管理为牵引，重点突破与集成一批针对城市水资源高效利用、污水超净排放、海绵城市建设、黑臭水体治理、河道水环境质量提升、区域水生态修复、饮用水安全保障等的重大关键技术，强化城市水环境承载力评估的技术集成，建立城市水环境承载力监测评价体系，加强城市水环境管理，在流域尺度综合调控示范，大幅降低污染负荷，针对京津冀水环境特点提出系统的治理和管理技术体系，创新京津冀跨区域水资源、水环境、水生态一体化管理制度和跨区域生态补偿机制，改善和提升流域水生态服务功能。

根据国家长江经济带发展战略和太湖流域水环境综合整治的科技需求，创新并实施太湖流域水环境管理制度，构建政府、企业、公众共同参与的湖泊环境保护模式，提升流域水环境管理水平。以流域内城市为重点，创新工业污染、城市污染、城市水环境和饮用水综合调控技术，进一步提升城市水环境综合整治技术水平。构建水源涵养、入湖河流与湖荡湿地、湖滨带、湖体生境改善的整装成套的太湖水污染治理技术。完善大型浅水湖泊富营养化控制与治理技术体系，支撑太湖流域水质改善工程实施与饮用水安全保障能力提升工程建设。

2. 重点区域大气复合污染联防联控技术集成与示范

在京津冀及周边地区、长江三角洲、珠江三角洲等区域，针对区域经济社会发展和大气环境问题的地区差异性，综合考虑细颗粒物、挥发性有机物、氮氧化物、臭氧等多种类型污染物，建立支撑空气质量精细化管理的大气污染源谱及细颗粒物和挥发性有机物清单，摸清区域大气复合污染特征及演变趋势，构建区域空气质量监测和重污染预报预警体系，深化大气污染联防联控协调机制，促进重点地区空气质量得到较大改善。

3. 京津冀多介质环境污染协同治理示范

针对推进京津冀一体化过程中的区域多介质复合污染问题，面向2022年北京冬奥会环境质量保障需求，系统研究区域尺度环境质量改善和风险控制原理与机制，研究通过环境质量约束倒逼区域产业结构和能源结构优化升级的政策调控体系。突破重化工行业污染源头控制与低耗排放技术、工—农—城多产业废物资源化与能源化利用技术、污染场地/土壤与地下水联合修复技术等区域多介质环境污染协同治理技术瓶颈，开展综合示范，提出区域环境问题整体技术解决方案。

4. 长江经济带环境保护技术集成与示范

围绕长江经济带生态环境改善与修复问题，开展长江经济带资源环境承载力研究，建立基于生态保护红线的沿江城镇建设和产业布局的空间优化技术体系，促进长江岸线有序开发。开展天地一体化的多尺度环境监测，构建以重要环境功能区和重大建设工程为核心的环境监测、评估和预警技术体系。以长江源头水源涵养，中游水质改善、水量调控和岸线修复，河口海岸生态保护和灾害预防为重点，建立长江经济带流域水环境和水生态调控技术体系。

（五）开展创新平台建设，提升环保科技创新能力

1. 国家环境保护重点实验室能力建设

以服务国家环境保护决策和监督管理为宗旨，建设一批突破型、引领型、平台型一体的国家环境保护重点实验室，开展环境保护基础研究和应用基础研究，培育优秀科研团队，提升环境基础科研能力。主要建设方向：

水污染防治领域：城市非点源污染模拟与控制、城市水环境可持续发展与保护、农村面源污染模拟与控制、水生态环境安全与恢复等方向。

大气污染防治领域：大气污染过程与综合防治、空气污染预报预警、光化学过程与控制、大气复合污染的生态风险等方向。

土壤和地下水污染防治领域：污染场地土壤污染控制与修复、农用地土壤环境保护等方向。

生态保护和建设领域：生态资产核算与管理、区域生态系统监测评估与风险管理等方向。

固体废物污染防治与化学品管理领域：固体废物资源化和污染控制、危险废物全过程控制、化学品环境与健康风险评估与防控等方向。

环境监测技术领域：环境应急监测与风险预警等方向。

环境基准与健康领域：空气、水质、土壤健康基准，环境污染暴露评价，污染物对人体健康影响及风险评估等方向。

核与辐射安全领域：核电厂热工水力及严重事故、核设施环境安全、核应急与技术、核与辐射健康防护等方向。

其他领域：城市噪声、振动、光污染控制等方向。

2. 国家环境保护工程技术中心建设

结合国家未来一个时期内污染控制的工作重点，突破长期制约我国环保工作和环保产业发展的技

术瓶颈问题，建设完善一批国家环境保护工程技术中心，开展污染控制技术开发、示范、工程化应用和推广。主要建设方向：

水污染防治领域：膜生物反应器与污水资源化、特种膜、石油化工和煤化工废水处理与资源化，村镇生活污水处理与资源化等方向。

大气污染防治领域：燃煤工业锅炉节能与污染控制、电力工业烟尘治理、工业炉窑烟气脱硝、石油石化行业挥发性有机物污染控制等方向。

土壤和地下水污染防治领域：城市土壤污染控制与修复、工业污染场地及地下水修复等方向。

生态保护和建设领域：创面生态修复等方向。

固体废物污染防治与化学品管理领域：垃圾焚烧处理与资源化、污泥处理处置与资源化、乡镇生活垃圾处理处置、工业副产石膏资源化利用、汞污染防治等方向。

环境监测技术领域：监测仪器、物联网技术研究应用等方向。

行业综合污染防治：铅酸蓄电池生产和回收再生污染防治、畜禽养殖污染防治等方向。

其他类：技术管理与评估等方向 。

3. 国家环境保护科学观测研究站建设

立足于阐明重大环境问题的成因、机理和机制，以长期观测、试验研究为核心任务，建设一批环境保护科学观测研究站，逐步形成适应生态环境保护科学研究和综合决策需要的科学观测研究网络。主要建设方向：

水环境领域：湖泊环境（太湖、滇池、巢湖等），重点河流，河口环境（珠江口、长江口、渤海），典型小流域环境，国家重大涉水工程（如水电开发、南水北调工程）等方向。

大气环境领域：区域大气环境，敏感生态系统酸沉降综合影响，东北、华南、西南和西北边境地区以及华北和华东沿海地区大气环境质量，大气污染物长距离跨界输送等方向。

土壤与地下水领域：典型污染场地、典型污染农用地等方向。

生态保护和建设领域：国家重点生态功能区、生态脆弱区、快速城镇化地区、国家重大生态工程区、生态保护红线区等方向。

区域与全球环境问题领域：东部林带、西北部草地、东部农用地、青藏高原等区域全球变化的生态环境影响方向。

4. 科研数据共享平台建设

针对环境科研数据缺乏共享和数据资源挖掘能力不足，难以适应环境管理需要问题，研究建立生态环境数据资源目录体系，开展数据资源统一管理与共享平台建设。建立数据汇交、共享、质控管理机制，推动部门、地方之间环境科研项目数据资源的互联互通。针对核与辐射安全，研究建立核设施设备可靠性数据、辐射监测数据体系和共享平台。

五、重点行动

（一）继续实施水专项等国家科技重大专项

根据国务院批复的水体污染控制与治理科技重大专项实施方案和重大专项聚焦调整要求，与水污染防治、海绵城市建设、京津冀协同发展、长江经济带发展等国家重大战略和计划结合，重点研发流域水循环系统修复、水污染全过程治理与再生水循环利用、饮用水安全保障、生态服务功能提升和长效管理机制等五位一体核心关键技术，构建集“先进性、系统性、协同性、工程性、普适性”为一体的流域水环境管理、流域水污染治理、饮用水安全保障三大技术体系。以京津冀区域、太湖流域为重点，进行综合调控重点示范。构建流域水环境管理、流域水污染治理、饮用水安全保障技术体系，并将三大技术体系在四个典型流域开展技术应用和推广。

参与实施转基因生物新品种培育科技重大专项，建成规范的生物安全性评价技术体系，确保转基因产品环境安全。参与实施高分辨率对地观测系统科技重大专项，构建高分卫星环境遥感应用技术体系，为建立我国“天空地一体化”环境监测业务化运行系统提供技术基础。参与实施大型先进压水堆及高温气冷堆核电站科技重大专项，不断提升核设施、核活动安全水平，提升核与辐射安全监管技术能力，为我国核与辐射安全提供有力保障。

（二）实施一批重点研发计划项目

实施大气污染防治、土壤污染防治、生态治理、废物资源化、化学品风险控制、核与辐射安全等领域一批国家重点研发计划重点专项。集中解决一批重大区域生态环境科学理论问题，突破一批关键技术与装备，示范应用一批先进适用技术，形成一批解决区域环境问题的系统性技术解决方案。

（三）推进京津冀环境综合治理重大科技工程

推进“京津冀环境综合治理”科技重大工程，围绕国家京津冀协同发展战略的实施，构建水、气、土协同治理，工、农、城资源协同循环，区域环境协同管控的核心技术、产业装备、规范政策体系。建成一批综合示范工程，形成京津冀区域环境综合治理系统解决方案。

（四）鼓励申报国家自然科学基金

鼓励环保科研、高校、企业等单位申报国家自然科学基金，促进环境领域的基础和前沿研究，增强源头创新能力，显著提升环境污染及其健康效应、土壤生物的生态功能与环境效应、地理空间数据挖掘与地学建模等学科领域的国际地位。

（五）加强基地和人才建设

推进环境保护领域国家重点实验室、国家工程技术中心等建设。加大投入，支持国家环境保护重点实验室、国家环境保护工程技术中心和科学观测研究站等能力建设和运行管理。支持环保科技创新人才队伍建设，在环保领域引进高层次科技人才，培养中青年科技创新领军人才，加强重点领域创新团队和创新人才培养示范基地建设。

六、保障措施

（一）完善环保科技体制机制

完善环保科技管理，提高科技资源配置效益。科研项目立项要充分考虑国家改善环境质量的科技需求，重视项目实施过程中的质量控制，建立科学的成果考核机制，健全科技成果转化机制。建立技术成果信息公开机制，培育环保科技中介服务市场，做好科技示范工作。促进国家统一的科技管理信息系统建设，为环保科技资源的统筹管理和共享服务提供支撑。

以国家事业单位改革和科研体制改革为契机，以国家环保战略需求为导向，建立健全现代科研院所制度，激发环保科研机构的创新活力并提升原始创新能力。以市场为导向，发挥企业技术创新主体作用，完善产学研协同创新机制，建立企业、科研院所、高等院校协同创新的资金投入、技术开发、成果转化与利益共享机制。

（二）加强环保科技人才队伍建设

深入落实生态环境保护人才发展中长期规划，继续实施国家环境保护专业技术领军人才和青年拔尖人才工程。加强制度建设，推动各级环境科研院所培养和引进环保科技人才。鼓励环保科技人员参与国家“创新人才推进计划”“长江学者奖励计划”“杰出青年基金计划”等，培养一批新的环境科研领军人才。

深化环保人才发展体制机制改革，激发环保科技人才创新创造创业活力。完善环保科技人才选拔和淘汰机制，优化环境学科布局和人员队伍结构。加强科研职业道德建设，开展诚信教育，建立环境科研人员诚信体系和惩戒制度，遏制科学研究中的浮躁风气和学术不良风气。

（三）拓宽环保科技资金投入渠道

积极争取国家科技资源支持，加大环保公益性基础性研究的投入。争取财政资金，保障环保战略、政策制度及标准研究，支持行业创新平台基础条件建设。积极引导地方政府、企业增加环保科技投入，开展区域性环境问题研究和关键技术研发。充分利用国际合作渠道，积极吸引国际资金或基金用于环保科学研究和技术开发。

（四）深化环保科技合作

鼓励国内环保科技机构与世界一流环保科技机构建立稳定的合作伙伴关系，支持国际高水平科学家来华开展合作研究，提升合作层次和水平。积极参与推动国家科技计划对外开放，吸引海外高层次专家和团队联合承担科研项目。进一步加大对环保国际交流的支持力度，通过技术引进、革新和集成创新进一步提升我国环保科技的整体水平。积极推进“一带一路”战略的环保科技国际合作，建立国际科研合作平台。

（五）加强环保科学普及

以改善环境质量、保障公众健康为切入点，加强污染防治、生态保护、核与辐射安全、绿色消费科学知识的普及力度。不断增强环境保护和生态文明建设的内在动力和良好氛围，形成联合、联动、共享的环保科普工作格局。加大科技成果科普化力度，创作一批公众喜闻乐见的环保科普作品，创建一批国家和地方环保科普基地，构建多层次、多形式的全媒体科普传播模式。积极开展环保科普信息化建设，推动公众的环保科学素质显著提升。

住房城乡建设科技创新“十三五”专项规划

为践行绿色发展理念，深入实施创新驱动发展战略，推进新型城镇化建设，落实住房城乡建设部“十三五”发展规划工作部署，明确“十三五”时期住房城乡建设科技创新发展思路、目标和重点任务，特制订本规划。

一、发展基础与趋势

（一）发展基础

“十二五”以来，住房城乡建设行业认真贯彻落实《国家中长期科学和技术发展规划纲要（2006—2020年）》，围绕新型城镇化“集约、智能、绿色、低碳”发展战略和节能减排目标，统筹推进重大科技研发、创新能力建设和成果推广应用，组织“水体污染控制与治理”、“高分辨率对地观测系统”国家科技重大专项和城镇化与城市发展领域一批重大科技项目研究开发，行业科技创新取得显著成效。

新技术融合应用不断深化，城乡规划科学水平进一步提高。城乡遥感监测、城镇建模仿真、城市运行“大数据”分析等技术手段的应用，提升了对城市规律、功能组织、安全风险的认识深度和对人口、用地发展的预测精度，提高了城乡规划、城市群规划编制科学水平。通过“多规合一”技术突破和管理创新，提升了空间规划统筹能力和行政审批效能。

技术集成创新与应用水平不断提高，绿色建筑实现规模化高效发展。全面落实国家《绿色建筑行动计划》，对绿色建筑全生命期关键技术和产品设备进行了重点支持，构建了面向建筑群和城市片区的绿色建筑规划设计评估诊断方法和绿色建材评价标识体系，为实现绿色建筑技术标准体系的全覆盖提供保障。在不同气候区完成了上百项绿色建筑创新示范工程，有效支撑了全国3.6亿平方米绿色建筑的推广应用。

住房城乡建设部，建科〔2017〕166号，2017年8月17日。

关键技术装备取得重大突破，城镇节能减排水平迈向新高度。突破了可再生能源建筑应用的技术瓶颈，研发了余热废热利用、北方空气源热泵等建筑供暖装备，完善和提升了建筑节能标准体系，有力支撑了建筑节能实现“三步走”的战略目标。实施中德、中美等国际合作项目，推动被动式超低能耗、近零能耗建筑等技术发展。突破了针对不同类型水源的“从源头到龙头”多级屏障成套技术和组合工艺，为我国城市饮用水“龙头水”达标目标的实现提供了技术支撑，净水和水质监测关键材料与装备实现自主创新和优质制造。建立了可保证稳定达到一级 A 排放标准的城市污水处理成套工艺系统，整体技术水平实现国际并跑。

现代信息技术实现融合应用，探索了城市建设管理新模式。发布《智慧城市管理公共信息平台》、《智慧社区建设指南》等，引导城市综合运用现代科学技术、整合信息资源，提升城市精细管理服务能力，形成一批智慧城市典型案例和模式。在城乡规划实施、风景名胜区资源保护、城市黑臭水体治理等领域推广遥感技术应用，建成行业遥感应用技术平台。

攻克重大技术难题，显著提升工程建造水平。攻克了超高层及大跨建筑施工、结构安全与抗震、防火、抗风雪灾害技术等一批重大难题，工程建造技术和装备达到国际先进（部分国际领先）水平。形成了千米级超高层建筑设计建造技术体系，支撑了上海中心、广州金融中心等重大工程建设。在工业化建筑结构设计、构配件生产、安装施工等方面取得技术进步。实现了基于建筑信息模型（BIM）的建筑工程信息化管理，建立了自主知识产权的应用系统和标准体系，并在深圳平安大厦、广州东塔等数千个项目中推广应用。

“十二五”时期住房城乡建设科技发展取得显著成效，但仍存在一些薄弱环节和问题，主要表现在：支撑行业发展的创新供给不足，多数重点领域仍处于跟跑水平，自主创新能力亟待提升；科技成果与市场需求间有一定差距，成果转移转化力度不够；复合型科技领军人才缺乏，行业科技创新体系有待进一步完善。

（二）发展趋势

1. 科技创新成为新型城镇化和城市发展的内生动力

我国城镇化发展面临资源环境瓶颈制约和综合承载力不足的严峻挑战，必须向以质量效益为主导的可持续发展转变，向创新要素主导发展转变，走集约、智能、绿色、低碳的新型城镇化发展道路，实现城市粗放管理向城市精细治理转变，提高城市发展持续性、宜居性。面对新形势新要求，需要更多依靠创新驱动，推进供给侧结构性改革，解决“城市病”等突出问题，提升城镇化水平和质量。

2. 新一轮科技革命推动建筑业产业转型升级和城市管理模式创新

以智能、绿色、泛在为特征的通用性重大技术突破，将对生产和生活方式带来革命性影响。清洁能源、新材料、先进制造、信息技术、人工智能、虚拟仿真等新技术在城市规划和城市设计、工程建造和质量控制、城市管理和安全保障等领域应用，势必牵引城市管理和服务方式的变革，推动建筑业转型升级。加强跨行业、跨领域的新技术深度融合和创新应用，加速行业科技进步，将是“十三五”行业科技创新发展的新机遇和新趋势。

3. 科技管理改革和机制创新向纵深推进

我国科技体制改革取得一系列突破性进展，但束缚创新和成果转化的制度障碍依然存在。落实习近平总书记关于科技管理要抓战略、抓规划、抓政策、抓服务的新定位和新要求，必须推动政府职能从研发管理向创新服务转变，发挥政府引导、市场配置资源的决定性作用，强化企业创新主体地位和主导作用，发挥科研院所骨干引领作用，加快形成适应国家科技体制改革要求和行业发展需求的科技管理新模式。

二、总体要求

（一）指导思想

全面贯彻党的十八大和十八届三中、四中、五中、六中全会精神，深入贯彻习近平总书记系列重要讲话精神，牢固树立和贯彻落实“创新、协调、绿色、开放、共享”发展理念，坚持“五位一体”总体布局和“四个全面”战略布局，深入实施创新驱动发展战略，贯彻落实中央城镇化工作会议和中央城市工作会议精神，把握影响城镇发展质量的规划、建设、管理关键控制环节和国内外科技发展新趋势，系统谋划行业科技创新和绿色发展新路径，着力增强自主创新能力，着力建设创新型人才队伍，着力加强科技成果推广转化，着力推动形成绿色低碳发展的建筑业产业体系，为住房城乡建设事业创新发展和科学发展提供持久动力。

（二）基本原则

坚持需求牵引，绿色发展。聚焦国家发展战略和新型城镇化发展的重大需求，突出以人为本，发挥科技在供给侧结构性改革中的先导作用，促进形成节约资源保护环境的空间格局、人与自然和谐共存的生活环境和绿色生活方式。

坚持深化改革，聚合发力。立足构建引领行业转型发展的科技创新体系，集成整合优势科技资源，推动行业科技力量协同创新，构建良好创新生态，完善基础研究、技术研发、成果转化创新链建设，促进科技创新与行业发展有机融合。

坚持重点突破，加速赶超。针对城镇绿色发展的需求与瓶颈制约，开展共性关键技术补短板和系统集成，强化科技创新在提高城市综合承载力、治理“城市病”、改善人居环境、推动绿色城市和绿色建筑发展中的支撑作用。

坚持全球视野，开放合作。探索国际科技合作新模式、新途径、新机制，深化国际科技交流与合作，吸纳全球创新资源推动行业技术进步，增强行业国际影响力和产业竞争力。

（三）发展目标

以绿色发展为核心，以资源节约低碳循环、提高城市综合承载能力为目标，强化科技创新和系统集成，统筹技术研发、应用示范、标准制定、规模推广和科技评价的全链条管理，抓好人才、基地、项目、资金、政策五大创新要素，取得一批前瞻性、引领性、实用性科技成果，显著增强行业科技创新的供给和支撑能力，为推动城市绿色发展，促进建筑业向工业化、绿色化、智能化转型升级提供科技支撑。

——关键技术和装备研发应用取得重大进展。重点突破城市空间集约利用、建筑节能与绿色建筑、城镇污染减排与资源综合利用、城市生态修复和人居环境改善等方面的关键核心技术攻关和集成，推广应用一批新技术、新工艺、新材料、新产品，整体提升住房城乡建设技术水平，大幅提高科技进步对行业发展的贡献率。

——科技创新体系基本形成。科技创新管理和服务水平进一步提高，行业创新能力系统提升，形成技术研发、行业应用、管理服务、风险防控的科技创新协同体系。完善基础研究、技术研发、成果转化创新链建设，显著提升科技资源质量和水平，形成多元主体协同创新格局。

三、重点任务

以绿色发展、智慧发展为主线，结合城市总体规划改革、绿色建筑、生态修复和城市修补、城市精细管理等行业和部门重点工作，组织开展相关领域科技研发和创新能力建设，构建基本完备的技术体系，并加强科技成果与标准制定的有效衔接，逐步提高标准水平。

（一）推动规划设计技术创新，促进形成集约空间格局

1. 加快建立空间规划“一张蓝图”技术体系

加强城市资源环境承载力、生态安全、开发强度及开发绩效评估技术研究，支撑城市生态控制线和开发边界的科学划定，构建平衡适宜、可持续的城乡空间格局。强化城市发展战略、现代化城市目标体系研究，构建均等化配置城市基础教育、医疗卫生、公共文化、公共体育等公共服务设施的技术指标体系。研究建立服务保障能力同战略定位相适应、人口资源环境同战略定位相协调、城市布局同战略定位相一致的规划评价技术体系，支撑完善规划实施评估方法。建立统筹各部门空间规划信息的“多规合一”数据库，完善城市空间规划信息平台构建技术体系，支撑部门信息共享、管理协同和综合评估，提升一张蓝图实施管控力度。推进基于人群时空行为等大数据的多位感知、信息融合、时空建模和虚拟仿真技术研究，研究建立完善城市设计新技术体系，支撑建立城市设计辅助决策系统。

2. 推进城市存量规划与绿色发展技术集成融合

建立推动城市绿色发展方式的规划技术标准体系，引导城市政府的规划管理转型。加快存量规划与城市有机更新、综合交通系统、低碳生态等相结合的规划方法和技术系统研究，发展基于新技术的“城市体检”方法，系统查摆问题，开展不同类型城市修补、有机更新试点示范。研究城市地下空间与地面功能统筹规划技术及地下工程设计施工技术，旧城保护规划适宜性技术，城市综合交通规划技术的集成体系，以及城市医疗、养老、体育运动等健康城市的规划技术。

3. 加强城乡历史文化遗产、风景名胜区和世界遗产保护利用

研究建立区域性历史文化资源的整体保护技术，历史地段保护与宜居提升技术，城乡文化遗产保护规划动态实施评估技术，低碳生态目标下的传统建筑修缮创新工程技术，工业遗产保护与更新方法，城乡文化遗产保护规划动态实施评估技术，推动历史城市风貌延续与特色营造的理论与技术方法更新。加快风景名胜区和世界遗产资源普查与保护状况监测评估及分级保护技术研究，实施重要历史文化遗产数字化工程及风景名胜区智慧景区建设。

（二）推动智能化技术应用，促进城市安全高效运行

1. 推进城市管理精细化

构建面向城市管理、社会治理、应急管理、专项管理等网格化综合管理与服务技术体系，拓展社区风险防范的网格化功能，以建筑物数据库为载体促进数字化城市管理平台与城市公共信息平台对接。集成应用高分辨率遥感、北斗高精度定位、无人机、视频等技术，提升监督、执法专业技术检测和取证技术装备能力，建立城市精细化管理支撑技术体系。

2. 推动城市基础设施建设运行智能化

推动大数据和虚拟仿真技术在城市生命线规划设计和运行管理中的应用，构建城市供水智能化管控系统、精准定位实时感知和快速响应的市政管线安全运行及综合管廊智能监控平台。开展地下工程施工现场可视化监测、信息化管理与安全风险预警技术研究与应用，建设大数据环境下开放式动态交互的交通网络精细化仿真系统和服务平台。发展物联网支撑的智能建筑技术，实现建筑设施和设备的节能、安全管控智能化。

3. 提高城市综合防灾能力

根据不同城市规模、城市功能、自然地质条件、气候风险，研究基于大数据分析的城市运行安全综合风险识别、脆弱性评估技术，开展安全韧性城市构建与防灾技术研究。加快极端灾害及突发事件下城市运行安全预警与功能快速恢复等关键技术与装备研究。研发基于防灾减灾、节能减排的城市交通设施设计和建设技术，支撑城市轨道交通网络化效能提升和重大风险管控。研究不同地域特征的海绵城市规划设计和建设运行技术，形成内涝防控技术对策。

（三）提升节能减排技术水平，促进低碳节约循环发展

1. 发展更高性能的建筑节能新技术

研究超低能耗及近零能耗建筑技术体系及关键技术，推进既有建筑节能及绿色化改造综合技术，研发北方地区冬季清洁取暖关键技术，加快高性能节能门窗和新型保温产品的应用，开展可再生能源与分布式能源高效应用综合技术示范，推广基于物联网和大数据的建筑用能系统运行监测评估技术以及城市级建筑能耗分析比对工具。

2. 加快构建城镇污水全收集、全处理技术支撑体系

开发城镇污水高标准处理和资源化能源化成套技术与设备，研究氮磷、溶解性难降解有机物、致

色物质和新兴微量污染物强化去除技术，突破污水碳氮分离、污泥高级厌氧消化、干化焚烧、稳定化产物利用关键技术和装备，形成适合不同地域气候环境和循环利用需求的城镇污水收集处理及资源化能源化整装成套工艺方案及范例。研发小区雨水、黑水、灰水分别收集、处理、储存设施，以及多途径水资源就地回用技术，实现小区雨水、污水等封闭性循环利用。

3. 推动建设生活垃圾分类存放、分类收集、分类运输、分类处理体系

研究创新生活垃圾分类存放、分类收集、分类运输与分类处理技术，提高垃圾分类效率和水平。加强生活垃圾生物处理、填埋与焚烧二次污染物减排等技术研发，开展现代化生活垃圾焚烧“邻利”型等技术综合示范。加快建筑垃圾、粪便、餐厨垃圾、厨余垃圾、低值废弃物、存量垃圾治理等技术研究、装备研制及规模化应用。构建生活垃圾基础特性数据库和全过程信息化监管平台。

（四）加强技术集成应用，促进城市环境生态宜居

1. 构建多尺度、多层次城市生态保护与修复技术体系

基于城乡生态安全与绿色可持续发展，研究城乡绿色空间保护和生态修复、绿地优化布局和提质增效关键技术。研究城市群生态绿廊、滨水绿带及城乡休闲游憩绿道网络构建技术。开展城市生态修复综合评估、技术集成。研发绿地削减空气污染和生态防护功能提升技术、既有绿地与老旧公园功能改造提升与海绵体建设技术、城镇绿地碳汇提升技术，完善构建高碳汇植物资源数据库。

2. 发展城市水环境质量改善和水生态修复成套技术

系统研究并形成不同功能定位的城市水体构建与生态修复技术路线；突破消除城市河道黑臭的关键瓶颈，研发黑臭底泥清淤与淤泥、恶臭控制与安全处置成套技术与核心装备。研发中心城区污水处理厂排放水提标与接纳水体生态处理的水环境改善成套技术，保障城市河道生态补水水质安全。构建城市河道全网络信息集成平台，实现现场突发污染事件监视、水质监控、水资源调配功能一体化。

3. 加强居住区环境质量保障技术研究

完善低污染室内装饰装修材料和构配件“测、评、控、用”技术体系，研发高净化效率低运行能耗系列净化设备，建立不同区域、不同建筑类型的典型和新型污染物工程控制技术体系。研究基于大数据的高密度居住区热岛效应、采光通风、污染物控制的规划评估及优化控制技术。研发居住区绿化景观生态人文设计技术、微气候营造技术和高碳汇植物配置技术，全面提升居住环境品质。

（五）构建绿色建筑技术体系，促进建筑品质显著提升

1. 提高绿色建筑技术集成度

形成环境性能目标导向的绿色建筑设计新理论、新方法和新工具，发展城区建设和改造的生态规划设计技术。加快研发具有地域特征和文化传承的绿色建筑整装成套技术和产品，发展新型高性能建筑结构体系和机电设备系统。推广基于实际运行效果的绿色建筑性能后评估，建立绿色建筑运行效果数据库和基于 BIM 的运营与监测平台，全面推进绿色建筑高效益、规模化发展。

2. 提升既有居住建筑宜居性

发展既有住区适老化、低能耗改造技术，突破性能导向的建筑监测及运营管理关键技术、隔震减震和建筑物寿命提升技术、停车设施升级改造技术。研究老旧小区改造规划、功能提升及修缮保护技术、适宜的新型电梯设备和电梯加装技术。全面提升既有住宅的品质、功能和宜居性。

3. 加大绿色建材开发应用

开发应用品质优良、节能环保、功能良好的新型建筑材料和保温、隔热、防火、长寿命外墙保温材料，研发环保型木质复合、金属复合、优质化学建材及新型建筑陶瓷等装修材料。研发适用于装配式建筑的轻质、高强、保温、防火、与建筑同寿命的墙体材料及围护体系。发展可再生资源制备新型墙体材料技术，发展生物质建材、环境友好型涂料、防水高分子材料等。

（六）发展绿色建造方式，促进建筑产业提质增效

1. 发展低环境影响和资源高效利用的绿色施工技术体系

开展施工现场扬尘、噪声和固体废弃物等污染物的排放源、定量数据、影响及控制技术研究，推动施工现场材料、水、电等资源节约与高效利用，以及建筑垃圾减量化、无害化及资源化利用。研究建筑工程施工工艺影响“四节一环保”的定量数据，建立绿色施工工艺清单。推动工程施工环境改善及施工人员健康安全保障的技术进步。

2. 构建装配式建筑技术体系

发展装配式建筑结构、外围护、设备与管线、内装集成设计理论和技术方法，推动装配式建筑结构安全及可靠性设计及评价技术进步，研发装配式建筑标准化部品部件生产装备，初步建立装配式混凝土、钢结构和木结构建筑的工业化技术体系，形成集成开发应用模式。研究装配式建筑产品质量认证技术体系，研发装配式建筑设计、生产、施工、运维全链条建筑信息平台。

3. 推动智慧建造技术发展

研究“互联网 +”环境下的工程建设项目管理模式、工作流程、协同工作机制和标准体系，构建政府和社会资本合作模式（PPP）工程总承包项目的信息化管理模式，创新工程建设管理模式和技术手段；普及和深化 BIM 应用，发展施工机器人、智能施工装备、3D 打印施工装备，探索工程建造全过程的虚拟仿真和数值计算。开展建筑智能传感及建筑结构自诊断等关键技术研发，建立健全建筑评估及系统性改造及工程全寿命期监测、检测、评估与维护的技术体系。

（七）推广经济适用技术，促进农村环境明显改善

1. 发展乡村与特色小镇规划建设实用技术

以保护与传承地域性传统建筑文化，提升村镇规划建设管理水平为目标，创新乡村规划编制内容与方法，形成村民参与、具有农村特色、能切实解决农村实际问题、便于实施的规划技术与成果表达方式。建立乡村建设规划评价体系，保障乡村产业规划与空间格局协调发展。建立特色小镇规划建设评估、土地综合利用、空间环境综合整治技术体系，形成凸显特色小镇产业特点的空间环境风貌。

2. 发展民居建筑性能改造与提升技术

以满足房屋现代使用功能与安全需求、传承传统建筑文化基因、经济适用为目标，建立因地制宜的村镇房屋建造技术体系。构建传统民居结构体系与图谱，形成传统民居营建与修缮工艺技术系统。研究针对生土结构、混合结构农村危房的加固与维修实用技术，发展符合地域性气候特点和经济发展水平的绿色民居建造技术，通过适宜性材料与构造方法，提升民居室内空间人居环境性能指标。

3. 构建农村环境整治技术体系

加大不同类型县域乡村环境治理模式和城乡一体化管理支撑系统研究，建立适合于我国各地地域特点的农村环境整治 PPP 投融资模式，形成可复制可推广的范式和经验。开展农村污水和垃圾等生态循环绿色发展模式研究，构建与农村环境条件、居住生活特点相适宜的生态型农村环境整治技术体系。根据我国乡村缺乏专业技术人员的特点，研发价格低廉、管理简单、处理稳定、工业化生产的一体化污水处理设备，构建依托于互联网技术的远程监视智能平台，开展适合乡村特点的污水管网技术研究。开展与农村改厕、改厨以及垃圾收集、转运、处理处置相配套的农村环境综合整治技术，为改善农村人居环境提供技术支撑。

（八）强化创新能力建设，促进科技成果推广转化

1. 加快推进科技创新基地建设

统筹规划、系统布局行业科技创新基地建设，整合和优化科研院所、高等院校和骨干企业的科技资源，围绕绿色发展和智能发展，重点建设面向基础理论和工程科学研究的行业重点实验室，以及面向工程技术研发和应用的行业工程技术研究中心。完善创新基地管理和运行机制，加强评估考核，促进科技创新基地高效运行、良性发展。推进城乡规划、建筑节能、海绵城市等行业大数据平台建设。

2. 推动行业智库和科技人才队伍建设

完善发展行业智库，健全工作机制，发挥智库和专家在行业发展战略、规划、政策研究、重大工程项目决策与评估等方面的支撑作用。培育符合行业创新发展要求的科技领军人才和青年拔尖人才，建设高水平科技创新团队，加快形成一支适应新技术新工艺要求的、掌握高水平操作技能的人才队伍，形成衔接有序、梯次配备、合理分布的人才格局。培养一批能跟踪世界先进技术、懂管理、善经营的科研管理人员。

3. 大力推进科技成果转化应用

建立符合国家相关政策和行业特点的科技成果推广转化管理制度和办法，建立健全与行业发展紧密结合的科技评估制度，加强科技计划项目立项、验收和成果推广全过程管理，推动科技成果与产业、企业技术创新需求有效对接。健全住房城乡建设技术公告和技术目录发布制度，推广绿色低碳、节能高效的先进适用技术，建设若干科技成果产业化基地和科技示范工程，推动新技术规模化应用，促进传统产业升级。

四、保障措施

各级住房城乡建设主管部门应加强规划目标任务协调落实，在体制机制、资金投入、国际合作、营造环境等方面加强保障。

（一）加快科技管理改革和机制创新

建立部省联动的科技创新协同机制，推动规划落地、资源整合和基地建设。转变科技管理职能，重点抓好科技服务、搭建平台、营造环境等基础性工作。积极探索科技创新的市场化运作模式，发挥企业在技术创新和成果转化中的主体地位，引导创新要素向企业集聚。

（二）拓宽多元化资金投入渠道

加强中央财政投入和行业创新发展需求衔接，加大住房城乡建设重点领域基础性、战略性和公益性研究投入，引导地方政府加大科技投入力度。加强财政资金和金融市场的协调配合，引导、鼓励金融市场和民间资本投入行业科技研发，发挥金融创新对行业科技创新的助推作用，鼓励企业加大研发投入。

（三）加强国际科技交流合作

深化建筑节能、绿色建筑、低碳生态城市等方面国际科技合作，开展城市适应气候变化合作研究与试点，构建开放共享的合作交流平台。加强适合“一带一路”沿线国家建设需求的绿色建筑及生态城市技术和标准体系研究，推动相关技术、标准、产品、装备的联合研发生产和推广应用。

（四）营造行业科技创新氛围

积极营造公平、公开、透明的科技创新生态环境，探索科技成果股权激励等收益分配机制，激发行业科研机构和科研人员的创新活力。加强住房城乡建设领域科技宣传普及和技术交流，加大科技表彰力度，加大对科技人才先进事迹的宣传，着力营造尊重创新、尊重科技人员的社会氛围。

交通运输科技“十三五”发展规划

前 言

科技进步是交通运输发展的重要推动力量。当今世界，科技进步日新月异，新一代信息通信技术、新材料技术、智能制造技术等现代科技快速发展，必将对交通运输提升能力、提高质量、改善服务、增进安全、保护环境等产生重大影响。加快推进我国交通运输现代化、建设世界交通强国，必须贯彻落实创新、协调、绿色、开放、共享的发展理念，深入实施创新驱动发展战略，释放新需求，创造新供给，以科技创新引领交通运输全面创新。

本规划编制的主要依据是国家和行业有关发展改革部署，主要包括《中华人民共和国促进科技成果转化法》、《中共中央关于制定国民经济和社会发展第十三个五年规划的建议》、《中共中央 国务院关于深化体制机制改革加快实施创新驱动发展战略的若干意见》、《国务院关于加快科技服务业发展的若干意见》（国发〔2014〕49号）、《国务院印发关于深化中央财政科技计划（专项、基金等）管理改革方案的通知》（国发〔2014〕64号）、《公路水路交通中长期科技发展规划纲要（2006—2020年）》，以及“十三五”时期国家科技创新、综合交通运输发展的总体思路和战略部署等。

本规划编制的主要目的是阐明“十三五”时期公路水路交通运输科技发展的形势要求、指导思想、发展目标、主要任务和保障措施，指导交通运输部门按照国家全面深化改革要求，服务交通运输发展转型升级，统筹推进体制机制改革、创新能力建设、重大科技研发、成果转移转化等各方面工作，促进交通运输科技创新不断适应时代要求、实现全面协调可持续发展，为建成安全便捷、畅通高效、绿色智能的现代综合交通运输体系提供强有力的支撑。

交通运输部，交科技发〔2016〕51号，2016年3月16日。

一、现状与形势

（一）发展基础

“十二五”以来，交通运输行业深入实施创新驱动发展战略，统筹推进重大科技研发、创新能力建设和成果推广应用等各方面工作，取得了新的进展和成效。五年来，全行业注重发挥财政资金引导作用，依托重大工程，拓展资金渠道，开展科技攻关，在离岸深水港建设、沥青路面新材料、大深度饱和潜水、路网检测修复等领域取得了一批先进适用的重大科技创新成果，部分成果达到国际领先水平，获得国家级科技奖励 20 余项，科技创新的支撑引领作用进一步增强。

1. 开展重大科技研发，支撑了行业持续快速发展

基础设施领域。重点开展了复杂自然条件下公路修筑与病害处治，大跨径桥梁、水下隧道、离岸深水港建设、长江黄金水道建设等重大技术及装备研发，在大型桥梁特殊结构、高性能材料和高效施工工艺以及外海深水筑港、内河航道系统整治技术和设施耐久性理论与方法等方面取得重大突破，桥梁技术总体水平跻身国际先进行列，多塔连跨悬索桥、离岸深水港建设等技术达到世界领先水平，深海高精度碎石整平船、特大型耙吸挖泥船等重大装备实现了国产化，离岸深水港建设攻克了深水大浪条件下水下软黏土地基波浪动力软化评判标准的技术难题，有力支撑了港珠澳大桥等重大工程建设。

运输服务领域。重点开展了公路甩挂运输、道路运输系统规划、城市公共交通规划控制与运营、城市轨道交通运营与安全监测、内河船型标准化、西部港口物流枢纽建设与运行关键技术、港口多式联运等技术研发，在先进物流组织、运输装备标准化和运输服务信息化等方面取得了一批创新性科研成果，推进了运输组织模式创新和运输装备技术升级，支撑了行业试点示范工程实施，提升了运输服务能力和水平。

智能交通领域。重点开展了基于物联网的城市智能交通、高速公路运营管理、基础设施和交通状态感知、交通运输实时监控和监管、地理信息系统（GIS）、电子数据交换（EDI）和数据标准化等技术研发和集成应用，在船联网、车联网、物流信息平台、出行信息服务、数字航道、海事监管智能化等方面取得了显著进展，解决了载运工具移动数据交互技术难题，为营运车辆联网联控系统推广提供了技术支撑，显著提升了信息化智能化发展水平。

安全应急领域。重点开展了路网运行状态监测、设施防灾减灾与应急保障、枢纽安全运营、水上搜救等关键技术研发，在山区国省干线公路安保设施与应急装备、恶劣气象条件监测预警与应急处置、大深度饱和潜水、船舶动力装置远程监测与故障诊断、溢油回收材料与装备等方面，实现了重大技术突破，提高了安全风险防控与应急保障能力。

节能环保领域。重点开展了清洁能源与可再生能源应用、基础设施与工艺装备节能、水环境保护等节能环保技术研发，在路用材料循环利用、靠港船舶使用岸电、海上溢油应急处置等方面取得了重要技术进展，结合重大示范工程实现推广应用，形成了《码头船舶岸电设施建设技术规范》等标准规范，提升了节能减排和资源利用效能。

2. 推进创新能力建设，增强了行业科技创新实力

行业重点科研平台建设取得显著进展，“十二五”末，行业重点实验室达到 50 个，行业研发中心达到 18 个，基本形成了功能明确、布局合理的行业重点科研平台体系。依托行业重点科研平台，在跨海集群工程混凝土结构耐久性设计、千米级斜拉桥设计与施工控制、高性能沥青路面新材料、高等级航道网通航枢纽与船闸水力学等方面取得了一批高水平研究成果，培养了一批学术带头人和优秀创新团队。

创新产学研相结合的技术研发组织模式，依托大型骨干企业，整合高等院校、科研机构等创新资源，建设了 10 个以企业为主体和 9 个以高校为主体的协同创新平台。

交通科技信息资源共享工作持续推进，28 个省份已建成交通科技信息资源共享子平台，基本形成了覆盖全国的交通科技信息资源共享平台体系，促进科技信息资源共享。

3. 加强科技管理创新，提升了科技公共服务水平

“十二五”期间，行业科技管理工作更加重视科技公共服务，加强政策研究和制度建设，围绕科技创新、能力建设、标准化、信息化等重点工作，印发《关于科技创新推动交通运输转型升级的指导意见》《公路水路交通运输主要技术政策》等政策文件，制修订科技项目管理、科技成果管理、科技项目招投标管理、科技项目信用管理等方面制度规范，建立科技项目专家库，促进了交通运输科技管理的科学化、规范化和制度化。

建立健全科技成果推广体系和成果转化机制，通过科技成果推广计划、科技示范工程、专项行动计划和科技成果推广目录、科技成果公开等方式，重点推广应用了千余项科研成果，进一步提高了交通运输行业科技成果的推广应用水平，促进了科技成果向现实生产力的有效转化。

地方交通运输主管部门、科研机构和交通企业积极落实“十二五”科技发展规划，建立健全具有各自特点的发展规划、实施计划和发展政策，加大科技投入，创新管理政策，加快科技创新和成果转化，取得了良好效果。

在总结成绩的同时，必须清醒地认识到交通运输科技发展还存在一些薄弱环节和深层次问题。主要体现在：基础性、前瞻性研究深度不够，前沿性技术储备不足；科技创新全链条设计不足，基础研究、技术研发、成果转化之间通道不够畅通，成果的工程化和产业化程度不高；科技创新能力有待提升，项目、基地、人才的结合不够紧密，领跑科技创新的重点科研平台、科技领军人才和卓越创新团队相对缺少；新技术、新材料、新装备的研究开发与推广应用不足，部分领域关键技术创新缺乏原创性、引领性成果，对标国际先进水平还存在较大差距。

（二）形势要求

“十三五”时期是贯彻落实中央“四个全面”战略布局、加快“四个交通”发展、推进交通运输现代化的重要时期，交通运输发展战略机遇期内涵正在发生深刻变化，面临的风险和挑战日益增多。面对新常态下加快推进供给侧结构性改革的新要求，必须牢固树立和贯彻落实创新、协调、绿色、开放、共享的发展理念，科学判断世界科技发展趋势，准确把握交通运输发展需求，促进科技创新与行

业发展的深度融合，围绕产业链部署创新链，着力解决科技创新中的突出问题，更加有效地服务于交通运输发展提质增效升级。

——交通运输服务国家重大战略，需要重点突破一批关键技术瓶颈。国家“三大战略”进入落地实施期，“四大板块”步入协调发展新阶段，交通运输要当好发展先行官，推进供给侧结构性改革，面临着构筑综合交通基础设施网络、打造综合运输服务升级版、推进智慧绿色平安交通建设、构建全方位开放新格局等重大任务。要求行业科技创新服务国家大局，实行目标导向，在特殊重大工程建设、交通通道能力提升、综合运输智能管控、交通大气污染防控等方面集中攻克一批关键技术，充分发挥科技创新的支撑引领作用。

——交通运输发展实现转型升级，需要全面提升行业科技进步水平。当前及未来一个时期，交通运输总体需求依然旺盛，发展空间不断拓展，刚性约束持续增强，基础设施建设和养护技术难度加大，行业管理效能和公共服务水平亟待提高，建设、养护、管理和运输服务协调发展任务仍然艰巨。要求行业科技创新聚焦“四个交通”发展，在提高基础设施耐久性和可靠度、提升运输服务水平、促进现代物流发展，有效降低运输与物流成本、推进交通运输绿色循环低碳发展、增强安全保障与应急处置能力等各领域，突破一批共性关键技术瓶颈，全面提升科技进步水平，促进行业发展转型升级。要抓住新一轮科技革命和产业变革带来的新机遇，推动新一代信息技术广泛应用，深入实施交通运输领域“互联网 +”行动，促进交通运输新模式、新业态、新动能不断涌现，以信息化智能化为引领，实现交通运输从传统产业向现代服务业转型升级。

——实现交通运输治理现代化，需要大力提高行业公共管理水平。全力推进行业治理体系和治理能力现代化，建成成熟的行业治理体系，需要加快转变政府职能，更加重视行业宏观管理和公共服务，完善综合交通运输管理体制与运行机制，深化投融资体制、行政审批制度改革，形成交通运输领域基础性制度体系。要求聚焦人民群众关注的热点焦点难点问题，加强交通运输改革发展重大战略、体制机制、产业政策、法律法规、信用体系和文化建设研究，全面提升决策力执行力，推进行业新型智库建设，提高交通运输决策和管理的科学化水平。

——深化科技体制机制改革，需要进一步创新交通运输科技管理。近年来，针对科技资源碎片化、科研经费使用低效、科研仪器设备设施闲置浪费、科技成果转化率不高等突出问题，国家印发了一系列重要的指导性文件，深入实施创新驱动发展战略，全面推进科技体制改革。特别是科技计划（专项、基金等）管理改革，将中央财政各类科技计划统一整合为五类计划，建立公开统一的国家科技管理平台，建立部际联席会议制度，依托专业机构管理科技项目，发挥战略咨询与综合评审委员会对科技发展的决策咨询作用，建立统一的评估和监管机制，建立动态调整机制，完善国家科技管理信息系统，对科技计划（专项、基金等）的需求征集、指南发布、项目申报、立项和预算安排、监督检查、结题验收等全过程进行信息化管理。在科技体制机制改革的新形势下，交通运输行业管理部门必须把握新时期科技管理的新要求，加快转变政府科技管理职能，加强行业科技公共管理与公共服务，实现科技管理由“微观”向“宏观”转变、由项目管理向战略谋划转变，创新行业科技管理机制，探索协同创新组织方式，完善科技创新政策环境和制度环境，加快形成适应国家改革要求和行业发展需求的科技体制机制新格局。

二、总体思路

（一）指导思想

贯彻落实创新、协调、绿色、开放、共享的发展理念，深入实施创新驱动发展战略，大力推进交通运输供给侧结构性改革，围绕服务国家重大战略，聚焦“四个交通”发展方向，以完善交通运输科技创新体系为主线，以智慧交通为主战场，深化体制机制改革，推进创新能力建设，统筹重大科技研发，促进成果推广应用，更好发挥科技创新对建设世界交通强国、全面建成小康社会当好先行的支撑引领作用。

（二）基本原则

——深化改革。贯彻落实国家全面深化改革精神要求，加快转变政府科技管理职能，强化行业科技发展的宏观管理和统筹协调，完善科技创新政策环境，改进创新组织管理，强化创新动力，提升创新效能。

——开放协同。更好发挥政府引导作用，充分发挥市场在科技资源配置中的决定性作用，强化企业技术创新主体地位，加强部省科技合作，促进科技资源开放共享，推动跨行业、跨部门、跨区域协同创新。积极开展国际科技合作，吸纳全球创新资源推动我国交通运输关键技术实现突破。

——重点突破。坚持问题导向，围绕服务国家重大战略实施和综合运输体系建设，聚焦“十三五”时期交通运输发展的目标任务，选准主攻方向，集中优势资源，在综合交通、智慧交通、绿色交通、平安交通等领域突破一批重大关键技术瓶颈，带动交通运输科技发展升级换挡。

——全面创新。立足构建具有引领性的科技创新体系，实行科技创新与产业升级紧密结合，致力自然科学与社会科学协调发展，全面推进基础设施、运输服务、安全应急、节能环保等各领域科技创新，促进先进成熟技术的转化应用，提升行业科技进步水平。

（三）发展目标

到 2020 年，科技体制机制改革全面深化，创新能力显著提升，突破一批重大关键技术瓶颈，取得一批国际领先、实用性强的自主创新成果，科技服务水平显著提升，基本建成适应现代交通运输业发展需要、具有引领性的科技创新体系，不断提高交通运输创新供给质量和效率，支撑实现“十三五”时期交通运输发展目标任务。

——科技体制改革取得新进展。在转变政府科技职能、完善创新管理政策、推进科研院所改革等三个方面深化改革取得重要进展，基本形成适应中央改革要求和行业发展需求的科技体制机制新格局。

——创新能力建设达到新水平。行业重点科研平台运行管理机制更加健全，建设 35 个左右行业重点科研平台，重点领域和地域布局更加完善，平台创新领跑作用更加突出。大型仪器设备和科学基础设施实现向全社会开放共享，形成行业内外协同创新的新格局。培养遴选50名中青年科技创新领军人才、25个重点领域创新团队和10个科技人才培养示范基地。

——重大科技研发取得新突破。在建筑信息模型（BIM）、水运主通道高坝通航、深远海应急搜救打捞、基于车路合作与协同的道路交通安全等方面重大关键技术开发与应用上取得一批拥有核心自主知识产权、实用性强的研发成果，新一代信息技术在交通运输领域得到广泛应用，互联网与交通运输发展深度融合。

——成果推广应用取得新成效。形成覆盖交通运输科技创新全链条的科技服务体系，通过成果公开共享、科技示范工程、技术交流培训，在推广一批先进成熟适用技术成果方面取得新的显著成效。

三、主要任务

（一）深化科技体制机制改革

1. 转变政府科技管理职能

加强对行业科技发展的宏观管理和统筹协调，主要负责行业科技发展战略、规划、政策、布局、评估和监管。优化公共科技资源配置，加强基础性、公益性技术研究，改进对公益性、基础性研究的支持方式，促进科技成果转化为标准。服务国家发展战略，面向综合交通运输发展，瞄准重大、核心、关键科技问题，凝练交通运输发展重大需求，促进跨行业、跨部门、跨区域资源整合、协同创新，强化对基础研究、应用开发、成果转化、产业发展的全链条创新设计和一体化组织实施。创新科技管理模式，建立依托专业机构管理科研项目的机制。加强部省科技合作，促进国际科技交流与合作，加强政府间对口沟通，支持开展交通运输领域技术、产品、标准等多重互动。

2. 完善科技创新政策环境

建立市场导向机制。发挥市场对技术研发方向、路线选择和创新资源配置的导向作用，调整创新决策和组织模式，完善企业联系制度，加强同重点企业的沟通与合作，促进企业成为技术创新决策、研发投入、科研组织和成果转化的主体。开放科技计划与项目，建立鼓励创新的统一透明、有序规范的市场环境。

完善创新管理政策。开展创新政策评估，建立健全更加有利于创新发展的政策，协调推进科技计划、项目和经费管理等政策制修订，加快完善科研经费预算、项目监督评价和科技成果评价政策。

强化创新激励政策。落实国家政策，完善成果转化激励政策，提高科研人员成果转化收益比例。完善分配激励机制，保证科研人员合理工资待遇水平，重点向关键岗位、业务骨干和作出突出成绩的人员倾斜。

3. 推进行业科研院所改革

促进行业科研机构发展。按照科技体制改革和事业单位分类改革要求，注重改革方案设计的科学性、可行性，不断深化交通科研机构改革，稳健推进应用型技术研发机构市场化、企业化改革。强化改革政策配套，继续加大对直属交通运输科研机构基础条件投入，重点支持公益性、基础性研究所需大型仪器设备、科研基础设施及大型综合试验场建设，继续支持工程建养、运输、信息、安全、节能、环保和决策支持等领域科研条件建设，充分发挥政府在投入中的引导作用，建立多元化、多渠道的投入体系，培育建设一批专而精、大而强的龙头骨干科研机构。

推进部属科研院所改革。引导部属科研院所以解决制约科技创新的突出问题为导向，以强化公益服务和基础性研究为主线，以建设交通运输一流科研院所为目标，创新管理模式，优化资源配置，激发动力活力，积极推进现代科研院所体制机制建设。明确功能定位，突出主体功能，凸显专业优势，避免研究功能重复设置与同质化竞争；创新科技组织和研发管理模式，淡化行政色彩，建立绩效激励机制，加强优势学科、特色专业与科研人才队伍建设，加快建立业务布局合理、运行管理高效的新型科研院所；不断增强公益服务支持保障能力，充分发挥好部属科研院所的智力支持和科技创新支撑引领作用，推进行业新型智库建设，提高决策科学化水平。

（二）推进创新能力建设

1. 推进行业重点科研平台建设

发挥既有平台作用。强化行业重点实验室和行业研发中心的功能定位，明确平台的法定义务和社会责任，更好发挥平台在重大工程建设、重大研发任务、公共灾害性事件危机管理中的技术支撑保障作用。完善制度规则，搭建信息平台，推进行业重点科研平台大型仪器设备和科学基础设施开放共享。完善平台运行管理机制，加强平台间的交流合作。改进平台评估机制，侧重针对平台的基础研究、公益研究、技术创新、技术转移等能力和业绩开展专项评估与总体评估，评估结果作为政策支持的重要参考依据，促进平台更好发挥“创新高地”的领跑作用。

优化平台整体布局。完善平台学科领域和技术方向布局，面向“四个交通”发展，持续推进行业重点实验室和行业研发中心建设，重点在综合交通、智慧交通、防灾减灾、环保节能、新材料等领域新建 35 个左右行业重点科研平台。加强中西部地区重点科研平台的培育与布局。规范以企业为主体和以高校为主体的行业协同创新平台和协同创新中心建设，鼓励构建以企业为主导、产学研合作的产业技术创新战略联盟。

支持平台持续发展。完善平台发展政策，支持平台开展科研基础条件建设，不断提高研究实验水平。支持平台围绕各地交通运输生产建设发挥技术支撑与创新牵头作用，开展重大科技研发、研究试验验证，推动科技成果的工程化和产业化。鼓励各地依托本地科技资源，打破行业界限、部门界限和所有制界限，加强地方科研平台建设，服务各地交通运输科技发展。支持平台开展国际合作，与世界一流科研机构开展科技研发、人才培养和平台建设合作。积极培育建设国家科研平台，对符合“十三五”国家重点科研平台建设领域和建设方向的行业重点科研平台，加大支持力度，力争培育进入国家重点科研平台序列，不断提升行业重点科研平台的发展水平。

2. 加强科技创新人才队伍建设

培育科技领军人才和创新团队。实施科技创新人才推进计划，推进交通运输发展重点领域科技领军人才、卓越创新团队和科技人才培养示范基地建设。完善人才引进培养使用政策，继续依托重大建设工程、重点科研项目、重点科研平台，支持科研骨干和优秀团队承担重大任务，大力培养国际化专家型人才和创新团队，逐步扩大中国交通在世界舞台的影响力和话语权。

支持青年科技人才持续发展。加大优秀青年科技人才培养力度，支持青年科技人才承担重大科技项目，开展独立性、原创性研究。注重青年科技人才的早期职业规划，鼓励科研机构设立青年科技人才培养基金，支持青年科技人才明确主攻方向，走专业化、职业化发展道路，持续开展前瞻性、基础性研究。

3. 激发大众创业、万众创新活力

搭建创新创业平台，完善激励机制，鼓励职工立足岗位开展"小发明、小创造、小革新、小改进"群众性技术创新活动，积极营造"双创"良好环境。建立健全科研人员双向流动机制，促进科研人员在事业单位和企业间合理流动。支持基层专业技术人员深入生产建设一线开展科技活动，实现科技成果转化为现实生产力。支持广大中小企业开展交通运输科技创新，培育和用好"科技小巨人"，推动新技术、新产业、新业态蓬勃发展。落实国家政策，鼓励科研院所、企业、高校科研人员开展创新与创业，保障科研人员在职务发明成果转化、创办科技型企业等活动中的合法权益。完善交通科技基础设施、大型科研仪器和专利信息向全社会开放的长效机制，为大众创业、万众创新提供有力支撑。

（三）统筹重大科技研发

统筹重大科技研发包括重大研发任务和重点研发方向两个方面。重大研发任务围绕服务国家战略，立足行业主导，统筹行业内外科技资源，形成重大技术突破；重点研发方向聚焦"四个交通"发展，形成研发方向指引，利用市场机制，引导全社会科技资源开展大众创业、万众创新。

1. 重大研发任务

重大研发任务紧密结合"一带一路"、京津冀协同发展、长江经济带等国家战略，立足交通先行发展，确立目标导向，凝练重大需求，全链条创新设计、一体化组织实施，开展跨行业、跨部门、跨区域协同创新，着力在特殊重大工程建设、交通通道能力提升、综合运输智能管控、交通大气污染防控等方面突破一批重大关键技术瓶颈。

（1）特殊自然条件下重大工程建设关键技术研发

针对渤海湾和琼州海峡跨海通道及高原大梯度带川藏高速公路等复杂地理、水文和气候环境下重大桥隧工程建设在设计、施工、维护等环节面临的关键技术瓶颈，围绕保障工程质量安全、降低建设运营成本，重点开展：建筑信息模型（BIM）技术、长寿命基础设施建设技术，川藏高速公路选线、路面材料与运营保障技术，主跨 3000 米以上悬索桥、主跨 1500 米以上斜拉桥、复杂环境下桥梁适应性与灾变防控技术，公铁共用桥梁建设技术，水深大于 80 米的海域大型基础建设技术及装备，海上大型结构物设计、施工技术及装备，50 米以下水深海域特长沉管隧道管节对接技术及装备，20 公里以上长大隧道建设、运营关键技术及装备，复杂地质条件下隧道设计、施工与灾变防控技术等方面研发及产业化应用。

（2）长江黄金水道运输能力提升关键技术研发

针对长江黄金水道存在的干线通过能力不足、通航枢纽瓶颈制约、港口集散效率不高等突出问题，围绕提升综合交通廊道运输能力，重点研究：长江干线航道升级改造、防淤减淤、高坝通航，三峡水运新通道建设，三峡库区和支流梯级末端回水变动段航道整治，高效节能疏浚工艺及大型疏浚装备，新型船闸建设，大型升船机、通航隧洞等通航建筑物建设和扩能，梯级枢纽联合调度，长江航运立体信息感知与发布及枢纽港口集疏运能力提升等方面共性关键技术。

（3）深远海交通通道建设与应急保障关键技术研发

针对我国远海岛礁建港技术体系不完善、应急处置与打捞能力严重不足等突出问题，围绕提升对外交通运输通道建设与应急保障能力，重点研究：深远海岛礁应急保障基地建设、复杂波浪条件下港口水工结构建设，海情预报、深远海全天候应急保障，深远海船舶交通动态监测，现场应急处置和打捞、远海通道及港口应急保障，极地航运安全保障等方面共性关键技术。

（4）综合运输智能管控与协同运行关键技术研发

针对综合交通运输效率较低、成本较高等重大挑战，围绕实行智能管控与协同运行、提供便捷高效的人性化和高品质服务，重点开展：交通基础设施智能化、交通信息互操作、交通运行监管与协调，大型交通枢纽协同运行、车（船）联网与智能车路（船岸）协同，联程联运智能化、区域综合运输服务等方面基础前沿研究、共性关键技术研发、集成应用示范，构建综合运输与智能交通基础理论体系、技术体系和系统平台，建立起支撑综合运输智能、组织与服务协同的科技体系和产业链。

（5）交通大气污染防控关键技术研发

针对日益突出的大气污染与环境恶化，特别是社会各界十分关注的全国性霾污染问题，围绕构建环境污染与温室气体排放控制、环境污染事故应急等交通节能环保技术体系，开展交通大气污染排放与污染特征、污染物排放清单研究，开展交通大气污染物和温室气体协同管控、新型港口与船舶污染控制、节能减排等方面重大关键技术研究。

2. 重点研发方向

重点研发方向聚焦“四个交通”发展，针对基础设施、运输服务、信息化、安全应急、节能环保等重点领域及其主要方向存在的关键技术瓶颈，明确共性技术需求以及未来五年交通运输科技发展的方向和重点，指引全社会科技力量开展科技研发，全面促进交通运输科技进步与创新。

（1）基础设施领域

围绕加快建成综合交通基础设施网络、支撑基础设施工程建设、提高其耐久性和可靠度、降低全寿命成本，开展基础设施建设和维护等方向的共性关键技术及装备研发，提高基础设施网络化水平和运行效率。

专栏 1　基础设施领域重点研发方向

基础设施建设关键技术及装备：水泥混凝土梯度性能路面建设，沥青路面低温施工与修复，公路智能化施工与实时反馈控制，特殊路基处治及轻型路基支挡结构，多层承载结构桥梁，钢结构、钢—混凝土组（混）合结构和无缝桥梁，工厂化制造、装配式施工和整体化受力的中小跨径桥梁，大水深钻爆及 TBM 隧道建设，海底沉管隧道设计、施工与运营，山岭隧道衬砌预制建造，港工结构耐久性提升，深水地基处理，珊瑚礁砂混凝土及远海岛礁建设，碍航闸坝复航及高坝通航，内河航道险滩整治，全自动化集装箱码头和散货码头建设等。

基础设施维护关键技术及装备：在役山区高速公路扩容改造，基础设施全寿命周期安全监测技术及装备，在役路基、路面内部状况快速无损检测技术与装备，桥梁隧道结构高精度量化无损检测技术及装备，公路预防性养护，公路路面快速再生技术与智能化装备，极端气候下道路运营安全保障技术、道路快速修复技术，桥梁预防性养护，桥梁快速检查评估、快速加固、模式化加固和整体替换，隧道健康诊断和隧道预防性养护技术，老码头检测、加固与升级改造，礁岩环保疏浚，沿海和河口大型深水航道减淤，大型船闸快速检修，碍航闸坝复航及高坝通航，水下隐蔽工程质量检验等。

（2）运输服务领域

围绕提高运输组织效率、提升交通运输服务品质、缓解城市交通拥堵、提升公共交通和运输服务现代化、实现客运“零距离换乘”和货运“无缝衔接”的技术要求，开展综合运输系统优化、旅客运输组织管理、货物运输组织管理关键技术研发，促进交通运输服务管理水平和服务能力提升，为打造综合运输服务升级版提供有力的技术支撑。

专栏 2　运输服务领域重点研发方向

综合运输系统优化关键技术及装备：综合运输枢纽运营管理与服务，货物多式联运系统优化与监测，多式联运“一单制”运营组织，多式联运转运装备和辅助机具，城市综合交通运输网络构建与优化，缓解城市交通拥堵及城市综合交通控制，区域和城乡交通一体化等。

旅客运输组织管理关键技术及装备：城市轨道交通网络化运营组织与风险管控，区域轨道交通协同运输与服务，出租汽车运行监测与评价，网络约租车运营管理与服务，中长途客运网络组织优化，城乡客运一体化管理等。

货物运输组织管理关键技术及装备：国家货运系统框架体系与组织规划，城市物流配送组织与服务，城乡物流共同配送组织模式优化，货运物流车辆装备，双挂汽车列车运营，超长汽车列车组合模式与安全，电子航海，江海联运船舶组织与船型优化，内河干线分节驳船队组织优化，基于岸基能源的运河船舶推进，港口综合枢纽高效运行智能化等。

（3）信息化领域

实施交通运输领域“互联网＋”行动，坚持市场化原则，着眼新业态培育，加快云计算、大数据等现代信息技术的集成创新与应用，开展交通运输信息化智能化共性关键技术以及交通运营管理和运输信息服务信息化智能化等方面关键技术研发，促进互联网产业与交通运输行业深度融合，带动通信、电子、汽车、地理信息、软件服务等产业融合创新，全面提升智慧交通发展水平。

专栏 3　信息化领域重点研发方向

交通运输信息化智能化共性关键技术及装备：基于新一代信息技术的交通基础设施数据采集，数据高速互联接入，行业信息资源开放共享与大数据基础分析平台，行业云平台、物联网构建与互联互通，高精度三维交通 GIS 构建，行业网络与信息安全，监测预警与应急处置等。

交通运营管理关键技术及装备：新一代交通控制网运营组织与评估，基于大数据的综合交通动态监测与预警，基于车路合作的道路交通冲突预警和主动防撞，基于北斗卫星导航技术的运载工具精准定位与交通组织，基于高分辨率对地观测数据的交通基础设施监测，运输车辆和货物实时监测与应急辅助决策支持，交通一卡通移动支付，基于云计算和大数据的智慧交通等。

运输信息服务关键技术及装备：基于云计算和移动互联网的政企合作综合交通出行信息服务，基于互联网的货运行业运行监测与服务监管，物流大数据采集处理与预测分析，基于移动互联网的货运物流综合运输信息服务，便利运输电子口岸关键技术，移动互联环境下的载运工具智能化与互操作，道路网自由流收费等。

“互联网＋”高效物流关键技术及装备：人、车、货物流资源高效匹配与效率提升关键技术研究，基于移动互联网的货运物流组织模式创新关键技术研究，基于车联网的物流资源信息互联互通关键技术研究，基于移动互联网和大数据技术的货运物流市场监管关键技术研究，货运枢纽节点区域接驳转运协同组织模式优化，城乡物流配送组织与服务等。

（4）安全应急领域

围绕提高安全风险防控和突发事件应对能力、较大幅度降低人员伤亡和经济损失等目标，开展交通运输系统安全、基础设施安全、运输组织安全和应急保障等方面的共性关键技术研发，重点突破长大隧道运行安全、深远海交通通道建设与应急保障、轨道交通运营安全保障、500米以浅水下救援打捞、10万吨级沉船整体打捞等关键技术瓶颈，不断提升交通运输安全生产水平，为打造平安交通提供技术支撑。

专栏4　安全应急领域重点研发方向

交通运输安全关键技术及装备：重大风险源监控与事故预警，路网运行状态监测、灾害预警、风险评估和安全保障，公路安全防护设施碰撞风险预警及防控，特殊路段车辆控制与应急防护，公路中小跨径桥梁、边坡安全评价和监测预警，公路基础设施状态感知与灾变预警处置，跨航道桥梁全天候防船撞监控、预警及防护，长大隧道运行安全风险自动识别、自动预警、自动管控，大型港口装备和通航建筑物安全风险防控与保障，交通运输安全主动防控与保障，危险货物电子运单监管，营运车辆驾驶员一体化监控预警，轨道交通运营环境全息智能感知、快速辨别、风险评估和预警，VTS安全监管自动化等。

交通运输应急保障关键技术及装备：立体化智能安全应急管理，危险货物运输风险控制与事故应急处置，海事应急多任务仿真演练技术与装备，水上大规模溢油应急处置成套技术与装备，交通抗灾抢险与应急救援指挥决策、演习演练，基于无人机、遥感等多源信息的基础设施灾害评估，交通安全疏散信息发布集中控制，500米饱和潜水，大吨位大深度沉船打捞，深水目标搜寻与探测系统，深水应急处置机器人等。

（5）节能环保领域

围绕构建绿色交通运输体系，开展节能减排、生态环保等方面新技术、新材料、新装备、新能源的研发与示范应用，积极发展新能源和液化天然气（LNG）等清洁能源运输装备，引导高端化、智能化的先进运输装备推广应用，推行适应节约土地要求的工程技术，提升土地和岸线等资源利用效率，支撑交通运输碳排放强度目标的实现，提高资源集约节约利用水平，通过技术进步推动绿色发展。

专栏5　节能环保领域重点研发方向

节能减排关键技术及装备：绿色交通装备运用、道路车辆清洁燃料、替代能源和可再生能源应用，内河船舶应用LNG优化，远洋LNG混合动力船舶，船舶绿色防污减阻，船舶能效提升与绿色新型动力系统应用，港口能效管理，岸基供电和靠港船舶使用岸电，新能源营运车船服务设施建设，海运船舶废气治理，港口装备节能减排升级改造，粉尘（$PM_{2.5}$、PM_{10}、总悬浮颗粒物）污染智能控制，水下特长隧道建设与运营节能，交通运输装备动态能耗统计

监测与管理，公路货物运输碳足迹及其控制等。 环境保护关键技术及装备：交通基础设施绿色施工与运营维护，生态型护岸、航道枢纽鱼类洄游通道建设，区域性交通运输环境监测，公路路域生态修复，复杂路网条件下的公路野生动物保护，疏浚土综合利用，原油成品油码头油气回收、港口危化品污水处理及资源化利用，危化品运输与溢油环境污染监视、预警及事故应急响应，港区危化品事故环境影响评估与生态修复等。

（6）决策支持领域

围绕服务国家战略、全面深化改革、法治交通建设、“互联网＋”等重大问题及行业治理热点焦点难点问题，立足我国国情和交通运输实际，对标国际先进水平，加强发展战略、体制机制、产业政策、法律法规等理论与实践研究，强化宏观性、前瞻性、储备性研究，深入总结发展规律，不断创新中国特色交通运输发展理论，提升科学决策水平，推动交通运输治理体系和治理能力现代化。

专栏6　决策支持领域重点研究方向

交通运输产业政策，综合交通运输体制改革，交通运输安全管理体制改革，法治政府部门建设，交通运输诚信体系建设，标准化发展政策，综合运输与现代物流发展政策，交通运输节能环保政策，行业信息资源整合应用、新一代信息技术创新应用政策，行业网络安全保障，交通运输经济运行分析，交通运输投融资政策、交通运输资产管理，交通运输科技与人才发展政策等。

（四）提升科技服务水平

按照国家有关部署，结合行业实际特点，处理好政府与市场的关系，支持发展科技咨询、成果转移转化、知识产权、科技信息和科学普及服务，全面提升行业科技服务水平。

1.科技咨询服务

完善交通运输市场体系，改善科技咨询服务政策环境，规范科技咨询服务市场秩序，有效打破行业界限、部门界限和所有制界限，发挥企业创新主体地位作用，支持各类科技研发、咨询服务机构和有关社会组织面向国家战略和行业需求，依托重大工程和重大项目提供专业化科技咨询服务，开展基础研究、技术开发、应用研究、试验发展和技术咨询，繁荣交通运输科技咨询服务市场。

2.成果推广应用服务

加强科技成果管理，推进成果公开共享。组织开展技术总结，适时发布行业技术政策与成果推广目录。继续实施科技示范工程，开展技术交流培训，畅通成果推广应用通道，重点推广一批先进成熟适用技术成果，依法保障各方权益，努力取得显著成效。推动行业重点科研平台、科研院所、高校等面向市场，开展中试和技术熟化等集成服务，促进产学研深度融合，加快科技成果转移转化。鼓励各地充分发挥市场机制作用，建立交通科技成果推广中介机构。

建立健全科技成果及时转化为标准的工作机制，推进科技成果及时转化为标准。推动共性关键、基础性、公益性标准计量与检验检测技术与设备的研发，为标准制修订和实施监督提供支撑。

3. 知识产权服务

优化知识产权公共服务，支持交通运输科技服务机构成立知识产权服务联盟，建立科技成果与知识产权信息服务平台，推动知识产权基础信息资源免费或低成本向社会开放，提升产业创新服务能力。完善职务发明制度，鼓励和引导企事业单位依法建立健全发明报告、权属划分、奖励报酬、纠纷解决等职务发明管理制度。探索完善创新成果收益分配制度，提高骨干团队、主要发明人收益比重，保障职务发明人的合法权益。加强新业态新领域创新成果的知识产权保护。

4. 科技信息服务

加强交通运输科技信息资源的市场化开发利用，支持科技信息服务机构发展竞争情报分析、科技查新、文献检索，以及交通运输重大工程技术档案管理及查询等服务。提升科技信息资源共享平台服务能力，做好科技管理支撑、科技信息资源查询等基础服务，加快科技信息资源的增值开发，开展面向政府、科研和行业的专业化信息服务。

5. 科学普及服务

推动交通运输科研机构、高校向社会开放科研设施设备，支持有关出版机构、新闻媒体、展览馆、科技馆、学术团体、主题公园等宣传交通运输重大工程建设、安全应急、节能环保等方面技术和知识，促进交通运输科技传播，提高公民素质。

四、保障措施

（一）健全科技规划体系

各地交通运输部门及有关单位要依据本规划，结合各自实际，制定科技发展规划，建立健全主要由交通运输部以及各地方交通运输主管部门、重点企事业单位编制的科技发展规划所组成的行业科技规划体系。交通运输部以本规划为主要依据，着力解决涉及行业科技发展的全局性、跨区域重大问题。各地交通运输部门及有关单位结合各自的实际需要，着力解决区域性交通运输科技发展问题。适应科技体制改革要求，探索创新交通运输科技计划体系。

（二）推进规划任务落实

加强科技发展重大战略、政策和布局研究，围绕国家重大战略，凝练行业重大科技需求，加强跨行业、跨部门沟通协调，争取国家科技资源支持，推动重大研发任务实施。加强部省联动，创新科技合作机制和组织模式，推动行业重点领域、重点方向的共性关键技术研发。尊重市场规律，完善激励机制，使企业成为技术创新的主体力量。弘扬科学精神，培育创新文化，大力营造勇于探索、鼓励创新、宽容失败的文化氛围。

（三）开展规划实施评估

完善适应交通运输科技发展规律的规划评估制度，围绕科技规划目标和任务，对规划实施情况进行跟踪分析和监督检查，加强规划任务完成情况的统计、核查和考评工作，强化监测能力及结果应用。适时开展规划实施中期评估，根据规划实施的进展与效果、存在的问题与原因，适时调整规划部署与相应措施。

（四）拓宽资金投入渠道

积极争取财政性资金，保障标准化、软科学研究，支持行业重点科研平台基础条件建设。争取国家科技资源支持，加大交通运输前沿技术研究、共性关键技术等公益性基础性研究投入。通过后补助、购买服务、间接投入等方式鼓励企业等社会力量投入交通运输科技研发，建立健全多元化科技资金投入机制，强化金融创新的功能，探索运用天使投资和风险投资，发挥金融创新对交通运输技术创新的助推作用。

“十三五”水利科技创新规划

为深入贯彻全国科技创新大会精神，认真落实《国家创新驱动发展战略纲要》、《“十三五”国家科技创新规划》和《全国水利发展“十三五”规划》要求，充分发挥科技创新对保障国家水安全和水利改革发展的支撑引领作用，制订《“十三五”水利科技创新规划》。

第一章　现状与挑战

一、水利科技发展现状

“十二五”期间，水利科技工作深入贯彻国家创新驱动发展战略和中央水利工作方针，聚焦水利改革发展实际需求，坚持改革创新，重大科技成果不断涌现，先后有 24 项科技成果获国家科学技术奖励。继“黄河调水调沙的理论与实践”获得 2010 年度国家科学技术进步一等奖后，“流域水循环演变机理与水资源高效利用”“水库大坝安全保障关键技术研究与应用”分别获得 2014 年度、2015 年度国家科技进步一等奖。一批先进实用水利技术得到推广应用。新建 1 个国家重点实验室、4 个部级重点实验室和 3 个部级工程技术研究中心。目前水利部已建成 2 个国家重点实验室、2 个国家工程技术研究中心、10 个部级重点实验室和 13 个部级工程技术研究中心，基本形成布局合理、特色鲜明的科技创新平台体系，科研实验条件明显改善，部分实验室科研能力达到国际先进或领先水平。以标准为依据、计量为基础、认证认可为手段、质量为标志的水利技术监督工作不断完善。4 个国际水利组织经国务院批准在中国注册并设立秘书处，一批优秀水利专家先后在联合国教科文组织、国际大坝委员会、国际灌溉排水委员会、世界水理事会、国际小水电联合会等 14 个国际组织中担任重要职务。由中国水利科研单位主办的《国际泥沙研究》《国际水土保持研究》《生态水力学》等一批英文期刊国际影响力不断增长。目前，我国水利科技与国际先进水平相比，“领跑、并跑、跟跑”并存，泥沙研究、坝工技术、水资源配置和水文预报等领域处于国际领先地位。

水利部、科技部，水国科〔2017〕110 号，2017 年 3 月 7 日。

紧密结合治水兴水实践，大力倡导科技创新，水利建设与管理的科技含量明显提高。水资源管理红线指标管控与监测技术等成果，为落实最严格水资源管理制度提供了科学依据；洪涝干旱灾害预测预报与风险分析等成果，为各级防汛抗旱指挥部门超前决策、有效应对提供了技术支持；水库大坝安全监测、诊断分析、预测预警和风险管理等成果，有效地降低水库大坝病险率，全国水库安全得到明显提升；河道泥沙模拟与水沙调控技术等成果，为长江、黄河等大江大河治理提供了重要基础；农业高效用水与饮用水安全技术及设备等成果，为农业节水和农村饮用水达标提供了保障；大型水利工程施工成套技术装备研制与应用，以及大型实体模型试验研究，为重大水利工程建设与运行提供了支撑。水利科技进步对水利发展的贡献率达到 53.5%，为水利可持续发展提供了有力的科技支撑和保障。

二、水利科技面临的挑战

当前，全球新一轮科技革命蓄势待发，水利科技创新呈现新的态势和动向，一是治水理念发生变化，对水利科技创新提出新要求；二是科学技术进入快速发展新阶段，科技竞争日趋激烈；三是信息网络、人工智能、先进制造、新材料等相关领域的科技革新，催生着水利科技再创新。未来一段时间，世界范围内水利科技创新将主要集中在变化环境下的水循环过程的再认识与水安全保障、水资源绿色开发与高效利用、水系统保护与修复、信息化与智能化管理技术创新与应用、水与经济社会系统的互馈与调控等领域。

我国是世界上水问题最为突出和复杂的国家。人多水少，水资源时空不均，与人口、耕地、能源、矿产资源等分布不相适配。随着国家城镇化、工业化、生态文明进程的推进和国家发展战略的实施，加之气候变化影响，我国水安全新老问题交织，老问题仍有待解决，新问题愈加突出，这也给我国水治理赋予了全新的内涵，提出了崭新的课题。2014 年，中央确立了“节水优先、空间均衡、系统治理、两手发力”新时期治水方针，为水利科技创新指明了方向。《全国水利发展“十三五”规划》提出了我国在“十三五”期间用水总量、万元国内生产总值用水量、万元工业增加值用水量、重要江河湖泊水功能区水质达标率、洪涝灾害和干旱灾害年均损失率、城镇和工业用水计量率、农业灌溉用水计量率等主要发展指标，为水利科技创新提出了新的要求，需要更加注重开展水利基础理论研究、应用技术研发、技术推广与科学普及，不断提高水利科技自主创新水平和科技贡献率。

党的十八届五中全会确立了“创新、协调、绿色、开放、共享”的发展理念，指出创新是引领发展的第一动力，必须摆在国家发展全局的核心位置。全国科技创新大会明确了新形势下加快实施创新驱动发展战略的必要性、紧迫性和重要性，吹响了建设世界科技强国的号角。面对深入实施创新驱动发展战略、加快推进水利改革发展的新要求，面对日新月异的世界科技发展新趋势，水利科技创新和成果转化的体制机制需要进一步完善，水利改革发展重大科技问题研究需要进一步深入，科技领军人才和优秀创新团队需要进一步培育，水利科技创新投入需要进一步加大，水利科技创新平台建设需要进一步加强，水利技术标准国际化步伐需要进一步加快。“十三五”期间，必须牢牢把握机遇，不断深化体制机制改革，树立创新自信，激发科技创新活力，提高科技创新能力，开创水利科技工作新局面。

第二章　指导思想、基本原则和规划目标

一、指导思想

全面贯彻党的十八大、十八届三中、四中、五中、六中全会和习近平总书记系列重要讲话精神，坚持“创新、协调、绿色、开放、共享”的发展理念，深入实施创新驱动发展战略，按照“节水优先、空间均衡、系统治理、两手发力”的新时期水利工作方针，紧紧围绕全面建成小康社会和进入创新型国家行列的宏伟目标，以服务国家需求为导向，以支撑和引领水利改革发展为中心，以提升科技创新能力为主线，瞄准国际水利科技前沿，围绕当前影响水利改革发展的关键科技问题，以及对未来水利科技发展有重要影响的基础性问题，全面推进水利科技体制改革，健全水利科技创新体系，努力争取在重点领域、关键环节和原始创新上实现新突破，为国家水安全提供科技支撑和保障。

二、基本原则

强化改革引领。按照国家科技体制改革总体部署，深入推进水利科技体制改革，着力解决制约科技创新活力的体制机制问题，改进管理方式，简政放权，扩大科研院所创新自主权，以管理创新推动水利科技创新。

突出需求导向。聚焦水利改革发展重大需求，明确主攻方向和重点突破口，加强基础研究、应用技术研发、示范转化和推广应用的全链条设计，加强技术标准制定，推广新技术新方法，促进水利科技与水利生产实践及经济社会发展紧密结合。

遵循创新规律。重视基础性工作，加强原型观测和科学实验。推动目标导向和自由探索相结合，支持特定领域持续跟踪研究。提高科研项目和资金管理水平，大力营造勇于探索、鼓励创新、宽容失败的氛围，为科技创新创造良好条件和宽松环境。

坚持人才为先。人才是创新的第一资源，创造有利于科技人员潜心研究和成才的环境，建立科学、具有激励导向的业绩和人才评价体系，促进人才合理流动，坚持培养和引进相结合，加强领军人才培养和创新团队建设。

扩大开放合作。以开放的理念促进科技创新。加强国内水利科研机构与高校和中科院学术交流和合作，推进产学研用结合。加强国际合作和交流，不断提升水利科技国际影响和地位。

三、规划目标

到 2020 年，水利科技创新水平进入世界先进国家行列，满足建设创新型国家要求。健全完善水

利科技创新体系，建设一批国际一流的科技创新平台，建设一支结构合理、素质优良的水利科技创新人才队伍，创新能力显著增强，一批事关水利发展与改革的重大科技难题得到解决，先进科技成果广泛应用。在继续保持泥沙研究、坝工技术、水资源配置和水文预报等领域国际领先水平的基础上，水资源高效利用、防洪减灾、水生态保护与修复、水利水电工程调度与控制等领域跻身先进国家行列，形成一批具有重要影响力的基础理论、技术方法、仪器装备创新成果。水利科技进步贡献率提高到60%，支撑和引领水利可持续发展。

科技攻关。在50个重大水科学问题和关键技术方面取得突破，完成一批事关水利发展的全局性、方向性宏观战略研究成果，获得一批原创性应用基础研究成果，开发一批面向水利现代化的高新技术，全面提升行业科技水平。

成果转化。完善水利科技推广体制机制，加快建设科技推广基地和科技示范工程。健全完善水利科技成果评价、登记和发布制度，打造先进实用技术成果供需信息平台，加强技术交流、推介与培训。组织实施好水利技术示范项目，推广先进实用技术500项，加快科技成果应用示范，培育水利科技产业联盟。

平台建设。积极争取部属科研单位纳入国家重大创新基地建设试点。争取新建国家（重点）实验室、国家工程实验室、国家工程技术研究中心等国家级科技创新平台4个，新建部重点实验室和工程技术研究中心12个。新建一批水文、生态、水土保持、节水灌溉等野外实验站网，加强基础科学实验。重视科研基础数据库建设，建立资料共享机制。建立科研仪器设施开放共享机制，大幅提升科技资源利用效率。建设水利科普教育基地60个。

水利标准。完成10项强制性水利技术标准编制，实现标准年更新率20%。提高国际标准采标率，提升标准质量，加强标准实施监督。培育发展团体标准，增加标准的有效供给。建立标准统计制度，通过认证认可、检验检测采信标准成果。构建支撑国家水安全和水治理能力现代化的标准体系。

人才培养。遴选培养50名作为院士、勘察设计大师和重点项目首席专家的后备人选。新增4个国家级科技创新团队，选拔培养20名水利科技英才，着力培养国际复合型人才，深化人才体制机制改革。

“十三五”水利科技创新发展主要指标

类别	指标	十三五 规划指标	说明
科技创新能力发展	水利科技进步贡献率（%）	60	截至2015年，水利科技进步贡献率达到53.5%。
	中央财政科研经费增长（%）	20	“十二五”期间共20亿元。
	水利标准年更新率（%）	20	含标准修订及复审继续有效。
科技创新平台建设	新增国家级科技创新平台（个）	4	截至2015年，共有4个。注解①。
	新建部级科技创新平台（个）	12	包括部重点实验室、工程技术中心，截至2015年共有23个。
	新建水利科普教育基地（个）	60	暂未开展。

续表

类别	指标	十三五 规划指标	说明
科技创新人才建设	新增国家级科技创新团队（个）	4	包括国家重点领域创新团队、国家创新人才培养示范基地、自然基金创新群体等，“十二五”期间有 4 个。
	新增国家级高层次科技创新领军人才（人）	30	“十二五”期间共有 21 人入选。注解②。
	新增水利青年科技英才（人）	20	截至 2015 年，已评选 50 人。

注解：

①国家级科技创新平台，由科技部、发展改革委、财政部等主管部门批准设立，主要包括国家（重点）实验室和国家工程技术研究中心。

②国家级高层次科技创新领军人才，由中组部、科技部、教育部、人社部、中国科学院、中国工程院、国家自然科学基金委员会等部门实施的各类人才计划入选人员，主要包括两院院士、万人计划、千人计划、长江学者、国家创新人才推进计划、国家杰出青年科学基金、国家百千万人才工程、新百人计划等入选人员。

第三章　水利科技创新重点领域

一、水文水资源

水文水资源领域主要科技需求包括：变化环境下流域水文过程和规律再认识；水资源调查评价和需求分析新方法；水资源优化调度与精细化监控；水资源节约与保护新技术、新设备与新工艺；水资源承载力和保障社会经济可持续发展的相关政策和技术。

战略层面，面向国家经济社会发展战略需求，重点研究国家和重点战略经济区的水资源安全保障格局，提出国家水资源配置战略与重大措施；研发水资源承载能力评价技术方法，支撑国家水资源承载能力（以县为单元）监测预警体系建设；研究水资源对社会经济可持续发展的支撑作用，提出保障国家能源安全和粮食安全的国家水安全布局。

应用基础研究层面，重点研究全球气候变化背景下，我国水循环演变机理和驱动机制，再分析我国流域水文过程和区域水资源演变规律及发展趋势；研究流域生态系统结构功能与水文循环变化的响应关系，研发基于物理和生物机制的生态需水评价方法；研究支撑水资源调查评价和需求分析的关键技术及新方法，研究深度节水和量质耦合高效利用理论方法；构建地下水危机识别、评价和预警理论方法。

技术层面，重点研发陆气耦合模型、陆面水文过程及其伴生过程耦合模型；研发多尺度水文水资源预报预警技术，提高预报精度和可靠性；研发基于水资源承载能力和区域功能定位的水资源配置技术，提出“一带一路”、京津冀和长江经济带等重点经济战略区水资源配置格局与实施路径；研发重要流域 / 区域复杂水资源系统多目标联合调度与智能控制技术；研究地下水超采区水量—水位双控与恢复涵养技术体系，支撑京津冀等严重超采区综合治理；研发水价、水市场、水流资源资产核算、水生态补偿等多种经济杠杆的定量分析模型工具。

设备产品层面，以“天—空—陆—水”立体化全天候水资源监控系统构建为重点，研制江河湖库水文要素在线监测新技术与新装备，开发国家水资源遥感监测平台；基于“互联网 +”模式，研发集感知、仿真、诊断、预警、调控为一体的智能水网综合服务云平台；研发复杂含水层地下水补给预测预警与开采调控平台。

通过以上研究和研发，科学评估全球气候变化对我国水循环和区域水资源的影响，科学预测未来不同时期我国地表水资源变化趋势和用水需求，创新综合节水与非常规水源开发利用技术，建立水循环模拟和复杂水资源系统综合调配技术体系，发展面向最严格水资源管理的行政管控与市场调节技术，全面提升国家水资源合理配置与安全保障水平。

专栏 1　水文水资源

国家水资源安全战略。研究全球气候变化对我国区域水资源、需水和用水的影响，分析变化环境下我国水资源承载能力，提出保障中远期国家水安全的水资源配置格局与方案；研究“一带一路”、京津冀、长江经济带等国家重点经济区及国家粮食、能源基地等重点地区的水资源保障措施，研究水资源安全风险评估方法和调控技术；研究水生态保护与修复及区域水资源优化配置与调度关键技术；集成综合节水、非常规水源开发、水资源调配等技术，形成区域水安全保障技术方案并示范应用。

变化环境下流域水文过程和规律的再认识。加强基础水文实验观测，研究不同尺度陆面水文过程、水文特征值对变化环境的响应及其驱动机制，加强资料缺乏地区水文预报理论与方法研究，研究地表水与地下水的转化机制和规律，开展水文资料一致性分析，研究变化环境下水利工程水文和水利计算分析新方法。

水文水资源立体监测与预报预警。研制大江大河流量在线监测新技术与新装备，研究“天—空—陆—水”一体化水文监测技术，研发基于国产卫星数据的水文要素遥感反演技术。研究基于卫星数据水文模型和集合预报技术，研发多源融合数据同化技术，开发水文水资源预报预警通用模型及软件平台。

综合节水与非常规水源开发利用。创新综合节水和需水管理的基础理论与方法，研发集成重点高耗水行业节水新技术、新设备与新工艺，研究华北、西北、东北、南方适用性节水模式；开展全国非常规水源利用潜力评价，研发非常规水源开发实用技术，开展常规与非常规水资源统一配置与风险防控策略研究。

地下水资源保护与合理利用。以华北地下水严重超采区、西北生态脆弱区、东部海水入侵区、西南岩溶石漠区等为重点地区，研究地下水生态功能危机形成机制、可控性及修复技术，研发地下水资源监测与合理开发关键技术，研究提出重点地区地下水水量—水质—水位调控参数与阈值。

水资源精细管理与智能调度。支撑“两手发力”的水资源精细化管理关键技术，研发适用于国情的水资源管理政策分析模型系统；研究水权交易与水价等市场调节技术及生态补偿关键问题；研究梯级水库（水电站）群、远距离调水工程等复杂水资源系统多目标综合调度及自动控制技术。

南水北调工程受水区水价政策评估。开展东、中线一期工程受水地区水价政策及执行情况调查，分析不同地区的水价承受能力和不同水价梯次对城镇生活用水、工业用水的敏感性，评价南水北调工程水价政策实施效果，提出受水区合理消纳工程调水的对策建议。

二、防洪抗旱

防洪抗旱领域的主要科技需求包括：变化环境下水旱灾害的演变趋势和风险管控研究；极端水旱事件的预测预警、风险评估与综合防控技术；基于遥感及多源信息融合的旱情监测及堤防等水利工程险情监测技术；重大水旱灾害险情应急抢险技术与装备。

应用基础研究层面，重点研究气候变化对极端天气事件和水旱灾害的影响；研究城市洪涝灾害和山洪灾害的致灾因子、成灾机理和发生发展过程；研究凌汛冰坝、堰塞湖、堤防工程险情发生机理和发展过程。

技术层面，重点研发基于“天—空—地—水”多源信息的水旱灾害立体监测和同化分析技术，研究资料缺乏地区水文预报方法，研发大江大河洪水预报预警和防洪工程体系实时联合调度技术，研发中小河流、山洪灾害、风暴潮及其增水预报预警技术，研发城市复杂下垫面条件下的洪涝精细模拟、预报预警和调度技术，研发大范围干旱及其灾害监测分析和预测预警和风险评估技术。

设备产品层面，重点研发大江大河堤坝工程险情快速探测分析技术和抢险装备，应急抗旱技术与装备，城市应急排涝关键技术与设备，研究开发基于决策理论和方案综合分析的防汛抗旱决策支持平台。

通过以上研究和研发，建立重大水旱灾害监测预警与风险防范技术体系，有力推进我国从水旱灾害管理向水旱灾害风险管理的转变，提升我国水旱灾害风险的总体防控能力和水平，促进水旱灾害应急管理向精准化、精细化纵深发展，减少水旱灾害的损失和影响。

专栏 2　防洪抗旱

水旱灾害对策战略研究。研究气候变化对极端天气和水旱灾害的影响，经济社会快速发展背景下水旱灾害的演变趋势，水旱灾害风险评估和调控，提出我国水旱灾害风险综合管理对策建议和行动框架。

洪水预报预警与防洪调度。研究江河洪水预报预警和防洪工程体系联合实时优化调度及决策支持技术，提升我国大江大河防洪减灾能力和调度决策水平。

山洪灾害预报预警与风险综合管理。研究山区局地强降雨精准监测与预报技术，研究山洪灾害实时预报预警集成与风险评估技术。

城市洪涝预警、调度及综合防控。研究气候变化和热岛效应影响下的城市暴雨及产汇流变化趋势、特点和规律，考虑城市复杂排水管网及下垫面条件的洪涝精细模拟、预报预警、风险评估和工程调度决策支持技术，发展城市雨洪排蓄技术及优化调度技术，构建城市洪涝灾害风险评估、综合防控、应急响应和调度决策支持平台。研发机动性强、排量大、使用方便的排涝装备及调蓄技术。

沿海地区风暴潮防控。研究海平面上升对我国沿海地区防洪形势的影响，研究全球变化背景下我国沿海地区风暴潮演变及江河上游洪水遭遇规律，研发风暴潮监测、预报预警技术和信息服务平台。

干旱监测预警与风险评估。研究构建大范围干旱灾害监测与预测预警、风险评估、抗旱减灾技术体系及干旱灾害风险综合管理体系。

凌汛灾害预警与抢险。研究北方冰凌洪水致灾机理及成灾情景模拟技术，研发不同时空尺度的冰情动态监测和预报预警支撑平台，研发快速探测、快速破除、防治冰塞冰坝技术与装备，构建我国北方冰凌灾害防治综合技术体系。

三、水环境与水生态

水环境与水生态领域主要科技需求包括：水利水电工程对生态环境的影响机理；河湖水量水质及水生态综合监测评价方法与标准；适合我国水情的生态流量评估和水工程生态调度技术；水环境治理与水生态修复适用技术及设备；水生态空间保护与管控关键技术。

应用基础研究层面，重点研究多因素综合驱动下水生态系统综合演变与响应机理，揭示河湖水环境及水生态系统演变规律与风险；开展河湖健康评估与调查监测方法与标准、河湖生态流量评估与保障方法研究；研究水利水电工程生态累积效应、水利水电工程生态调度理论与方法；研究水体水华发生机理及调控技术；研究河湖水环境演变与水生态功能退化机理，研究河湖水系连通基础理论和方法；研究地下水污染规律与风险控制对策。

技术层面，重点研究水量水质与水生态综合监测与评价技术，研究制定新污染物高精度监测方法标准，研究形成水生态监测评价技术方法与标准，研究放射性污染风险防控分析技术，研发累积性与突发水污染事故应急监测与快速处置技术；完善水功能区水资源质量达标管理技术与标准，研发水功能区限制排污管控与污染物生态拦截治理技术，研究河湖污染底泥控制治理技术；研究保障生态流量的水工程生态调度技术，重要水生生物生境保护与修复技术，水库消落带生态修复技术，彰显地方特色的河湖—湿地连通修复技术，清水廊道生态修复技术，城市河湖水生态综合治理技术，流域生态水网规划与水质水量优化调度技术。

设备产品层面，重点研发基于无人船及无人机的水质与水生态快速监测集成技术与设备，突发水污染事故应急监测与快速处置设备，以藻类、鱼类为关键指标的湖库水生态系统感知设备，大型深水水库生态适宜的精确疏浚清淤技术及关键设备，形成一批支持水环境治理与水生态修复的材料与工法。

通过以上研究和研发，培育和应用一批适合中国国情与水情的水环境治理、水生态保护与修复的适用技术与设备，建立以水功能区为基础的水资源保护与河湖健康保障技术体系。

专栏 3　水生态与水环境

水质监测方法。研究适应管理需求的水生态与水环境监测站网综合布局。研究具有采样代表性及监测频次合理性等测验技术和方法。研究入河排污口快速监测新方法。建立完善水质资料整汇编及区域水环境状况分析技术体系。

河湖水系连通与优化调控。开展河湖健康评估与调查监测技术方法与标准研究，研究水文情势变化—生态响应的定量关系，建立河湖生态流量核算与监测评估技术体系。加强江河湖库水系连通理论和实践研究，揭示河湖水系连通生态机理和调控机制，提出支撑河湖健康的调控方法和技术。

水利水电工程生态影响。研究大坝低温水下泄和过饱和气体影响及改进技术，研究水电梯级开发的累积生态效应，研发水生生物洄游通道恢复与生境替代等技术，提出大型水利枢纽生态调度优化方案并开展示范。研究鱼友型水轮机关键技术。

城市水环境综合整治技术。加强城市河湖水系连通理论体系研究，建立城市水动力学模型，研究城区水量水质智能联合调度。研究清水廊道技术与水环境修复技术，研发调水配水、拦污控污、生物净化、植被修复等综合技术，进行“水文—水质—生态”三位一体集成创新，构建生态廊道布局、保护与修复模式。

中小河流生态治理。研发农村面源污染控制和水源涵养生态修复技术，研究河流—湿地群连通性修复技术，建立中小河流生态治理技术体系。

江河湖库综合调控。研究保障城市供水、农业灌溉用水以及河流、湿地、河口等生态环境目标的区域水资源综合调度体系和江河湖库水资源联合调度技术，研制典型区域水资源调度示范平台。

四、水利工程建设与运行

水利工程建设与运行领域的主要科技需求包括：复杂环境和极端条件下工程性态仿真模拟理论与分析；环境友好和适应复杂条件的重大水利工程建设技术、材料和装备；重大引调水工程应急调度技术；水利工程安全运行保障与智能管理技术；流域水库群多目标优化调度和安全控制理论和技术。

应用基础研究层面，重点研究水工构筑物长期服役性能演化规律和安全控制，探索强震、高寒、高海拔等极端条件下重大水利水电工程致灾机理；研究水工建筑物工作性态全过程仿真模拟理论和精细化分析方法；建立水利水电工程风险评价的定量化方法和安全控制标准；开展复杂条件下不良地质体探测技术、重大水利工程设计理论与施工方法研究，提出特高坝和大型引调水工程安全评价方法和控制标准；开展基于多工况非定常流动特性的水力设计新方法研究、水力机械水力稳定性研究、水力机械机电设备故障智能诊断理论和方法研究。

技术层面，重点研究深厚覆盖层、高寒地区等复杂条件下的筑坝技术，探索降低和缓解工程建设影响的环境友好的工程技术措施；研发技术经济更为合理的新型坝体结构以及适应性更为广泛的高性能水工新材料、新工艺；研发基于风险控制和大数据的水利工程安全智慧管理技术；开展流域水库群多目标优化调度和安全控制关键技术研究。

设备产品层面，重点研发工程施工质量智能监控、安全运行智慧管理以及隐患快速探测与应急处置的新技术和新设备；研发重大水利工程施工实时可视化馈控设备、大型引调水工程高性能闸泵阀系统等技术装备；研发基于健康评估和趋势预测的水电机组设备检维修决策系统及新型抗磨蚀材料。

通过以上研究和研发，形成工程性态全生命期演化规律的分析理论和预测方法，发展复杂条件下工程建设、生态保护、健康诊断、修复加固和应急处置等的新材料、新工艺、新技术和新设备，提出绿色水利水电工程设计建设标准，建立工程施工质量和安全运行的智能管理和安全控制技术，为重大水利工程建设和安全运行提供强有力的支撑和保障。

专栏 4　水利工程建设与运行

复杂条件下建坝及工程安全保障。探索深厚覆盖层工程特性测试和处理技术，研究不良开挖料利用技术；研究陡峻岸坡约束作用机制、大坝不均匀变形机制、长期变形时变特征和防渗体系性能演变规律和模拟分析技术；建立高坝施工质量实时智能监控技术；建立高土石坝长期安全分析评价理论和保障技术。

300m 级特高坝抗震安全评价与控制。研究 300m 级特高坝极端地震动输入机制；研究大坝及地基材料静动力损伤本构模型；完善大坝—地基—库水系统非线性地震响应的分析理论和方法；开发确定材料动态抗力的试验技术和方法；研究 300m 级特高坝损伤破坏过程和灾变定量评价准则；研发高性能非线性并行分析软件和震灾控制技术；研究水库诱发地震形成机制和判别准则。

大型地下洞室与高陡边坡长期安全评价与动态调控。研究岩土体等工程介质力学特性随赋存环境变化的演变规律；研究锚固、排水等加固支护措施的协同作用机理及其在恶劣环境下功能劣化的变异特征；研究变化环境下高陡边坡和大型地下洞室群变形稳定的动态分析方法、智能监控体系以及安全调控技术。

大型引调水工程建设与安全运行。研发引水工程大深埋隧洞、大跨度高架渡槽、闸泵阀系统等工程建设技术装备，高寒地区输水渠道冬季输水能力提升、快速维护成套技术装备和工法，引调水利工程健康诊断、监测预警、应急处置及安全运行控制技术，大跨度高架渡槽、水闸、隧洞抗震分析理论与安全评价技术。

泄洪消能环境影响及综合控制。研究枢纽泄洪消能对周边和下游环境的影响及缓解技术，研发泄洪诱发场地振动和低频声波机理及环境危害防控技术，研发降低环境影响的新型消能技术和组合消能新技术，提出泄洪消能环境影响综合评价方法与技术。

新型胶结颗粒料坝建设。研究胶结颗粒料的配制技术及工程力学性能，研究胶结颗粒料坝的结构形式、分析理论与设计方法，研发胶结颗粒料坝的施工工艺、关键设备和质量控制技术，提出 100m 级胶结颗粒料坝建设成套技术工艺。

重大水利工程突发事件监测预警、应急处置和深水检测技术。研究非常规条件水利工程极限承载能力和破坏模式，研发漫顶、渗透等典型破坏模式的早期预警、应急监测、隐患快速探测和损毁快速抢险修复技术，研发深水隐患探测技术与设备，研发深水大粒径疏浚设备和构筑物表面附着物清理技术，研发深水修补技术与堵漏材料，研发深水无人遥控潜水器设备和修补加固平台。

水利工程安全智能监控与智慧管理。研究基于物联网和云平台技术的大坝全生命期海量信息感知、融合、挖掘方法；研究大坝结构与服役环境动态仿真及实时智能监控技术；研究基于多源信息的大坝结构工作性态反分析理论与健康诊断技术；研发国家大坝安全监管智慧管理云服务平台。

流域水库群多目标优化调度和安全控制。研究流域水库群的防洪、供水、发电、航运、生态等多目标优化调度的基本理论、数学模型和关键技术，研究大型水利枢纽运行安全保障和调控技术，充分发挥水库群的社会经济效益，提高流域管理的现代化水平。

五、农村水利

农村水利领域主要科技需求包括：农业水转化多过程多尺度耦合与高效用水调控机理；绿色高效农业节水技术与设备；现代生态型灌区建设与管理技术及装备；农村饮水安全巩固提升关键技术及设备等。

应用基础研究层面，重点开展作物最优耗水及用水调控机理研究；开展灌溉系统水动力学基础及水力学优化设计理论研究，探索灌溉多过程耦合机理；开展农业水转化多过程多尺度耦合机理与模拟研究，发展区域尺度农业水转化多过程与作物生产力过程耦合的综合集成模型，探索基于多过程、多维度的用水效率协同提升机制；开展农业节水的生态环境效应研究，建立基于作物生产—水资源—生态环境系统耦合的灌区绿色节水减排控污理论与方法。

技术层面，研究完善各区域主要作物高效灌溉制度，重点研发环境友好型农业灌溉模式和农业节水减排控污技术；研究典型区域主要作物节水综合管理技术方案；研发基于大数据的智能灌溉决策模式及全程一体化自控系统和智慧管理平台；研发草地水资源高效利用技术；研究适合农村的水净化、消毒技术及设备，开展农村供水自动化与信息化研究。

设备产品层面，研究精细地面灌溉、喷微灌系统及产品的优化设计，开发适应现代规模化农业发展的微灌、喷灌和地面精细灌溉技术及装备；研制水肥一体化低耗智能高效节水输配控装置；研发绿色高效节水制剂与灌溉装备；研发暗管排水技术和装备；研发适用农村的地下水和地表水净化技术以及新型饮用水消毒技术和装置，开展供水自动化与信息化技术及设备开发。

通过以上研究和研发，建立典型区主导作物节水增产增效技术模式，形成现代灌区用水多过程耦合调控理论与技术体系，提出典型区影响农村供水水量水质安全的解决方案，构建较为完善的农村水安全保障体系和水管理技术模式。

专栏 5　农村水利

农业水转化多过程耦合模拟与高效用水调控。研究多尺度农业水转化过程与作物生产力过程耦合的集成模型，研究区域尺度农业耗用水对变化环境的响应机制、水分生产力的时空演变规律与提升潜力及途径，以及农业耗用水时空格局优化设计方法，研究基于作物生产—水资源—生态环境系统耦合的农业种植规模和优化种植制度分析方法，研究基于节水高效和生态健康的农业水资源调控方法，研发水肥一体化高效节水输配水量装置。

高效节水灌溉。研究节水调质高效灌溉制度与模式，研究节水灌溉系统及产品优化设计方法，研发适应现代规模化农业发展的微灌、喷灌和精细地面灌溉技术及装备，构建田间高效节水灌溉成套技术与设备。

农田节水减排控盐。研究农田水盐监测、诊断和动态预测评价技术，研发高效减排控盐技术、方法与模式，研究不同节灌模式下的农田淋洗排盐制度及排水调控技术与设备，形成农田节水减排控盐系列化技术与设备。

现代灌区用水测控及调度。研究灌区用水调控多源信息采集与需水预报技术及方法，研发多水源供需优化配置与优化调度技术及设备，开发输配水智能控制技术及产品，建立现代灌区智慧用水调控技术与综合服务平台。

农村供水与生活污水处理。开发针对农村地区高碱高氟水、微咸水及铁锰超标水的经济高效去除材料、技术及设备，研发氨氮、有机物、藻类超标等典型微污染水处理工艺设备，研发低温低碳高效生活污水处理技术及装置，开发农村供水与排水消毒装置。

典型地区节水增效及减排。研究集成高效灌溉制度、水肥盐综合调控和智能量测，以及农田面源污染控制、农业控制排水、生活节水减排等技术，提出东北、西北、华北和南方等典型地区的节水增效及减排综合解决方案与保障措施。

农田涝渍灾害监测预报与减灾。研究农田涝渍灾害动态监测和预报预警技术，开展农田积水消退及排涝过程研究，建立不同灌排条件下典型农区涝渍灾害评估模型，构建农田涝渍灾害安全保障体系与配套技术。重点研发高性能、低扬程、大流量、灌排兼顾的双向贯流式水泵及相关技术。

生态友好智慧型农村水电站应用。研究农村小水电绿色开发及增效扩容新技术与新设备，研发河流生态修复技术，研究构建小水电安全动态评估与预警信息管理标准和规范体系，并开展示范应用。

六、河湖治理

河湖治理领域主要科技需求包括：我国主要江河水沙变化条件下江河治理方略研究；微观泥沙运动和宏观河湖演变基本规律研究；变化环境下水沙过程预测技术、河湖及河口海岸治理技术、梯级水库水沙调控理论与技术等，推进河湖治理新技术集成与示范。

应用基础研究层面，重点开展泥沙运动基本参数的实验研究，完善泥沙运动统计理论及非均匀沙不平衡输沙理论；开展水沙调控理论研究，建立多目标水沙调控方法和模型；开展变化环境下江河水沙变化及发展趋势研究，分析人类与自然双重因素影响下的流域产水产沙变化及河道演变的响应机制；开展与生态环境等学科交叉的水沙运动与河流演变模拟研究，预测河流演变和生态变化。

技术层面，重点研发江河水沙变化预测和梯级水库水沙调控技术；研发水库和湖泊淤积控制及调度运用技术；大型水利枢纽下游河道演变与整治技术；江湖关系演变与调控技术；长江黄金水道通航潜力与防洪河势协调技术；黄河水沙调控与下游滩区治理；淮河与洪泽湖关系及中下游综合治理；水沙条件变异下的河口海岸治理技术；泥沙资源化处理利用技术；河口工程和海岸滩涂利用保护技术等。

通过以上研究和研发，形成江河治理系统理论与技术体系；提出解决长江中下游河道冲刷和江湖关系变化对鄱阳湖、洞庭湖水资源利用影响的技术方案和措施；保障黄河下游河道稳定维持中水河槽，缓解防洪与滩区治理的矛盾；提出基本解决淮河“关门淹”的技术措施和洪水资源利用技术；缓解珠江口咸潮上溯。

专栏 6　河湖治理

我国主要江河流域产水产沙变化及趋势预测。研究我国主要江河重点水土流失区不同时空尺度的产汇流和产输沙机制，量化不同区域水沙变化主要影响因子及其贡献，预测未来水沙变化趋势，提出中长期应对策略。

非均匀沙不平衡输沙理论。开展湍流猝发对泥沙运动作用机制、非均匀床沙交换机理、粗化过程、非平衡输沙床面形态与动床阻力调整规律、不平衡输沙恢复饱和系数、非均匀沙挟沙能力等方面研究，取得原始性创新成果，解决泥沙基本理论中的关键科学问题。

梯级水库群水沙优化调度。开展梯级水库群水沙优化调度理论与技术研究，提出综合调度方案，协调兴利与防洪、减淤及生态的关系，充分发挥整体综合效益。

大型水利枢纽下游河道演变及整治。研究三峡工程及上游水库群运行后长江中下游河道冲刷机理、演变趋势及河道综合治理技术；研究小浪底工程及上游水库群运行后黄河下游水沙关系和河道演变，研发新水沙条件下游荡性河道河势稳定控制、河槽行洪输沙能力提升和滩区整治技术。

江湖关系演变与治理。研究新水沙条件下长江与洞庭湖、鄱阳湖的江湖关系及对水量调蓄、河湖演变和洪水影响，研究两湖闸控工程对水资源、防洪、生态环境、航运等影响，提出两湖综合治理措施；研究淮河干流与洪泽湖演变特性，提出根治淮河洪涝灾害的综合措施。

河口演变与综合治理。围绕长江、黄河、珠江等河口，研究人类活动影响下河口水沙运动和演变机理，研发河口演变模拟技术，提出入海流路方案、水源地保护措施、港航工程维护技术、缓解咸潮上溯技术、滩涂开发利用模式。

七、水土保持

水土保持领域主要科技需求包括：分析评估不同水土保持措施的效果及生态效应，研究不同类型水土流失区的恢复潜力与维持机制；揭示不同营力及其复合作用下的水土流失动力过程与阻控机制；完善多尺度多类型水土流失及其伴生过程监测预报方法；研发崩岗、坡耕地、侵蚀沟和石漠化等严重水土流失高效治理技术。

应用基础研究层面，重点研究水力和风力作用下的水土流失动力过程与阻控机制，完善多营力复合侵蚀的防治理论；研究侵蚀劣地功能退化过程与修复机理，揭示水土流失作用下的土壤与植被退化过程相互作用及关系，提出不同水土流失退化土地的恢复潜力与维持机制；研究水土保持对江河水沙的综合影响与作用机制，明确主要水土保持措施在不同时空尺度和气候情景下的江河水沙调控效应；研究水土保持生态效应及其生态补偿机制，提出水土保持生态效应评价方法和生态补偿对策；开展冻融侵蚀区水土流失过程和防治技术研究。

技术设备层面，重点研发水土流失过程参量及动态变化监测技术和设备；提出不同时空尺度下水土流失及其面源污染和碳氮循环等伴生过程的预报评估方法；研发不同自然—社会背景下流域水土资源保育及高效配置利用和耦合技术；不同功能区生态清洁型小流域构建及其水土资源优化配置技术；黄土高原坡面—沟道综合治理与利用技术；东北退化黑土保育与农田侵蚀沟防治技术；北方干旱风沙区生态修复与风沙防治技术；南方丘陵区退化红壤地力提升与崩岗侵蚀防治技术；北方土石山区和西南紫色土区水土资源持续利用与生态清洁流域技术；西南岩溶区石漠化区土壤流失阻控与高效植被修复技术；生产建设项目水土流失天地一体化监管与快速防治技术。

通过以上研究和研发，构建面向多时空尺度和侵蚀类型的水土流失及其伴生过程预报评估模型；

研发一批自动化和高精度的水土流失危害和水土保持效益监测仪器设备；建立针对我国主要一级水土流失类型区的水土保持综合治理技术体系；基本实现生产建设项目水土流失天地一体化监管。

专栏 7　水土保持

水土流失及其过程监测和评估。研究坡面—流域—区域多尺度水土流失预测模型及其伴生过程的效应评估方法，研发水土流失动力参数和影响因子的快速量测仪器设备，完善水土流失动态监测技术标准，开发水土保持信息管理平台。

黄土高原沟—坡治理工程生态安全保障。研发和集成黄土高原边坡—沟道整治工程土体稳定性调控技术和坝系资源高效利用技术，形成坡面—小流域—流域—区域一体化的水土流失综合治理技术体系和生态产业模式。

东北黑土区水土流失综合治理。研究退化黑土地保持和持续利用技术，研发植物和人工材料等侵蚀沟防治新方法和新材料，提出东北黑土区土地资源保护与生态产业的协同发展模式。

南方红壤区水土流失综合治理。研究南方红壤区区域水土流失演变规律和关键驱动因子，研究退化红壤肥力快速提升技术，研发林下水土流失防治技术和复合生态林业模式。

西南岩溶区石漠化综合治理。研究西南岩溶区石漠化区水土资源高效利用和优化调控方法，研发水土流失阻控和退化植被修复技术，提出脆弱生态保护与生态富民产业协同发展模式。

北方土石山区和西南紫色土区水土资源持续利用与生态清洁流域技术。研究北方土石山区和西南紫色土区水土资源持续利用，研发水土流失治理与生态清洁流域技术，提出水土资源高效利用与新农村建设协调发展技术。

建设项目水土流失防控技术。研究生产建设项目引发的水土流失及其防治技术和植被快速修复技术。

八、高新技术应用

信息技术、3S 技术等高新技术在水利应用中需解决的关键问题包括：水利全要素立体监测体系与技术；多源异构数据的融合与共享；大数据水利应用技术与智能决策等。

应用基础研究层面，重点开展“天—空—地—水”多时空尺度一体化监测技术研究，星地数据源拓展分析与水利信息提取技术研究，新型监测技术与设备研发，形成水利全要素立体监测体系与技术；开展多源异构水利信息同化融合技术和组织方法研究，建立云环境下海量数据共享与服务技术体系；开展水利大数据分析技术研究，挖掘水资源、水灾害、水生态环境等演变规律。

技术层面，以立体感知、知识处理、现代水利管理、信息精准服务为主线，构建“天—空—地—水”一体化的水利立体监测技术体系，建立集约有序的水利信息资源共享技术体系，形成水利大数据分析应用技术体系。

设备产品层面，重点研发水雨情、墒情、工情、水环境、水生态多传感器高灵敏度综合采集和传输技术与设备，建立遥感定量化与业务化应用平台及大数据环境下水利业务模型和云服务平台；研发面向防洪抗旱、水资源调配、水生态环境保护、灌区管理和水土保持等业务的多目标优化调度平台与决策支持系统；研发面向水利工程调控与运行的智能平台。

通过以上研究和研发，构建“互联网 + 水利”精准管理新模式和决策支持技术体系，推动智慧流域和国家智能水网建设。

专栏8 高新技术应用

卫星遥感水利业务化应用平台。研发遥感数据水利信息提取技术和星地数据融合同化技术，研发面向水资源监测评价管理、防汛抗旱、水土保持监测评价、水利工程建设管理、国际河流管理等领域的业务化应用平台。

云环境下水利信息共享与服务技术。研发水利大数据处理环境与云平台构建技术，研发智能终端个性化水利信息云服务平台开发技术，建设公众信息云服务系统并示范。

水资源智能监测技术与设备。研究“天—空—陆—水”立体化全天候水资源监控技术，研发国家水资源遥感监测平台；研制河流流量在线监测、高寒高海拔河湖水文要素在线监测的新技术与新型装备，以及高精度水文仪器设备检验测试装备。建设水资源监控能力领域大数据分析和综合决策系统并示范。

“互联网 + 水利”管理与决策支持技术。构建“互联网 + 水利”扁平化管理及公共服务技术体系，研发水利信息移动互联应用关键技术，研发“互联网 + 水利”业务协同及综合决策支持技术。

水利工程智能调控运行平台关键技术。研发开放的智能一体化平台软件、插件式水利水电高级应用组件及开放的应用接口技术，形成水利水电调度、控制与设备故障诊断一体化的智能平台，为智慧水利、智慧流域提供成套硬件及软件解决方案。

第四章 科技成果推广转化

推动科技成果转化和应用，进一步完善相关配套措施，强化技术成果推广转化机制建设，增强科技支撑保障能力，促进水利行业技术水平的提高，是“十三五”水利科技创新的重要任务。

一、完善科技成果评价、登记和发布制度

完善科技成果评价制度。以鼓励创新、加快人才培养、促进科技成果转化和产业化、增进科学技术和经济、社会发展密切结合为导向，以科学价值或技术水平、市场前景为评价重点，加强科技成果分类评价，对基础研究、应用开发、面向用户的定制研发等科技成果进行分类审查和辨别，对其科学性、创造性、先进性、可行性和应用前景进行评价，并做出相应结论。在水利科技奖项中支持设置科技成果转化奖，鼓励科技人员积极开展科技成果转化。

完善科技成果登记制度。强化水利科技创新成果登记，建立科技成果信息系统，加强与国家相关系统的互通协调，为科技成果推广转化和宏观决策服务。配合科技宣传工作，建立科技成果信息平台，促进水利行业科技成果信息的交流，方便社会公众查询和获取。

完善科技成果发布制度。围绕水利中心工作和水利建设管理中的实际技术需求，进一步制订、完善、规范水利技术测评体系，广泛开展水利新技术、新材料、新产品的调研、征集、遴选，加强水利先进实用技术重点推广指导目录评审发布工作。

二、打造科技成果转化平台

加快完善水利科技成果转移转化机制，建立科技成果转化年度报告制度，探索建立政府推动、市

场引导、企业化运作的水利科技成果转移新模式、新机制，促进创新成果与水利生产实践对接。建立健全水利科技成果推广转化工作奖励、激励机制，编制科技成果推广转化工作规划，明确目标、任务、要求和考核指标，强化领导责任。

健全不同层次水利科技成果转化平台，鼓励各级水行政主管部门建立公益性水利科技推广管理机构，建设水利科技推广示范基地，推进水利科技推广组织体系建设，逐步形成部门主导，省市区（流域）协同，基层水行政主管部门联动，行业协会、水利科研院所、工程设计勘查单位、高等院校、科技企业广泛参与的科技推广体系。广泛采用推介会、技术交流会、技术培训会等多种方式，开展技术交流、培训与宣传，扩大新技术、新工艺、新材料的影响，加强水利先进技术成果信息平台建设，加大水利科技成果转化应用力度。

三、加快科技成果示范推广

充分利用水利技术示范项目和地方各类科技推广计划，选择符合产业转型升级方向、先进适用的技术与产品，在国家重点工程和典型区域示范应用和推广。

加强成果转化应用与技术标准的有机衔接，将成熟、可供借鉴的科技成果及时纳入相关技术标准。加强科技成果供给与应用的有机衔接，推动优秀成果在工程建设与管理中应用。

积极引导企业、地方、社会资本和各类机构参与科技成果示范应用，给予科技企业在市场竞争准入方面的扶持，创新并探索水利科技成果推广转化后补助、以奖代补等模式，积极培育和孵化具有市场潜力的水利科技成果，提升产品的系统集成水平，加速水利科技成果市场化、产业化进程，促进科技成果转化为现实生产力。

第五章　科技创新平台建设

紧密围绕水利发展需求，加强创新平台建设，创新运行机制，促进科技资源开放共享，夯实水利科技创新的基础。加快推进国家（重点）实验室、国家工程技术研究中心建设，争取新建国家级科技创新平台 4 个。加强部级科技创新平台建设和管理，新建 12 个学科特色鲜明的水利部重点实验室、工程技术研究中心，加强科研仪器设备与设施的建设和共享，大幅提升水利科技创新能力。建设 60 个水利科普教育基地，传播普及水利科学知识。

一、推进国家创新平台建设

积极推进国家实验室建设。面向国家目标和战略需求，鼓励水利科研单位积极申请创建国家实验室，集聚和培养一流人才，集成研发先进仪器设备，解决水利水电重大科技问题，建立目标导向、绩效管理、协同攻关、开放共享的新型运行机制，建设世界一流的综合性水利科技创新平台。

大力推进国家重点实验室和国家工程技术研究中心建设。聚焦国民经济发展亟待解决的重大问题，为进一步优化水利科技创新资源配置，强化水利科技自主创新和成果应用转化，在现有部级重点实验室和工程技术研究中心的基础上，争取在水旱灾害防控、河湖保护与治理等领域新建国家重点实验室，在水工新材料、防灾减灾等领域新建国家工程技术研究中心。进一步加强现有国家重点实验室和工程技术研究中心建设。

二、加强部级科技创新平台建设与管理

完善部级科技创新平台管理制度。进一步完善水利部重点实验室和工程技术研究中心管理办法，规范运行管理制度和评估考核指标体系，优化水利科技创新资源配置，强化创新能力建设。加强已建平台的评估考核和动态调整，探索新型管理机构和运行机制，形成具有持续创新活力、能进能出的水利科技创新平台。

新建一批部级重点实验室和工程技术研究中心。在科学评估的基础上，根据水利行业发展需求，进一步明确定位，新建一批专业特色突出的重点实验室和工程技术研究中心。面向共建高校和地方，启动一批部级重点实验室与工程技术研究中心建设。支持流域机构和地方建设各种形式的实验室、研究中心等创新平台，满足不同层次的科技创新需求。

推进水利科技示范园区建设。围绕重大水利工程建设、节水型社会建设、水生态文明、水土保持、农业节水灌溉等重点工作，开展多种形式的科技示范园区（基地）建设，为水利科技成果示范提供平台。

三、加强原型观测和基础实验站网建设

推进科学试验站和野外观测站网建设。重视水利科技原始创新，加强原型观测和实（试）验站网建设，加快推动水文、水土保持、水生态、节水灌溉等实验站和野外观测站的规划和建设。

加强科技基础性工作。建设水利科技基础数据库，建立信息共享机制。

四、促进科研仪器设施开放共享

建立健全科技资源开放共享机制，开展重大科研基础设施、大型科研仪器现状调查和开放能力评估，建立资源清单和开放共享平台。分类制定开放共享目标，大幅提升科技资源利用效率。

五、加强水利科普教育基地建设

推进水利科普教育基地建设。依托大中型水利工程、重要科研基地、国家水利风景区、水利博物馆与科技馆、水利信息系统工程等，认定一批国家级水利科普教育基地。通过普及传播水利科学技术知识，宣传水资源国情国策，增强公众水资源忧患意识，引导公众理解、支持和参与保护节约水资源。

创作一批优秀水利科普作品。以图书、杂志、电影、电视节目、动漫等多种形式，创作一批涉及水利发展史、水资源节约与保护、防洪减灾、水土保持等相关领域的优秀科普作品。充分发挥网站、微博、微信等各种新媒体作用，积极应对热点问题，解答民众疑问。

组织开展形式多样的水利科普活动。通过科技下乡、科普讲座、科技周、科技日、水利博物馆、亲水园区、科技示范园区等方式，广泛传播普及水利科学知识，提升全民科学素养。发挥学会、协会的作用，针对社会公众关注的话题或突发事件开展重大主题科普活动。

第六章　水利技术监督

紧密围绕水利中心工作，努力构建政府主导、各方推动的工作格局，不断健全以标准为依据、计量为基础、认证认可为手段、质量为标志的技术监督体系，为国家水安全和水利改革发展提供技术支撑保障。

一、加强水利标准制修订

推进强制性标准研编。依据国务院《深化标准化工作改革方案》，整合强制性条文，推进强制性水利技术标准研编工作。以节水、水生态、水资源保护、水利工程建设与运行等领域为重点，选择较为成熟领域优先制定强制性标准，基本实现到 2020 年强制性水利技术标准的全覆盖。

完善推荐性标准。按照“确有必要、管用实用”原则，兼顾现状和今后一定时期技术发展的需求，重点制定以社会效益为主、公益性强、市场失灵、行业急需的基础性和通用性技术标准，加大局部修订的力度。不断强化标准质量管理，妥善处理标准技术经济指标要求，使标准与现有经济社会发展水平和人民群众需求相适应。及时将成熟、可供借鉴的科技成果纳入相关技术标准。妥善处理标准编制与专利知识产权的关系。

培育发展团体标准。继续以“放、管、服”为主线，鼓励水利社团自主制定满足市场和创新需求的标准，增加涉水标准有效供给。按照保基本和提高竞争力的要求，厘清政府主导制定的国家标准、行业标准与水利团体标准的界定范围。建立团体标准协调机制，与各水利社团加强沟通。探索在认证认可、检验检测等工作中引用团体标准。

推动标准国际化。以需求为导向，系统推进筑坝技术、小水电、灌溉排水、水土保持等领域标准翻译工作。从标准体系、标准项目、技术要素三个层面，系统比对国际标准与水利技术标准。不断提高水利技术标准与国际标准的一致性，逐步实现我国水利技术标准上升为国际标准，参与全球水治理国际技术规则制定。

二、强化水利标准实施与监督

围绕水利中心工作，以强制性标准为重点，完善标准实施推进机制，全面加强信息反馈、宣贯培训、试点示范、产品认证、水利稽查等工作，夯实水利技术管理基础。

对重要标准出台提出相关实施要求，逐步建立标准实施情况统计分析报告制度。积极探索标准实施情况反馈机制，畅通信息渠道，及时掌握标准应用情况。强化标准与宣贯培训、示范推广、产品认证、工程稽查和绩效评价等工作的协同，加强水利技术标准与科技成果转化应用的有机衔接。以强制性标准为重点，在水利工程勘测设计和施工、安全生产领域，建立分类监管机制，加强社会监督。

三、加强计量、认证认可和质量监督

规范计量。加强水利计量顶层设计。以水文要素和大坝安全监测要素为重点，建立健全量值传递与溯源体系。加强计量标准和工作计量器具的配备和管理。以强制性计量检定规程为重点，完善校验校准标准和量测方法标准。强化管理机构和技术机构建设，加强计量师和检定员等能力建设，推动相关水利技术机构通过计量标准考核并获得计量授权证书。

完善认证认可。稳步推进水利质检机构整合。研究将农村饮水安全产品列入强制性认证产品范围。完善高效节水等绿色产品的标准、认证和标识等工作，推动用水产品用水效率标识管理，采信有关节水产品认证结果，进入政府采购目录。加强生产许可证管理，确保金属结构质量安全。努力提高水利质量、环境、职业健康安全管理体系认证的有效性。

加强质量监督。开展饮水安全、节水、水文仪器、大坝监测等产品和重大水利工程建设的监督检查。进一步完善质量信用体系建设，加大检查后处理力度，进一步提高水利工程、产品和服务的质量。

第七章　科技创新人才队伍建设

积极落实国家科技人才政策，创造条件，制定配套政策措施，探索水利高层次创新型科技人才的培养机制。结合重大水利科技项目的实施，促进项目、基地和人才建设相结合，加快造就一批具有世界前沿水平的科技领军人才和创新团队。建立科学的人才评价机制和激励机制，促进科技人才尽快成长。

一、培养科技创新人才

优化创新人才发展环境。结合水利部重点实验室和工程技术研究中心建设、重大科技项目实施等，构建新型高层次人才队伍建设的培养、引进和使用体系，实施更加积极、开放、有效的海外人才引进政策。对科研急需的高层次人才，由所在单位落实保障措施和条件，公开选拔聘用。

培养创新领军人才。推进完善水利行业首席专家制度，进一步加大“5151”部级人选的培养使用力度，加强院士、勘察设计大师后备人才的培养，造就一批治学作风严谨、学术造诣深厚、引领作用突出的优秀领军人才。在专业技术岗位遴选等方面可以优先聘用，支持其优先申报国家重大、重点科技项目，依法赋予领军人才更大的人财物支配权、技术路线决策权。

培养青年创新人才。加强水利青年科技英才、水利青年拔尖人才的选拔和培养力度，支持开展项目研究、国际合作和实践锻炼，跟踪培养、动态管理，造就一支高层次领军人才的重要后备力量。

培养国际复合型人才。依托国际合作平台加大人才培养和引进，选派青年科技人才出国（境）访问研修，畅通海外人才引进通道，做好水利专业方向的国家千人计划和国家青年千人计划的引进工作，培养一批精通外语、业务精湛、具有国际视野的复合型人才。

二、建设科技创新团队

培育优势学科群。以水利科技重点领域创新人才培养为重点任务，大力发展综合节水及非常规水资源开发利用、水循环信息精准监测与预报、水资源系统多目标智能化调度、水生态保护与修复、水旱灾害防治与风险管理、复杂条件下大型水工程建设与安全运行、河湖综合整治与水沙调控、水土流失治理等优势学科群。

创建一流创新团队。新建 4 个国家级科技创新团队。鼓励项目依托单位给予重大、重点科技项目负责人岗位高聘用待遇。对正在承担重大科研任务、创新团队任务负责人以及在国际学术组织中担任重要职务的人员，经批准可适当延长聘期，不占单位专业技术岗位指标，充分发挥资深优秀科技专家的作用。

三、鼓励科技人才竞争流动

完善人才流动制度。破除人才流动的体制机制障碍，促进水利科研人员在事业单位和企业间合理流动。鼓励水利科研院所科研人员在完成本职工作并征得单位同意后，兼职到企业等从事科技成果转化活动，或者离岗创业，最大限度激活科研人员创新创业热情。鼓励水利科研院所、高校设立一定比例流动岗位，吸引有创新实践经验的企业家和企业科技人才兼职。

促进创新人才在竞争中流动。面向国家重大需求和科技创新急需，扩大选人用人视野。研究制定办法，公开招聘负责人和科研骨干。鼓励事业单位依托重点实验室等创新平台，通过科技合作、互派人员任职交流和客座研究等方式，促进跨平台、跨单位和跨地域流动。

四、完善科技人才评价和激励制度

创新科技人才培养机制。按照国家有关政策和规定，建立和完善有利于激发科技人才活力，鼓励人才创新的制度措施。完善薪酬制度，加大绩效激励力度，突出能力和业绩导向，探索对创新人才实行股权、期权、分红等激励措施，让科研人员凭自己的聪明才智和创新成果合理合法富起来。完善分类考核制度，对基础研究人才以同行学术评价为主，应用研究和技术开发人才突出市场和社会评价。

完善激励政策。按照国家有关规定，对入选国家和部各类人才计划的领军人才，在落实国家待遇政策基础上，在岗位聘用、配套经费、科研条件改善等方面给予充分保障。按照科研经费管理新政策，管好用好项目资金，充分发挥绩效支出的激励作用。完善奖励制度，形成以政府奖励为导向、用人单位奖励为主体、社会力量奖励为补充的人才奖励体系。

第八章　组织实施

加强领导，狠抓落实，调动一切积极因素，采取有效措施，努力形成各方合力支持、共同促进水利科技创新的良好局面，全面推进水利科技进步，服务水利事业发展。

一、加强科技创新工作的领导

各级水行政主管部门、科技主管部门和各有关单位，要切实加强对水利科技创新工作的领导，健全管理机构，完善支持政策，落实保障条件，做到发展有规划、创新有队伍、成果有转化，有效支撑和服务水利中心工作。要把科技创新工作摆上重要的议事日程，建立重大技术决策科技咨询制度，实现决策的科学化、民主化。认真落实领导责任制，把科技创新工作纳入领导干部和相应业务工作考核内容，建立健全目标考核机制，加强监督检查和责任追究。定期召开会议，集中研究水利改革发展中重大科技问题，决策重大科技事项，监督科技保障措施的落实。

各级水利科技主管部门要加强与相关部门的联系，建立会商机制，共同商议和解决水利改革发展面临的重大科技问题，联合组织开展水利科技创新工作。国家级水利科研单位要加强与各流域和地方水利科研单位的交流合作，发挥各自优势，开展重大科技问题联合攻关。

二、建立规划统计和评估制度

建立健全规划检查评估制度。开展规划实施中期评估和期末总结评估，对规划实施效果做出综合评价，为规划调整和制定新一轮规划提供依据。科技创新规划是针对水利改革发展当前及长远需求的统筹规划和战略部署。各省级水利科技主管部门、部直属单位，应根据地方和单位特点，制定本省、本单位的五年科技创新发展战略或规划，做好重点科技任务的落实。

三、加大科技创新投入力度

积极争取国家科技计划对水利重大科技问题研究的支持。加大水利建设各领域科技创新投入，在实施水利有关工程项目时，优先安排解决该工程项目有关的技术攻关、标准研制和平台建设。加强基本科研业务费的使用和管理，提升资金使用效益。积极探索通过市场机制多渠道筹集科技投入机制，鼓励企事业单位、社会团体对水利科技创新的投入，积极探索金融资本、风险投资参与水利科技创新。

各级水行政主管部门、科技主管部门要高度重视水利科技创新工作，积极争取设立水利科技创新工作专项经费，开展科技成果推广应用、标准研制、科学普及等工作，加强重点实验室、工程技术研究中心、野外科学研究基地等创新平台建设，强化产学研协同创新机制建设，加大科技创新人才引进和培养，提升区域协调创新水平和成效。

四、营造科技创新良好氛围

建立科研诚信机制。鼓励科研人员切实践行“献身、负责、求实”的水利行业精神，弘扬热爱祖国、追求真理、脚踏实地、勇于探索的科学精神，自觉摒弃急功近利、浮躁浮夸等不良学风。通过项目公示、信息公开、黑名单制度等方式规范科研行为，净化科研风气。

营造尊重创新氛围。各单位要开展多种形式的学术研讨和交流活动，鼓励科技工作者开展学术讨论和争鸣，发表新观点、新学说。营造尊重知识、尊重人才、尊重创新、宽容失败的创新氛围，以学术民主维护创新氛围。加大对科技人才先进事迹的宣传，树立先进典型，激励广大科技工作者开拓创新，献身祖国水利事业。

五、加强国际科技合作与交流

贯彻落实中央文件精神，加强和完善因公临时出国管理制度建设，重点保障执行国家科研项目和国际合作项目的团队、科研人员出访，支持其更广泛深入地参与国际科技交流与合作。相关单位要为科研人员出国开展科学研究、学术访问、出席重要国际学术会议以及执行国际学术组织履职任务等工作提供必要的保障和支撑。

加强水利科技合作研究，主动参与或牵头开展国际水领域大科学计划和大科学工程科技合作。充分利用全球科技创新资源，学习借鉴国外水治理的科学理念和先进技术，全面提升我国水利科技创新能力和现代化水平。支持和鼓励具有自主知识产权的水利技术、产品和标准走出去，增强国际竞争力，全面提升中国水利在国际舞台的影响力和话语权。

“十三五”农业科技发展规划

为更好指导“十三五”农业科学技术事业发展，充分发挥科技对加快农业现代化建设、促进农村经济社会发展的重要支撑引领作用，根据《中华人民共和国国民经济和社会发展第十三个五年规划纲要》《“十三五”国家科技创新规划》《国家中长期科学和技术发展规划纲要（2006—2020 年）》《国家创新驱动发展战略纲要》《全国农业现代化规划（2016—2020 年）》，编制本规划。

一、形势与需求

“十二五”期间，我国现代农业建设加快推进，粮食生产和农民收入持续增长，主要农作物良种基本实现全覆盖，主要农作物耕种收综合机械化水平达到 63.8%，农业科技进步贡献率达到 56%，农业科技为保障国家粮食安全、促进农民增收和农业可持续发展作出了重要贡献。农业科技成就举世瞩目，整体研发水平在发展中国家居领先地位。基础与前沿技术研究跨越发展，水稻功能基因组学等基础研究以及超级稻、转植酸酶玉米、禽流感疫苗等重大技术研究处于世界领先水平。开发与应用研究长足进步，培育了大批优良农业品种，集成推广一批高效、节能、绿色等配套生产技术，产业支撑能力显著增强。

新一轮科技革命和产业变革蓄势待发，技术进步对提高土地产出率、劳动生产率和资源利用率的驱动作用更加直接，正在引领现代农业发展方式发生深刻变革。以基因组学等为核心的现代农业生物技术尤其是生物育种技术快速发展，带动农业产业新的绿色革命；大数据、云计算和互联网技术，催生智慧农业和智能装备产业异军突起；农业可持续发展日益成为全球共识和焦点，资源环境及新能源、新材料技术应用加速低碳循环农业发展；食品安全问题备受关注，农产品营养品质技术迅猛发展，引领天然、营养和健康的食品消费趋势；合成生物技术等领域可能产生颠覆性技术，将根本改变农业生产、生活和产业组织形式，带动农业产业格局重大调整和革命性突破。

当前，我国经济发展进入新常态，农业发展内外部环境正发生深刻变化。推动农业供给侧结构性

农业部，农科教发〔2017〕4 号，2017 年 1 月 25 日。

改革，破解农产品供需结构性矛盾、提高农业比较效益、缓解资源环境压力、应对国际竞争，特别是调优产品结构、调精品质结构、调高产业结构，对农业科技在节本、高效、智能、绿色等方面提出了更高的要求。农业现代化建设已经到了加快转变发展方式的新阶段，必须更加依靠科技打造发展新引擎，实现创新驱动、内生增长，促进农业质量效益和竞争力不断提升。“十三五”时期，必须立足国情农情、把握国际趋势，抓住国家实施创新驱动发展战略和推进“大众创业、万众创新”的重大机遇，坚持服务农业现代化发展的根本方向，强化公益性定位、创新体制机制，不断开创农业科技发展新局面。

二、思路与目标

（一）战略目标和发展远景

中共中央、国务院印发的《国家创新驱动发展战略纲要》，明确了2050年之前我国创新驱动发展“三步走”的战略目标。与国家创新驱动发展“三步走”战略目标相呼应，我国农业科技发展“三步走”的战略目标是：到2020年，农业科技创新整体实力进入世界先进行列，中国特色的农业科技创新体系得到优化，有力支撑我国农业供给侧结构性改革，促进农产品市场竞争力提升；到2030年，农业科技创新整体实力进入世界前列，部分关键领域居世界领先水平，若干领域引领全球农业科技发展，全面支撑我国农业现代化建设；到2050年，建成世界农业科技创新强国，引领世界农业科技发展潮流，对全球农业科学发展做出重大原创性贡献，为中国成为世界农业强国提供强大支撑。

“十三五”乃至更长一段时期，坚持绿色发展理念，围绕解决农产品生产效率、质量安全以及环境可持续发展等问题，推动生物技术、信息技术、材料技术等在良种培育、高效生产、食品安全、资源化利用和装备制造等领域广泛应用，逐步实现农业发展由依靠资源要素投入向依靠科技进步的转变，科技进步贡献率逐步提升。

（二）“十三五”农业科技发展总体思路

全面贯彻党的十八大和十八届三中、四中、五中、六中全会和全国科技创新大会精神，深入贯彻习近平总书记系列重要讲话精神，牢固树立创新、协调、绿色、开放、共享的发展理念，深入实施创新驱动发展战略和藏粮于地、藏粮于技战略，以推进农业供给侧结构性改革为主线，以保障国家粮食安全、重要农产品有效供给和增加农民收入为主要任务，以提升质量效益和竞争力为中心，以节本增效、优质安全、绿色发展为重点，加快调整科技创新方向、优化科技资源布局、拓展科技创新领域、壮大农业科技力量、深化科技体制改革，不断提升农业科技自主创新能力、协同创新水平和转化应用速度，为现代农业发展提供强有力的科技支撑。

加快农业科技进步，必须始终把握三个基本要求。

一是坚持产业需求和问题导向。把满足现代农业发展重大需求、解决关键问题作为农业科技工作的立足点和出发点，贯穿到资源配置、科技评价等各方面，促进农业科技与生产紧密结合，增强科技对农业产业发展的贡献度。

二是遵循农业科技发展规律。准确把握农业科技的公共性、基础性、社会性以及长期性、系统性、区域性特征，强化政府主导作用，充分运用市场机制，推动农业科技工作沿着正确的轨道更好更快发展。

三是依靠自主创新驱动农业发展。把增强自主创新能力作为战略基点，强化原始创新，努力创造具有自主知识产权的核心技术，不断抢占竞争制高点，牢牢把发展主动权掌握在自己手里。

把握“十三五”的时代特征和现实要求，推进农业科技跨越发展，需要做好“调整、优化、拓展、壮大、改革”五方面工作。

一是调整科技创新方向。加快调整农业科技创新方向和重点，实现从注重数量为主，向数量质量效益并重转变；从注重粮食生产为主，向粮经饲统筹和大农业转变；从注重农业种养为主，向种养加、资源环境等全过程全要素转变。

二是优化科技资源布局。加速构建适应和引领转变农业发展方式的科技资源配置体系，促进粮经饲和农牧渔等各产业、种养加以及资源环境等各环节科技资源的合理配置、协调发展；强化农业科技基础性工作、基础研究和集成应用，着力完善农业科技创新链；推进产学研结合，全力打造协同创新联合体；加强农业科技国际合作，加快融入全球创新网络，不断增强全球配置农业科技资源的能力。

三是拓展科技创新领域。加快现代科学技术在农业领域的应用，发展引领产业变革的重大突破性技术，扶持建设新兴交叉学科，培育新产业；加强盐碱地等非耕地的可持续利用研究，大力促进草牧业技术开发，广辟食物、饲料新资源，拓宽农业发展空间；强化配套技术研发，挖掘农业在休闲观光、文化传承、宜居生态等方面的潜力，拓展农业功能，促进生产生活生态协调发展。

四是壮大农业科技力量。优化人才结构，加强领军人才培养和创新团队建设。加大政策扶持力度，增强企业技术创新能力。强化基层农技推广体系建设，大力扶持社会化服务组织，壮大农技推广队伍。健全以职业农民为主体的农村实用人才培养机制，大力推进新型职业农民培育。鼓励社会力量参与农业科技创新，形成万众创新的局面。

五是深化科技体制改革。建立分工明确的农业科技体系，强化联合攻关，构建高效的协同创新机制。完善科技评价、成果权益分配、绩效管理等机制，充分激发科技人员的积极性。吸引社会力量、聚集多方资源，加快农业技术成果转移转化。推进农业科技法制建设，积极争取农业科技投入，不断营造良好氛围。

（三）“十三五”农业科技发展目标

到“十三五”末，我国农业科技创新活力进一步释放，创新效率进一步提高，科技对农业产业贡献度进一步提升；农业科技投入、人才培养、条件建设、国际合作等工作取得显著成效；适应产出高效、产品安全、资源节约、环境友好农业发展要求的科学技术体系逐步完善，科技成果有效供给显著增强，农业技术集成化、劳动过程机械化、生产经营信息化水平大幅提升，力争在战略必争的农业基础科学和前沿技术领域实现率先跨越，在受制于人的现代农业核心关键技术领域实现技术跨越，在区域现代农业发展技术领域实现集成跨越。具体发展目标为：

——科技创新能力大幅提升。农业科技创新基础条件不断改善，在现代种业、农机装备、农业信息化、农业资源环境等领域，获得一批原创性科技成果和关键技术产品，农业科技的支撑引领能力显著增强。

表 1　“十三五”期间主要农业领域关键突破技术和核心指标任务

序号	领域	关键突破	核心指标
1	现代种业	①农业种质资源表现型与基因型规模化精准鉴定技术； ②优质、高效、抗逆、专用以及适宜机械化和轻简化作业的重大品种； ③品种优质化繁育与分级加工技术。	①主要农作物良种覆盖率稳定在 97% 以上，主要畜禽水产和设施蔬菜良种自给率显著提高，主要畜种核心种源自给率达到 65% 以上，主要国家级保护品种有效保护率达到 95%； ②良种在粮食增产中的贡献率达到 50% 以上，在畜禽水产养殖中的贡献率达到 30% 以上； ③全程机械化作物品种推广面积占总播种面积 30% 以上； ④农作物种质资源保存总量达到 55 万份。
2	农业机械化	①粮食作物与主要经济作物机械化生产关键技术； ②设施园艺与福利设施养殖工程技术； ③农机核心功能部件及系统，与农艺相融合的农机设计及制造技术，主要粮食、经济作物和畜禽水产智能化农机装备； ④农业机械化标准配置技术。	①主要粮食作物机械化技术水平显著提高； ②主要经济作物机械化技术瓶颈取得重大突破； ③畜禽水产设施设备基本满足健康养殖要求。
3	农业信息化	①现代智能农业机械装备核心部件及软件系统； ②农业信息资源开发、大数据挖掘、知识服务关键技术及产品； ③农业互联网、物联网和移动互联网融合技术、部件及网络服务平台。	①农业生产、经营、管理和服务信息化整体水平显著提升； ②建立农业信息化数据标准和技术标准体系； ③农业物联网国产处理器芯片与传感器核心部件市场占有率达到 30% 以上。
4	农业资源高效利用	①耕地质量提升与障碍因子修复关键技术； ②种养业节水节料技术； ③肥料减施增效理论与技术； ④农业废弃物循环利用技术； ⑤草地、海洋、滩涂等资源保护与开发技术。	①耕地质量提升 0.5 个等级以上； ②农田有效灌溉率达到 55%、灌溉水有效利用系数达到 0.55 以上； ③主要农作物化肥利用率提高到 40% 以上，养殖废弃物资源化利用率达 75% 以上，农作物秸秆综合利用率达到 85% 以上； ④草地生态系统生产功能和生态服务关系更加协调； ⑤海洋、滩涂水域生产能力提升 15% 以上。
5	农业生态环境	①污染农田生态修复与安全生产技术； ②面源污染控制技术； ③草原生态保护技术； ④美丽乡村环境综合治理技术； ⑤生物多样性保护与利用技术。	①中重度污染耕地面积占比持续下降，轻度污染农田农产品达标生产，中度污染农田农产品合格率达到 85% 以上； ②农业面源污染氮、磷排放分别减少 30% 以上； ③农业农村水源水质达标率显著提高，农村生活垃圾、生活污水处理率达到 70% 以上； ④全国草原植被盖度达 56%。

序号	领域	关键突破	核心指标
6	农作物耕作栽培管理	①种植制度与结构优化模式； ②作物可持续高产高效耕作栽培理论； ③集约化、精准化、轻简化生产管理技术； ④区域提质增效规模化生产技术。	①作物生产投入产出比降低 10%； ②作物生产自然资源效率提高 10% 以上； ③耕作栽培技术在提质增效中的贡献率达到 40% 以上。
7	畜禽水产养殖	①畜禽水产营养调控理论； ②规模化健康养殖技术； ③新型饲料与制备技术； ④养殖智能化管理技术。	①畜禽饲料转化率、水产养殖精准投喂水平分别提升 10% 以上； ②畜禽养殖环境控制与机械化水平提升 20% 以上，水产养殖机械化水平提升 25% 以上； ③养殖环节用药减少 20% 以上。
8	农作物灾害防控	①重大灾害发生规律、成灾机理和监测、预警理论及技术； ②农作物病虫草鼠害绿色防控技术、以生态区为基础的综合防控技术； ③农药减施增效新型生物农药及植保机械； ④适应气候变化与结构调整的植保技术。	①重大病虫害长、中、短期预报准确率分别达到 75%、85% 和 95% 以上； ②有害生物绿色防控率达到 40% 以上； ③农药利用率提高到 40% 以上； ④主要农作物病虫草害损失率稳定控制在 5% 以下。
9	动物疫病防控	①重大疫病致病与免疫机理； ②病原监测与疫情预警技术； ③快速诊断、综合防控和净化技术； ④新型疫苗与兽药。	①生猪、家禽、牛、羊发病率分别下降到 5%、6%、4%、3% 以下，动物发病率、死亡率和公共卫生风险显著降低； ②水产养殖主要病害发生率降低 20% 以上； ③示范种畜禽场重点疫病达到净化标准。
10	农产品加工	①农产品产地初加工、精深加工与综合利用关键技术与装备； ②绿色储运关键技术与装备； ③传统食品工业化关键技术与装备； ④全产业链质量安全与品质控制技术。	①主要农产品加工率达到 68%； ②单位产值能耗较“十二五”末降低 10%～15%，副产物综合利用水平明显提高。
11	农产品质量安全	①农产品中主要危害因子筛查识别、来源归趋、环境行为、毒理毒性、消长代谢规律和防控机理； ②农产品质量安全与品质形成规律探索，全产业链质量安全管控技术； ③标准物质、标准品、标准样品、数据模型及监测预警体系； ④品质与营养功能成分识别评价鉴定技术。	①农产品质量安全要素基本实现全程跟踪和溯源； ②农产品质量安全检测合格率稳定在 97% 以上，品质形成基本规律和品质提升关键技术基本构建，主要食用农产品营养功能评价体系基本建立，营养功能组分基本摸清； ③农产品生态环境污染因子监控指标实现全覆盖，污染物限量标准形成体系。

——人才队伍建设水平显著提升。人才管理和培养、评价、流动、激励、引进、使用的体制机制不断完善，人才结构进一步优化；培养 100 个以上具有国际竞争力的农业科研团队和 1000 个左右的骨干创新团队，形成 1 万名基层农技推广骨干队伍，培养一批经济实力强的家庭农场、专业大户、农民合作社、农业产业化龙头企业等新型农业经营主体，培育 1000 万新型职业农民、农村实用人才和农业技能人才。

——科技基础条件明显改善。200个重点学科实验室、200个农业科学实验站和200个农业科学试验基地的设施设备条件进一步改善，建设一批区域性现代农业产业科技创新中心，农业科技创新能力条件建设整体水平显著提高。

——国际科技合作更加深入。农业科技“引进来走出去”步伐明显加快，国际合作网络拓展完善；建成一批海外技术转移、示范服务基地，与“一带一路”沿线国家农业国际科技合作不断增强。

——科技体制机制日益完善。适应国家科技计划（专项、基金等）管理改革的农业科技项目管理体制机制逐步建立；农业科技稳定支持与适度竞争的投入机制进一步健全；协同创新机制、分类评价机制、激励机制等不断健全，农业科技创新创业环境持续优化。

三、农业科技创新

（一）重点领域

1. 现代种业

基础性工作：开展动植物种质资源和近缘野生植物资源收集评价和创新利用；构建重要优异种质资源基因库、保种场、保护区；建立重要性状的基因组及蛋白质组等数据库，构建品种分子设计信息系统。

基础研究：开展优质、抗逆等重要性状形成的功能基因组学研究，阐明种质资源的结构多样性，剖析遗传与环境互作效应在性状形成过程中的作用机制，杂种优势形成的遗传机理及分子调控机制。

技术开发：建立主要农业种质资源重要性状精准鉴定与基因型鉴定的技术体系；创新杂种优势利用、染色体工程和细胞工程等育种方法；构建转基因技术、全基因组选择、基因组编辑等新兴的技术方法与常规技术组装集成的高效精准分子育种技术体系；研究基于细胞工程和胚胎工程的现代繁殖技术；加快适宜机械化作业、资源高效利用的绿色新品种选育，培育高产、高效、优质等突破性农业新品种；开展主要动植物高效繁制种技术、品种资源分子标记检测技术研究，植物品种特异性、一致性和稳定性测试。

2. 农业机械化

基础性工作：开展不同机械耕作方式对土壤理化性状、环境、作物产量的影响，机械化生产过程各个环节中机器配备参数、机器作业性能参数、机器工况参数等调查，构建相关数据库。跟踪国际变化，加强行业技术标准体系建设。

基础研究：研究高效作业下装备设施—植（动）物—土壤（环境）—水肥种药等系统互作规律，研究不同地区、不同作物耕作方法、种植方法、收获方法，种养结合家庭农场机械优化匹配方法、设计参数等，加强农机装备关键部件和整机性能检测平台研究，加强农业装备设施基础数据采集及作业技术参数研究。

技术开发：突破保护性耕作、水稻种植、水肥药一体化、玉米籽粒直收、橡胶收割、棉花采摘、甘蔗收割、马铃薯种植与收获、牧草收获与加工、秸秆综合利用、畜禽水产高效养殖等机械化瓶颈技术；突破无级变速、智能化精准作业和动植物对象识别与监控系统等为代表的关键零部件效能提升和可靠性技术；创制新型高效拖拉机及其配套农机具、经济高效智能化割胶设备等机械化栽种装备、精量水肥药施用机械、植保无人机等高效植保机械、高效自走式联合收获机械、畜禽粪便和秸秆等农业废弃物资源化利用装备、田间育种与种子加工成套设备等装备，以及畜禽水产高效养殖装备与设施、饲料散装运输、储存和自动饲喂装备；探索北斗卫星精准定位、自动导航等在农机装备上应用。强化农机农艺融合研究，建立适合不同地域的农业装备系统和机械化、标准化生产技术规范。

3. 农业信息化

基础性工作：开展全国农业信息化基础设施、系统、终端等支撑条件调查以及农业信息服务供需情况调查；农业社会、经济、科技、人文等信息、情报、标准的收集、整理和创新利用；农业生产环境及动植物本体感知数据的采集、积累及挖掘；建设开放性实验室、大规模在线教育平台等农业信息化人才培养支撑平台；开展区域性、专业性涉农信息资源建设，建立涉农信息综合服务平台、农业大数据平台和电子商务平台，强化农业信息的服务功能。

基础研究：开展多维度农业信息获取与分析的理论方法研究；互联网、物联网等多网空间农业信息智慧搜索理论方法研究；动植物表型的数字化表达及数学建模方法研究；研究多源农业数据互作规律及其作用机理，并建立基于数据融合的农业全过程决策支持方法体系；农业大数据整理、甄别、校正、挖掘相关的算法及模型研究；农业信息化水平研究，建立农业信息化评价评估标准体系；网络空间环境下农业信息安全隐私保护策略及方法研究，构建农业信息化安全保密防护体系。

技术开发：开展农业信息获取、存储、传输、处理及发布利用的核心技术研究及设备研制；农业生产环境和动植物生理感知关键技术研究，研发农业物联网核心处理器芯片；农业信息云存储、云处理、云服务关键技术研究，建立农业信息化云计算标准体系；农业大数据应用关键技术研究；农业信息可视化技术研究；面向农业信息化的多元目标群体，开展低成本体验式农业信息服务关键技术研究及移动便携式设备研发；开展农业物联网设施设备检测装备研发。

4. 农业资源高效利用

基础性工作：开展农业灌溉用水、地表水和地下水资源调查，建立主要农作物、畜产品生产的水足迹清单；开展耕地质量调查监测与评价和耕地土壤养分丰缺指标研究，建设耕地质量大数据平台，探索建立耕地资源永续利用技术体系；开展区域水土质量、草地资源、海洋滩涂以及农业生物等重要资源的存量与开发利用现状的调查，构建我国农业资源与利用的网格化、信息化的基础数据库。

基础研究：开展作物理想耗水与调控机理、农业水转化驱动与效率提升机制、降水资源周年调控与高效利用机制、农业水资源配置理论与农业节水增效基础研究；农田不同水分条件下水肥耦合机理研究、农田土壤墒情快速自动监测方法研究；分区域确定耕层质量评价指标体系，开展中低产田障碍因子诊断识别及其对作物的影响机理、耕地质量保护与提升等研究；草原生态过程与生态恢复、牧草遗传工程与技术研究，近海重要渔业资源养护与生境修复研究。

技术开发：重点研发作物节水生理调控技术、增蓄降耗高效农艺节水技术、新型集雨设施设备及高效利用技术、水肥一体化技术与关键设备、测墒灌溉技术及设备、抗旱抗逆技术及产品、节水绿色环保制剂技术与产品、分区域规模化高效节水灌溉以及输配水技术与产品及农业水管理决策技术等；研发水溶肥、液体肥、生物肥、高效缓（控）释肥、同步营养肥等新型肥料和以低品位磷矿、难溶性钾矿为原料的土壤调理剂，创新地力提升、耕层增厚、养分平衡等土壤理化性状调控关键技术，以及水肥协同、合理轮作、有机培肥、残茬管理、多元养分协同等农田养分均衡调控技术；研发有机肥、粪肥、沼肥高效利用技术与关键设备，实施农田养分综合管理；提升放牧家畜营养改进、草原健康与人工草地建设、草原恢复生态与放牧利用技术，农牧区资源共济动植物高效生产技术；研发淡水池塘、大水面和盐碱水域，滩涂、近海、外海、远洋与极地生物高效生态健康生产技术，渔业生物资源高值化利用技术。

5. 农业生态环境

基础性工作：开展农业生态环境质量本底调查；开展我国农业主产区农田和草原生态环境长期定位试验，建立农业生态环境动态实时监测网络体系，构建农业生态环境大数据库与信息化平台；开展农业和草原生物多样性资源普查，加强外来入侵物种监测；健全全国农业环境监测体系。

基础研究：研究作物复合种植下作物互补与竞争的生理生态机制、农田系统多样性与多功能原理与机制，开展主要农业污染物迁移的界面过程与负荷估算方法、生态循环农业机理及关键参数研究，农业景观生态安全格局、外来物种入侵防控与风险评估、农业温室气体及氮排放参数与减排机理、农田生态系统生态价值评估与生态补偿、草原生态系统评估与生态补偿等研究。

技术开发：研发无农药农产品生产关键技术，生物多样性利用技术，生态高效农作制度创新技术，农作物秸秆高效资源化利用技术，高效、低毒、低残留农药、生物农药和先进施药机械化技术，废旧地膜机械化捡拾和回收利用以及可降解地膜技术，畜禽粪便与病死畜禽收集处理与利用的机械化、减量化、无害化、资源化处理技术，设施生态农业模式构建与系统智能控制技术，农业清洁流域（农田、养殖场）重构技术，农村环境综合整治和农田生态景观构建技术、草原生态系统恢复与重建技术。

6. 农作物耕作栽培管理

基础性工作：建设粮食主产区气候、土壤、灌溉等资源要素与作物生产时空变化数据库，开展基于资源高效利用的作物种植结构调整与布局优化；全面调查不同区域主要作物的产量差和效率差，提出相应技术途径，建立适应不同区域主要作物栽培管理技术大数据库和服务平台体系；开展粮食主产区可持续稳产及均衡增产农田系统规划建设。

基础研究：研究农作物产量与效率层次差异及其丰产增效机理与调控途径，气候变化背景下作物产量、品质形成规律及与环境要素响应机制及其环境代价，作物基因型—环境—栽培管理以及个体—群体—农田生态系统的综合协调机制与调控机理，作物光、热等资源要素高效协同管理机制，作物抗逆的群体调控原理与途径及栽培调控技术。

技术开发：开展主要农作物优质高产品种配套栽培技术，农作物光、热、水、养分等资源优化配置与绿色高产高效种植模式，“间套作”与“轮作休耕”等养地型生态种植模式与技术、粮饲兼顾型种植模式与耕作技术，农作物生长监测与精确栽培技术，主产区土壤培肥与耕作技术，农作物灾变过程及其减损增效调控技术，周年均衡增产技术，节本环保丰产技术等研究及相应产品研制，加快适应机械化、信息化生产管理的高产、高效、可持续的作物耕作栽培技术体系构建。突破植物工厂资源高效利用关键技术，研发基于LED与光配方的光温耦合节能环境控制、基于物联网的智能化管控等技术装备。

7. 畜禽水产养殖

基础性工作：建立基于畜禽水产养殖大数据的云存储平台，研制基于畜禽水产养殖规模兽药、饲料原料营养效价与安全性、饲料利用效率、养殖废弃物排放等基础性数据监测及技术标准、清洁生产技术标准并建立相应数据库，形成现代畜禽水产健康养殖智能管理以及养分和粪便等综合管理方法，构建“物联网＋养殖”技术与管理平台。

基础研究：研究畜禽水产健康环境、健康水平的指标体系与评价方法，研究畜禽水产—健康环境—设施装备互作机理，研究不同生产模式下畜禽水产环境适应性及其与健康和行为表达的基本规律，解析其表征与精准调控的基本原理以及多尺度、多元逆境调控技术方法。

技术开发：研发畜禽与水产健康养殖模式、新型加工工艺及其成套养殖装备，开发高效局部环境精准调控、空气（水体）质量调控与污染物减排、高效安全环保饲料和饲料添加剂、兽药质量安全监管、场区环境净化、工程防疫、生理与环境信息智能采集、产品质量安全与追溯、病死畜禽水产无害化处理、粪便减量化、无害化、资源化利用等关键技术、工程装备及其智能化产品，建立畜禽养殖废弃物高效养分综合管理技术体系。

8. 农作物灾害防控

基础性工作：建立农业气象灾害和有害生物灾害立体实时监测体系平台、动态预警和精准灾损评估平台，研发构建农业气象灾害综合防御与灾后补救以及主要农作物病虫害综合治理技术体系与技术服务平台，建立重大植物疫情拦截防控技术体系与技术服务平台，建立危险性入侵物种与潜在入侵物种可持续综合防御与控制体系。

基础研究：开展农作物灾害监测预警与防控理论、方法研究，有害生物发生成灾规律、重要致害因子及其介导的致害分子机制研究，综合防控有害生物的作用机理研究，作物隐性气象灾害发生规律和危害特征研究，全球气候变化背景下我国主要作物和农作制度的响应规律以及病虫害变化和发生规律研究。

技术开发：开展农业有害生物和气象灾害的监测预警网络和系统的核心技术及其设备，主要农作物病虫草鼠疫情防控关键技术与集成，危险性入侵物种与潜在入侵物种可持续综合防御与控制的关键技术，除病虫草剂减量使用技术、病虫害抗药性综合治理技术及新型农药、绿色防控生物农药，草原防灾减灾技术，气候变化带来的突发自然灾害的预警与应对技术，气候变化对主要病虫害发生与流行规律的影响及配套防治技术等研究。

9. 动物疫病防控

基础性工作：完善动物标识及动物产品可追溯系统、兽药产品追溯系统，增大覆盖范围，建立国家级毒种、菌种、标准血清、细菌耐药谱、重要疫病数据库和共享平台，研发基于互联网的疫病诊断辅助系统以及疫病防控知识培训、兽医公共安全平台。

基础研究：加强动物疫病监测与流行病学调查、疫病传播途径、传播规律研究，重大动物疫病的病原学与病原生态学、病原变异与毒力改变机制、病原持续性感染机制、病原与宿主的协同演化及防控机制、共感染的致病与免疫机制以及病原功能基因组学与蛋白质组学等基础研究，新型高效广谱的抗病毒或抗菌药物及方法并研究其作用机制，重要动物病原生物耐药性形成机制与控制方法。

技术开发：加强禽流感、口蹄疫重大动物疫病新毒株和变异毒株的常规疫苗、基因工程新型疫苗、兽药以及快速、轻简化、高通量诊断与监测试剂的研发及标准化应用；生物安全措施、诊断监测、免疫防控、区域净化等多技术集成；研发动物用抗菌药替代技术和产品以及中兽药制剂和精准用药技术；加强外来疫病的诊断、疫苗及监测技术研究，加强兽药检验技术研究；开展基于转基因和遗传育种技术的小型化替代实验动物的选育与开发，以及探寻其在病原致病性研究、疫苗开发及免疫效果评价中的应用。加强水产养殖用疫苗及禁用药物替代品研发及标准化应用。

10. 农产品加工

基础性工作：构建主要农产品原料理化特性、营养特性、贮藏及加工特性、功能特性、加工过程危害物等基础数据库；建立农产品及其加工品技术标准数据库，构建农产品加工标准体系；建立基于互联网的农产品加工技术服务平台。

基础研究：开展农产品贮运和加工过程中营养品质变化研究、营养组分相互作用机理研究；开展大宗农产品营养组分相互作用及加工过程中营养品质变化研究；开展加工新技术对安全、营养等品质影响研究；开展农产品生物制造前沿技术基础研究。

技术开发：开展大宗农产品保鲜、贮藏和运输工程化技术研发；开展新型非热加工、绿色节能干燥、高效分离提取、长效减菌包装和清洁生产技术升级与集成应用；开展传统食品工业化关键技术研究；开发功能性及特殊人群膳食相关产品；开展信息化、智能化、工程化农产品精深加工装备研制；开展酶工程、细胞工程、发酵工程及蛋白质工程等生物制造工程化技术研究与装备研制。

11. 农产品质量安全

基础性工作：开展农产品和农业投入品质量安全标准，检测、认证、评估科学数据收集、分析和数据库构建；开展农产品产地环境和农产品中重金属、农兽药及助剂、生物毒素、病原微生物和环境污染物以及潜在危害因子的来源、分布、污染、迁移、传播、转化等调查分析；构建国家农产品品质规格、营养功能等监控评估数据信息网络技术平台及数据库，建立农产品质量安全应急处置、风险预警机制及技术体系。

基础研究：研究农产品全产业链中重金属、农兽药及助剂、病原微生物、生物毒素、外源添加物及环境污染物等危害因子的来源归趋、环境行为、毒理毒性、发生消长变化以及代谢规律和污染控制机理；探索不同生产方式、不同品种、不同产地、不同生长发育期农产品质量安全与品质形成规律，探究集约种养条件下关键危害因子、环境污染、农产品贮运加工与农产品质量安全之间的关系和影响因素；开展农产品产地环境污染物对农产品质量安全影响评价机制研究与农产品安全性评估，提出降解阻抗管理的技术性规范；探索农产品贮运环节质量安全因子代谢变化规律与品质保持机理，探索农产品防腐保鲜添加剂对农产品品质和安全性的影响，探究典型病原微生物污染、持久性有害物质在农产品中的形成规律及控制技术。

技术开发：建立基于不同农产品产地环境安全与生产管控的评价技术标准体系；开展农兽药残留、生物毒素及环境污染物风险评估与残留限量标准研制；建立农产品分等分级、品质规格和营养功能评价标准及技术体系；研发绿色、高效、低毒、低残留新型农业投入品和农产品防腐保鲜添加剂及相应的安全合理使用技术；研究制定农产品生产全程危害分析与关键控制点技术及规范；研发农产品质量和品质及营养功能成分识别评价鉴定技术；研发农产品质量安全快速、精准检验监测评估技术及设施设备；研制农产品质量安全风险评估与营养功能评价用标准物质、标准品、标准样品、核心试剂及数据模型等；建立农产品质量安全监测评估预警技术体系。

（二）重大任务需求

（1）区域农业综合解决方案。针对不同区域农业发展的突出问题，实施东北粮仓绿色增效、东北玉米秸秆综合利用、华北麦区控水提效、南方重金属污染防控、西北粮经饲结合、长江中下游地区稻田绿色增效等跨学科、跨领域重大科技任务，突破关键技术瓶颈，形成区域重大问题的综合技术解决方案，实现规模化示范与应用。

（2）化肥农药减施重大科技任务。开展化肥氮磷减施增效、农药减量控害的机理与调控途径等研究；高效缓（控）释肥、同步营养肥等新型肥料与化肥替代减量技术、低效高毒农药替代技术及产品研发、高效施肥施药新技术及新装备研发；构建化肥农药减施与高效利用的理论方法和综合技术模式，保证主要农作物在稳产基础上，实现化肥农药使用量零增长。

（3）耕地保育与质量提升重大科技任务。在粮食主产区开展深耕深松、保护性耕作、秸秆还田、轮作休耕等研究；针对水土流失、耕地退化、污染等问题，开展中低产田障碍因子消减与地力提升、重金属和有机污染防治、水土保持、土地整治等研究，加强耕地质量调查监测与评价技术、设备研究，建立耕地质量监测体系；研发新型高效土壤改良技术、污染土壤安全利用技术与产品；通过集成与示范，缩小区域“土壤质量差”和“作物产量差”，实现大面积均衡稳产高产。

（4）农业用水控量增效重大科技任务。在旱作区开展以集雨、蓄水高效利用为核心的节水抗旱研究；在地面灌溉区开展以测墒灌溉为核心的节水增效研究；在精灌区开展以水肥耦合为核心的水肥一体化研究；在水田区开展以控制灌溉、浸润灌溉为核心的节水减排研究，构建农业用水控量增效理论方法和技术模式，在稳产增产基础上，实现农业用水总量控制目标。

（5）畜禽育种重大科技任务。以猪、奶牛、肉牛、肉羊、蛋鸡和肉鸡等为对象，创建优秀核心育种群，开展标准化、规范化基础性育种、全基因组选择技术育种和畜禽育种繁殖新技术研究，开发利用地方畜禽遗传资源，建设优良畜禽遗传资源监测预警平台、畜禽遗传评估信息共享平台，选育一批优良畜禽新品种（配套系），完善畜禽良种扩繁体系，提升主要畜禽良种自主供种能力。

（6）全程全面机械化重大科技任务。针对耕整地、种植、田间管理、收获、产地初加工等生产过程中的薄弱环节，突破技术瓶颈，研发技术装备；针对不同区域不同土壤生态条件下农作物适宜机械化作业的耕作制度和种植模式，构建农机农艺相融合的标准化、机械化生产模式；针对我国养殖设施设备落后的问题，重点解决畜禽场舍、环境控制、精准饲喂、信息化、粪便处理等高效养殖设施设备研发的重大技术瓶颈问题。

（7）精准农业与智慧农业重大科技任务。围绕开展“互联网 +”现代农业行动，重点攻克农业信息的智能感知与识别关键技术，农业物联网信息融合与云计算重大共性核心技术，构建农业资源环境大数据中心；开发精准农业农田信息快速获取技术系统、精准作业数字化管理与智能决策、肥水药精准实施装备等关键技术和重大产品系统；构建温室、畜禽、水产等领域全产业链条的智慧农业系统。

（8）健康养殖和重点动物疫病重大科技任务。围绕提高畜禽养殖生产效率和劳动生产率，系统开展健康养殖模式、母畜高效繁殖、杂交改良等技术研究与集成。针对重点病种，系统开展动物疫病病原学、流行病学、致病与免疫机制、新型疫苗、诊断技术研究；开展规模化养殖场动物疫病综合防治，特别是种畜禽场垂直传播性疫病净化根除关键技术研究与集成。开展疫病防治综合技术研究，主要包括动物疫病监测预警新型技术研究、动物移动及监管技术措施、疫病的净化与根除技术。

（9）现代海洋渔业创新重大科技任务。针对海洋渔业发展方式粗放、渔业资源衰退、环境污染加剧、良种严重匮乏等重大问题，以优化近海渔业、拓展外海渔业、发展远洋渔业为主线，阐明海洋食物可持续产出机制，开展生态高效生产方式关键技术研究、重大产品创制和装备研发，加快提升海洋渔业自主创新能力。

（10）淡水渔业产业转型升级与可持续发展重大科技任务。以“生态环保、安全高效、优质增收”为目标，突破养殖生态生理特征等基础问题、攻克选择性捕捞与生态管理等重大共性关键技术、建立增殖放流与养护等示范模式，提升淡水渔业产业国际竞争力，支撑和引领现代淡水渔业产业实现新跨越。

（11）农业废弃物资源化利用重大科技任务。从秸秆、人畜粪便、病死畜禽、屠宰废弃物、残留农膜等农业废弃物的收集、处理、利用等环节系统考虑，开展农业废弃物资源调查、基础能量与物质参数的研究，营养效价评定和安全性评估，集成创新一批技术先进、切实可行的资源化利用技术，推动沼气、成型燃料、生物燃油、生物有机肥、生物基材料、高蛋白饲料等工程化应用和转型升级。

（12）农田土壤重金属污染防治重大科技任务。针对典型污染区，研究土壤—农产品重金属污染诊断、监测、预警预报技术与装备，建立监测预警与农产品评估体系。遴选区域适宜的重金属污染精准修复技术、分类治理技术模式和修复装备及产品。

（13）农业面源污染综合治理重大科技任务。以受农业面源污染影响的重要区域或典型流域为研究对象，定量评价农业面源污染入湖负荷，追溯水体面源污染物来源，识别农业面源污染关键控制区（源），研究流域尺度环境承载能力，开展农业面源污染防治方面的技术、产品和装备研发，形成适合不同区域的农业面源污染防控技术模式。

（14）食用农产品质量安全主要危害因子识别风险评估与防控重大科技任务。研发农兽药残留、重金属、病原微生物、生物毒素、外源添加物的快速筛查与精准识别技术，开展农兽药残留等危害因子在食用农产品种养和收贮运环节中的迁移分布、消长变化和环境行为、分布特征及代谢规律研究，建立农兽药残留等贯通全产业链主要危害因子管控技术及技术体系，研发与农兽药残留限量标准配套的关键检测技术及设备，为农产品质量安全监管重点的确立、农兽药残留标准的制定提供技术支撑。

（15）农产品加工副产物综合利用重大科技任务。开展农产品加工特性与适宜性以及加工过程组分相互作用与品质调控、有害物形成与防控等技术研究，突破农产品资源梯次加工技术、高值化利用技术、综合利用技术与功能成分高效制备技术等技术，研制一批新装备新产品，建立副产物综合利用技术系统。

（16）鲜活农产品流通电商体系建设重大科技任务。针对鲜活农产品保鲜时效短、品质变异大等特点，按照发展电商对鲜活农产品流通的需要，加强产地预冷、预选分级、冷藏等技术和装备研发，形成适合不同品类的鲜活农产品流通技术模式，为发展我国鲜活农产品流通电商产业作支撑。

（17）草地高效利用重大科技任务。围绕天然草地改良和人工草地建植，重点考虑品种改良、牧草标准化生产、草地可持续利用等环节，开展牧草（乡土品种）遗传资源利用、草田轮作与牧草混播、饲草机械化生产作业系统、草地—家畜低成本高效利用系统等关键技术和装备研发，提升国产优质饲草自我供给能力，保障现代草牧业持续健康发展。

（18）热带农业创新重大科技任务。针对保障天然橡胶等战略物资和特色热带农产品有效供给的需求，在热带经济作物、南繁育种、热带粮食作物、热带畜牧、热带海洋生物资源、热带冬季瓜菜等重点领域，以增产提质增效为目标，重点突破种质资源创新与育种、增产提质增效理论与技术、生产装备与贮运加工技术，为我国热区农业发展和农业“走出去”提供有力的科技支撑。

（三）前沿和颠覆性技术

（1）合成生物技术。基于大数据生物信息分析，结合基因组编辑、细胞全局扰动、代谢工程等技术手段，开展全基因组多维定点编辑、模块化育种、代谢途径遗传修饰、人工染色体合成等工作，对农业生物进行基因组水平的定向改造与重组，创制重大品种及新产品。

（2）C_3 植物的 C_4 光合作用途径及高光效育种技术。开展 C_4 光合作用途径与高光效分子机理、C_4 植物光合作用产物在不同细胞和组织中的转运机制、C_4 途径在 C_3 宿主中的协同表达调控等重大科学问题研究，解析 C_4 植物高光效机理；获得 C_4 光合作用途径、代谢物转运途径等“元件”，创制具有 C_4 作物光合特征的材料。

（3）动植物天然免疫技术。研究主要农作物有害生物突破寄主免疫系统的机理，揭示激发农作物对有害生物的天然免疫调控作用机制；研究重要天敌生物的控害规律及其机制，探索天敌的行为与适应、天敌与寄主互作免疫、天敌协同控害等原理。研究动物天然免疫系统清除病原体免疫应答的调控机制，以及病原体入侵机体后与天然免疫系统之间的互作关系；揭示重要病原微生物诱导致病和持续性感染的分子机制，探索草食动物胞内感染与致病的分子网络机理。

（4）农业生物固氮技术。针对影响固氮效率的环境限制因子，探索克服自然界中生物固氮仅在原核生物中发现的天然屏障，研究模式微生物固氮基因表达调控及信号响应机制、固氮微生物与宿主植物互作及适配性机制；探究非豆科作物自主结瘤固氮的可能性，开发和建立新型高效植物—微生物固氮体系，阐明微生物自身及与作物互作过程中高效生物固氮的分子机制；明确新型微生物—作物高效固氮体系。

（5）农产品食物营养组学与加工调控技术。利用基因组学、蛋白质组学、代谢组学等手段，对大宗食用农产品的营养组分及其形成机理进行深度挖掘和解析；研究大宗食用农产品及传统食品在贮藏、加工过程中色、香、味、形等品质形成机理；探究农产品在贮藏、加工过程中营养组分消化消长、吸收及代谢等作用机制变化规律；建立基于食物营养组分特性和人体健康个性需求的健康饮食干预机制，通过信息化平台和个性化智能设计研发个性化营养食品。

四、农业技术推广

（一）健全完善农业技术推广体系

适应农业市场化、信息化、规模化、标准化发展需要，完善体制机制，强化服务功能，提升队伍素质，创新方式方法，促进公益性推广机构与经营性服务机构相结合、公益性推广队伍与新型农业经营主体相结合、公益性推广与经营性服务相结合，加快健全以国家农技推广机构为主导，农业科研教学单位、农民合作组织、涉农企业等多元推广主体广泛参与、分工协作的“一主多元”农业技术推广体系，为推进农业供给侧结构性改革、加快农业现代化提供有力支撑。

加强国家农技推广机构建设。强化国家农技推广机构的公共性和公益性，履行好农业技术推广、动植物疫病防控、农产品质量安全监管、农业生态环保等职责，加强对其他推广主体的服务和必要的监管。根据农业生态条件、产业特色、生产规模及工作需要，因地制宜完善农技推广机构设置。创新激励机制，鼓励基层推广机构与经营性服务组织紧密结合，鼓励农业技术推广人员进入家庭农场、农民合作社和农业产业化龙头企业创新创业，在完成本职工作前提下参与经营性服务并获取合法收益。完善运行制度，健全人员聘用、业务培训、考评激励等机制。推进方法创新，加快农技推广信息化建设，建立农科教结合、产学研一体的科技服务平台。落实农技人员待遇，改善工作条件，建立工作经费保障长效机制。

引导科研教学单位开展农技推广服务。强化涉农高等学校、科研院所服务“三农”职责，将试验示范、推广应用成效以及科研成果应用价值等作为评价科研工作的重要指标。鼓励科研教学单位设立推广教授、推广研究员等农技推广岗位，将开展农技推广服务绩效作为职称评聘、工资待遇的主要考核指标，支持科研教学人员深入基层一线开展农技推广服务。鼓励高等学校、科研院所紧紧围绕农业产业发展，同农技推广机构、新型农业经营主体等共建农业科技试验示范基地，试验、集成、熟化和推广先进适用技术。

支持引导经营性组织开展农技推广服务。落实资金扶持、税收减免、信贷优惠等政策措施，支持农民合作社、供销合作社、专业服务组织、专业技术协会、涉农企业等经营性服务组织开展农业产前、产中、产后全程服务。通过政府采购、定向委托、招投标等方式，支持经营性服务组织参与公益性农业技术推广服务。建立信用制度，加强经营性服务组织行为监管，推动农技推广服务活动标准化、规范化。

（二）加快农业科技成果转化应用

依照《促进科技成果转化法》和有关政策要求，尊重市场规律，遵循自愿、互利、公平、诚信的原则，推动农业科技成果转化应用。完善农业科研院校科技成果快速转化应用机制，强化专业化机构和职业化人才队伍建设，健全科技成果转移转化的统计和报告制度。组织实施应用类农业科技项目时，明确项目承担者的科技成果转化义务，将成果转化情况作为立项和验收的重要内容和依据。建立农业科技成果转化应用信息系统，定期筛选发布重大农业知识产权目录。加强知识产权价值评估和侵权评价认定技术研究，搭建重大知识产权信息共享应用平台。加强农业标准制定工作，对农业新技术、新工艺、新材料、新产品依法及时制定国家标准、行业标准，积极参与国际标准的制定，推动农业先进适用技术推广应用。充分发挥企业技术创新和转化应用的主导作用，鼓励企业与农业科研院校共建研发和技术转移机构等，探索建立政府推动、市场引导、企业化运作的农业科技成果转移服务新模式新机制。

（三）农业技术推广重点项目和行动

（1）农业防灾减灾稳产增产关键技术集成示范工程。大力推广小麦“一喷三防”、水稻集中育秧、玉米地膜覆盖、机械深松整地、病虫害统防统治和绿色防控等关键技术，建立对主要品种、主要灾害、关键环节稳产增产和防灾增产技术推广模式，推动建立稳产高产技术体系，增强农业防灾抗灾减灾能力。

（2）主要农作物生产机械化推进行动。在水稻、玉米、小麦、马铃薯、棉花、油菜、花生、大豆、甘蔗等主产区，大力推广耕整地、标准化种植、植保、收获、烘干、秸秆处理等主要环节机械化技术，提升主要粮食作物生产全程机械化水平，突破主要经济作物生产全程机械化瓶颈，推动农机化技术集成配套，优选适宜的技术路线和装备，形成具有区域特色的全程机械化生产模式。

（3）保护性耕作技术集成示范工程。围绕翻松旋免结合轮耕、秸秆还田技术，加强不同土壤质地、不同轮作制度条件下现代土壤耕作技术模式与技术规程研究，开展农机化技术装备试验示范，构建合理耕层、提升土壤地力，促进土壤蓄水保墒能力，避免土壤水蚀风蚀，并试点在粮食主产区开展示范推广，实现高产高效与资源生态永续利用。

（4）同步营养化技术示范应用。加强不同种类作物养分吸收利用曲线或规律、缓（控）释肥料养分释放曲线或规律、不同地区土壤供肥曲线或规律的研究，转化推广一批适合不同区域、不同作物施用的同步营养化肥料，鼓励开展多种形式的产学研合作，建立各具特色的同步营养化肥料产业技术模式，为推进同步营养化肥料应用提供科技支撑。

（5）草牧业综合配套技术推广项目。综合运用飞播、补播、松土等技术，实施天然草原改良，促进恢复退化草原植被。在草原牧区、农牧交错区、传统农区和南方草山草地区建立完善人工种草技术体系。在天然草原、人工草地和改良草地，推广划区轮牧技术，天然草原改良复壮机械化技术和鼠害、虫害生物防控技术，天然草原资源、生态、生物灾害监测预警和重大草原生态保护工程实施效果评价技术，人工草地种植、收储与加工机械化技术，指导新型经营主体开展草畜系统生产监测。

（6）农业物联网试验示范工程。构建农业物联网理论体系、技术体系、应用体系、标准体系、组织体系、制度体系和政策体系，建立符合国情的农业物联网可看、可用、可持续的推广应用模式，在全国分区分阶段推广应用。探索农业物联网商业化运营机制和模式，扶持一批农业物联网技术应用示范企业，推动农业物联网上下游相关产业良性发展。

（7）水产养殖节水（能）减排技术集成示范工程。筛选并集成节水节能、渔药减施、污染物减排、水产品质量安全提升等技术，完善技术标准和配套技术规范，明确适宜的养殖区域、养殖方式和养殖品种等，加大示范力度。大力推广鱼菜共生、水循环利用、多营养层次养殖等成熟技术，推进水产养殖节能减排新技术、新模式在全国的推广应用。

（8）稻渔综合种养示范工程。在水网稻区、冬闲田稻区等资源丰富、生产潜力大的地区，以稳定水稻生产、减少化肥农药使用为目标，集成配套稻渔综合种养技术和设施设备，建设一批示范基地，示范推广稻鱼、稻鳖、稻虾、稻鳅、鱼菜共生以及轮作等综合种养模式。

（9）农产品加工关键技术与产业示范工程。在全国优势农产品产区选择典型市（县）、垦区，建立大宗农产品烘干、净化、分级、保鲜、储藏等初加工和农产品加工副产物综合利用技术服务支撑体系，加快推广产地初加工和综合利用关键技术，完善加工装备和设施建设，进一步降低农产品产后损失率，提高加工副产物综合利用率。

（10）农产品质量安全全程关键控制技术推广与科普示范工程。集成农产品质量安全控制技术，形成农产品质量安全全程管控模式，在全国主要农产品优势产区，依托规模化生产经营主体，建立农产品质量安全全程关键控制技术示范基地，开展农产品质量安全生产技术推广、人员培训和科普宣传，提升农产品生产经营者质量安全管控水平。

（11）秸秆综合利用技术示范应用。研制秸秆还田、收储运、肥料、饲料、基料和能源化等相关技术规范和标准，示范推广一批秸秆综合利用技术和设施装备，鼓励开展多种形式的产学研合作，构建各具特色的秸秆综合利用产业技术和模式，为推进秸秆综合利用提供科技支撑。

（12）地膜回收综合技术示范应用。筛选适宜的可降解地膜，并面向一定作物品种、一定范围内推广。加强农用地膜清洁生产试点示范，制定加厚地膜覆膜和回收利用的配套性技术规程，明确适宜的地膜种类、质量、厚度以及地膜回收利用技术措施，大力推进加厚地膜推广应用。

（13）畜禽标准化规模养殖技术集成示范工程。针对不同规模、不同区域条件下主要畜禽标准化养殖场，大力推行适用品种、养殖工艺技术和装备设施“三配套”的标准化规模养殖技术体系，加强饲料原料高效利用、标准化饲养工艺模式、高效节能设施设备、养殖废弃物高效处理与资源化利用等关键技术集成应用，重点推广以还田利用为主导的畜禽粪便综合利用技术模式，加快畜禽养殖污染治理，促进畜牧业转型升级。

（14）全国农业科技成果转移中心建设。按照公益性与经营性相结合的原则，开展农业科技成果征集确认、评价评估、宣传推介、转让交易、众创服务，建立目标一致、分工明确、权责明晰、利益共享的成果转移服务体系。建立知识产权保护与开发利用相关规则和机制，构建科学合理的农业科技成果评估体系。完善市场化运行机制，推动中心走上专业化、市场化发展道路。

（15）农业科技扶贫重点行动。坚持精准扶贫，把革命老区、民族地区、边疆地区、集中连片贫困地区作为重点，组织中央和地方农业科研、推广与农民培训机构等，探索贫困地区特色产业技术发展模式和产业致富带头人培养机制，扶持特色农业、生态绿色产业等优势产业，带动就地就近脱贫。

五、农业农村人才队伍建设

（一）农业科研人才队伍建设

依托科技计划项目、重点实验室、现代农业产业技术体系、农业科技创新联盟等，对优秀创新团队给予重点资助，加大农业科研领军人才、青年科技人才、创新团队及涉农企业人才的培养力度，建立总量结构合理、创新气氛浓厚的科研人才队伍。深入实施农业科研杰出人才培养计划、中国农业科学院科技创新工程、中国水产科学研究院“5511人才工程”、中国热带农业科学院“十百千人才工程”，举办农业领域高级专家国情研修班，探索实践学术秘书制度，新增进入两院院士、国家新世纪百千万人才工程人选等领军人才300名以上，使我国农业科技创新领军人才达到600名以上。深入实施“青年英才计划”“百名英才培养计划”“热带农业青年拔尖人才计划”“杰出青年农业科学家”资助项目，争取设立优秀青年农业科技人才培养引进基金及科技奖项，组织青年科技人才出国（境）访问研修，建立后备人才库，使我国优秀农业青年科技人才达到2500名以上。建设300个农业科研杰出人才创新团队，加快培养3000名创新团队科技骨干及科研辅助人员。以农业产业化龙头企业科技人才为重点，支持开展农业商业化育种、农药、兽药、肥料、饲料、农机装备、农产品加工等领域的技术创新，大力培育农业企业拔尖人才队伍。继续开展中华农业英才奖、中华农业科技奖等评选工作，营造有利于科研人才成长的良好社会氛围。

（二）农业技术推广人才队伍建设

以充实一线、强化服务为重点，大力加强农业技术推广人才队伍建设。深入实施“万名农技推广骨干人才培养计划”，开展技术交流、学习研修、观摩展示等活动。结合基层农技推广体系改革与建设补助政策，加强培训基地建设，组织农技推广人才参加知识更新培训，建立培训长效机制。深入实施“基层农技人员学历提升计划”，分期分批选送基层农技骨干到农业科研院校进行研修、深造。依托全国农业远程教育平台举办农业科技人员网络大讲堂，鼓励农技人员参加网络学习。稳步实施特岗计划、定向培养，鼓励和引导高校、职业院校涉农专业毕业生到基层农技推广机构工作。积极发展多元化、社会化农技推广服务队伍。加强国家农业技术推广机构人员聘用管理，严格农技人员上岗条件和聘用程序，出台农技推广研究员分层分类评价办法，健全激励机制。继续实施“全国十佳农技推广标兵”资助项目，大力弘扬优秀农技人员的先进事迹。

（三）农村实用人才队伍建设

围绕农业发展需要和农民技术需求，培养一大批新型职业农民、农村实用人才和农业高技能人才。大力实施新型职业农民培育工程，建立健全“三位一体、三类协同、三级贯通”的新型职业农民培育制度。全面推进以新型职业农民为主体的农村实用人才认定管理，统筹推进生产经营型、专业技能型和专业服务型新型农民认定工作，积极推动有关扶持政策与认定工作挂钩，提升认定的吸引力和含金量。扎实推进农村实用人才带头人素质提升计划，开展农村实用人才带头人和大学生村官示范培训及农业部定点扶贫地区产业发展带头人培训，培养一批带领农民脱贫致富的乡村“土专家”。加强农村实用人才培训基地建设。加强农业职业技能开发，加大急需紧缺高技能人才培养力度，认定一批农业技能人才培养实训基地。建立健全农业职业分类体系，做好农业行业国家职业技能标准制修订、培训教材编写、鉴定试题库开发等基础性工作，提升农业技能人才工作信息化水平。开展多种形式的农业职业技能竞赛活动，营造比学赶超的良好氛围。深入实施“现代青年农场主计划”，培养一支创业能力强、技能水平高、带动作用大的青年农场主队伍。谋划实施农村实用人才学历提升计划，大力发展农业职业教育，深化产教融合、校企合作，推动集团化办学。充分利用农广校系统、农业高校、职业院校、协会社团等教育资源，引导社会企业参与培育工作，健全农民教育培训体系，完善培训对象库、师资库、教材库，着力提高培训质量。继续引导社会力量参与农村实用人才培养，组织实施“全国十佳农民”“全国杰出农村实用人才”“农业科教兴村杰出带头人”等项目，为优秀农村实用人才创业兴业搭建平台。加强农业农村科普工作，不断提高农业从业者科学素质。

（四）促进农业人才流动

改进薪酬和岗位管理制度，破除人才流动的体制机制障碍，促进农业科技人员按照市场规则自由流动，实现人尽其才、才尽其用。鼓励农业科研院校的科研人员经所在单位批准，带科研项目和成果、保留基本待遇到企业工作或创办企业。鼓励农业科研院校设立一定比例流动岗位，吸引有创新实践经验的企业家和企业科技人才兼职。

六、农业科技创新条件能力建设

（一）农业重点学科实验室

立足现代农业发展新要求，综合考虑学科布局、产业特点和区域特色，在巩固原有布局的基础上，强化农业资源环境、农产品加工、农业信息化、农业机械化、农产品质量安全等科研领域，更加重视产地环境污染防控、资源循环利用技术与模式、都市农业、草牧业创新、远洋与极地渔业创新等科研领域，建设一批综合性实验室、专业性（区域性）实验室，再提升一批重点实验室的设备水平，研发一批中小农业专用装置，基本建成布局合理、设备先进、运行高效、数据共享的重点学科实验室体系。

（二）农业科学实验站

根据我国综合农业区划、科研用地分布和农业长期性基础性科技工作任务需要，围绕作物资源、土壤质量、农业环境等10个学科领域，在农业科学观测站、现代农业产业技术体系综合试验站等基础上，遴选布局一批国家农业科学实验站，建设10个国家农业科学数据中心和1个国家农业科学数据总中心，持续开展观测监测和数据收集分析，为农业科技创新和政策制定，提供基础数据支撑。

（三）农业科学试验基地

结合我国综合农业区划和产业发展布局，围绕着共性技术攻关需求和技术集成创新转化，综合考虑科教单位区域分布、土地资源和建设基础，规划布局一批综合性农业科学试验基地和专业性农业科学试验基地，形成覆盖全国、重点突出、功能明确的全国农业科学试验基地网络。

七、体制机制创新

（一）深化农业科研机构改革

坚持农业科技的公共性、基础性和社会性定位，强化分类指导，积极稳妥推进农业科研事业单位改革，推进有特色高水平农业科研院所建设。优化农业科技创新力量布局，协调好中央、省、地农业科研院校以及涉农企业的创新责任。以科学决策、学术咨询、岗位管理、分配激励为核心，试点先行，积极建立健全现代科研院所制度。根据中央有关部署，适时推进落实农业科研事业单位在编制管理、人员聘用、职称评定、绩效工资分配等方面的自主权。鼓励有条件省份将地市级涉农科研机构纳入省级科研机构直接管理，探索地市级农业科研院所与农技推广机构资源整合试点。鼓励社会力量采取灵活的方式注册成立涉农科研机构。

（二）创新农业科技计划组织管理

按照中央关于深化科技计划改革的新要求，强化顶层设计，统筹科技资源，改革完善农业科技计划管理方式，建立目标明确和绩效导向的管理制度，形成职责规范、科学高效的组织管理机制。坚持公开透明，加强项目实施过程的信息公开，主动接受社会监督。建设完善专业机构，加强对专业机构的监督、评价和动态调整，确保其按照委托协议要求和相关规定进行项目管理工作。完善科研信用管理制度，建立覆盖项目决策、管理、实施主体的逐级考核问责机制和责任倒查制度。

（三）强化国家农业科技创新联盟建设

把国家农业科技创新联盟建设作为科学配置农业科技资源的改革举措、实现农业创新驱动的重要平台、农业科技问题攻关的重要力量。围绕建设农业科技资源共建共享平台，构建分工协作的“一盘棋”农业科技工作新格局；围绕解决区域性农业科技重大问题，形成一批“一体化”农业科技综合解决方案；围绕解决产业和企业发展的关键技术瓶颈，创新“一条龙”农业科研组织模式，着力提升联盟企业的核心竞争力。创新联盟运行机制，在国家层面加快推进任务牵引、资源共享、行业协同、市场驱动等机制建设，在联盟内部建立目标一致、优势互补、平台一体、利益共赢等机制，激发联盟的发展活力和内生动力。推动省级农业科技创新联盟建设，推进中央与地方协同创新。

（四）加强现代农业产业技术体系建设

优化体系整体设计和布局，充分发挥体系“集中力量办大事”的优势，在适应农业供给侧结构性改革、推动农业发展方式转变、补齐农业发展短板等方面集中发力、重点突破。坚持和完善稳定支持机制，保障科研人员全身心投入体系工作。完善体系联合协作机制，增强体系内部和体系间协作交流，发挥多学科联合作战的优势。完善任务形成机制，以产业需求为导向，凝练科研攻关任务，确保创新链与产业链协同发展。完善绩效考评机制，坚持不唯论文奖励、注重成果应用的评价导向，创新考核评价模式，提高创新效能。

（五）建设区域性现代农业产业科技创新中心

以关键行业和领域为重点，以区域共性关键技术研究为基础，以产业化为目标，以体制机制创新为动力，以科研单位、大学或龙头企业为承建主体，集聚科技、产业、金融、人才等要素，建设一批区域性现代农业产业科技创新中心。通过几年的努力，建成一批国家级区域农业产业技术创新平台，集聚一批全国一流领军人才和研发团队，吸引一批国内外知名企业总部和研发中心，打造一批区域现代农业科技创新高地，实现农业创新链与产业链深度融合，促进科技研发、成果转化、产业孵化、金融支持、国际交流等协同发展，持续提升区域农业产业发展水平和综合效益，为推进区域现代农业迈上新台阶、加快区域农业现代化做出重要贡献。

（六）提升企业技术创新能力

健全农业技术创新的市场导向机制和政府引导机制，引导各类创新要素向企业集聚，促进企业成为技术创新决策、研发投入、科研组织和成果转化的主体，切实推动和引领现代农业产业发展。在农业科技规划计划、政策制定和项目组织等过程中，更加注重发挥企业和企业家的作用。运用财政后补助、间接投入等方式，支持企业自主决策、先行投入，开展重大产业技术创新。吸纳农业企业加入国家农业科技创新联盟。鼓励企业设立研发机构，支持企业与农业科研院校、技术推广部门等共建联合研发中心、农业产业化示范基地等平台。鼓励企业与农业科研院校等联合建立学生实习实践培训基地。鼓励农业科研院校的科技平台等资源向企业开放。推进完善企业研发费用加计扣除优惠政策。引导金融资本、风险投资等社会资金参与建立农业科技创新基金，完善天使投资、股权投资和债权投资等融资服务体系，增强资本市场对农业技术创新的支持。

（七）充分调动科技人员创新积极性

以调动科技人员创新积极性为出发点和落脚点，营造潜心钻研、干事成事和各类人才脱颖而出的发展环境。实行以增加知识价值为导向的分配政策，落实成果转化奖励等激励措施，使科研人员收入与其创造的科学价值、经济价值、社会价值紧密联系。鼓励农业企业通过股权、期权、分红等激励方式，调动科研人员创新积极性。建立以创新价值和产业贡献为导向、职能定位为基准的科研机构和科技人员分类评价制度，基础性工作重点评价对科技创新的支撑作用，基础和应用基础研究的代表性成果以同行评价为主，应用和开发研究评价以市场和用户评价为主，评价结果与绩效激励挂钩。推行第三方评价，探索建立政府、社会组织、公众等多方参与的评价机制。完善绩效工资制度，重点向关键岗位、业务骨干和有突出贡献的人员倾斜。完善科研项目间接费用管理制度，公开公正安排绩效支出，充分体现科研人员的创新价值。

八、保障措施

（一）加强组织领导

各级农业行政主管部门要进一步提高认识，认真贯彻落实创新驱动发展战略，切实把科技创新摆在现代农业发展全局的核心位置，并结合当地实际，做好重大任务的分解和落实，积极开展特色鲜明、各有侧重的农业科技创新。强化农业部科技教育司规划实施主体责任，有关司局要细化落实规划制定的相关任务，建立规划落实的工作责任制，按照职责分工完善规划实施督导和检查考核工作机制。充分利用部际联席会议制度和战略咨询与综合评审委员会，加强规划任务内容与国家五大类科技计划协调联动、有效对接，积极争取将规划任务内容安排到有关科技计划中。

（二）加大经费投入

加大各级财政对农业科技的投入力度，完善稳定支持和适度竞争相协调的农业科研投入方式。支持农业科研院校自主布局科研项目，扩大学术自主权和个人科研选题选择权。调整农业科技投入重点，引导农业科技资源向转变农业发展方式、实施藏粮于地和藏粮于技战略等新要求聚集。扩大农业科研机构绩效拨款试点范围，逐步建立财政支持的农业科研机构绩效拨款制度。争取加大中央级公益性科研院所基本科研业务费专项资金投入强度，鼓励地方财政设立省、地市级农业科研院所基本科研业务费专项资金。鼓励设立省级农业科技创新联盟专项、农业科技创新专项等。提高公益性农业科研院所和基层农技推广机构的运行经费保障水平。健全符合农业科研特点的科研经费资金管理制度，健全完善科研项目资金使用公务卡结算有关制度，完善科研项目和资金使用监管机制。

（三）加强科技合作

在国内，加强与国防科工局、中科院、综合性高校、金融部门等的合作，促进军用技术民用化，引进农业系统外的专家、技术为农业服务，探索完善农业科技与金融结合的新机制新模式。在国际，全面落实国家“一带一路”战略的总体部署，充分利用中非、中阿、中拉、中欧等农业国际合作平台，加强与沿线国家农业技术合作。大力推进全球气候变化、跨国动植物疫病等共性难题的合作与应对。推进农业企业、科研院校在国外建立一批联合研发、技术转移、示范服务等平台。支持农业科技人员到国际学术组织任职。主动发起或积极参与大型国际合作计划，支持举办有全球影响力的国际学术会议，培育高水平国际学术期刊。鼓励企业建立国际化创新网络，提升企业利用国际创新资源的能力。

（四）贯彻法律法规

深入实施新修订的《促进科技成果转化法》《农业技术推广法》和《种子法》。加强《农业转基因生物安全管理条例》等执法工作力度，落实研发单位第一责任人责任和属地管理责任，扎实做好转基因科普宣传工作。加强植物新品种保护审查能力与测试体系建设，加快建立品种 DNA 身份信息数据库和全国统一查询平台。完善种子市场秩序行业评价机制，坚决打破地方封锁和保护，加快形成全国统一开放、竞争有序的市场。加强新品种、饲料、肥料、农药、兽药的审定、登记工作，严格标准，加快审定、登记步伐。深入开展打击侵犯知识产权活动，提高自主创新的积极性。

（五）营造良好环境

营造崇尚创新的文化氛围，倡导甘于奉献、潜心科研的创新文化，营造敢为人先、宽容失败的创新氛围。采取多种形式鼓励支持基层创新行为，尊重科技人才创新自主权。大力宣传农业科技工作新成效，宣传好经验好做法好典型。利用电视以及互联网、微信等现代信息传播媒介，加大科普宣传力度，提高农业科技创新的显示度、认可度和影响力。

文化部“十三五”时期文化科技创新规划

文化科技创新是国家科技创新的重要组成部分，是社会主义文化强国建设的关键支撑力量。随着新一轮科技革命和产业变革孕育兴起，信息网络、大数据、智能制造等高新技术广泛渗透到创作、生产、传播、消费的各个层面和环节，加速了文化生产方式变革，成为文化发展的重要引擎和不竭动力。目前我国文化建设的科技基础仍然薄弱，自主创新能力还不够强，文化科技体制机制与文化发展的要求不相适应，必须加快文化科技创新体系建设。

为贯彻《国家创新驱动发展战略纲要》、《国家“十三五”时期文化发展改革规划纲要》及《文化部“十三五”时期文化发展改革规划》，特制定本规划。

一、基本思路

（一）指导思想

高举中国特色社会主义伟大旗帜，全面贯彻党的十八大和十八届三中、四中、五中、六中全会精神，以马克思列宁主义、毛泽东思想、邓小平理论、“三个代表”重要思想、科学发展观为指导，深入学习贯彻习近平总书记系列重要讲话精神和治国理政新理念新思想新战略，坚持社会主义先进文化前进方向，弘扬社会主义核心价值观，实施创新驱动发展战略，以构建文化科技创新体系为目标，强化顶层部署、优化资源布局、拓展创新领域、壮大人才队伍，提升自主创新能力，进一步坚定文化自信，增强文化自觉，为建设社会主义文化强国做出贡献。

（二）基本原则

价值引领。坚持和弘扬社会主义核心价值观，始终把社会效益放在首位，社会效益和经济效益相统一，坚定文化自信，传承中华文明，不断增强国家软实力。

文化部，文科技发〔2017〕9号，2017年4月26日。

需求导向。深度融入文化建设主战场和科技发展大舞台，聚焦文化发展迫切需要，有效利用新技术、新工艺、新材料和新设备，内容为王，技术制胜，追求文化产品思想精深、艺术精湛、制作精良，体现精益求精的工匠精神。

创造为本。将文化创意与科技创新作为文化创造的基本要素，依托丰富的民族民间文化资源，不断适应文化发展的现实需求，以文化创意引发科技创新，以科技创新支撑文化创意。

民生为先。突出文化科技服务人民，让广大群众享有更多更好的文化产品。推动大众创业万众创新，增强人民群众创造文化、享有文化的主体地位和参与意识，实现文化生产与文化消费的良性互动。

（三）发展目标

到 2020 年，文化科技自主创新能力得到较大提升，文化科技支撑实力进一步增强，文化重点领域关键技术攻关取得重要进展，文化行业标准体系相对完备，文化科技基础条件明显改善，有效服务于文化事业和文化产业发展，基本形成以市场为导向，以需求为牵引，以应用为驱动，以文化科技企业为技术创新主体，以协同创新、研发攻关、成果转化、区域统筹、人才培养等为主要构成的文化科技创新体系。

——全面推进科技融入文化领域。信息网络、智能制造、虚拟现实、大数据、云计算、物联网、3D 打印等高新技术的应用更加广泛，文化领域科技创新水平显著提高。

——全面提升文化企业科技创新能力。文化企业作为市场主体和技术创新主体的地位得到加强，创意创新活动更加活跃，在自主知识产权和核心竞争力等方面有明显进步。

——全面支持文化创意融入实体经济。发挥文化科技引擎作用，促进文化创意与消费品工业、装备制造业、建筑业、信息业、旅游业、体育业和特色农业等行业融合发展，赋予实体经济更丰富的文化内涵，有效提升经济发展质量。

——突破重点技术。围绕文化建设重大需求，特别是公共文化服务、文化产业、文化市场、文化遗产保护传承、对外文化交流和贸易，加强技术研发、集成应用和产业化示范，推动实施 10 ～ 15 项国家级科技重点项目，制定 40 项左右文化领域国家标准和行业标准，大幅提升技术创新对文化产业增长贡献率。

——实施重点工程。着力实施文化创新、文化科技重点研发、文化大数据、文化装备系统提升、文化标准化、文化科技成果转化等 6 项工程。

——培养重点人才。通过项目带动和平台建设，吸引和培养 10 ～ 20 名有重要影响的技术专家，1000 名左右中青年科技骨干，凝聚一批优秀文化科技团队。推动在 10 个以上艺术职业院校和相关高校设立文化科技专业，培养技能型人才。

二、主要任务

（一）加强协同创新

强化文化企业创新主体地位。发挥市场和政府在资源配置中的各自优势，科技创新与制度创新双轮驱动，加快建设以企业为主体的技术创新体系，发挥企业在创新决策、研发投入、成果转化中的主体作用。引导各种创新要素向高新技术文化企业集聚。培育创新型领军企业。支持老字号等传统文化企业优化技艺、创新商业模式。

支持高校、科研院所参与文化科技创新。坚持产教对话、科教协同，引导高校、科研院所根据文化建设的科技需求，开展基础研究和前沿技术攻关。探索文化单位与科技企业及科研机构合作新机制，通过专业分工、服务外包、订单生产、技术联盟等多种途径，建立协同创新关系。

建设文化科技创新综合载体。按照优化布局、重点建设、分层管理、规范运行原则，建设一批突破型、引领型、平台型的国家文化创新研究中心、文化部重点实验室。探索建立文化部工程技术研究中心，支持建立文化科技创新联盟及区域性文化科技协同创新平台，推动文化科技社会组织建设。培育文化科技领域市场化新型组织、研发服务中介和研发服务外包新业态。发挥文化科技融合示范基地作用，支持国家自主创新区、高新区等向文化科技领域拓展。加强文化艺术智库建设，引导科研机构、高校、研究院所、文化企事业单位及相关社会组织参与文化科技创新活动。

促进国际合作。开展多层次、多方位的文化科技国际交流。引导国内企业和国际优势企业加强文化领域关键技术、产品的研发合作。支持国内企业开拓国际市场，形成若干具有国际竞争力的文化科技企业和产品。

推进文化科技领域大众创新创业。搭建社会化、专业化、网络化创新服务平台，加强孵化器建设，支持“专、精、特、新”小微文化企业发展。鼓励文化企事业单位、大学科技园、科研院所构建低成本、便利化、全要素、开放式的众创空间。鼓励社会力量投入文化科技领域大众创新项目。

（二）加强研发攻关

布局文化科技基础性研究。针对文化建设重点领域和优先主题进行前期技术预研。加强文化科技基础性工作，开展科学考察与调查、科技资料整编。开展对重大文化科技问题评议研究和文化科技软科学研究。

突破共性关键技术。聚焦文化建设重大需求，制订文化科技融合重大项目指南。推动实施国家重点研发计划文化专项，加强文化领域战略性前沿技术布局。按期完成国家重大文化科技项目。

推动文化行业标准化建设。加快文化行业标准及国家标准制修订工作，健全标准化工作机制。培育发展团体标准，鼓励发展企业标准，构建较为完善的标准规范体系。加强标准的宣传和实施，增强从业人员标准化意识和应用水平。

（三）加强成果应用

完善文化科技成果转化机制。鼓励研发机构、高等院校与企业相结合，联合推动科技成果转化。在组织实施应用类科技项目时，明确项目承担者的科技成果转化义务。促进各类研发主体优化成果转化流程，引导科技成果转化服务机构通过转让、许可或作价投资等方式向文化企业转移技术。依靠市场需求驱动，促进文化科技成果有效转化。

建设文化科技成果转化平台。建立文化科技成果报告制度和文化科技成果信息系统，为社会提供成果信息查询、筛选等公益服务。探索建设国家文化科技公共服务平台，推进文化产业、公共文化服务、文化遗产、对外文化交流与贸易等领域的文化科技数据库建设。推动建立跨区域、跨部门、跨层级的服务机制，实现资源共享。

推进先进技术应用于文化领域。增强文化服务应用系统软件、专用材料、文化遗产发现与再利用技术、文化展览展示系统等高新技术及装备的应用。重点开展“互联网 + 文化”行动，实施网络文化战略。将发展网络文化列入全国艺术科学研究规划。运用社会力量及全国艺术院校资源，形成艺术教育网上课程体系。

促进文化科技成果广泛融入实体经济。开发文化科技与相关产业融合发展的集成技术，增强相关产业文化科技含量。推动动漫游戏、演出展演展陈技术等在设计、制造、科普、宣传、教育、体育、建筑、旅游和现代农业等领域中的集成应用，提升社区、乡村和景区等公共空间的文化品质。

（四）加强区域统筹

优化区域布局。结合“一带一路”建设、京津冀协同发展、长江经济带发展等区域发展战略，构建各具特色和比较优势的文化科技区域发展格局。推动东部地区提高原始创新和集成创新能力，培育具有国际竞争力的文化科技集群。推动中西部地区走差异化和跨越式发展道路，培育壮大区域特色经济和新兴产业。构建区域文化科技战略合作机制，促进文化科技资源互享互通。

发挥文化科教扶贫兴边作用。发挥文化科教在精准扶贫和兴边富民中的作用。支持农民以“文创 + 科创 + 农创”模式创业致富。依托现代技术推动贫困、边境地区数字文化旅游等业态发展。借助全国和区域性产教对话平台，促进艺术院团、园区、企业、社会组织参与贫困、边境地区人才培养，为创业学生提供场地、商务、项目咨询及市场开拓服务。

（五）加强人才培养

培养多层次人才。形成文化领域科学研究、工程技术、科技管理、科技创业人员和技能型人才梯次齐备的人才结构。加大对重点领域、企业急需紧缺人才支持力度。培养知识产权和技术转移人才，壮大技术经纪人队伍，提升管理人才职业化和专业化水平。将传统工艺及其他非物质文化遗产传承人群的培养纳入艺术职业教育体系。

完善人才培养模式。依托国家科技人才专项及其他人才项目，发挥高校院所、企业、园区基地优势，以文化科技重点领域的技术研发项目为载体，汇集和培养各层次人才，健全人才培养使用、考核评价、激励保障机制。建立文化科技专家资源库，支持高校设立文化科技交叉学科与专业，培养后备人才。鼓励文化科技研发团队申报国家自然科学基金、国家重大项目、国家科技进步奖等。支持实施国家创新人才推进计划和创新人才培养示范基地建设。

三、重点工程

（一）文化创新工程

加强创新研究。实施200余项文化艺术应用对策研究及相关基础研究项目，提交“文化智库要报”及相关决策咨询报告，探索形成文化艺术智库体系。开展“中国文化创新发展指数”研究。出版《中国文化创新年度报告》。

构建创新平台。按照政产学研用一体化模式建设20个国家文化创新研究中心，并认定30个文化部重点实验室。支持文化企事业单位联合高校、研究机构申报国家现代服务业工程研究中心、国家重点实验室和企业技术中心。通过载体建设和项目实施，促进高校、研究机构参与文化创新活动。

支持创新创业。开展全国高校文化艺术类专业设置情况调研，支持高校与文化建设需求对接。完善艺术职业教育“订单式”人才培养，进行现代学徒制试点，落实职业院校与职业技能鉴定机构双证书制度。实施“艺术职业院校创新能力提升计划”。发挥教育部、文化部、国家民委“全国职业院校民族文化传承与创新示范专业点”带动作用。

提高创新素质。协调推动在全国开展的“科普文化进万家”，扎实开展“科普周”、“全国科学工作者日”、“世界标准日”活动。鼓励科普作品的创作生产，参与国家科普示范基地和国家特色科普示范基地建设，培育科普设计制作、展览、服务企业。

（二）文化科技重点研发工程

加强研发规划。与科技部门合作，将文化领域共性关键技术研发需求纳入国家有关科技发展规划，将文化科技创新活动纳入国家科技管理工作体系。推动落实《国家“十三五”文化遗产保护与公共文化服务科技创新规划》。

组织相关项目。利用国家科技计划（专项、基金等）管理部际联席会议机制，推进文化领域国家重点研发计划项目实施。协调落实国家“现代服务业科技专项”中“文化科技”方向的有关任务。引导各地艺术研究院所、艺术职业院校及文化企事业单位申报实施地方科技项目。

完善项目管理。建立文化科技研发项目库，发挥指南、申报、孵化综合功能。形成科学合理的项目管理制度和流程，加强项目中期督查，确保项目顺利实施、通过验收。

（三）文化大数据工程

建立统筹机制。贯彻国务院《促进大数据发展行动纲要》，组建文化大数据工程领导小组，制定工作方案。推动各相关单位提出数据资源开放目录，完成数字文化资源共享清单。

组织重大项目。以图书馆、博物馆、文化馆、美术馆、艺术院团和艺术科研院所等机构的数据资源为主要内容展开调查，掌握基础数据存量和增量情况。加强文化大数据采集、清洗、分析、共享、可视化的研发，提升大数据技术服务能力和应用开发水平，集中力量支持大数据核心技术集成攻关、产业链构建、应用示范和公共平台建设。

加强服务规范。加快制定技术、管理、开放、安全等标准。推进文化资源统一标识、核心元数据、分类编码、数据采集、指标口径、数据质量、数据交易、技术产品、安全保密等共性关键标准的制定和实施。

建立服务载体。依托数字文化资源元数据仓储建设，汇集数据并进行组织与关联。研究用户数据采集标准，促进全国图书馆、博物馆、文化馆、美术馆采集与共享用户数据。与社会力量共同开发利用文化资源数据，选择优质社会数据与文化资源数据融合。

（四）文化装备系统提升工程

制定文化装备行业技术成长方案。开展文化装备系统水平调研，厘定装备、材料、工艺分类规范，拟定技术需求清单，提出发展规划。加强关键技术标准研制与更新，研究建立文化专用装备检验检测体系与认证认可体系。推动《国家企业技术中心的认定领域和重点》目录增列“文化装备与服务领域”并引导企业参与。

加强重点方向文化装备系统的技术供给。推动形成一批公共文化服务、文化创作生产、文化产业细分领域的技术解决方案与装备系统。改进、完善流动舞台车、图书车、文化车等流动文化设施。鼓励社会组织、企业推介技术成果，支持办好“中国国际专业音响灯光乐器及技术展览会”及各类文化装备系统展示、交易活动，培育文化装备民族品牌并支持其“走出去”。

着力提高演艺装备水平。聚焦演艺创编、交互体验、智能演艺等方向，提升舞台艺术呈现效果。重点支持舞台机械类、演艺灯光类、演艺音响类、观演视效类、乐器类的关键部件和系统装备的研发应用，推进智慧剧场建设，加快数字化、智能化、网络化进程。出版《中国演艺装备系统蓝皮书》。

促进国家重大科研设施和科研仪器开放共享。协调文化企业和研究机构共享国家高科技装备研发资源。文化部重点实验室和拟认定的文化部工程技术研究中心向社会发布科研设施与仪器开放清单和开放信息。

（五）文化标准化工程

推进文化行业重点领域标准制修订工作。重点加强舞台安全强制性标准制定与实施，健全舞台设备质量检测标准体系，制定数字图书馆、文化馆、美术馆、非物质文化遗产保护、动漫、网络文化、文化娱乐场所、社会艺术水平考级、文化装备等领域的国家标准和行业标准不少于 40 项，文化行业标准总数超过 110 项，基本覆盖文化建设各领域。以中国主导制定的手机（移动终端）动漫标准成为国际标准为契机，推进国际标准交流。

发挥标准引领作用。以剧场安全标准为依据，加强对文化部直属院团剧场和文化部主办演出活动剧场的设备质量安全检测，推动成立“国家舞台设备质量监督检验中心”，带动文化系统和社会剧场安全检测，促进剧场安全标准体系完善。加大力度实施各类推荐性文化行业标准。

提升标准化管理水平。依托各专业标准化技术委员会开展标准化知识普及、标准编写培训。修订文化行业标准化工作管理办法。实行标准化技术委员会委员、秘书处承担单位动态调整机制。严格执行现行标准复审制度，清理妨碍创新的行业标准。支持有突出贡献的组织和个人申报中国标准创新贡献奖。

（六）文化科技成果转化工程

建立文化科技成果信息系统。文化科技项目承担单位、文化部重点实验室、国家文化科技融合示范基地等，均通过该系统公布项目实施情况及成果信息，实现该系统与国家科技成果信息系统对接。建立开放的文化科技成果库，分类别、分层级收录文化科技成果。

建设成果转化载体。突出文化部重点实验室及其他科研实体在促进成果转化、应用方面的功能。通过制度保障和平台建设，缩短成果转化周期。培育一批部级技术转移示范机构，成熟后推荐申报国家技术转移示范机构。明确成果转化义务。利用财政资金实施的项目，将科技成果转化和知识产权创造、运用作为立项和验收的重要内容和依据。

加强成果开发利用。探索开展成果信息资源增值服务，提供符合用户需求的精准科技成果信息，实现成果转移转化供给端与需求端的精准对接。支持文化科技专家参与“万名专家服务基层行动计划”、“科技创业者行动”，培育以文化科技融合为主要内容的众创空间。

四、保障措施

（一）优化文化科技管理体制

转变政府管理职能，突出服务意识，发挥市场积极作用。进一步加强文化部门与科技部门联系机制，开展对文化科技发展规划、政策的制定、评估，完善文化科技创新成效评价。各级文化行政部门加强与宣传、发展改革、财政、科技、教育、工信等部门对接，鼓励跨部门、跨区域联合推动文化科技工作。发挥社群团体作用。

（二）完善文化科技政策措施

积极争取将文化科技重大项目纳入国家科技发展规划和计划，推动出台相关配套政策和专项规划。鼓励各地制定支持文化科技融合发展的政策措施。加强地区间、部门间、行业间的协同联动，确保政策措施落实到位。

（三）拓展文化科技支持渠道

争取中央和地方财政加大对文化领域的科技投入，并引导文化企业先行投入开展研发攻关，政府部门以财政后补助、间接投入、以奖代补、政府采购等形式进行支持。探索设立文化科技类扶持基金。鼓励基于文化企业特点开展金融产品和服务创新，推广知识产权和股权质押贷款。鼓励开发创新型文化保险产品。支持有条件的文化科技企业在创业板、新三板等挂牌上市，采用并购重组、股权合作的方式，提升创新能力和市场竞争力。

中国金融业信息技术“十三五”发展规划

序 言

“十三五”时期是我国全面建成小康社会、实现“第一个百年目标”的决胜阶段。金融业将在“十二五”发展成就基础上，紧紧围绕国家金融改革发展相关战略，进一步完善金融信息基础设施，以新技术应用促进“互联网 +”行动计划、大数据发展行动落实，推动实施金融标准化和网络空间安全战略，优化金融信息技术治理体系，全面提高金融服务能力，推动普惠金融发展。

《中国金融业信息技术“十三五”发展规划》（以下简称《规划》）根据《中华人民共和国国民经济和社会发展第十三个五年规划纲要》、《国家信息化发展战略纲要》、《“十三五”国家信息化发展规划》对金融体制改革、现代金融体系建设和金融信息技术提出的总体要求，遵循《中华人民共和国网络安全法》、《国家网络空间安全战略》、《国务院关于促进云计算创新发展培育信息产业新业态的意见》（国发〔2015〕5 号）、《国务院关于积极推进“互联网 +”行动的指导意见》（国发〔2015〕40 号）、《促进大数据发展行动纲要》（国发〔2015〕50 号文印发）、《社会信用体系建设规划纲要（2014—2020 年）》（国发〔2014〕21 号文印发）、《互联网金融风险专项整治工作实施方案》（国办发〔2016〕21 号文印发）、《关于促进互联网金融健康发展的指导意见》（银发〔2015〕221 号文）、《关于促进银行卡清算市场健康发展的意见》（银发〔2016〕324 号文）等文件，由人民银行组织相关单位共同编制。

为顺利开展《规划》编制工作，人民银行会同银监会、证监会、保监会、外汇局，组织主要金融

中国人民银行，银发〔2017〕140 号，2017 年 6 月 27 日。

《规划》的编制得到中国银行业监督管理委员会、中国证券监督管理委员会、中国保险监督管理委员会、国家外汇管理局、国家开发银行、中国工商银行、中国农业银行、中国银行、中国建设银行、交通银行、中国邮政储蓄银行、中信银行、中国光大银行、华夏银行、中国民生银行、招商银行、平安银行、北京银行、宁波银行、贵阳银行、蚂蚁小微金融服务集团、中国金融电子化公司、中国互联网金融协会、中国金融认证中心的大力支持，依托各单位提供的素材，并由各单位共同完成。

机构对“十三五”时期金融业信息技术发展的重点问题进行了一系列调研和专题研究，并广泛征求了各界意见。《规划》旨在阐明“十三五”时期金融业信息技术发展的指导思想和工作重点，形成行业共识，提升金融业服务能力，促进金融创新和普惠发展。

《规划》分为五章：第一章回顾“十二五”时期主要成就和短板，第二章分析“十三五”时期面临的机遇和挑战，第三章提出“十三五”时期的指导思想、基本原则和发展目标，第四章明确“十三五”时期重点任务，第五章提出保障措施。

《规划》实施时间为2016年至2020年。

第一章　“十二五”发展回顾

“十二五”期间，我国金融业信息技术工作在《中国金融业信息化“十二五”发展规划》的指引下，结合金融业务发展需要和信息化建设实际，在金融信息基础设施、宏观调控信息化和监管科技应用、普惠金融创新、网络安全保障及信息技术治理体系等方面取得了一系列丰硕成果。

一、金融信息基础设施进一步完善

中央银行管理运行的金融信息基础设施日臻完善。建成第二代支付系统、实现各银行业金融机构在支付系统一点清算，标志着我国支付清算体系进入新的发展阶段。人民币跨境支付系统（一期）正式投产运行，人民币国内支付和国际支付统筹兼顾的支付清算体系初步建成。全面推广应用电子商业汇票系统，为票据市场电子化发展奠定扎实基础。金融信用信息基础数据库覆盖面继续扩大，征信产品种类更加丰富，服务水平不断提高，社会影响力进一步提升。不断完善外汇交易系统和本币交易系统。建成第三代黄金交易系统和黄金国际板交易系统，支持黄金市场国际化。建成中央银行会计核算数据集中系统，形成人民币会计核算全国“一本账”。进一步整合国库信息资源，初步形成准确、全面、权威的国库信息技术服务体系，国库的公共服务效果明显增强。建成统一的金融业机构信息管理系统，形成金融机构分布的统一视图。推动应用国家密码管理机构认可的商用密码产品，在全面发行金融IC卡的基础上，试点发行加载符合国家密码管理机构认可密码算法的金融IC卡。

银行业信息基础设施建设成果显著。全国银行业理财信息登记系统（一期、二期）投入运行，对银行业金融机构发行的理财产品实行集中统一的电子化报告和信息登记，开启了对银行理财市场、业务和产品的全方位监管。不断优化金融专网，提升银行业金融机构和监管部门的监管数据共享和信息交换能力。截至“十二五”期末，主要银行业金融机构数据中心实现“双活”、“多活”等模式，有效提升了数据中心的效用。全面升级改造新一代核心银行系统，基本实现了向“以客户为中心”的转变，支持更加灵活的业务流程设计，提升业务运营能力。运用虚拟化、开源软件、分布式、云计算、大数据等新技术对信息基础设施建设进行了灵活创新，建设企业级云平台，实现海量数据高效处理，探索信息基础设施架构从集中式向分布式转变，并取得了显著成绩。大力开展新兴电子渠道建设，形成了覆盖银行网点、手机银行、网上银行、电话银行、短信银行等立体式服务渠道，持续增强服务能力，不断改善客户体验；整合境外核心系统，支持多时区、多语言、多币种及国外特色业务规则的处理需求，统筹规划综合化信息系统建设，支撑商业银行向国际化、综合化金融集团转型。

资本市场信息基础设施建设取得新突破。交易结算处理能力显著增强，有效支持了“十二五”时期我国资本市场快速发展。建成一批重要交易系统，有力支持了沪港通、转融通、一码通等新业务开展，以及股指、国债和大宗商品等期货的推出。此外，深圳证券交易所、上海期货交易所、郑州商品交易所、大连商品交易所等单位的核心交易系统优化完善；中国金融期货交易所完成新一代业务系统主体功能开发；沪港通、新三板结算系统和统一账户平台系统上线运行；证券期货信息网上线运行。大连商品交易所、中国金融期货交易所行业信息技术测试中心正式挂牌，建立了规范的测试管理体系，并完成了多项行业测试实践。南方信息技术中心基础建设基本完成，面向行业提供高标准的托管设施。中证信息技术服务公司行业信息安全实验室挂牌，面向行业机构提供专业的信息安全服务。

保险信息共享平台建设取得重要进展。建成全国车险信息公共平台，逐步建立起车险信息共享与交互机制，全面覆盖全国除港澳台之外的31个省（区、市）及5个计划单列市，已成为支撑我国交强险制度实施和车险市场科学发展的重要行业性公共平台。建成农业保险信息管理平台，面向监管部门、保险公司和农户，提供业务监控、统计分析、数据查询和信息采集等服务。保单登记管理信息平台（一期）上线运行，已采集登记约3.83亿张有效保单信息。

外汇业务信息基础设施建设成果明显。构建跨境资金流动监测与分析平台，助力跨境资金流动风险防范。建设新版外汇局官方网站和银行信息网站，完成货物贸易、资本项目、服务贸易、个人外汇等系统升级，建设“一个门户、三个平台”，实现了面向个人、企业和金融机构的一站式服务，提升了信息服务和管理服务水平。科学规划外汇管理数据资源体系，形成9大类外汇业务数据采集规范，推进了数据统一采集和共享。

二、宏观调控信息化和监管科技水平持续提升

宏观调控信息化能力进一步增强。建成金融统计数据集中监测管理等信息系统，支持构建完备的金融统计体系。升级优化上海银行间市场拆放利率平台和交易报告库，为利率市场化改革提供技术支撑。建成人民币跨境收付信息管理系统，助推人民币国际化。

监管科技能力显著提升。升级和上线反洗钱监测分析系统、反洗钱监管档案系统、资本市场中央监管信息平台、统计信息系统等重要系统，着力推动监管数据的统一收集、整理和应用，初步构建了涵盖反洗钱、银行业务、资本市场、保险业务的监管体系，有效提高了金融监管效能。

三、金融普惠发展的创新活力日益增强

银行业信息技术创新成果显著。银行业电子渠道保持高速增长，截至“十二五”期末，主要

银行业金融机构的网上银行、手机银行账户数已达 21.6 亿户，主要电子交易笔数替代率平均达到 72.1%，其中，手机银行发展迅速，5 年来主要电子交易中手机银行的交易占比增长近 43 倍，ATM、POS 交易也同时保持了较高的增长速度，累计发行金融 IC 卡 21.1 亿张，支持接触式受理金融 IC 卡的 POS 和 ATM 终端改造率分别为 99.9% 和 99.0%，支持非接触式受理金融 IC 卡的 POS 和 ATM 终端改造率分别为 55.0% 与 41.2%，实现了金融 IC 卡在全国部分城市地铁、公交、出租、旅游、商场、超市、市场以及学校、园区等领域的应用，营造一卡通用的环境。商业银行与互联网企业充分开展合作，为公众提供了日益丰富多样、安全便捷的金融服务。运用现代信息技术创新业务模式、创新服务流程、创新信用管理，通过直销银行、社区银行、移动银行、乡村金融服务终端等更加贴近公众，服务民生，不断扩大基础金融服务的覆盖面，积极运用大数据客户画像、小微信用模型、线上线下联动等方式，提升金融服务的便利性，为更好地服务实体经济、支持小微信贷、支持“三农”、发展普惠金融提供了源源不断的动力。

证券期货行业信息技术创新成果明显。深证通金融数据交换平台、银期一线通平台、期货互联网开户云平台等服务平台显著提高了行业效率，降低了行业成本。大力推动网上交易站点和行情站点建设，网上交易站点数超过 5000 个，并可根据市场需要快速扩容。金融资讯终端发展迅猛，终端数量大幅增加。积极推进行业数据治理工作，制定行业顶层数据流图，初步构建了覆盖面广、逻辑清晰的行业数据模型体系，为统一各种数据协议、通信接口和编码等打下了良好基础。

保险行业信息技术创新加速发展。大数据、云计算、移动互联网等新技术的应用，使保险销售模式、客户服务模式、理赔给付模式发生了根本变化。在线服务由原来的以查询为主，逐步扩展到在线理赔、在线保全和在线续保等多种服务。服务渠道从传统网站扩展到智能移动终端。服务体验不断优化，网络实时在线客户服务为消费者提供了更直观、更及时、更友好的服务体验。保险行业不断探索地理信息技术、生物技术和物联网等新技术应用，服务效率和管理水平显著提高。探索应用 APP 客户端、远程查勘定损系统等，实现移动展业、智能调度及非现场查勘定损。应用遥感和无人机技术，探索农业保险经营管理新模式，在辅助查勘定损方面取得了积极的成果。尝试将基因检测技术应用于推动健康险业务发展。基于数据共享技术建设的行业车险平台，已成为支持车险业务发展的重要基础设施，能够实时为行业提供全面的信息共享服务。

互联网金融快速发展。大数据、移动互联等新技术与金融业务加速融合，第三方支付、网络借贷、众筹等互联网金融业态异军突起。各主要金融机构积极顺应发展趋势，制定了互联网金融整体发展策略，在电商、互联网融资、互联网保险等领域加速布局。

普惠金融新局面基本形成。引导超过 1400 家小微金融机构通过汇聚方式与人民银行联网联通，实现了金融网络接入平台资源共享。金融信息基础设施对中小企业和“三农”覆盖面不断扩大，服务水平明显提升。截至“十二五”期末，已有 8.26 万个农村金融机构接入人民银行支付系统，网点覆盖率达到 91.85%；助农取款服务点 86 万个，行政村覆盖率近 90%。

四、网络安全保障能力明显提高

金融业网络安全顶层设计持续加强。落实国家信息安全等级保护、涉密信息系统分级保护制度，持续强化金融网络安全风险预警和信息共享，不断完善金融机构信息安全事件通报制度，加强金融业与技术支撑单位的协作，完善互联网系统漏洞通报机制，有效促进了金融信息安全联防联控水平提升。

业务连续性保障体系不断完善。主要金融机构基本建成“两地三中心”架构，大型金融机构逐步实现数据中心“双活”部署，灾备基础设施趋于完备，运维管理自动化程度大幅提高，重要业务信息系统可用率均达到99.90%，安全生产保障能力稳步增强。应对突发事件的预案和处置机制进一步健全，重大突发事件应急处置能力有了较大提升。

信息安全管理水平持续增强。建立了较为完善的信息安全管理组织和制度体系。加强信息安全风险提示，定期发布金融业重大与共性信息安全问题。发布银行、证券等级保护系列标准，推动等级保护测评工作顺利开展。开展信息安全检查工作，促进信息技术风险管理水平提升。加强重要时期网络安全保障工作，确保信息系统安全、稳定运行。开展互联网网站安全专项整治工作，互联网网站安全防护能力持续提高。

网络安全防护技术能力不断提升。采用物理隔离、逻辑隔离等技术手段加强网络与信息系统安全防护，实施电子认证、数据加密等技术，积极推进安全可控技术应用，成功实施符合国家要求的密码算法应用试点示范工程，基本建成覆盖物理、网络、系统、应用、数据和终端等领域的端到端的网络安全技术防护体系，金融业网络安全保障能力显著增强。

五、金融信息技术治理体系不断优化

金融信息技术监管体系和协调机制进一步优化。人民银行、银监会、证监会、保监会、外汇局均已设立专门信息技术监管和服务部门，组织架构进一步完善。建立了银行业数据中心协同运维工作机制，保障了银行业重要系统的业务连续性。全国金融标准化技术委员会及其分委会组织架构、工作制度和协调机制持续完善，金融标准化统筹规划能力增强。成立中国金融学会金融信息化专业委员会，搭建了金融信息技术研究交流平台。

金融机构信息技术治理和资源配置持续优化。各主要金融机构逐步建立了与自身运营模式相适应、职责清晰的信息技术治理架构。各金融机构信息化委员会履职力度逐步加大，银行业金融机构首席信息官数量稳步增长；队伍建设不断加强，人员规模、人员结构、专业能力以及综合素质等明显改善；资金投入稳步加大。

金融标准化战略深入实施。截至“十二五”期末，共制定金融标准179项，其中，国家标准53项，行业标准126项，覆盖领域持续扩大，标准内容由信息技术规范向业务和管理领域拓展。全面推进金融机构标准化工作，建立金融标准认证机制，开展标准实施检查评估，夯实金融标准化工作基础。积极参与金融国际标准化工作，参加了21个ISO/TC68国际标准工作组。稳步推进全球法人机构识别编码（LEI）体系建设。

同时，“十二五”期间金融业信息化发展还存在一些突出短板，主要是金融数据共享和开发利用水平不高，监管科技水平不能满足金融治理体系和治理能力现代化的需求；传统金融机构在新技术应用和分布式架构转型方面进展较慢；金融业标准化协调推进机制有待进一步完善；一些机构和部门网络安全风险意识淡薄，金融网络安全管理水平不高，金融网络安全面临严峻挑战；金融信息技术治理水平不能有效适应现代金融业发展的需要。

第二章　面临的形势

“十三五”期间，我国金融业信息技术既面临经济金融进一步深化改革以及复杂风险防控和网络安全形势的挑战，又存在金融与信息技术融合加速创新发展的机遇。

一、国家发展战略和宏观经济环境提出新要求

当前，经济全球化深入发展，世界经济和国际金融体系持续深度调整，我国经济发展进入新常态，经济发展方式加快转变，经济结构逐步调整优化。随着国家“十三五”规划实施，供给侧结构性改革、“一带一路”战略、自贸试验区建设、“大众创业、万众创新”战略、精准扶贫、绿色经济、银行卡清算市场开放等为金融业带来机遇和挑战，金融机构需要不断调整经营战略和发展思路，提高金融服务实体经济的效率，推动普惠金融、绿色金融发展，增强风险防控能力，这些对金融业信息技术提出更高要求。

二、金融体制改革和金融业务发展提出新需求

我国金融体制改革不断深化，金融业务快速发展。首先，随着人民币国际化、资本市场双向开放等改革，以及亚洲基础设施投资银行、金砖国家开发银行等国际金融机构合作平台建设，金融服务不断国际化，金融机构积极实施“走出去”战略，金融国际合作更加频繁。其次，通过利率和汇率市场化、存款保险制度等改革，加强金融市场建设，健全多层次、多元化的金融市场体系，金融市场和服务更加多元化。再次，高收益债券、股贷联动、资产证券化等新金融产品不断涌现，银行、投资、证券、保险、金融衍生品互相交织，金融机构业务日益呈现综合化经营特征。金融业信息技术面临国际化、市场化和综合化的业务发展需求，以及金融服务标准化、金融信息基础设施国际化的发展需求。

三、新技术发展和金融业态变革带来新机遇

信息技术与金融业务深度融合已成为必然趋势。截至 2015 年底，我国网民人数达到 6.88 亿人，

互联网普及率达到50.3%，第三代移动通信网络（3G）覆盖全国所有乡镇，第四代移动通信网络（4G）商用全面铺开，第五代移动通信网络（5G）研发步入全球领先梯队。2015年，电子商务交易额达到21.79万亿元，跃居全球第一。云计算、大数据、移动互联、物联网、生物识别、人工智能、区块链等新技术在金融领域的探索与应用，网络借贷、网络众筹、第三方支付等互联网金融新模式不断涌现，金融机构经营模式和服务模式正发生深刻变革。在互联网时代背景下，金融机构可以充分利用先进技术，推动创新发展，不断优化业务流程和服务手段，推进技术架构转型升级。

四、金融风险和网络安全形势带来新挑战

当前，金融风险防范和网络安全面临更加严峻的形势。金融信息系统业务覆盖率、复杂度持续提升，有些技术存在成熟度不高问题，金融风险防控面临更大挑战。金融网络犯罪形势严峻，手段日益多样且呈现高科技化、复杂化和隐蔽化特征，金融监管和风险防范面临新的挑战。网络安全威胁更加复杂，常规攻击不断衍变，网络空间有组织大规模的攻击时有发生，金融网络安全技术防护能力亟待提升，金融业信息基础设施的核心技术掌控能力亟待提高。

第三章　指导思想、基本原则和发展目标

一、指导思想

深入贯彻党的十八大和十八届三中、四中、五中、六中全会以及习近平总书记系列重要讲话精神，按照“四个全面”战略布局的要求，牢固树立创新、协调、绿色、开放、共享的发展理念，适应经济金融改革发展和金融监管框架改革的新形势，围绕统筹监管系统重要性金融机构、统筹监管金融控股公司和重要金融基础设施、统筹负责金融业综合统计（以下统称“三个统筹”），着力完善金融信息基础设施建设，提升金融服务水平；着力巩固金融网络安全，增强安全生产和安全管理能力；着力推动新技术应用，促进金融普惠创新发展；着力深化金融标准化战略，优化金融信息技术治理体系，支持金融业健康发展。

二、基本原则

全面支持深化改革。以全面支持金融国际化、市场化、综合化改革为核心，以构建多层次金融服务体系、有效服务实体经济发展为目标，围绕“三个统筹”，积极开展金融业信息技术各项工作。

积极对标国际先进。立足我国国情，对标国际先进监管和先进金融模式，找差距、定目标、促发展，以金融信息技术应用为驱动，加速金融改革发展进程。

推动创新普惠发展。按照“大众创业、万众创新”战略，贯彻“互联网 +”行动计划，积极利用新技术推动业务创新，实施转型，促进普惠金融发展。

坚持安全与发展并重。按照金融改革发展要求，夯实重要金融信息基础设施，落实国家网络空间安全战略，积极稳妥推进技术转型，加强信息技术风险防控，强化信息系统安全保障，提升安全生产水平，提升金融信息技术治理水平，促进金融业可持续发展。

三、发展目标

适应金融国际化、市场化和综合化的趋势，按照金融改革发展要求，抓住新技术应用带来的机遇，积极稳妥推进技术优化升级，夯实重要金融信息基础设施，加快落实金融标准化和网络空间安全战略，提升金融信息技术治理水平，助力普惠金融、绿色金融发展，到“十三五”期末，全面建成安全稳定、技术先进、集约高效的金融信息技术体系。

金融信息基础设施达到国际领先水平。对照国际先进标准，统筹推进金融信息基础设施建设与转型，优化金融信息基础设施布局，提高安全性、运行可靠性、可扩展能力和业务连续性管理水平。

信息技术持续驱动金融创新。贯彻落实“互联网 +”战略，通过政策引导、标准规范，促进金融业合理利用新技术，建设云计算、大数据应用基础平台及互联网公共服务可信平台，研究区块链、人工智能等热点新技术应用，实现新技术对金融业务创新有力支撑和持续驱动。

金融业标准化战略全面深化实施。实施金融标准化战略，贯彻落实《深化标准化工作改革方案》和《国家标准化体系建设发展规划（2016—2020 年）》，制定、修订金融国家标准和行业标准 110 项以上。

金融网络安全保障体系更加完善。金融网络安全管理机制更加健全，新技术应用风险防控能力不断加强，金融信息系统安全生产和网络安全防护能力不断提高，力争到 2020 年实现安全可信产品在金融业信息系统中的全面应用。

金融信息技术治理能力显著提升。适应金融监管框架改革，信息技术治理组织架构与决策流程进一步优化，工作协同机制进一步完善，治理环境更加良好，资源配置更加高效。

第四章　“十三五”发展重点任务

按照金融业信息技术“十三五”发展规划目标，“十三五”期间的重点任务包括：进一步完善金融信息基础设施，健全网络安全体系，推动新技术应用，深化金融标准化战略，优化信息技术治理体系，提供更加集约、高效、安全的金融信息技术服务。

一、完善金融信息基础设施，夯实金融服务基石

统筹推进支付清算、托管结算、金融市场交易、交易报告库等全国性金融市场信息基础设施建设。加快推广金融IC卡，大力发展移动支付，建设非银行支付机构网络支付清算平台，加强银行卡支付清算和人民币国际化的信息基础设施建设，加快推进人民币跨境支付系统（二期），加强中央对手方集中清算平台建设。持续改进中央证券存管、证券结算系统。建设银行间市场新一代交易平台和全国统一的票据交易平台，完善黄金交易系统，完善证券期货交易所信息基础设施。建立覆盖全市场、穿透式信息的交易报告制度，建设场外衍生品交易数据库。深入研究并吸收利用数字货币涉及的金融科技创新，加快法定数字货币系统建设，完善法定数字货币发行流通体系。

专栏1　加强支付清算体系信息基础设施建设

加快完成金融IC卡受理环境改造，持续完善非接触式受理环境，推动金融IC卡在教育、医疗、市政、旅游等行业一卡多应用。建立完善与账户分类管理体系相适应的银行卡、移动支付、互联网支付等多种支付模式，积极利用支付标记化、电子认证等创新技术，实现账户分类及其相应功能与客户需求、安全保障的多维匹配和有机统一。大力发展移动支付业务，加快移动互联网、可穿戴设备、支付标记化、物联网、地理位置服务（LBS）等技术与移动支付融合应用。

专栏2　完善证券期货交易所信息基础设施

建设证券期货交易所新一代核心交易系统、全国中小企业股份转让系统交易平台、转融通证券借贷平台、柜台交易系统，促进区域性股权市场发展。推进境内市场与境外市场的互联互通，完善交易系统，助力对外开放和支持多层次资本市场发展。加快建设证联网，优化交易网络，建设高速行情网络，实现整体互联互通。建设账户业务公共服务平台、公共资金交收平台和资本市场交易公共支付平台，强化后台设施建设，促进市场集约高效运行。

统筹推进金融统计、征信、反洗钱、国库等全国性公共金融信息基础设施建设。服务货币政策调控和宏观审慎管理，协调整合现有的各类金融统计资源，建立“统一、全面、共享”的金融业综合统计体系，建设金融业资产管理产品信息系统。深化数据应用，建设金融大数据分析及服务平台，实现行业运行情况和风险状况的动态监测，有效支撑宏观调控和金融监管。加强征信信息基础设施建设。建设第二代反洗钱监测分析系统，完善反洗钱监管体系，推广反恐怖融资和反欺诈系统的应用。推进第二代国库信息处理系统和国家金库工程建设，提升国库资金管理效率。建设金融消费权益保护信息平台和存款保险信息系统。持续完善跨境资金流动监测体系，建设第二代人民币跨境收付信息管理系统。根据外汇管理监管需要，动态调整和优化外汇管理数据仓库内容和基础数据标准，保障跨境资金流动监测与分析。推进“互联网＋电子政务”建设，落实简政放权、政务信息公开，加快电子合同、电子订单在金融服务领域应用。

专栏 3　加强征信信息基础设施建设

继续完善金融信用信息基础数据库，建设第二代征信系统，提升数据质量，完善系统功能，进一步扩大信用报告的覆盖范围，整合持牌金融机构、非持牌金融机构等市场主体以及行政司法机关所掌握的信用信息，提升系统对外服务水平。推动形成多元化征信产品体系，丰富信用报告版本，丰富个人信用评分体系，完善失联关系信息查询，细化信贷市场分析维度，研发并上线小微企业信用评分系统，建立欺诈数据库，提供反欺诈提示、评分服务。建成渠道多元的客户服务网络，在现有人民银行专网服务的基础上，建设统一、安全、高效的互联网服务体系，改进、完善现场临柜查询服务体系，合理布局自主查询终端，提升现场服务质量。

推动金融业统一征信平台建设，推进金融监管部门信用信息的交换与共享，不断丰富征信系统和产品，初步构建涵盖金融机构、非金融机构的社会信用体系。加快建设保险业信用信息系统，统一归集保险业信用信息数据，形成交换共享机制，为政府各部门信用信息共享提供支持，助力构建社会信用体系。积极推进外汇领域信用体系建设，建立良好的外汇市场信用环境。加快推进互联网金融领域信用体系建设，打破传统金融与互联网金融线上线下信用信息的壁垒，使征信为互联网金融活动提供更好的支持。

发挥社会化征信机构作用，鼓励依法采集、使用政府部门行政执法信息，加强产品服务创新，拓展征信服务的领域和范围。

加强理财、信托、基金、保险市场信息基础设施建设，规范互联网属性金融信息基础设施建设。推动各类金融产品登记系统建设标准统一，推进数据集中与部门间互联共享，研究同类型产品登记的优化整合。进一步完善全国统一的动产、应收账款等抵质押品、权登记公示平台。全面评估、分类处理互联网属性金融信息基础设施，加快互联网金融统计与监管信息基础设施建设。

专栏 4　推进保险登记和交易服务信息基础设施建设

推进商业健康险平台建设，实现健康险全险种保单登记以及与医保、医疗机构的互联互通，满足保险行业对诊疗信息等行业外数据的需求，加强健康大数据应用。全面推进全国农业保险平台建设，研究引入气象、地理、灾害等外部数据，探索地理信息系统等新技术的示范应用，逐步构建农业保险信息共享机制，提高农业保险的数据管理和应用能力。加快推进税延养老保险平台建设，为个人税收递延型养老保险政策落地提供系统支撑。加快建设保单登记管理信息平台，逐步搭建一套全面准确、运行稳定、功能完善、统一集中的行业基础信息平台。推进保险业风险数据库建设，加快实现我国保险风险数据积累与存储的标准化和规范化。加快建设上海保险交易平台，为保险、再保险及相关产品交易结算活动提供信息技术和数据服务。建设巨灾保险平台，为我国城乡居民住宅地震保险产品等提供可靠稳定的系统和数据支持。

专栏 5　加快互联网金融统计与监管信息基础设施建设

加快建设互联网金融综合统计监测和风险预警平台，逐项采集互联网金融产品信息，逐笔采集交易信息，提供互联网金融业监管所需信息，预警可能发生的区域性和系统性风险。加快建立互联网金融产品集中登记和信息披露平台，研究建立互联网金融平台资金账户的统一设立和集中监测平台，依靠对账户的严格管理和对资金的集中监测，实现对互联网金融活动的常态化监测和有效监管。持续完善互联网金融信用信息共享平台，支持和帮助互联网金融从业机构降低风险成本，突破发展瓶颈，发挥支持实体经济作用。

二、健全网络安全防护体系，增强安全生产和安全管理能力

提高金融信息系统安全生产能力。逐步完善安全技术防护体系，重要信息系统同步规划、同步建

设、同步运行安全防护措施，强化技术防范，切实提高防攻击、防篡改、防泄露、防病毒、防瘫痪能力。建立金融业网络攻击行为监测预警平台，强化运行监控与预警，加强安全事件智能关联分析和主动感知，提高金融机构对信息系统运行风险的全面掌控和联动处置能力。建立健全业务连续性管理体系，完善业务连续性决策和协调工作机制，明确职责，确保业务运行和应急处置机制有效运作。健全灾备基础设施，重要信息系统根据支持业务的重要程度设计合理的灾难恢复需求，利用自建、共建、租赁等方式抓紧建成或完善灾备系统，充分发挥灾备系统对提高业务连续性的关键作用。健全应急管理体系，推动建立由国家相关力量和金融机构自身力量相配合的共同应对网络攻击的多层防护网，提高防范网络攻击、应对重大灾难与技术故障的能力。定期开展应急演练，不断完善应急预案，提升应急响应水平。

提高金融网络安全管理水平。加强顶层设计，建立金融业网络安全协调会商制度，建立由金融业管理部门、国家网络安全主管部门、国家网络安全支撑单位、金融业网络支撑单位、金融机构共同组成的应急协调体系，提高金融业网络安全事件应急处置能力，推进国家网络安全政策落地。加强金融业重要信息基础设施保护，明确重要信息基础设施清单，建立保护框架，提高重大网络攻击威胁应对能力。落实国家信息系统信息安全等级保护制度，完善金融业信息安全等级保护相关标准，持续开展信息系统信息安全等级保护测评和整改；探索建立信息安全基础设施共享机制，为中小型金融机构提供公共网络安全服务。探索建立金融业网络安全能力成熟度模型和评价体系并鼓励金融机构开展能力成熟度评估；加强网络安全意识培训，制定相应管理要求与惩戒机制；加强网络安全事件舆情监控。研究制定互联网金融网络安全相关规范标准框架，全面梳理互联网系统的资产清单，评估网络安全威胁，加强互联网应用软件版本管理，建立配套技术防护体系和威胁监测体系；逐步完善敏感信息保护机制，规范互联网环境下使用敏感数据的行为，强化对金融机构向第三方机构提供客户信息的技术监管，加强对内部职工和外部合作单位的管理。

全面推进金融业落实网络安全法。加强网络安全宣传教育，严格执行国家网络安全法律法规、制度标准。建立金融业网络安全检测认证体系，金融重要信息基础设施逐步实现先评估后使用。建立实施金融业网络安全审查制度，加强供应链安全管理，对金融业采购使用的重要信息技术产品和服务开展安全审查，提高产品和服务的安全性和可控性。以安全、可靠、高效、弹性为目标实施架构转型，有序稳妥推动成熟开源技术应用，逐步减少或摆脱对单一技术产品的依赖。加快安全可信产品推广应用，力争到 2020 年实现金融业信息系统全面应用经国家密码管理机构认可的商用密码产品。

三、推动新技术应用，促进金融创新发展

加强金融科技（Fintech）和监管科技（Regtech）研究与应用。建立金融科技创新管理机制，明确创新管理准则、目标和流程，制定创新验证与风险评估规程，引导金融科技创新正确应用。研发基于云计算、应用程序编程接口（API）、分布式账本技术（DLT）、密码技术等的金融监管平台和工具，应用数字化监管协议与合规性评估手段，提升金融监管效能，降低从业机构合规成本。探索基

于大数据、人工智能等技术的穿透式监管方法，加强跨行业、跨市场交叉性金融产品的监管，提升金融风险甄别、防范与化解能力。健全与监管科技发展相匹配的金融监管体系。

稳步推进系统架构和云计算技术应用研究。金融机构主动探索系统架构完善升级，继续深入研究数据中心“双活”、“多活”模式应用。在巩固集中式架构安全稳定运行的基础上，综合成本、效率、资源等方面，以业务适用性为原则，研究分布式架构应用的可行性。加强金融业云计算应用政策研究和引导，研究制定风险评价、准入及退出机制、数据安全保护、业务连续性管理以及风险安全防控等政策，营造金融业云计算应用发展的良好环境。支持实力较强的机构独立或者联合建设金融业云服务平台，面向同业特别是中小金融机构提供云服务，提高行业资源使用效率。拓展云服务的应用领域，鼓励发展业务系统、技术测试、信息安全等云服务，探索基于“云”构建风控、征信、反洗钱等行业公共服务应用，提升金融服务和监管能力。加强金融业云计算知识技能培训，逐步形成金融业云计算人才梯队，为金融业云计算持续健康发展提供人力资源保障。

深入开展大数据技术应用创新。引导金融机构大数据技术和应用创新，探索金融与政府、医疗、教育、财税等领域的数据共享模式，提升金融公共服务能力。探索并制定包含银行、证券、保险、信托、租赁、基金、电商、互联网金融等行业在内的数据共享和交易模式。建立数据共享激励机制，促进数据互联共享。鼓励和引导金融机构结合自身实际，开展大数据应用创新，助力自身业务发展和管理模式创新。

规范与普及互联网金融相关技术应用。规范互联网金融业务运作、技术应用和产品创新，营造公平、公正、开放、诚信的环境。构建互联网金融安全可信公共服务云平台，深化互联网金融安全检测认证，支持跨行业、跨机构、跨区域的应用共享和系统互通互信，为互联网金融各项服务提供可靠的安全保障。将普惠金融、智慧金融与智慧城市建设结合起来，深化移动金融应用，提高金融对小微企业、“三农”以及民生领域的覆盖面和便利性。扩大互联网金融的服务范围，提升互联网金融在电子政务、社会保障、医疗卫生、公共缴费、公共交通、物流、餐饮、院线、旅游等领域的服务能力。利用物联网等技术实现对金融租赁的有效管理，借助云计算构建金融租赁基础设施、借助大数据提高金融租赁风险防范能力、制定金融租赁相关数据标准。加强互联网金融对制造业、农业、能源、环保等产业转型升级的支持。支持探索互联网金融扶贫的新模式和新手段，服务国家脱贫攻坚战略。

积极推进区块链、人工智能等新技术应用研究。加强区块链基础技术研究，开展区块链技术在金融领域的应用研究。持续跟踪量子通信技术发展，适时开展量子通信在金融业的应用。探索借助人工智能技术，推动客户服务、经营管理、金融监管模式创新，推进机器人安全值守应用。持续跟进金融科技发展趋势，适时开展新技术在金融业的试点应用，促进业务创新。

四、深化金融标准化战略，支持金融业健康发展

建立健全金融业标准体系，开展关键标准研制。落实国家深化标准化工作改革要求，建立涵盖金融产品与服务、金融基础设施、金融统计、金融监管与风险防控的新型金融业标准体系。重点研究制

定系统重要性金融机构和金融控股公司的监管标准，金融基础设施建设、运营和管理标准，金融资产管理产品等跨市场交叉性金融产品标准。探索制定涉及金融安全等方面的强制性标准。构建金融大数据标准体系，研究制定云计算、大数据、区块链、人工智能等信息技术在金融业应用的标准。培育和发展满足市场和创新需要的团体标准。推进金融机构建立和完善企业标准体系。

加大标准宣传力度，强化标准实施。开展多层次、多角度的金融标准宣传、培训、研讨和解读，推进金融标准公开。对涉及面广、关系人民群众切身利益的公益性、底线类标准，发挥政府作用，通过政策引导、开展标准示范试点、完善检测认证体系等方式，强化标准实施。发挥行业协会等社会团体作用，利用行业自律等手段，推动竞争性标准有效实施，发挥金融机构在金融业标准实施中的主体作用。建立金融业标准监督评估体系，鼓励行业组织、标准化技术组织、认证机构、大专院校等第三方机构建立多种形式的标准实施效果监测体系。

深入参与金融国际标准化，提升我国影响力。研究制定我国金融业参与国际标准化的战略、政策和策略，对金融业重点关注的、与国内发展契合度较高的数字货币、非银行支付、密码算法、移动金融服务等重点领域，加大对口专家派出力度。发挥全国金融标准化技术委员会金融国际标准跟踪研究工作组作用，畅通国际标准跟踪参与渠道。在互联网金融等领域探索提出国际标准提案，推动国内标准“走出去”，提升我国标准影响力。推动全球法人机构识别编码（LEI）国内实施应用。

五、优化金融信息技术治理体系，提升信息技术服务水平

构建金融业信息技术治理新环境。加强指导和协调，逐步推动对金融业信息技术应用的监管覆盖，营造公平公正的竞争环境。发挥行业协会作用，推动行业自律，共同规范行业信息技术治理行为。加强金融机构内部信息技术治理与金融业监管的有机互动，形成金融业合规稳健的运行机制。探索构建鼓励金融机构创新的机制，推动金融控股公司信息化建设，完善后台信息支持系统，各子公司和业务条线之间合理共享信息，发挥集团业务协同作用，提高核心竞争力。

优化信息技术治理组织架构与决策流程。完善信息技术监管组织架构，明确职责分工。不断优化金融机构信息技术组织结构，充分发挥董事会、监事会以及信息技术相关委员会在信息技术治理中的作用。建立健全首席信息官的管理策略、方法和制度，探索首席数据官制度。建立完善金融机构信息技术决策流程，提高决策的科学性和管理效率。探索建立支持新技术应用的组织机制；积极组织行业规划编制，指导行业信息技术创新发展。鼓励金融机构在组织方式、人员管理等方面大胆创新，深化机构内信息技术与业务双向深度融合。

优化金融信息技术资源配置。加强金融监管部门间、金融机构间合作和资源共享，规范外包服务，鼓励金融机构联合同业及其他行业单位开展交流合作。鼓励金融机构间加强合作和资源共享；研究建立金融机构、高校研究机构和科技公司共同参与的交流合作机制，构建高端金融信息技术智库。研究科学合理的信息技术成本核算与分摊方法，提高资源使用效率和科技精细化管理水平。探索信息技术服务能力输出模式，实现行业内资源共享和能力复用。加强复合型人才培养，优化金融业信息技术人

才结构。健全科技人员评价和考核机制，提高从业人员专业水平。

第五章　保障措施

一、组织协调、配套政策

建立多层次跨行业协调机制。积极发挥人民银行、银监会、证监会、保监会、外汇局的组织协调作用，建立以人民银行、银监会、证监会、保监会、外汇局为核心，行业协会等机构参与的《规划》实施联席会议机制。改革全国金融标准化技术委员会、中国金融学会金融信息化专业委员会、银行科技发展奖评奖范围和评审机构、网络信息安全协调机制等，加大统筹协调力度，搭建高层次、常态化的行业沟通交流机制，贯彻和引导金融业信息化建设策略，促进金融业信息化共同进步。建立各金融机构执行《规划》进展情况的报告机制，推动建立工作交流平台，共同推动《规划》落地。

配套重点领域建设所需政策。有效衔接金融供给侧结构性改革，推进我国金融业信息化建设。积极推动金融数据采集交易及数据权属等法律法规建设。加快制定移动金融、互联网金融等领域相关标准规范及指导意见，完善相关管理规定，逐步补充完善支持重点领域建设的配套政策，保障《规划》顺利实施。

二、宣贯实施、评估指导

加强《规划》宣传与解读。通过解读、专题培训、研究报告等多种形式在各个层面开展《规划》宣贯工作，促进形成行业共识，推动《规划》落地。探索建立衡量金融机构信息技术建设水平的评价体系，引导金融机构对标先进，努力提升信息化水平。

建立《规划》实施督导机制。建立健全《规划》实施监测评估制度，及时监测掌握规划的实施进展情况，督促落实各项任务，引导金融业信息技术发展方向。

三、前瞻研究、动态调整

开展信息技术研究。密切跟踪信息技术发展方向及金融业应用情况，持续对移动金融、互联网金融、大数据、云计算、智能硬件、人工智能、虚拟现实、增强现实、物联网、IT 架构、IT 治理、信息安全等领域及金融业信息技术基础理论开展前瞻性专题研究。

建立《规划》动态调整机制。在《规划》实施过程中，根据《规划》实施的监测评估结果，结合相关领域研究成果，及时对《规划》进行动态调整，确保《规划》的前瞻性、科学性、可行性。

四、队伍支撑、投入保障

加强人才队伍建设。适应“互联网 +”时代需要，积极开展新技术领域人才培训，重点加强复合型技术、分布式架构技术人才的培养，优化金融信息技术人才结构。

加大投入保障。金融业加大对信息技术的资金支持力度，加大信息技术投入比例，动态监测评估资金使用效率和效益，特别在分布式架构、安全可控、符合国家密码管理机构认可的密码算法、金融IC卡等关键领域保障重点投入，实现保障金融安全、支持金融业务创新发展的目标。

广播电视“十三五”科技发展规划

“十三五”时期是全面建成小康社会决胜阶段，是我国经济社会发展的重要战略机遇期，也是广播电视实现转型升级和改革发展的重要时期。为深入学习贯彻习近平总书记系列重要讲话精神，全面落实“四个全面”战略布局和“创新、协调、绿色、开放、共享”的发展理念，全面落实中央关于宣传思想工作、文化体制改革和创新驱动发展等一系列战略部署，深刻认识并准确把握广播电视发展新形势新任务新要求，充分发挥科技对广播电视的支撑、驱动和引领作用，特制定《广播电视“十三五”科技发展规划》。

一、“十二五”回顾

（一）广播电视科技事业建设取得重大进展

“十二五”期间，我国广播电视科技工作深入贯彻落实科学发展观，推动科技进步，坚持改革创新，基本构建了传输快捷、覆盖广泛的现代传播体系和公共文化服务体系。截至2014年底，全国共批准设立广播电视播出机构2564个，其中包括广播电台147个，电视台157个，广播电视台2218个，教育电视台42个，批准开办广播节目2940套，电视节目1337套。全国有线广播电视干线网达426万公里，比“十一五”末增加70万公里，全国有线电视实际用户数达2.36亿户，比“十一五”末增长26%，县级以上城市基本完成有线电视数字化。中央广播和电视节目无线模拟覆盖率达到95.93%和95.71%，分别比“十一五”末增长3.15%和4.36%。全国已有26个省区市制定了本地区地面数字电视广播覆盖网规划，337个城市开播了地面数字电视。直播卫星加密平台播出73套标清电视节目和50套广播节目，全国直播卫星总用户数超过6500万户。广播和电视人口综合覆盖率分别达到98.17%和98.77%，比“十一五”末分别增长了1.39%和1.15%。广播电视在国家现代传播体系和公共文化服务体系建设中的地位和作用日益凸显。

国家新闻出版广电总局，新广发〔2016〕79号，2016年7月28日。

（二）广播电视制作播出能力全面增强

“十二五”期间，全国广播电视制作播出领域大力推进数字化、网络化、高清化及媒体融合发展，制作播出能力全面增强。一是台内数字化网络化程度大幅提高。中央人民广播电台、中国国际广播电台和中央电视台的制播系统全面实现数字化网络化；省级台平均数字化率达到94.8%，基本完成制播系统数字化、网络化改造；地市台数字化率超过78%，部分省级台和地市台完成全台业务一体化网络系统的建设；县级台数字化率超过50%。二是台内高清化稳步推进。全国高清频道制播能力超过100套，经总局批准开办的高清频道达到90个；中央电视台完成新址搬迁工作，实现全高清制作播出；北京、上海、湖南等电视台率先实现大多数频道的高清制作播出。三是全台网制播体系建设取得显著成效。各级广播电视台开展全台网建设，再造工作流程，优化制播模式，节目制播效率大大提升，为适应媒体融合发展打下了基础。四是立体电视和4K超高清电视技术进入应用试验阶段。中央电视台联合北京、上海、天津、江苏、深圳等6家电视台开办了我国首个立体电视试验频道，部分电视台开始研究构建4K超高清电视制作系统。

（三）广播电视传输覆盖能力显著提升

“十二五”期间，有线广播电视数字化网络化成效显著，无线广播电视覆盖进入模拟向数字过渡期，直播卫星技术运行体系基本建成，初步形成了有线、无线、卫星互为补充的广播电视传输覆盖网络。一是有线广播电视网络加快向数字化、双向化发展。全国超过240个地级以上城市完成或基本完成数字化整体转换，全国2.36亿有线电视用户中，数字电视用户近2亿户，占比超过80%；双向网络覆盖用户超过1亿户，开通广播电视双向业务用户超过3700万户。二是无线广播电视覆盖网络数字化全面推进。发布了《地面数字电视广播覆盖网发展规划》，启动了中央广播电视节目无线数字化覆盖工程，在全国开展12套中央电视节目的无线数字化覆盖网建设和3套中央广播节目的无线数字化覆盖试点。三是直播卫星户户通快速发展。建立了全球用户规模最大、可管可控的直播卫星集成播出平台，直播卫星总户数超过6500万户，并在火车、轮船、飞机上开展了应用试验。四是下一代广播电视网建设取得重大进展。建立了8个相关技术实验室，视音频编码、宽带网络等关键技术研究取得突破，颁布了10余项广电行业技术标准，在北京、上海、江苏、陕西、深圳等有线网络开展了相关技术应用试验，覆盖用户超过5500万户，其中双向用户超过1500万户。

（四）广播电视公共服务技术支撑能力稳步提升

“十二五”期间，广播电视行业充分发挥科技支撑引领作用，保障了公共服务体系建设的稳步实施。一是利用直播卫星开展农村广播电视公共服务体系建设取得新突破。建立了一套上下贯通的直播卫星公共服务运行机制，初步解决了有线网络未通达农村地区的广播电视覆盖问题。二是国家应急广播体系建设有序推进。编制了《国家应急广播工程建设方案》和《县级应急广播系统暂行技术要求》，完成了应急广播标准体系及关键标准研究，在中央人民广播电台设立了国家应急广播中心，完成了与国家预警信息发布中心对接，开展了国家应急广播新媒体平台建设；初步建成国家预警信息制作播发和调度控制自动适配系统，具备了应急广播系统流转播发能力，在四川、湖北、浙江、青海、内蒙古等省区开展应急广播农村大喇叭系统建设，推进应急广播体制机制的建立。

（五）广播电视新媒体发展迅速

“十二五”期间，互联网电视、IP 电视（IPTV）和手机电视（专网）集成播控平台建设和业务创新步入了规范发展的轨道。一是互联网视听业务迅速推进。全国共批准 605 家机构开办互联网视听节目服务，其中广电机构 224 家，占比 37%，30 家省级以上广电机构获批开办网络广播电视台、24 家城市电视台获准联合开办城市网络电视台，提高了广播电视主流媒体在互联网的影响力。二是互联网电视规范化发展。建成了 7 家互联网电视集成播控平台，15 家广电机构提供互联网电视内容服务，互联网电视用户终端覆盖数超过 5000 万。三是 IPTV 和手机电视有序稳步发展。构建了央视中国网络电视台（CNTV）总平台和省级分平台的 IPTV 集成播控平台架构，全国 IPTV 用户数达 3800 多万户，手机电视用户数达 5500 多万户。四是移动互联业务广泛开展。各级广播电视机构广泛利用微信、微博、客户端应用（APP）等手段，开展移动互联业务，增强了内容互动性，丰富了内容形态。

（六）广播电视科技创新工作取得新进展

“十二五”期间，广播电视科技创新工作紧跟国际信息技术、网络技术发展潮流，结合行业发展实际，自主研发关键技术，开展相关试验示范，制定标准规范，推进高新技术应用，使我国广播电视技术处于国际先进水平。在广播电视先进视频编解码（AVS+）、数字版权保护（DRM）、调频频段数字音频广播（CDR）、智能电视操作系统（TVOS）、可下载条件接收系统（DCAS）、高性能同轴电缆宽带接入网络（HiNOC）等方面的关键技术取得了突破性进展，形成了一系列自主创新科研成果，制定相关标准并开展了标准应用示范，效果良好。共有 71 个项目获总局广播影视科技创新奖一等奖；共有 124 个项目获总局广播电视节目技术质量奖一等奖。中央电视台《新一代电视台网络化制播系统与应用》项目荣获 2012 年度国家科学技术进步一等奖。

二、当前面临的形势

（一）中央对新时期宣传思想工作和文化发展改革作出了一系列战略部署，广播电视科技工作面临新任务、新要求

当前，我国经济发展进入新常态，广播电视行业的改革发展也进入新的历史时期。党的十八大以来，以习近平同志为总书记的党中央高度重视宣传思想工作和科技创新工作，作出了深化文化体制改革和科技体制改革、推进媒体融合发展、构建现代公共文化服务体系、推进三网融合，以及实施创新驱动发展战略、宽带中国战略、促进大数据发展行动纲要、“互联网 +”行动计划等一系列重大部署，

明确提出要建设文化强国、网络强国、数据强国的目标。广播电视作为我国宣传思想工作和文化产业的重要组成部分，作为国家信息化的重要基础设施，必须认真贯彻落实中央决策部署，从党的宣传思想工作全局出发，积极认识新常态、适应新常态、引领新常态，切实找准科技工作的着力点，牢牢把握新技术条件下的发展主动权，依靠科技创新不断提升广播电视的传播力、影响力、公信力和舆论引导能力，为“十三五”全面建成小康社会做出积极贡献。

（二）人民群众的精神文化和信息需求更趋多元、多变、多样，广播电视发展面临新需求、新期待

习近平总书记指出，“必须贯彻以人民为中心的发展思想。要适应人民期待和需求，加快信息化服务普及，降低应用成本，为老百姓提供用得上、用得起、用得好的信息服务”。近年来，伴随经济社会全面发展、物质生活不断改善和互联网快速普及，互联网越来越成为人们学习、工作、生活的新空间，越来越成为获得公共服务的新平台，新的信息传播渠道和文化娱乐方式不断涌现，生活数字化已经成为潮流和趋势，人们对广播电视服务和用户体验提出了新的更高要求。广播电视必须加快生产和传播方式的升级转型，充分运用高新技术，改变传统方式，拓展服务新方式，开发服务新业态，打造传播新渠道，把人民的希望、需求和期待变为生活的现实，让人民共享科技创新成果，努力实现大众传媒为大众的目标，更好地维护人民群众基本文化权益，满足日益增长的精神文化需求。

（三）新一代信息技术应用日益深化，传媒与科技加速融合，广播电视行业面临新机遇、新挑战

当前，互联网应用创新加速，云计算、大数据等新一代信息技术发展迅猛、应用广泛，基于互联网的新兴媒体，以其强大的传播力、动员力和影响力，已成为传媒领域的重要新生力量，深刻改变了媒体格局和舆论生态，正日益成为推动传媒业发展的强劲动力。从全球范围看，创新驱动已是大趋势，并呈现宽带建设加速、融合发展加速、市场竞争加速等鲜明特点，给广播电视带来了前所未有的发展机遇和竞争挑战。“十三五”期间，如何加速新一代信息技术的创新应用，加快广播电视转型升级，是关系全行业可持续发展、赢得未来的重大课题和紧迫任务。广播电视必须适应大趋势，发挥自身优势，加快创新步伐，积极主动参与竞争，抢占技术制高点，把握发展主动权。

三、指导思想和目标

（一）指导思想

全面贯彻党的十八大和十八届三中、四中、五中全会精神，以邓小平理论、“三个代表”重要思想、科学发展观为指导，深入贯彻习近平总书记系列重要讲话精神，坚定不移实施创新驱动发展战略，顺应科技发展新趋势，针对广播电视发展新需求，围绕中心，服务大局，充分发挥科技创新的引领和支撑作用，推动传统媒体与新兴媒体融合发展，建设世界先进的现代传播体系，促进广播电视发展提质增效和转型升级，全面提升传播力、影响力和舆论引导力，为广播电视事业全面繁荣、产业快速发展提供坚实的科技支撑。

（二）基本原则

1. 创新驱动、融合发展。以科技创新推进内容创新、业态创新、服务创新和体制机制创新，积极推动核心技术成果转化，促进广播电视技术与新一代信息技术加速融合发展。

2. 重点突破、引领未来。面向广播电视发展中迫切需要解决的重大问题，针对媒体融合发展的重大课题，精心组织，集中力量，重点突破，努力实现广播电视科技跨越式发展。

3. 创新机制、合作共赢。贯彻落实国家科技体制改革要求，坚持开放合作的协同创新理念，以人为本、统筹兼顾，推进广播电视科技创新体制机制不断完善，合理配置科技资源，形成政产学研用相结合，系统内外优势互补的创新生态，为广播电视科技创新提供体制支撑和机制保障。

（三）发展目标

1. 大幅增强广播电视融合媒体制播能力。中央、省级和有条件的地市级广播电视台基本建成广播电视融合媒体制播云平台，打造全国性的融合媒体制播云；全面推进省级、地市级广播电视台高清制播能力建设；适时开播 4K 超高清电视试验频道，到 2020 年，省级和较发达地市级电视台基本实现高清化。

2. 全面提升广播电视融合媒体服务能力。构建有线、无线、卫星与互联网的融合媒体服务云平台，推动广电融合媒体服务云与制播云的协同联动、融合创新，共同构建广电媒体云。

3. 大力提升广播电视融合传输覆盖能力。全面实现全国广播电视传输覆盖网络数字化，到 2020 年，基本关闭模拟电视，逐步减少标清频道，大幅提升高清频道传输覆盖能力；有线无线卫星网络融合覆盖初具规模，下一代广播电视网技术普遍应用，双向化宽带化智能化程度显著提升。

4. 显著提升广播电视终端标准化智能化应用能力。大力推进 TVOS 在有线、无线、卫星和互联网等广电终端的应用，基本实现机顶盒、一体机、媒体网关和智能终端等广电终端的标准化智能化，形成广播电视和互联网融合的“广电 +”生态，广电智能终端成为智慧家庭、智慧社区和智慧城市的重要基础。

5. 全面增强广播电视科技创新能力。广电媒体云、融合传输覆盖网、TVOS、智能终端、智慧广电、宽带广电、“广电 +”、信息安全等关键技术取得重大突破，新一代广播电视融合媒体技术与标准体系基本建立，推动广播电视传统媒体与新兴媒体的融合。

6. 大幅提升广播电视公共服务科技能力。覆盖城乡、便捷高效的广播电视现代公共文化服务体系和长效机制基本建立。广播电视户户通技术系统和服务质量逐步完善；上下贯通、分级联动、可管可控、多种手段综合覆盖的应急广播系统基本建成，技术服务水平稳步提升。

四、主要任务

（一）大力推进广播电视融合媒体制播云和节目高清化建设，全面提升广播电视节目制播能力和技术质量

1. 大力推动广电融合媒体制播云平台建设

面向多种业务形态、服务平台、传输网络和用户终端等的需求，全国各级广播电视台开展全台网建设，创新广电融合媒体“采、编、播、存、用”制播流程，推进广播电视制播系统的IP化、云化，构建统一指挥调度、协同采编制作、共享存储管理、智能搜索分析等的融合媒体制播云平台及基于用户互动的制播大数据系统，建立标准体系，推动各广播电视台制播云平台之间的互联互通，共同打造全国性的融合媒体制播云，建立面向全媒体、不同传输网络、不同接收终端的综合制播体系。到2020年，中央、省级和有条件的地市级广播电视台融合媒体制播云平台基本建成，全国融合媒体制播云初步建立，融合媒体制播创新发展能力全面提升。

2. 进一步加强广播电视台节目制播高清化建设

全国各级广播电视台全面推进电视节目制播高清化；到2020年，高标清同播的标清频道基本关闭，高清频道成为主流播出模式，省级和较发达地市级电视台基本实现高清化，其余地市级电视台主要频道实现高清化。中央电视台及有条件的省级电视台探索建立4K超高清电视节目制播系统；到2018年，建立4K超高清电视OTT平台，构建高清、4K超高清电视混合播出系统；到2020年，实现4K超高清电视试验频道播出。

（二）大力推进广播电视融合媒体服务云建设，打造“广电+”生态链，推动广播电视系统服务的升级转型

1. 大力推动广电融合媒体服务云平台建设

面向用户“任何时间、任何地点、任何终端”享受广播电视融合媒体服务的需求，积极推动有线网络、直播卫星、网络广播电视台以及IPTV、互联网电视、手机电视集成播控平台等运营机构建设融合媒体服务云平台，实现对“内容、网络、终端、位置”的智能感知，对融合传输覆盖网的智能协同适配，对融合媒体内容的智能搜索和分发，构建融合媒体大数据采集、分析、应用和管理系统，创新广电融合媒体集成、服务和管理模式。

2. 积极推动广电融合媒体服务云和制播云的协同联动，构建广电媒体云

结合台网协同融合的需求，积极创新融合媒体生产、传输、服务和管理模式，努力探索广电融合媒体私有云、专属云与公有云的协同机制；建立相关标准体系，大力推动广电融合媒体服务云与制播云的互联互通、协同联动、融合创新，构建广电媒体云，建立广播电视融合媒体大数据应用平台，孵化应用服务新业态，打造“广电+”生态链，支撑融合媒体的互动化、社交化、泛在化发展，推动广播电视行业服务的升级转型。

（三）大力推进三网融合和有线无线卫星融合一体化建设，全面增强广播电视融合媒体传输覆盖能力

1. 加速推进宽带广电网络建设

遵循国家对三网融合、宽带中国的战略要求，加速有线广播电视宽带网络基础设施建设，构建下一代光纤到户技术体系，推进光纤到小区、光纤到自然村、光纤到楼，统筹兼顾同轴电缆入户和光纤入户，全面提升有线网络宽带速度和服务能力。到 2020 年，城市和农村有线网络家庭用户平均宽带接入能力分别达到 50 兆比特每秒（Mbps）和 12Mbps，发达城市部分家庭用户可达 1 吉比特每秒（Gbps）；充分利用有线网络下行带宽高、室内信息点分布多的优势，满足不同用户对弹性接入带宽的需要；加快有线网络互联互通平台、CDN、媒体内容数据中心（MCC）、互联网数据中心（IDC）和统一运营管理系统建设，加速推进全国有线网络整合，促进三网融合业务创新，全面提升有线网络的业务承载能力和服务水平。

2. 加快推动有线无线卫星智能协同一体化，构建广电融合传输覆盖网

面向广播电视融合媒体无处不在、跨网联动、多屏互动等业务需求，统筹有线无线卫星协调发展，提升广播电视海量视频内容和融合媒体创新业务的承载能力。推动有线无线卫星融合一体化及与互联网的融合发展，构建天地一体、互联互通、宽带交互、智能协同、可管可控的广电融合传输覆盖网，支持移动、宽带、交互、跨屏广播电视融合业务的开展，同时要充分发挥国家信息化基础设施重要组成部分的作用，加强与教育、文化、医疗卫生、体育等行业的跨行业信息化合作。

3. 全面推进高清频道在有线无线卫星网络的传输覆盖和入户

合理规划有线无线卫星频率频道资源，采用高效视频编码（AVS2）等高效压缩编码方式，全面推进高清频道传输、覆盖、入户。各地结合实际情况，制定逐步关停标清以及模拟频道的方案，加速普及接收终端高清化。到 2020 年，卫星、有线网络传输高清频道能力大幅提高，基本实现高清化传输接收；地面无线采用高清方式传输中央、省主要电视频道。在有线网络开展 4K 超高清电视的点播推送业务，适时开播 4K 超高清电视试验频道；在有条件的地区开展无线 4K 超高清电视试验播出；在直播卫星开播 4K 超高清电视试验频道。

4. 进一步加快地面数字电视广播覆盖网建设

按照《地面数字电视广播覆盖网发展规划》，充分利用现有发射台站，加快地面数字电视广播网络建设；不断完善全国地面电视的全数字频道播出频率规划，逐步关闭地面模拟电视，地面电视全面实现数字化传输覆盖；启动下一代广播电视无线网建设，单向广播与双向交互融合取得实质性进展，创建移动、交互、便捷、跨业合作的地面无线广播电视新业态。

5. 进一步加快新技术、新服务在直播卫星系统中的应用

积极跟踪和应用国际新技术和国内创新研究成果，开展 DCAS、TVOS 的应用示范，建立直播卫星融合媒体服务云平台、直播卫星大数据服务系统，升级直播卫星集成播控平台，建设直播卫星集成播出异地分平台，推进直播卫星向新一代技术体系演进。全面推进直播卫星广播电视上飞机、进高

铁、下轮船，满足广大移动人群收看广播电视的需求；积极开展直播卫星推送点播、双向互动、应急广播和智慧家庭等业务，创新直播卫星业务形态。

6. 推进数字音频广播技术应用

以中央广播电视节目无线数字化覆盖工程为抓手，开展CDR试验播出，优化技术系统，完善标准体系，引领产业化发展，同时研究中短波广播数字化技术，制定相关标准，开展试验与应用，以技术创新带动产品创新、服务创新和业态创新。协调相关行业开展便携和车载接收终端的生产，促进数字音频广播的普及与应用。

（四）大力推进终端标准化智能化，加快推动智慧广电建设

1. 全面推进广电终端的标准化智能化和协同应用

推广我国自主创新TVOS和DCAS技术，完善相关标准规范，在有线电视、直播卫星电视、地面无线电视和互联网电视等领域开展应用示范。大力推动机顶盒、一体机、媒体网关等各类广电终端的标准化智能化，加速各类传输媒体的生态共建共享，形成“广电+”生态链，促进广电融合媒体业态创新和应用开发。积极探索广电智能终端与广电融合媒体服务云的协同联动机制，推动宽带广电应用，支撑智慧广电发展。

2. 推动广电智慧家庭、智慧社区以及数字家庭服务新业态的发展

大力推进广电智能终端的部署，实现广电智能终端的数字家庭多媒体网关、物联网网关、数据网关、路由器、语音交互等多种功能，研究智慧家庭和智慧社区的新业务形态和实现技术，提升广电网络支撑智慧家庭和智慧社区建设的业务能力，为各地建设智慧城市提供信息化基础设施保障。

（五）积极推动广播电视技术与新一代信息技术融合创新，全面增强广播电视科技创新能力

1. 进一步加强广播电视科技发展战略和发展规划研究

针对媒体融合、宽带广电、“广电+”、超高清电视、融合传输覆盖网、广电智能终端、智慧广电等重点研究领域发展需求，广泛调研我国广播电视科技发展状况，跟踪国内外广播电视高新技术发展，积极参与相关国际活动和会议，紧密结合实际，研究提出符合我国国情的、具有前瞻性的、符合科学发展规律的战略研究报告和规划，提高科学决策的能力和水平。

2. 重点研究广电媒体融合关键技术并建立标准体系

面向广电媒体融合、三网融合、宽带广电、智慧广电发展需求，重点在广电融合媒体制播云平台、服务云平台、广播电视无线双向交互、有线无线卫星智能协同一体化、融合传输覆盖网、广电智能终端、智慧家庭、智慧社区、网络与信息安全等方面开展科技创新研究与试验，建立标准体系，引领和规范行业科技创新发展。在云计算、大数据、超高清电视、虚拟现实制作与交互、异构网络互通互联、跨域运营支撑系统、高性能核心网络、低成本多元化接入网络、TVOS、智能媒体网关、融合媒体网络测试系统、融合媒体数字版权保护等关键技术取得突破，为增强广播电视科技创新能力和推动行业

转型升级提供强有力的支撑。

（六）加快广播电视公共服务科技支撑能力建设，全面提升服务水平

1. 继续完善广播电视公共服务技术系统和体系建设

统筹无线、有线、卫星三种技术覆盖方式，基本实现数字广播电视户户通。推进中央广播电视节目无线数字化覆盖工程，完善公共服务传输发射基础设施，构建技术先进、传输快捷、覆盖广泛的无线数字广播电视公共服务体系；加快推进直播卫星户户通进程，形成便捷高效、功能完备、服务到户的直播卫星公共服务体系，到2020年，直播卫星公共服务基本覆盖有线网络未通达的农村地区。

2. 全面推进国家应急广播技术标准体系与技术平台建设

按照国务院应急办关于国家、省、市、县四级预警信息发布管理的要求，加快应急广播系统建设，推进各级应急广播系统与对应等级预警信息发布平台的对接。通过统一技术标准规范，制定应急广播管理制度，建立多级联动、分级负责、反应快捷、调度灵活、精准覆盖的应急广播体制机制。推动建设中央、省、市、县四级应急广播平台，基本实现信息资源共享，传播可管可控，综合利用有线，无线（调频、中短波、地面数字电视），移动多媒体广播电视，卫星和农村大喇叭等多种手段，发布应急广播。

五、重点项目

（一）融合媒体制播

1. 广电融合媒体制播云关键技术研究、测试评估与应用示范
2. 广播电视台融合媒体制播云平台建设
3. 广播电视融合媒体制播大数据关键技术研究与应用示范
4. 广播电视台融合媒体用户互动数据采集接入技术研究
5. 广播电视台 IPTV 集成播控平台建设
6. 广播电视传统媒体与新兴媒体融合创新业务形态研究与实现
7. 广播电视国际传播技术支撑体系研究与建设
8. 虚拟现实制作与交互关键技术研究

（二）融合媒体服务

9. 广电融合媒体服务云平台关键技术研究
10. 有线网络融合媒体服务云平台建设
11. 直播卫星融合媒体服务云平台建设
12. 广电融合媒体私有云、专属云和公有云的协同服务机制研究
13. 广电融合媒体服务云与制播云互联互通关键技术研究与应用示范

14. 融合媒体服务与传输大数据关键技术研究与应用示范

（三）广电融合传输覆盖

15. 高效宽带同轴电缆接入技术研究与应用示范
16. 有线光纤到户关键技术研究与应用示范
17. 全国有线网络互联互通平台建设
18. 有线网络融合媒体 CDN 建设
19. 有线网络 MCC 和 IDC 建设
20. 全国有线网络统一运营管理系统建设
21. 有线无线卫星融合一体化及与互联网融合关键技术研究与应用示范
22. 下一代广播电视无线网应用示范与规模化推进
23. 直播卫星大数据服务系统建设
24. 中短波数字化关键技术研究与应用示范
25. CDR 规模化推广与应用

（四）广电终端标准化智能化

26. TVOS 关键技术研究与标准化
27. TVOS 生态体系建设
28. 有线网络 TVOS 和 DCAS 应用
29. 直播卫星 TVOS 和 DCAS 应用
30. 地面无线 TVOS 和 DCAS 应用
31. 互联网电视 TVOS 和 DRM 应用
32. 智能语音交互应用研究
33. 基于广电融合传输覆盖网的智慧家庭和智慧社区关键技术研究与应用示范

（五）高清传输覆盖

34. 超高清节目制作与频道试验播出
35. 有线网络高清节目高效传输与应用
36. 无线网络高清节目高效传输与应用
37. 卫星高清节目高效传输与应用
38. 基于 OTT 的超高清节目分发推送与接收

（六）广播电视公共服务

39. 广播电视及融合媒体收视（听）率调查及用户收视（听）行为分析关键技术研究与应用

40. 中央广播电视节目无线数字化覆盖工程
41. 应急广播平台建设与体制机制建立
42. 应急广播监测监管多级联动信息共享系统建设
43. 直播卫星公共服务技术体系建设
44. 广播电视政务基础数据资源库研发与应用
45. 广播电视行业信息资源共享服务平台建设

六、保障措施

（一）政策保障

落实党中央国务院关于深化科技体制改革、深化文化体制改革、加快文化事业产业发展、推进信息化建设、促进信息消费以及支持科技成果转移转化等方面的政策措施，围绕广播电视媒体融合、信息安全、协同覆盖、公共服务等重点领域，加强法律法规建设，完善规章制度，制修订政策、规范和标准，推进广播电视科技创新相关政策的完善和实施。

（二）机制保障

健全广播电视科技创新机制，完善科技管理体系、制度与激励机制，激发科技创新的积极性、主动性和创造性。加强科技项目及科技成果管理，提高科技工作效率。贯彻落实国家和行业标准化发展战略，完善技术标准体制机制，探索专利资源管理新方式，提升科技创新生产力。加强科技专家智库及咨询机构建设，发挥行业内外专家咨询和指导作用，提高科学民主决策水平。

（三）人才保障

加强科技人才队伍建设，健全人才激励体制，创造良好条件、营造宽松环境、提供广阔平台，扶持和鼓励广播电视科技人员创新创业。适应媒体融合发展需求，依托重大科研、工程等项目和总局授权的科技创新重点实验室，培养和引进相结合，完善创新型人才的培育模式，造就一批高层次科技领军人才和创新团队。加强科技人员高新技术的普遍教育和培训力度，提升广播电视科技人才队伍的能力和素质。

（四）资金保障

充分争取和利用中央、地方各类专项资金，开拓投融资渠道，创新投资运营模式，引导社会资金加大对广播电视科技创新的投入，健全多元化、多渠道科技投入体系和信贷金融服务。积极争取财税支持，加强重大科技专项的资金统筹，优化资源配置，完善广播电视科技项目经费执行的核算和监督机制，提高资金使用效率。

（五）实施保障

各级广播电视科技主管部门积极争取党委政府的支持，加强规划的宣传贯彻指导，建立规划实施情况的监测、评估、考核机制，督促各实施主体紧密围绕规划的发展目标、主要任务和重点项目，开展实际工作。各实施主体依据本规划因地制宜制定各项实施方案，明确具体的工作计划和落实措施，有序推进，贯彻落实。

率先行动　跨越发展
中国科学院“十三五”发展规划纲要

“十三五”时期是我国全面建成小康社会的决胜阶段，是全面完成创新型国家建设任务的重要时期，也是中国科学院深入实施“率先行动”计划、基本实现“四个率先”目标的跨越发展阶段。深入贯彻全国科技创新大会精神，按照《国家创新驱动发展战略纲要》、《国民经济和社会发展第十三个五年规划纲要》和《“十三五”国家科技创新规划》的有关部署，根据《中国科学院“率先行动”计划暨全面深化改革纲要》确定的第一步战略目标和重点任务，制定《中国科学院“十三五”发展规划纲要》。

第一章　总体战略

一、发展环境

新一轮科技革命和产业变革蓄势待发，全球科技创新加速推进，成为重塑世界格局的主导力量。科技兴则民族兴，科技强则国家强。建设世界科技强国是实现中华民族伟大复兴的必由之路。当前，世界多极化、经济全球化、文化多样化、社会信息化深入发展，世界经济在深度调整中曲折复苏、增长乏力，全球治理体系深刻变革，以创新为核心的综合国力竞争日益激烈。全球创新活动进入新的密集期，创新格局多极化趋势日益明显，美国、欧盟、德国、日本、俄罗斯等纷纷提出新的创新战略，强化科技创新布局，改革完善创新体系，抢占科技和产业制高点。新的创新组织模式和科研范式不断涌现，科技发展呈现多点突破、交叉汇聚的趋势。前沿基础研究向宏观拓展、微观深入和极端条件方向交叉融合发展，物质结构、宇宙演化、生命起源、意识本质等基本科学问题正在孕育重大突破；科技发展制高点向深空、深海、深地、深蓝拓进，绿色、健康、智能成为创新重点方向，颠覆性技术层

中科院，科发规字〔2016〕94号，2016年8月31日。

出不穷，催生产业重大变革和新兴产业发展。

我国经济发展进入新常态，提质增效、转型升级要求更加紧迫，依靠创新驱动、塑造引领型发展成为必然要求。当前，我国经济社会发展不平衡、不协调、不可持续问题仍然突出，结构性矛盾更加凸显，经济下行压力加大，能源资源与生态环境瓶颈制约尚未得到根本性扭转，经济增速换挡、结构调整阵痛、动能转换困难相互交织，面临稳增长、调结构、防风险、惠民生等多重挑战。“十三五”时期，我国经济发展向形态更高级、分工更优化、结构更合理阶段演化的趋势更加明显，新的增长动力正在孕育形成。必须深入实施创新驱动发展战略，坚持创新、协调、绿色、开放、共享的发展理念，把创新作为引领发展的第一动力。随着“一带一路”、京津冀协同发展、长江经济带等新的国家重大战略实施，以及“双创”行动计划、供给侧结构性改革、“互联网 +”行动计划、“中国制造2025”、大数据、海洋强国等重要战略部署的深入推进，迫切需要充分发挥科技创新在全面创新中的引领作用，为经济社会发展培育新动力、拓展新空间。

我国科技发展处在重要转折期，科技体制改革向纵深推进，国家创新体系和创新格局面临深刻变革。我国已经成为有重要科技影响力的大国，科技整体能力持续提升，一些重要领域方向跻身世界先进行列，某些前沿方向开始进入并行、领跑阶段，正处于从量的积累向质的飞跃、点的突破向系统能力提升转变的重要时期。从总体上看，我国在主要科技领域和方向上实现了“占有一席之地”的战略目标，正处在跨越发展的关键时期。但与科技发达国家相比，与建设世界科技强国的目标相比，我国的科技基础仍然薄弱，创新能力和水平还有很大差距，体制机制和创新生态系统仍存在不少问题。当前，我国正在加快迈向创新型国家，努力建设世界科技强国，科技体制改革进入攻坚阶段，顶层设计逐步完善，中央财政科技计划管理、科技成果转化、全面创新改革试验等重大改革举措和配套政策密集出台，国家实验室、综合性国家科学中心、国家技术创新中心和具有全球影响力的科技创新中心建设加快启动推进，各主体、各方面、各环节有机互动、协同高效的国家创新体系正在加快建立。随着改革的不断深入，我国创新格局将发生重大变化，推动创新能力显著提升。

我院迈入“率先行动”新征程，面临竞争合作发展新态势，改革创新和跨越发展任务艰巨而繁重。“十二五”期间，我院按照“三个面向”“四个率先”要求，以科技创新为中心，以“出成果、出人才、出思想”为使命，认真组织实施“率先行动”计划，积极深化科技体制改革，加快促进重大成果产出，在量子通信、中微子振荡、高温铁基超导等基础研究方面取得具有世界领先水平的原创成果，在载人航天与探月工程、深海探测、北斗导航等国家重大工程中实现一系列关键核心技术突破；在支撑服务经济社会发展和国防科技创新中也作出重要创新贡献；在院士制度改革、研究所分类改革、人才队伍建设、科技智库建设、开放合作、科教融合、党建和创新文化建设等方面取得重要进展，为“十三五”时期跨越发展奠定了坚实基础。

专栏 1 “三个面向”“四个率先”

· 2013 年 7 月 17 日，习近平总书记视察中国科学院并发表重要讲话，对中国科学院提出“四个率先”要求，即“率先实现科学技术跨越发展，率先建成国家创新人才高地，率先建成国家高水平科技智库，率先建设国际一流科研机构”。 · 2014 年 8 月 8 日，习近平总书记对《中国科学院“率先行动”计划暨全面深化改革纲要》作出重要批示，提出“三个面向”要求，即“面向世界科技前沿，面向国家重大需求，面向国民经济主战场”。 · 2015 年 1 月，中国科学院将“三个面向”“四个率先”确立为新时期办院方针。

进入新时期，我院面临更加复杂的新形势和诸多困难与挑战，基本实现“四个率先”目标任重道远。一是科技创新能力和科技布局与国际科技前沿和引领创新发展的新要求有较大差距，对科技进步有标志性意义和对国家及产业发展有引领带动作用的成果还不够多，低水平重复、同质化竞争、碎片化扩张等问题尚未得到根本解决。二是国家创新体系各单元加快竞争合作发展，高校、企业和行业科研机构创新能力显著提升，我院研究机构需要进一步明晰定位，增强核心竞争力和不可替代性。三是人才竞争压力持续增大，国际同行认可的领军科学家和高水平学术带头人仍显不足，优秀青年人才成长空间有待拓展，面向全球吸引和选拔顶尖人才的机制尚需健全。四是创新治理能力有待提升，分类管理和跨所跨学科组织重大创新活动的体制机制尚需健全和完善。

综合判断，我院正处于改革攻坚、跨越发展的关键时期，机遇和挑战并存，要进一步增强改革创新的责任感和紧迫感，牢固树立创新自信，主动适应发展要求，坚定不移深化改革，凝心聚力促进创新，着力实现“四个率先”目标。

二、指导思想和发展目标

（一）指导思想

以中国特色社会主义理论体系为指导，认真贯彻党的十八大和十八届三中、四中、五中全会精神，贯彻习近平总书记系列重要讲话精神，贯彻“四个全面”战略布局和创新、协调、绿色、开放、共享的发展理念，贯彻全国科技创新大会精神，按照国家创新驱动发展战略的总要求，坚持“三个面向”“四个率先”的新时期办院方针，坚持民主办院、人才强院、开放兴院，以提升创新能力、引领创新发展为主线，以出创新成果、出创新人才、出创新思想为导向，以全面深化改革为动力，以研究所分类改革和国家实验室建设为着力点和突破口，调整优化科技布局，加强人才队伍、科技智库和一流科研机构建设，确保如期基本实现“四个率先”目标，为建成创新型国家和建设世界科技强国作出国家战略科技力量应有的重大创新贡献。

（二）发展目标

根据“率先行动”计划“两步走”发展战略的阶段性目标，到 2020 年，基本实现“四个率先”目标，在我国实施创新驱动发展战略、建设创新型国家中发挥国家战略科技力量应有的骨干引领作用，为到 2030 年左右全面实现“四个率先”目标奠定更加坚实的基础。

专栏 2　“率先行动”计划“两步走”发展战略

· 第一步是到 2020 年左右，即建党 100 年时，高质量完成“创新 2020”各项任务，基本实现“四个率先”目标，为我国进入创新型国家行列作出重要贡献。

· 第二步是到 2030 年左右，全面实现“四个率先”目标，为使我国进入创新型国家前列发挥不可替代的作用；并为在新中国成立 100 年，也是中国科学院成立 100 年时，把我国建成世界科技强国奠定坚实基础，为实现中华民族伟大复兴的中国梦提供有力支撑。

1. 在率先实现科学技术跨越发展方面

面向世界科技前沿，面向国家重大需求，面向国民经济主战场，聚焦战略必争领域、基础科学和交叉前沿、战略性新兴产业、人口健康和可持续发展、国防科技创新等五大板块的重点方向，在独创独有上下功夫，在补齐短板上花力气，在一些战略必争领域抢占制高点，在若干新兴前沿交叉领域成为领跑者和开拓者，在国家重大科技任务中发挥骨干引领和关键作用，突破一批制约经济社会发展的关键核心技术，有效解决一批事关现代化全局的战略性科技问题，力争产出一批在建成创新型国家中具有标志性意义的重大原创成果，产出一批具有显示度的重大战略性技术与产品，产出一批具有显著效益和引领带动作用的重大示范转化工程，提供更多有效和中高端科技供给，引领未来科技和产业发展，显著提升国家创新能力和相关产业国际竞争力，对科技进步、国家安全、经济社会发展的贡献度大幅提升。

专栏 3　科学技术跨越发展相关指标

· 到 2020 年，基础研究、应用研究、试验发展研发活动经费支出比例大致保持在 4 : 5 : 1。

· 物理、化学、材料科学、数学、环境与生态学、地球科学等学科整体水平进入世界先进行列。

· 主要学科国际科技论文篇均被引用次数居世界主要国立科研机构前列。

· 形成一批自主知识产权和产业技术标准，提供系统解决方案，推进技术示范和产业化。

· 专利质量大幅提升，专利实施超过 1 万件，有效专利 5 年实施率从“十二五”的 10% 提高到 20%。2020 年当年技术市场合同交易总额超过 50 亿元。

· 2020 年知识产权收益比 2015 年翻一番。科技成果转移转化使社会企业和院所投资企业新增销售收入累计超过 4.8 万亿元，利税 4800 亿元，提供就业岗位 15 万个。孵化“双创”企业 5000 家，做强做大一批具有全球竞争力的创新型企业和“隐形冠军”企业，为不低于 2 万家企业提供“四技”服务（技术开发、技术转让、技术咨询、技术服务）。

专栏 4　“三重大”产出

“三重大”产出目标是基本实现“四个率先”的根本保证。

· 重大原创成果，主要是作出重大科学发现、开辟新学科方向、提出重大创新理论，引领学科和技术发展方向，创造性地解决重大科技问题。

· 重大战略性技术与产品，主要是取得关键核心技术突破、系统集成和提供系统解决方案，形成支撑我国创新发展的先发优势，抢占事关国家全局和长远发展的战略制高点。

· 重大示范转化工程，主要是重大技术推广转化应用，创造出新产品、新需求、新业态，引领带动相关产业转型升级或直接产生显著经济社会效益。

2. 在率先建成国家创新人才高地方面

优化院士队伍结构，有效发挥院士作用，建成大师云集的人才高地。坚持立足创新实践、培养与引进相结合，建设一支素质优良、规模适度、结构合理、适应需求、具有国际竞争力的科技创新队伍，努力实现“十百千万”创新人才高地建设目标。人才发展体制机制创新取得突破性进展，人才队伍国际化水平大幅提升。建成中国特色、世界一流的科教融合教育体系，形成创新人才培养新模式。

专栏 5　创新人才队伍建设相关指标

· “十百千万”队伍建设目标：数十位有世界影响的科技大家，百余位战略科学家和领军人才，千余名拔尖科技人才，万余名骨干人才。

· 到 2020 年，全院事业编制人员 6.8 万人，其中正高级专业技术人员 1 万人。

· 人员年均流动率保持在 10% 左右。在站博士后研究人员超过 1 万人。

· 外籍聘用人员占科研人员的比例超过 3%，其中基础前沿领域超过 6%。

· 在读研究生中，外国留学生所占比例超过 5%。

· “十三五”共向社会输送 7.7 万研究生和一批高素质创新创业人才。

3. 在率先建成国家高水平科技智库方面

充分发挥科技优势，建成高水平科技智库的研究系统和管理平台，不断出创新思想，形成系列产出和学术品牌，对我国经济社会发展重大问题提出科学前瞻的建设性建议，在国家科技规划、科学政策、科技决策等方面发挥权威性影响，成为国家倚重、社会信任、特色鲜明、国际知名的科技智库。

专栏 6　科技智库建设主要目标

· 建设以学部为主的高水平常态化的学科发展战略研究体系。部署的项目覆盖各主要学科领域，重点部署若干新兴和交叉学科发展战略研究。

· 建立学部与院部相结合的咨询评议系统，完成国家交办的第三方评估任务，自主部署与我国经济社会发展相关的重大科技问题的咨询任务。

· 建立以科学数据和科技情报为基础的研究与监测系统，重点监测世界科技发展态势、世界主要国家的科技战略和重大行动计划；建成中国可持续发展科学数据监测集成平台和决策支持系统。

· 重点建设好科技战略咨询研究院，建成高效支撑学部发挥思想库作用的服务平台、全院开展科技战略和科技政策研究的综合集成平台，成为我院高端科技智库的重要载体。

4. 在率先建设国际一流科研机构方面

发挥集科研院所、学部、教育机构于一体的优势，建成具有重要影响力、吸引力和竞争力的国际一流科研机构。基本形成定位准确、管理科学的现代科研院所体制机制，发展完善创新生态系统。在部分优势学科领域建成若干具有鲜明学术特色和世界影响力的科学研究中心和创新高地，成为我国科学技术跨越发展和创新型国家建设的标志性成果。

专栏 7　一流科研机构建设主要目标

· 院属研究机构整体处于国内领跑地位，大部分研究所与科技发达国家研究机构并跑，三分之一左右研究所在优势领域处于国际领跑地位。

· 建设一批创新研究院、卓越创新中心、大科学研究中心和特色研究所，基本完成四类机构建设的整体布局和分类定位、分类管理的体制机制设计。

· 瞄准国际科技前沿，以国家目标和战略需求为导向，积极组织力量承担国家实验室建设任务。

· 至 2020 年，全院人均科研装备拥有量基本达到发达国家中等水平，初步建成高质量运行、高效率服务、高水平支撑的科研装备开放共享体系。

· 发起 3 ～ 5 个国际大科学计划，建成 10 个左右境外科教机构和 5 ～ 10 个 CAS-TWAS 卓越中心。

· 在主要国际科技组织中发挥重要影响，深度融入全球创新网络和创新治理体系。

第二章　围绕实现跨越发展的科技布局

按照“面向世界科技前沿，面向国家重大需求，面向国民经济主战场”，根据率先实现科学技术跨越发展的目标要求，立足我院长期形成的学科基础和重要领域，发挥队伍和平台优势，坚持有所为有所不为，按照“恪守定位、突出特色，追求卓越、注重交叉，强基固本、抓重育新，集成优势、开放协同”的原则，重点围绕基础前沿交叉、先进材料、能源、生命与健康、海洋、资源生态环境、信息、光电空间等八个重大创新领域和有关重点方向，及国家重大科技基础设施、数据与计算平台等两类公共支撑平台，进行我院未来科技布局，部署一批有望实现创新跨越的重大突破，前瞻培育一批塑造未来新优势的重点方向，统筹推进研究所分类改革和国家实验室建设，统筹组织开展重大科技创新活动，促进“三重大”产出，保障跨越发展目标实现，支撑引领经济社会发展。

专栏 8　科技布局重点领域和方向

八个重大创新领域	研究方向
1. 基础前沿交叉	数学与交叉、物理与交叉、化学与交叉
2. 先进材料	材料创制、新材料应用
3. 能源	能源
4 生命与健康	健康、生物多样性、现代农业
5. 海洋	海洋
6. 资源生态环境	资源、生态环境
7. 信息	信息、智能制造
8. 光电空间	光电空间

一、有望实现创新跨越的重大突破（60个，不含国防科技创新）

（一）基础前沿交叉（8个）

1. 数学与交叉方向

（1）Langlands纲领和千禧数学问题。通过数论、表示论、代数几何和调和分析等多个分支交叉融合研究，培育凝练能够引导数学方向发展的数学问题与猜想，争取在Langlands纲领、Riemann猜想、BSD猜想等重大数学难题的若干方向上取得与国际数学科学大奖同等水平的成果。

2. 物理与交叉方向

（2）凝聚态物质科学若干前沿问题。探索新型高温超导材料，深入研究超导机理，发展高温超导新理论；探索新型拓扑绝缘体、拓扑半金属和拓扑超导体，发现新现象、建立新理论。遵循“新现象、新效应、新理论、新算法”理念，发展凝聚态物理新的生长点，持续产出具有国际重要影响的重大成果。

（3）粒子物理的新发现和研究。依托大科学装置实验，开展中微子物理、宇宙学、粲物理、强子物理等粒子物理和粒子天体物理前沿研究，在寻找和研究多夸克态、胶子球等方面取得重大突破；建成江门中微子实验，同时利用大亚湾中微子实验进一步提高中微子混合角 θ_{13} 的测量精度，检验混合矩阵幺正性，寻找新物理，力争保持我国在这一方向上的国际优势。

（4）星系的结构、形成与演化。利用LAMOST、FAST、德令哈毫米波望远镜、天马射电望远镜、丽江2.4米望远镜等多波段多手段观测设备、大规模数值模拟和原创物理思想，精细刻画银河系结构，探测宇宙各时期星系特性，构建精确的形成与演化模型，提升对星系及相关结构起源的认知，为研究宇宙起源、暗物质和暗能量等提供基础。

（5）超导量子探测与应用。开展超导传感器、探测器和超导电路前沿研究，形成超导传感器与探测器系列，性能达到国际一流，实现在量子信息、高精度卫星测距、单光子成像等领域的应用演示。

（6）超常环境下系统力学问题研究与验证。围绕高速巡航、深海油气水分离和高铁等重大工程，用系统力学方法，突破高超巡航理论，攻克多相流离心分离方法和材料/结构超高周疲劳损伤破坏等关键技术，形成系统解决方案，实现高超声速巡航飞行验证、深水油气水分离技术验证和高速列车关键部件增寿验证。

3. 化学与交叉方向

（7）功能体系的分子工程与分子成像。瞄准分子间相互作用的协同效应与表界面结构可控构筑等关键科学问题，探究不同层次分子纳米结构与功能之间的关系，发展具有极限分辨能力的结构表征与性质测量技术，实现兼具空间、时间、能量分辨的跨尺度物理化学性质研究及成像技术，以光电功能体系的精准创制为核心，以多组分和多层次纳米组装为手段，构建面向可穿戴与人工智能应用的功能模块，推动分子功能与纳米体系的创制向智能化方向发展。

（8）能源化学转化的动态本质与调控。以解决我国能源化学转化过程中的重大科技问题为目标，发展新的实验技术、理论方法及模型，实现相关化学反应的高灵敏度原位动态探测，在微观的原子分子水平和宏观的统计水平两个层次揭示燃烧、多相催化和光催化等重要过程的基本规律和机制，并实现动态调控。

（二）先进材料（4个）

1. 材料创制方向

（9）高性能材料结构设计、制备与应用探索。以“材料基因组”理念为基础，设计与开发高性能金属、能量转换和生物医用材料，实现石墨烯和碳纳米管的规模控制制备，发展材料结构与性能的多尺度调控新理论，大幅提升纳米金属材料、热电材料、二维原子晶体材料和生物医用材料的综合性能，为信息、高端装备制造、新能源和人类健康等战略性新兴产业的发展提供坚实的理论基础和技术支撑。

（10）人工合成天然橡胶。研究低成本高纯异戊二烯单体生产技术，开发系列化高性能新产品，持续推进天然橡胶的人工合成产业化工作，实现规模化生产，保障已建成的年产3万吨级稀土异戊橡胶产业化装置安全稳定运行。

2. 新材料应用方向

（11）变革性纳米产业制造技术聚焦。加强以锂电池为主的长续航、安全动力电池研发，以纳米科技提升动力电池的产业水平；推动实现纳米绿色印刷、纳米印刷电子和3D打印在若干重要产业的应用；发展甲烷无氧制烯烃等纳米催化技术，实现甲烷等大宗化学品的高效利用。

（12）新能源汽车。集成我院在电池、电机、电控及轻量化车身材料研发优势，支撑国产汽车企业打造新一代新能源汽车。重点研究开发高性能动力锂电池、低成本碳纤维及其复合材料部件，解决批量生产过程中的工艺和工程问题，实现以碳纤维复合材料为车身结构主体的新能源汽车投放市场。

（三）能源（5个）

（13）聚变等离子体物理前沿研究。依托完成重大升级改造工程的EAST装置，解决稳态高性能等离子体物理研究若干关键科学技术问题，突破1～2个聚变堆建设关键科学技术瓶颈，使我国高性能稳态等离子体研究长期保持国际领先水平。

（14）煤炭清洁高效利用技术与示范。开展煤热解—燃烧、热解—气化系统集成技术研发，完成350MW超临界循环流化床等技术示范，提升能效5～8个百分点；优化提升煤转化/合成关键技术，完成系列煤制油气、高值化工品示范工程，实现石油替代3000万吨以上，推进煤炭利用行业技术进步。

（15）未来先进核裂变能。突破全部关键技术和集成技术，掌握系列关键材料、工艺和专用设备研发技术，建成世界首座熔盐仿真堆，建成以钍铀循环实验验证为目的2MWt熔盐实验堆，总体技术水平达到国际领先，并通过与企业合作形成TMSR技术产业链。建成快中子通量达10^{14}的加速器驱动乏燃料再生循环验证系统，开展100g量级的乏燃料处理实验，进行再生燃料模型组件、结构材料的辐照考验，完成嬗变、增殖、产能一体化验证，为核裂变能可持续发展提供原创性的系统解决方案，与企业进行实质性合作，建设规模化研发示范基地。

（16）基于高效热工转换的先进动力技术。开展轻型发动机与新原理发动机技术研发，建立轻型动力推进设计研发验证体系；开展分布式能源系统动力岛高效动力技术研发，完成35MW燃气轮机示范验证。

（17）可再生能源与多能互补应用示范。集成我院光伏、光热、风电，以及压缩空气储能、全钒液流电池、钠硫电池等大规模储能和分布式供能等多项关键技术，在张家口可再生能源应用综合创新示范区等地，完成多能互补技术规模化应用示范，为后续产业化奠定基础。

（四）生命与健康（17个）

1. 健康方向

（18）脑科学与类脑智能研究。以脑认知功能的神经基础和类脑智能计算模型为核心科学问题，在脑科学、脑机智能技术和脑疾病早期诊断精准干预等前沿领域，取得国际领先的成果，促进我国人口健康与智能产业发展。

（19）生物超大分子复合体的结构、功能与调控。以生命过程中重大基础科学问题为导向，以发展生物大分子复合体研究的新技术新方法为支撑，在染色质与遗传信息解码、膜蛋白结构功能、生物膜整合、病原体等超大分子机器等领域开展研究，在染色质高级结构、细胞自噬、真核膜蛋白、高致病性病原体、非编码核酸、原位生物成像等方向产出重大成果，推进对生命本质的认知与理解。

（20）细胞命运决定的分子调控。围绕核酸修饰与代谢对表观遗传的调控、信号网络对细胞谱系建立的调控、亚细胞结构动态变化对细胞活动的调控三大主要内容，破解生物分子调控细胞增殖与运动、分化与转分化、凋亡与坏死、衰老与病变等奥秘。

（21）病原微生物与宿主免疫。聚焦重要病原微生物的溯源与跨种传播机制及其与宿主的相互作用，研究病原微生物传播过程与突变规律、病原微生物建立和维持感染的关键机制，以及宿主对病原体的免疫应答和保护等重要科学问题，为发展有效的传染病预防与治疗提供新靶标和新策略，为我国重大传染病防治提供理论基础。

（22）个性化药物——基于疾病分子分型的普惠新药研发。以肿瘤和代谢性疾病为核心，针对中国人群高发的肝癌、胃癌、Ⅱ型糖尿病等重大复杂性疾病，发展个性化药物研究的新理论、新方法和新技术，推动实现从疾病分子分型到个性化药物研发模式的变革。

（23）器官修复与再造。针对神经、心血管、消化、生殖及代谢等系统的重大疾病，以实现组织再生、器官修复、器官再造和替代为目标，解答细胞潜能及命运转变机制等基础性科学问题，研发器官修复及再造的关键技术，促进人民健康水平提升和健康产业发展。

（24）生物合成。围绕绿色低碳可持续发展的需求，基于合成生物学和系统生物学等手段，重点发展酶催化体系及细胞催化体系，实现重大化工产品的生物合成，发酵产品技术提升以及重污染行业的绿色清洁生产，推动生物基材料产业发展，发展单细胞高通量筛选等技术平台建设，在生物制造业领域实现一批关键技术体系和代表产品的突破，推动产业竞争力提升。

（25）健康保障技术与装备。以提高城乡居民体质机能、慢病知晓率与控制率和健康老龄化为目标，综合应用生物、物理、信息、工程材料等学科相关研究手段，开发健康辨识、评估、决策、干预等各类健康管理技术与产品，开展基于生物传感、穿戴设备和移动医疗技术的健康大数据收集、分析与应用。研发临床急需的高端医疗装备和低成本系列化健康促进装备，为建立普惠健康体系提供科技支撑。

2. 生物多样性方向

（26）动物复杂性状的进化解析与调控。跨物种、大尺度、多组学解析重要动物复杂性状的成因，以非人灵长类等重要动物为对象，实现高效的基因编辑和性状调控，建立复杂性状研究的进化系统生物学理论技术体系，为人类疾病防治、动物经济性状改良与特殊功能仿生提供新的理论和技术基础。

（27）战略生物资源评价与转化利用。构建国家战略生物资源产业化服务体系，系统开展生物资源的发掘与功能评价，及其在工业和农业领域的应用研究，将生物资源转化为活性中间物质库，并与下游企业合作，转化活性物质为潜在的药物和功能化合物，促进生物产业发展，并提供系统解决方案。

（28）大尺度区域生物多样性格局与生命策略。通过大数据驱动手段，对各门类的整体生物多样性进行集成研究。通过环境 DNA 条形码、大样地野外试验观测和遥感可视化技术的应用，定量、定位、精细研究生物多样性格局动态和物种适应策略，探索建立具有普适意义的生命策略指数，预测物种兴衰和分布格局态势，实现生态学和进化生物学领域的重大突破。

3. 现代农业方向

（29）基于生物信息流操纵的病虫害导向性防控重大原理与技术。系统解析作物病虫害爆发成灾过程中，生物间信息流的信号途径及其调控的分子机制，对信息流进行人工模拟、干扰和操纵，发展创新性的病虫害防治策略和生命科学通用技术，在作物病虫害防控重大科学理论上实现新突破。

（30）解析植物特化性状形成和定向发育调控机制。重点研究植物复杂性状形成的遗传及物质与能量代谢基础，阐明植物生长发育的分子调控机制以及性状形成的环境塑造机制，创新高产、优质、高效、可持续的农业生产理论体系。

（31）分子模块设计育种创新体系。以水稻为主，小麦、鲤等为辅，解析高产、稳产、优质、高效等重要农艺（经济）性状的分子模块，揭示分子模块系统解析和耦合规律，优化多模块组装的品种设计最佳策略，培育产量显著提高的初级模块设计新品系（种），创建新一代超级品种培育的系统解决方案和育种新技术，建立现代生物技术育种创新体系，为保障我国粮食安全提供科技支撑。

（32）农业转型发展示范。在“渤海粮仓”示范工程基础上，针对产能提升潜力巨大的 60% 中低产田（8 亿亩）连片主要分布区域，从改土提质—耐逆适生—优化资源—精准管理—模式创新—产业化 6 个方向，进行基础研究、共性关键技术和技术集成示范 3 个层次全链条设计和创新，开展中低产田改造科技工程，实现增产增效可持续。

（33）现代农业区域示范。在东北平原开展适合于现代化大型农场的机械化、信息化、智能化高效农业生产技术集成；在呼伦贝尔和宁夏、甘肃等地，构建生态草业技术研发与应用以及“引草入田”技术集成与示范；在西部省区因地制宜开展特色高值生态农业技术集成与示范；在青海等少数民族聚集区，探索构建市场化可行的农牧民增收技术体系。

（34）环境友好的近海养殖技术。在山东、广东等地建设海洋生态牧场，形成鱼虾参贝藻的品种创制、健康养殖、病害防治的关键技术集成，发展精深加工，在典型海域构建海洋生态牧场示范样板，产生显著的社会经济效益。

（五）海洋（3 个）

（35）海斗深渊前沿科技问题研究与攻关。聚焦深渊科学前沿问题，建立我国深渊生物、地质和环境的海斗深渊学科体系；发展深渊探测装备和技术体系，支撑我国深渊科学研究及技术攻关。

（36）海洋生态环境安全工程。开展全息生态系统重构、珊瑚岛礁稳态与地质安全、装备防腐耐蚀技术和海洋环境智能立体观测等研究，为生态环境安全格局建设、提升生态系统服务功能、促进永续发展提供科技支撑。

（37）海底科学观测网和装备研究及示范。建设海底科学观测网重大基础设施，发展深海声学观测装备、深海作业装备和海底矿产资源调查与开发技术，研制全海深多波束测深系统、4500 米级载人潜水器、6000 米级无人潜水器和 11000 米级潜水器等装备，实现全天候、综合性、长期连续实时观测海洋内部过程及其相互关系的目标，为国家海洋安全、深海能源与资源开发、环境监测、海洋灾害预警预报等研究提供支撑，推动海洋观测技术发展。

（六）资源生态环境（11 个）

1. 资源方向

（38）页岩气勘探开发基础理论与关键技术。根据页岩气勘探开发流程，着力解决生储机制与评价方法、缝网压裂机制、甲烷输运机制与多尺度渗流等科学问题，突破原地气量测试、水平钻井高精度地质导向、无水压裂等核心技术，建设微纳尺度研究和测试平台。

（39）深地智能导钻理论与技术体系。开展高温高压传感器关键技术、深层随钻测井技术与装备、深层导向控制技术与装备、系统集成与井场试验等研究，形成一套完整的智能化旋转导向技术与装备，为我国实现深层—超深层油气资源勘探开发提供科技支撑。

（40）特色金属矿藏的高效清洁综合利用。完成多项钒钛磁铁矿等特色资源的高效清洁利用示范工程建设与投产，加快钒钛铬等金属的高值利用，提高我国战略金属资源保障量，促进我国钒钛铬等产业可持续发展。

2. 生态环境方向

（41）青藏高原多层圈相互作用及其资源环境效应。围绕青藏高原各圈层相互作用的基本特征、过程和机理的研究，在印度与欧亚大陆碰撞时间与方式、高原隆升古高度、西风与季风影响及其环境效应等方面实现新的科学突破，并对青藏地区经济社会发展作出贡献。

（42）大气灰霾追因与控制。以京津冀、长三角、珠三角为重点区域，阐明灰霾形成的关键物理化学机制，识别关键污染物，确定大气污染物跨区、跨界输送量，发展大气污染预测、诊断及控制决策模型，研发关键污染物源控制和过程控制技术，进行区域应用示范。

（43）典型污染物的环境暴露与健康危害机制。围绕我国典型区域污染物的暴露特征、主控因子及优控污染物名录、生物分子间作用机制及表观遗传效应等核心科学问题，在暴露与生物有效性、毒性通路和表观遗传等分子机理方面取得国际水平的原创成果。

（44）土壤—微生物系统功能调控及土壤污染治理。围绕多尺度典型土壤生物的多样性与区域分布规律、土壤生物影响氮磷生物地球化学循环、土壤—植物—微生物之间的相互作用等核心科学问题，整体提升对我国土壤微生物资源的认知水平，通过调控土壤微生物显著提高养分利用率。深化土壤重金属污染治理技术与模式研究，推动土壤重金属污染治理国家综合示范区建设，根据不同污染典型地区、不同污染类型和污染强度开展“分区分类分级”示范工程建设，初步构建覆盖全国的网络化示范平台，在国家土壤污染治理工作中发挥骨干引领作用。

（45）全国及重点区域生态环境评估与修复。优化监测技术与评估方法，开展国家尺度及长江经济带、丝绸之路经济带等重点区域生态环境变化状况评估与资源环境承载能力评价；构建因地制宜、兼顾生态与经济效益的脆弱生态系统修复与保护技术体系，为国家推进主体功能区、“两屏三带”建设提供技术支持和决策依据。

（46）典型区域水体污染综合治理技术。针对京津冀、长三角等城市密集区水体污染的严峻形势，选择空间尺度适宜的典型区域，开展城市黑臭水体、农村分散性污水、湖泊富营养化水体、农业面源污染的综合整治技术试验示范，并逐步进行推广应用，为国家和区域生态文明建设提供示范。

（47）重大建设工程防护。针对重要交通干线、重大水利水电工程、重点城镇周边生态环境保护、自然灾害防治等需求，进行风险评估及管理，研发受损生态系统快速重建、风沙防护与清除、滑坡泥石流等地质灾害综合防治、高边坡安全防护、路基稳定性防护等技术体系并进行工程示范，为相关重大工程和人民群众生命财产安全提供科技支撑。

（48）“一带一路”典型区域地缘环境系统演化模拟研究。依托现代地理信息技术、大数据技术和空间对地观测等手段，开展重大自然灾害、环境资源格局与演化、极端气候事件、热点地区突发社会事件的监测与追踪，对其地缘环境影响进行模拟、预警和对策研究，提升对“一带一路”沿线重大事件及其地缘环境影响的应对能力，建立及时可用的快速预警体系和系统解决方案。

（七）信息（7个）

1. 信息方向

（49）量子通信。加强核心器件的自主研发，加强与经典网络的融合（如云加密等），推动标准制定，开展城域量子通信、城际量子通信、卫星量子通信关键技术研发，初步形成构建空地一体广域量子通信网络体系的能力，并在全天时卫星量子通信技术上取得突破。

（50）网络空间安全关键技术与应用。加强新型密码理论、新型防御理论等基础前沿理论研究，突破基于体系结构的新型内置安全、网络空间态势感知预警处置、大数据安全与隐私保护、网络空间信任体系、网络空间安全审查、关键信息基础设施安全防护技术等核心关键技术，切实解决一批制约我国网络空间安全的重点、难点科技问题，发挥骨干引领作用，为国家网络强国战略提供强有力科技支撑。

（51）高效能计算与网络通信关键技术及应用。提出高能效（100GOPS/W）网络计算体系结构，研发可重塑处理器芯片；研制自主可控的桌面操作系统并推广应用；研制物端计算机、服务路由器、超级基站等核心设备，构建世界领先的服务中心网络、5G 无线通信和天地一体化网络，为重点行业信息化应用、物联网及信息产业发展提供核心关键技术支撑。

（52）大数据与人工智能。加强大数据应用中的基础科学问题研究，研究开发大规模机器学习方法及模式识别技术，突破具备深度理解能力的多源异构感知大数据处理模型，开发具有产业引领作用的软硬件关键技术，提升大数据处理能力，建立面向大数据的人工智能方法与技术，并在相关应用领域发挥不可替代的作用。

（53）人机交互与虚拟现实。面向自然人机交互，突破对视觉、听觉等交互信息的理解，探索新型交互手段。研究对环境和人类行为的三维感知、建模、传输、绘制、显示和交互等关键技术，开发高精度三维相机、实时逼真绘制、像素级高精度定位跟踪、大规模物理和行为实时渲染、多感官虚实融合交互、真三维显示等技术和装置，建立基于互联网的虚拟现实内容和交互标准，实现远程沉浸式虚拟现实系统，突破人类对现实疆域的限制，拓宽人类的想象空间。

（54）集成电路与核心基础器件。在集成电路先进工艺、大尺寸硅片材料、光刻机部件等方面实现突破，自主研制新型高功率电力电子器件及各类传感器，实现自主可控的核心基础器件在高铁、电力、新能源汽车等领域的规模化应用。开展相关微电子器件、激光器件、光电探测器以及光波导、光放大器、光开关等光子学基础元器件研制及产业化工作。研究高清激光显示核心器件的产品化设计及其生产技术，并实现规模化生产，推动高清系列化激光显示产品进入消费市场。

2. 智能制造方向

（55）机器人与超精密极端制造。开展下一代机器人关键技术和核心部件、工业物联网及网络协同制造等研究，研发高端工业机器人、特种机器人、服务机器人、无人智能装备系统、智能制造管控技术，构建面向重点行业的智能制造整体解决方案。开展超精密极端制造工艺与装备研究，开发极大规模集成电路工艺与装备，构建超精密极端制造平台，为提升国家制造业能力和水平提供技术支撑。

（八）光电空间（5 个）

（56）空间科学先导专项（二期）。完成“十二五”立项卫星发射任务，力争在空间天文、空间物理、微重力科学和空间生命科学等领域获得重大科学发现与突破。立项研制 3 ～ 6 颗卫星，争取在 2020 年前后发射，在地球空间耦合规律、引力波电磁对应体探测、全球变化与水循环、太阳磁层与爆发活动关系等方面取得原创性成果。

（57）载人空间站及空间实验室空间应用。开展天宫二号空间实验室、天舟一号货运飞船和空间站核心舱科学研究、实验及地面应用等任务；开展多功能光学设施、科学实验柜、应用信息系统及在轨支持系统设计与研制，为空间站应用任务实施奠定基础；研制与运行国际首台空间冷原子钟；开展星地量子密钥通信实验；开展宇宙伽马射线高灵敏度偏振探测，开辟天文观测新窗口。

（58）月球与首次火星科学探测。完成嫦娥五号、嫦娥四号和我国首次火星探测的地面应用系统、有效载荷与测定轨相关研制及建设任务。开展月球采样返回样品存储、处理、制备与研究工作；开展月球背面低频射电天文观测，在国际上首次建立集地形地貌、地质构造、物质成分、浅层结构于一体的月球背面局地综合地质剖面；开展火星大气电离层及表面气候与环境、表面形貌与地质构造等探测与研究。研究与制定后续的月球、火星和小行星探测任务的科学目标。

（59）北斗全球卫星导航系统。面向北斗全球组网系统建设，开展组网卫星研制，分批提升组网卫星性能指标，确保2020年建成全球系统。进一步提升导航卫星小型化、轻量化、智能化和低成本设计能力，具备高性能与高功能密度载荷平台一体化总体设计能力，实现中高轨道导航卫星长寿命高可靠。

（60）平流层飞艇。设计研制长航时、长驻空动力飞行平流层飞艇系统，突破系列核心关键技术，成功实施2万米高度驻留试验验证，在国际上率先掌握在平流层高度具备一定载荷能力的可控飞艇作业平台技术，带动相关学科与技术发展，形成新的经济增长点。

二、塑造未来新优势的重点培育方向（80个，不含国防科技创新）

（一）基础前沿交叉（17个）

1. 数学与交叉方向

（1）有穷与无穷维数学的若干前沿研究

（2）应用数学关键共性方法

2. 物理与交叉方向

（3）多波段引力波宇宙研究

（4）基于原子的精密测量物理交叉前沿

（5）面向未来信息技术的量子物态及调控

（6）基于特殊结构的光电磁新效应

（7）可控可集成低维量子结构

（8）软物质科学及交叉前沿研究

（9）极端条件下的天体物理过程与现象

（10）重大工程力学前沿技术研究

（11）激光前沿技术研究

（12）依托重离子加速器的核物理前沿和交叉研究

（13）依托同步辐射光源、散裂中子源、稳态强磁场等平台型大科学装置的多学科研究

（14）基于高能加速器的粒子物理前沿研究

3. 化学与交叉方向

（15）新物质创制和新功能发现

（16）绿色碳科学

（17）精细化学品变革性工业生产技术

（二）先进材料（4 个）

（18）多级次纳米结构的精准制备与功能

（19）关键结构材料与材料研究新方法

（20）核电关键材料研发与服役安全保障技术

（21）新型功能材料研究与应用探索

（三）能源（5 个）

（22）先进微电网及电力电子技术基础研究

（23）先进电能源与动力系统应用基础研究

（24）可再生能源前沿技术研究

（25）清洁能源高效转化机理与关键技术

（26）介尺度科学理论及工程应用

（四）生命与健康（22 个）

1. 健康方向

（27）生物大数据研究

（28）核酸与人类健康

（29）灵长类动物表型与遗传

（30）细胞发育分化分子机理

（31）精准医学研究

（32）生殖生物学

（33）计算与系统生物学

（34）生物膜动态过程

（35）表观遗传调控与功能

（36）合成生物学

（37）先进生物制造

（38）生物安全科技支撑体系建设

（39）新型疫苗、抗体及生物类似物开发及评价技术

（40）重大和罕见疾病防治药物的作用新机制、新靶点和新策略研究

（41）生命科学新技术新方法
（42）生命科学与数理、化学、技术科学交叉前沿研究
2. 生物多样性方向
（43）生物 DNA 条形码、生物多样性编目与信息化
（44）物种的形成、协同进化及其对特殊环境的适应
（45）生物多样性的丧失动态与濒危物种的评估和保护
（46）恶性外来物种的入侵机制与防治技术
3. 现代农业方向
（47）植物工厂关键技术研发与集成
（48）农作物新品种创新培育

（五）海洋（5个）

（49）海洋多圈层典型作用过程与环境效应
（50）近海生态安全
（51）深远海环境微生物资源挖掘与利用
（52）热带海洋和北冰洋、南大洋关键海域先导性研究
（53）地外海洋系统先导性研究

（六）资源生态环境（11个）

1. 资源方向
（54）地球内部运行机制与表层响应
（55）“丝路沧海”地质演化与资源能源效应
（56）重大特色资源清洁转化与循环利用
2. 生态环境方向
（57）生物演化与环境
（58）地球系统数值模式
（59）比较行星学
（60）典型地质灾害预测预报与防控
（61）冰冻圈变化及其影响研究
（62）陆地表层自然与人文要素的耦合过程
（63）城市生态系统过程与人类胁迫机制
（64）新兴污染物评价与控制技术

（七）信息（11 个）

1. 信息方向

（65）新型计算体系结构

（66）超低功耗处理器技术

（67）新型器件机理及微纳器件研究

（68）多模态传感技术

（69）下一代互联网技术和新一代光通信技术

（70）光子信息技术和光电集成技术

（71）类脑计算与智能

（72）混合智能与人机协同

（73）面向移动互联的核心基础软件

2. 智能制造方向

（74）先进制造新原理与前沿技术

（75）精密感知与控制

（八）光电空间（5 个）

（76）空间激光通信技术

（77）超高分辨率有效载荷前沿技术

（78）超高精度时空基准技术

（79）模块化微纳卫星智能制造技术

（80）新一代导航技术

专栏 9　重大突破和重点培育方向领域分布

八个重大创新领域	重大突破	重点培育方向
1. 基础前沿交叉	8	17
2. 先进材料	4	4
3. 能源	5	5
4. 生命与健康	17	22
5. 海洋	3	5
6. 资源生态环境	11	11
7. 信息	7	11
8. 光电空间	5	5
合计	60	80

三、研究所分类改革和国家实验室建设

按照“率先行动”计划的部署，在持续深入实施研究所“一三五”规划和总结四类机构试点经验的基础上，进一步加强顶层设计，统筹领域布局，创新体制机制，继续推进研究所分类改革。结合四类机构建设，在相关重点领域进一步集成和发展优势，积极组织力量承担国家实验室建设任务。

（一）深入推进研究所分类改革

坚持创新研究院、卓越创新中心、大科学研究中心、特色研究所的定位，瞄准世界科技前沿，聚焦国家战略目标和经济社会发展的重大需求，突出我院优势和重点发展方向，在基础前沿交叉、先进材料、能源、生命与健康、海洋、资源生态环境、信息、光电空间等八个重大创新领域和国家重大科技基础设施、数据与计算平台等两类公共支撑平台，统筹做好顶层设计，明确四类机构建设的整体布局，体现不可替代性，防止新的碎片化和低水平重复建设，促进“三重大”产出目标实现。统筹考虑不同类型机构间的有机联系和转换，统筹国家任务和国家实验室建设，在相关领域形成整体竞争力。

专栏 10　研究所分类改革——四类机构

- 面向国家重大需求，组建若干科研任务和国家战略紧密结合、创新链与产业链有机衔接的创新研究院。
- 面向世界科技前沿，建设一批国内领先、国际上有重要影响的卓越创新中心。
- 面向国民经济主战场，依托具有鲜明特色的优势学科，建设一批具有核心竞争力的特色研究所。
- 依托国家重大科技基础设施，建设一批具有国际一流水平、面向国内外开放的大科学研究中心。

总结“十二五”时期四类机构建设试点经验，分析试点工作中出现的问题，制定实施深入推进研究所分类改革指导意见，以坚持标准、注重质量、优化结构、提升能力为原则，围绕八个重大创新领域，整合力量，集成优势，统筹布局四类机构建设，积极稳妥深入推进研究所分类改革。加强研究所分类改革的顶层设计和统筹协调，紧扣根本性、关键性、深层次问题，深化和落实分类改革重大举措，完善政策调控和制度设计。根据四类机构的不同特点，健全优化分类定位、分类组织创新活动、分类评价、分类配置资源的体制机制和制度体系，提高政策区分度和针对性。构建四类机构之间紧密合作、开放协同、动态转化的运行机制，建设引领相关领域科技发展的国家创新高地。

对已经启动建设的四类机构，严格按照试点方案和建设标准进行验收，根据验收情况强化择优支持，落实动态调整和退出机制。对尚未进入四类机构的研究所，按照“一三五”规划部署继续择优支持，指导和推动研究所按照分类定位的方向和要求，进一步练好内功，不断增强核心竞争力。

（二）积极组织力量承担国家实验室建设任务

按照党的十八届五中全会精神，根据国家“十三五”规划部署，积极组织力量承担国家实验室建设任务，力争在我国国家实验室建设中发挥核心骨干和引领带动作用。

专栏 11　国家实验室

党的十八届五中全会提出，要在重大创新领域组建一批国家实验室。这是一项对我国科技创新具有战略意义的举措。要以国家实验室建设为抓手，强化国家战略科技力量，在明确国家目标和紧迫战略需求的重大领域，在有望引领未来发展的战略制高点，以重大科技任务攻关和国家大型科技基础设施为主线，依托最有优势的创新单元，整合全国创新资源，建立目标导向、绩效管理、协同攻关、开放共享的新型运行机制，建设突破型、引领型、平台型一体的国家实验室。这样的国家实验室，应该成为攻坚克难、引领发展的战略科技力量，同其他各类科研机构、大学、企业研发机构形成功能互补、良性互动的协同创新新格局。

——习近平《为建设世界科技强国而奋斗——在全国科技创新大会、两院院士大会、中国科协第九次全国代表大会上的讲话》

在事关我国经济社会发展的能源、材料、信息，事关国家安全和核心利益的空间、海洋，事关可持续发展的生命与健康、资源生态环境，事关国家原始创新能力的前沿科学与未来技术等八个重大创新领域，以及国家重大科技基础设施、数据与计算平台等两类公共支撑平台，发挥国家战略科技力量的建制化优势，积极组织力量承担国家实验室建设任务。

专栏 12　八个重大创新领域与两类公共支撑平台

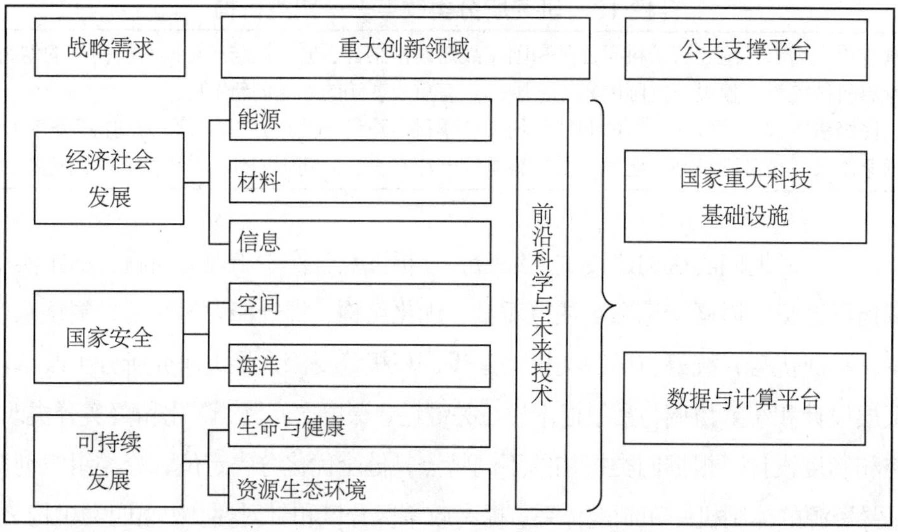

在上述八个重大创新领域和两类公共支撑平台，按照国家实验室的定位、方向和建设目标与要求，强化科技布局，创新体制机制，集成院内外优势力量，承担国家实验室建设任务。

在承担国家实验室建设任务过程中，集成四类机构和全院乃至全国优势资源，开展前沿性、系统性、集成性科学研究，建设跨学科、大协作和高强度支持开展协同创新的研究基地，解决事关国家全局和长远发展的重大科技问题，有效支撑和引领创新发展。精心设计和大力推进改革，加强创新驱动的组织整合，探索建立具有鲜明中国特色的国家科研机构新型治理体系，引领我国科技体制改革。

四、重大创新活动的组织实施

坚持以国家重大需求和重大科学问题为牵引，充分发挥我院建制化和综合交叉优势，紧密结合四类机构和国家实验室建设，在院层面与国家重大科技任务和有关规划部署衔接，在研究所层面与院科技布局和“一三五”规划衔接，探索和完善跨所、跨学科、跨领域协同攻关的体制机制，创新和健全大体量、长周期、全链条开展创新活动的组织模式，统筹抓好重大科技创新活动的组织实施，致力于实现重大创新突破，促进重大成果产出。

（一）积极建议承担和完成国家重大科技任务

围绕国家“科技创新 2030—重大项目”部署启动的重大科技项目和重大工程，在航空发动机及燃气轮机、深海空间站、量子通信与量子计算机、脑科学与类脑研究、国家网络空间安全、深空探测及空间飞行器在轨服务与维护系统、种业自主创新、煤炭清洁高效利用、智能电网、天地一体化信息网络、大数据、智能制造和机器人、重点新材料研发及应用、京津冀环境综合治理、健康保障等方面，积极组织力量牵头或参与承担重点任务，发挥骨干和关键作用。

专栏 13　科技创新 2030—重大项目

重大科技项目：

1. 航空发动机及燃气轮机。开展材料、制造工艺、试验测试等共性基础技术和交叉学科研究，攻克总体设计等关键技术。

2. 深海空间站。开展深海探测与作业前沿共性技术及通用与专用型、移动与固定式深海空间站核心关键技术研究。

3. 量子通信与量子计算机。研发城域、城际、自由空间量子通信技术，研制通用量子计算原型机和实用化量子模拟机。

4. 脑科学与类脑研究。以脑认知原理为主体，以类脑计算与脑机智能、脑重大疾病诊治为两翼，搭建关键技术平台，抢占脑科学前沿研究制高点。

5. 国家网络空间安全。发展涵盖信息和网络两个层面的网络空间安全技术体系，提升信息保护、网络防御等技术能力。

6. 深空探测及空间飞行器在轨服务与维护系统。重点突破在轨服务维护技术，提高我国空间资产使用效益，保障飞行器在轨安全可靠运行。

重大工程：

1. 种业自主创新。以农业植物、动物、林木、微生物四大种业领域为重点，重点突破杂种优势利用、分子设计育种等现代种业关键技术，为国家粮食安全战略提供支撑。

2. 煤炭清洁高效利用。加快煤炭绿色开发、煤炭高效发电、煤炭清洁转化、煤炭污染控制、碳捕集利用与封存等核心关键技术研发，示范推广一批先进适用技术，燃煤发电及超低排放技术实现整体领先，现代煤化工和多联产技术实现重大突破。

3. 智能电网。聚焦部署大规模可再生能源并网调控、大电网柔性互联、多元用户供需互动用电、智能电网基础支撑技术等重点任务，实现智能电网技术装备与系统全面国产化，提升电力装备全球市场占有率。

4. 天地一体化信息网络。推进天基信息网、未来互联网、移动通信网的全面融合，形成覆盖全球的天地一体化信息网络。

5. 大数据。突破大数据共性关键技术，建成全国范围内数据开放共享的标准体系和交换平台，形成面向典型应用的共识性应用模式和技术方案，形成具有全球竞争优势的大数据产业集群。

6. 智能制造和机器人。以智能、高效、协同、绿色、安全发展为总目标，构建网络协同制造平台，研发智能机器人、高端成套装备、3D 打印等装备，夯实制造基础保障能力。

7. 重点新材料研发及应用。重点研制碳纤维及其复合材料、高温合金、先进半导体材料、新型显示及其材料、高端装备用特种合金、稀土新材料、军用新材料等，突破制备、评价、应用等核心关键技术。

8. 京津冀环境综合治理。构建水—土—气协同治理、工—农—城资源协同循环、区域环境协同管控的核心技术、产业装备、规范政策体系。建成一批综合示范工程，形成区域环境综合治理系统解决方案。

9. 健康保障。围绕健康中国建设需求，加强精准医学等技术研发，部署慢性非传染性疾病、常见多发病等疾病防控，生殖健康及出生缺陷防控研究，加快技术成果转移转化，推进惠民示范服务。

——《“十三五”国家科技创新规划》

抓好已承担的载人航天与探月工程、高分辨率对地观测系统、极大规模集成电路制造装备及成套工艺、转基因生物新品种培育等国家科技重大专项，纳米科技、蛋白质机器与生命过程精确调控、典型脆弱生态修复与保护研究、战略性先进电子材料、地球观测与导航、量子调控与量子信息、深海关键技术与装备、大科学装置前沿研究等国家重点研发计划重点专项，以及国家重大科技基础设施建设等，高质量完成任务，突破一批重大科学问题和关键核心技术，提升我国、我院在相关重大创新领域的科技实力和核心竞争力。

积极参与国家重大科技任务规划，从科技发展趋势和国家重大需求中凝练提出重大科学问题，前瞻部署预先研究项目，为国家部署新的科技任务提供项目储备和建议。

按照改革后的中央财政科技计划项目组织和管理模式，加强院所两级统筹协调，组织建议承担国家自然科学基金、国家科技重大专项、国家重点研发计划、技术创新引导专项（基金）、基地和人才专项等五类科技计划重点任务。加强项目过程管理和绩效评估，促进重大产出。

在国防科技创新方面，适应军民深度融合发展和建立国防科技协同创新机制的新要求，在太空、海洋、网络空间等领域积极组织承担重大任务，抓好已承担的国防科技创新重大任务，重点突破战略性、前沿性关键核心技术，研发若干新型装备，发挥国防科技重要战略方面军的优势和作用，为保障我国传统安全和非传统安全提供有力科技支撑。

（二）认真组织实施战略性先导科技专项

围绕“率先行动”计划目标任务，聚焦国际科技发展前沿和国家重大需求，凝练相关领域重大科技问题，组织策划和部署实施若干新的先导专项。在南海生态环境安全、“天基互联网 +”、智能信息技术、泛在的信息化智能制造、海洋自主装备、重大工程材料、大宗民生化学品、乏燃料处理、清洁低碳能源、深层资源探测理论与装备、有序适应气候变化、特色资源高效利用、先进生物制造、慢病早期干预、组织器官再生与制造等方面，部署若干 A 类先导专项；在引力波研究、精密测量物理、新物质创制、细胞命运、地球内部运行机制与表层响应、能源化学转化、超强激光聚变物理、光子芯片、系统力学与验证等方面，部署若干 B 类先导专项。

认真抓好“十二五”期间部署的11个A类、16个B类先导专项的组织实施，按计划严格做好中期检查和验收工作，总结成绩经验，分析问题差距，建立健全动态调整机制；根据项目实施情况，研究推动部分项目二期计划。

加强对先导专项部署实施的组织协调和过程管理，推动先导专项的部署实施与国家重大科技任务相衔接，推动重大成果产出的开放共享和转化应用。

（三）部署和组织实施一批院重点项目

围绕院基础前沿和交叉领域的重点布局，围绕支撑服务“一带一路”等国家重大战略实施，围绕促进经济社会可持续发展，围绕国家安全和国防建设，聚焦院层面凝练出的重大突破和重点培育方向，结合四类机构和国家实验室建设，部署和组织实施一批重点项目。通过院部署重点项目，为策划和部署先导专项、建议或承担国家重大科技任务提供基础。聚焦新兴产业培育、支柱产业升级、现代农业发展、自然资源与生态保育、城镇化与城市环境等主题，推进科技服务网络计划；抓好“一带一路”国际科技合作计划、发展中国家科教合作拓展工程、促进科技成果转移转化专项行动等重点项目的组织实施。

五、科技促进经济社会发展

发挥科技创新在供给侧结构性改革中的基础、关键和支撑作用，围绕国家重大战略部署及区域经济社会发展科技需求，以科技成果转移转化专项行动为抓手，与地方政府、行业、企业合作，依托科技成果转移转化载体，形成以支撑和引领新兴产业发展壮大为目标的科技成果转移转化网络，重点推动一批基础好、见效快、带动性强的重大科技成果转化应用，为“大众创业、万众创新”提供有力的科技支撑，为产业结构优化升级和转型发展作出有显示度的贡献。

（一）积极参与区域创新体系建设，发挥辐射带动作用

充分利用我院科研机构、创新人才、科研设施、科技成果等相对集中的优势，积极参与北京、上海具有全球影响力的科技创新中心建设，发挥核心支撑和骨干引领作用。积极参与在京津冀、上海、安徽、广东、四川和沈阳、武汉、西安等区域系统推进的国家全面创新改革试验，发挥科技创新在全面创新中的引领作用。围绕京津冀协同发展、长江经济带发展、东北地区老工业基地振兴等国家重大战略部署，加强产学研合作，促进科技资源互联互通和开放共享，释放创新效能。支持中西部地区创新能力提升，加大对重点产业创新支持力度，强化科技创新对精准扶贫、精准脱贫的支撑作用。

（二）推动一批重大科技成果产出并落地转化

进一步加强先导专项等重大科技任务面向产业应用的前瞻布局；持续推进科技服务网络（STS Network）计划，实施科技成果转移转化重点专项，进一步聚焦目标，突出重点，集成优势资源，调

动社会资源，实施一批重大示范转化工程，提供一批关键技术和产品，提出一批关键系统解决方案，推动产业和产品向价值链中高端跃升。同时，深化体制机制改革，加强创新链、产业链、资本链“三链联动”，促进重大成果产出，支撑新兴产业发展。

（三）建立以知识产权为核心的科技成果管理体系

完善全院科技成果转移转化工作体系，建设覆盖知识产权创造、保护、运用及技术转移全链条的知识产权服务网络。加强知识产权创造，建立符合市场需求的知识产权分级分类评价机制，推进科研项目知识产权全过程管理，优化专利结构，提升专利质量，培育形成一批支撑产业创新发展的核心专利和专利组合。建设知识产权运营管理中心，以市场化方式与社会机构或院办服务机构合作，构建“运营管理中心”与若干“运营服务平台”组成的知识产权服务体系。设立成果转化与知识产权运营基金，以市场化机制支持科技成果工程化、产品化。引导院属单位加强知识产权管理，提高知识产权保护能力，促进知识产权投资和成果转移转化。

（四）培养培训科技成果转移转化的专业化人才队伍

依托中国科学院大学建设知识产权学院，培养知识产权专业化人才；依托联想学院，探索产学研相结合的多元化创新创业人才培养模式。设立“产研人才扶持项目”，对从事科技成果转化、带动产业升级的科技人才给予重点支持。派遣科技副职、企业科技特派员，组织科技人员深入基层开展科技成果转移转化活动。

（五）建设促进科技成果转移转化的创新载体

加强科技服务网络节点建设；深入推进“技术创新与产业化联盟”建设，做强做优做大院所投资企业，培育一批行业“隐形冠军企业”；建设新型孵化器和投资人超市，形成覆盖全国的科技孵化网络体系。加强工程实验室、工程（技术）研究中心等科研基地建设，构建以大科学中心为核心的产业技术创新平台，提升对行业和产业的服务能力。继续建好全国科学院联盟、野外站联盟和中国植物园联盟等跨部门平台。

（六）营造有利于科技成果转移转化的环境和氛围

制定落实《促进科技成果转化法》配套政策和制度，明确科技人员创新创业的权利和义务，建立鼓励和支持科研人员从事成果转移转化工作的人事管理新机制。将科技成果转移转化绩效纳入院评估体系。落实和研究完善股权激励政策，提高科研人员收益分配比例。按照“供给侧”改革要求，严把自主布局项目“入口”和产业化“出口”。配合“一带一路”等国家战略部署，促进科技成果向发展中国家转移转化。

第三章　国家创新人才高地建设

以提升人才质量、优化队伍结构为重点，持续加强人才队伍创新能力建设，加强院士队伍建设，深入实施人才培养引进系统工程，优化院所人力资源管理，推进人才队伍协调发展，深化人才发展体制机制改革，保持人才队伍创新活力，营造良好的人才发展环境。坚持“育人为本”，推进科教深度融合，优势互补，培养高层次创新创业人才。坚持培养和引进相结合，不断提升人才队伍的国际化水平。

一、院士队伍建设

（一）深化院士制度改革，完善院士增选机制

完善增选工作流程。坚守院士称号的学术性、荣誉性本质，加强院士队伍建设，致力于凝聚一支战略科学家队伍。进一步优化院士队伍的学科布局和年龄结构，注重及时将中青年优秀科学家选进院士队伍。

（二）健全院士管理制度，更好发挥院士群体作用

会同有关部门贯彻落实中央改进完善院士制度相关决策部署。配合有关部门实行院士退休制度，落实院士学术兼职和待遇的相关措施。进一步发挥院士群体明德楷模的作用，有效发挥院士在决策咨询、评审评估、科学普及和知识传播等方面的作用。

二、深入实施人才系统工程

（一）加强人才培养引进工作

通过系统设计人才计划、创新体制机制、优化政策环境、强化保障措施，大力加强高层次人才和优秀青年人才的培养引进工作。通过国家“千人计划”、“万人计划”引进和培养科技领军人才和青年拔尖人才。与国家人才计划相衔接，实施率先行动“百人计划”，按需引进学术帅才、技术英才和青年俊才。加强“青年创新促进会”建设，为有潜质的青年人才搭建平台、创造良好成长条件。加大对“特聘研究员”的稳定性收入保障，为核心骨干人才潜心致研营造良好环境。发挥用人单位的主体作用，加强人才项目过程管理，建立约束、退出机制。

（二）强化人才团队优势

引导研究所更加重视各类人才团队建设，形成人财物的有效凝聚。院择优支持一批卢嘉锡国际团队和创新交叉团队，加快人才基地建设。通过海内外、院内外优秀科学家的强强合作，进一步提升团队凝聚力和协同创新能力。

（三）提升人才队伍国际化水平

实施“国际人才计划”，充分利用国家“千人计划”和“外专千人计划”，吸引世界一流科学家和优秀青年科学家到我院工作、进修或访问。加大我院国际化人才培养力度，提高科研队伍的国际化水平，加强科研管理人才的国际化培训。拓宽青年人才的培养渠道，选派优秀青年人才或团组到国外先进机构交流学习；探索建立高级学者访学制度；加强外籍人才引进工作，进一步规范外籍科研人员的聘用和管理制度。进一步优化完善外籍人才的管理服务工作，增强对国际人才的吸引力。

（四）建立完善人才智力共享机制

坚持多方共赢原则，发挥我院人才、大科学工程和创新平台的优势，探索建立院属单位与院外大学、科研机构等的人才智力共享机制。积极采取措施加大力度，建立开放多样的国际人才智力共享机制，逐步形成有利于吸引和聚集国际优秀人才和智力的良好环境。

三、人才人事制度改革

（一）健全完善用人机制

落实国家《关于深化人才发展体制机制改革的意见》，着力破除体制机制障碍，改革用人管理模式，加快构建具有全球竞争力的人才制度体系。对事业编制和非事业编制工作人员实行分类管理。建立多元化聘期制度，科研单位对科技岗位事业编制人员实行有限期聘用、预聘和长聘制度，建立和落实人才流动制度，促进人员合理有序流动。强化考核的导向性作用，建立健全考核、退出机制。实行博士后聘用制度，加大对优秀博士来我院从事博士后研究的吸引力度，扩大外籍博士后规模。

（二）推进收入分配和社会保障制度改革

按照事业单位绩效工资制度，改革完善工作人员收入分配政策。推行适合高层次人才特点的薪酬分配激励机制，探索年薪制和协议工资制，进一步凝聚和稳定高层次人才。实施以增加知识价值为导向的分配政策，落实提高科研人员科技成果转化收益分享比例政策。改革完善工作人员退休养老和医疗保障制度，推动建立工作人员基本养老保险和职业年金。

（三）提升人力资源管理效能

明确院所两级人力资源管理职权，健全管放有度、权责清晰的管理模式。加强人力资源配置统筹协调，优化经费配置及保障机制。强化分类管理和用人单位主体责任，加强对人力资源管理的全过程指导和监督。

（四）实行四类机构新型人事管理制度

加强对不同类型机构人事管理的分类指导和制度建设。分类推进人才评价机制改革，建立健全以科技创新质量、贡献、绩效为导向的人才评价制度，提升人才评价的科学性。对四类机构工作人员实行岗位与职级并行的管理模式。鼓励四类机构在岗位设置、人员聘用、考核评价和薪酬管理等方面，开展多样化的探索。四类机构可结合其特点和实际，建立符合自身发展的岗位体系，强化按需设岗、以岗定薪，促进人员流动和动态更新。

四、科教融合教育体系建设

（一）建设科教融合、独具特色的人才培养体系

支持中国科学院大学、中国科学技术大学建设世界一流大学和一流学科。推进中国科学院大学与研究所共建科教融合学院，完善组织架构，建立由研究所承办大学学院的基本教育制度。坚持“全院办校、所系结合”的办学方针，提升中国科学技术大学办学水平和科研教学实力。与上海市合作办好上海科技大学。

建立和完善院内教育资源分配与共享机制，实现“共有、共治、共享、共发展”。建立院属研究机构科研和教育工作双考核制度。激发院属研究机构作为研究生培养责任主体的积极性，发挥分院和教育基地在研究生两段式培养中的重要作用。

（二）加强师资队伍建设

建立岗位教师聘任与薪酬分配等制度，设立院级教学成果奖，激励优秀教学工作者，鼓励一线高水平科研人员投身教学。组建一支由高水平科研人员组成的5000人规模岗位教师队伍。强化导师岗位责任制，完善导师遴选与评价制度，建设一支学术水平高、教学效果好、教育理念先进的师资队伍。

（三）完善研究生招生选拔制度

调整完善研究生招生指标配置方式，逐步建立起与生源质量、培养质量、学术水平、教学贡献等因素相结合的招生指标分配机制，将有限的招生指标匹配到高水平研究所和优秀导师团队。扩大博士招生选拔“申请—审核制”试点规模，在公开公平公正前提下，选拔热爱科学、有创新潜质的学生加以培养。

（四）加强学生培养管理工作

成立院学生思想政治工作领导小组，加强和改进学生思想政治教育。分类推进培养模式改革，倡导本科生三段式、硕士生两段式培养、博士生以科学研究工作为主的培养模式。加强和改进课程体系建设，改进课程教学方式，加强学生质疑精神和原创意识的培养。建立健全教育质量保证体系。加强学生职业发展教育和就业指导工作，提高学生就业创业能力。

（五）加强人才培养的国内国际合作

与教育部联合实施“科教结合协同育人行动计划”，实施“大学生创新实践训练计划”，加强与

院内外大学人才培养合作。实施 CAS-TWAS 院长奖学金计划，发展来华留学生教育工作。实施研究生国际合作培养计划，扩大与境外联合合作培养学生的规模。有计划地引进境外一流专家学者，提高外籍教师比例和质量。

专栏 14　中国科学院大学与中国科学技术大学

根据国家实施创新驱动发展战略的总体要求，在我院“率先行动”计划的指导下，发挥我院科研机构、学部、教育机构“三位一体”的综合优势，以提高人才培养质量为中心，完善科教融合的体制机制，改革研究生和本科生的培养模式，实现中国科学院大学与中国科学技术大学的跨越式发展。

中国科学院大学：到 2020 年，校部专任教师队伍人数近 1000 人，其中，正高级专业技术人员约 220 人；岗位教师约 3000 人。“十三五”期间，毕业研究生人数累计约 4.9 万人；数学、物理学、力学、天文学、化学、材料科学与工程、生物学、药学、大气科学、地质学、地理学、环境科学与工程、计算机科学与技术、电子科学与技术、管理科学与工程等一级学科达到国内领先，进入国际前列。

中国科学技术大学：到 2020 年，师资队伍人数约 2700 人，其中，正高级专业技术人员近 700 人。“十三五”期间，毕业研究生人数累计约 2.8 万人。理科学科群保持国内领先地位，工科学科群进入国内一流行列，若干前沿和新兴交叉学科跻身国际一流，管理人文学科特色和优势突出，产生一批具有重大科学价值和应用前景的原创成果。

第四章　国家高水平科技智库建设

更好发挥国家高端科技智库功能，把握好世界科技发展大势，研判和抓住世界科技革命的新方向，为国家科技决策提供准确、前瞻、及时的建议；建设三位一体的多层次、系统性、经常化、有重点的战略研究体系，使我院成为国家倚重、社会信任、特色鲜明、国际知名的科技智库。

一、学部发展

（一）加强学部组织建设

遵循院士章程，稳妥完成学部领导机构换届工作；根据学部发展实际需要，优化学部各专门委员会的职能和设置。加强道德自律，遵守科学道德，维护院士群体的荣誉，努力做到学为人师、行为世范。

（二）加强咨询评议工作

系统分析国家决策需求和发展战略问题，适应国家推进治理体系和治理能力现代化的新形势新要求，提高咨询工作的针对性和影响力，注重破解改革发展难题，注重研究全球性挑战的重大问题，注重体现科技内涵与特色，着力创新体制机制，着力加强顶层设计，着力夯实研究基础，着力开放合作交流，保证咨询工作的科学性和高质量，为国家宏观决策提供科学依据和咨询意见建议。

（三）加强学术引领工作

以持续开展学科发展战略研究为抓手，监测和预判科技发展的方向和趋势，准确把握科技发展布局和重点，加强对新兴交叉前沿领域的科技发展战略研究，引领部分领域实现跨越式发展，引导中国科学家开拓新的科学技术发展方向。以高水平学术活动和高质量学术期刊为平台，营造良好学术环境，开展穷理唯真、平等自由的学术交流，进一步提升学部学术工作的影响力。

（四）加强科学文化建设

高举科学旗帜，倡导爱国奉献，发扬学术民主，坚持追求真理、实事求是，坚持服务国家、造福人民，坚持百家争鸣、求同存异，着力发掘和弘扬学部优良传统，推进科学文化建设和科学教育与普及工作。

二、战略研究与咨询体系建设

（一）开展国家高端智库建设试点

按照国家高端智库试点要求，发挥"三位一体"综合优势，发挥学部主导作用和科学思想库建设委员会指导作用，凝聚整合全院相关优势力量，吸纳国内外高端智力资源，建设国家高水平科技智库，为国家和地方政府决策提供科学依据和咨询建议。加快科技战略咨询研究院建设，围绕促进科技发展和科技促进发展两方面开展战略研究，以重大产出为导向，持续推出高影响力和权威性的年度报告、咨询报告等品牌产品。

（二）构建院所协同的战略研究与咨询体系

加强统筹协调，完善工作机制，发挥院所两个方面积极性，通过制度安排、任务带动、平台凝聚等方式，组织院内外高水平专家队伍，开展多层次战略研究活动。发挥院发展咨询委员会和学术委员会及其专门委员会作用，加强重要科技领域和学科发展战略研究及咨询评议工作。鼓励和推动研究所建立战略研究组织，发挥研究所学术委员会的作用，持续开展战略研究活动。

（三）加强战略研究平台建设

持续稳定支持学部研究支撑机构和重要领域科技路线图战略研究组织建设；围绕科技创新活动规律、科技发展态势监测、科技创新发展体制机制改革等主题，建设若干持续开展相关工作的战略研究团队。发挥科技专家、软科学专家、管理专家、情报专家等各自优势，搭建相互交叉、深度融合的研究平台。

（四）以国家委托任务带动战略研究

组织跨所、跨学科的高水平专家队伍，积极承担和高质量完成国家及有关部门委托的战略研究、重大决策研究、第三方评估与决策咨询等任务，带动战略研究和咨询评估能力与水平提升。

第五章　国际一流科研机构建设

建设国际一流科研机构，必须以创新队伍、创新能力建设和优化科技布局为核心，着力建设适应国家发展要求、符合科技创新规律的现代科研院所治理体系，着力建设高效率开放共享、高水平支撑服务的科技基础设施和创新平台，着力建设面向全球的开放合作和协同创新网络，着力建设追求卓越、包容兼蓄、风清气正、充满活力的创新生态系统。

一、建设现代科研院所治理体系

（一）完善院治理结构

作为国家科研机构，在党中央、国务院领导下依法开展科技创新和管理活动，发挥国家战略科技力量的重要作用。建立和完善科研院所、学部、教育机构三位一体的宏观管理和运行体制，三者职能明晰、协调运行、有机统一。充分发挥院发展咨询委员会、学术委员会、教育委员会、科学思想库建设委员会的作用，提高院改革创新发展重大决策的战略性、科学性和协调性。

（二）建设科学高效的研究所治理体系

完善所长负责制，充分发挥党委的政治核心和保证监督作用，充分发挥学术委员会在科研布局、资源配置、科技评价等方面的咨询评议和学术监督功能，充分发挥职代会的民主管理和民主监督作用。探索建立由外部高水平专家和国家有关部门、行业、企业、用户等代表组成的理事会和咨询委员会制度，创新治理模式和方法，提高研究所发展战略、发展规划和重大决策的科学性。推动科研机构开放合作，促进人才交流和资源共享，在国家创新体系中发挥不可替代的重要作用。按照国家相关要求推进事业单位分类改革，积极探索院属事业单位去行政化。

（三）完善以院章为核心的政策和制度体系

按照科学、民主、规范、公开的原则，加强院政策研究和制度体系建设。修改完善《中国科学院章程》和《中国科学院研究所综合管理条例》，进一步明确我院发展定位。清理规范规章制度，完善政策和规章制度立改废释程序，提高政策和制度的有效性和执行力。有序推进院属研究机构制定章程，扩大自主权，提高自我发展、自我管理、自我约束的能力。贯彻落实中央关于科研领域“放管服”改革的有关要求，根据改革形势和发展要求，调整完善院所两级事权管理，构建责权明晰、规范有序、协调高效的制度体系，在科研立项、成果处置、岗位设置、用人管理、职称评审、薪酬分配、预算调整、基本建设、仪器设备购置等方面，向研究所下放一批管理权限，推动研究所向基层创新单元和研发团队放权，让领衔科技专家有更大的技术路线决策权、更大的经费支配权、更大的资源调动权，充分调动科研人员积极性、创造性。推动院机关职能从以管理型为主向以服务型为主转变，加强对院属单位的宏观指导和协调服务。

（四）优化院所两级规划管理体系

以院规划纲要为统领，以院重点规划、专门规划为支撑，以院属单位“一三五”规划为基础，构建院所两级三类规划体系。明确责任分工，加强过程管理和动态调整，抓好规划落实。建立以研究所“一三五”任务书为核心的所级规划管理体系，结合院层面“三重大”部署和研究所分类改革，推动研究所进一步明确定位，聚焦重点，促进重大产出，培育和发展核心竞争力。加强对“一三五”规划编制的组织协调，避免低水平重复和同质化、碎片化，提高科学性和可行性。加强“一三五”规划实施的宏观指导和督促检查。

（五）建立有利于重大产出的资源配置体系

探索建立新的资源统筹配置模式，强化资源配置与创新绩效、发展态势、资金使用效率挂钩，促进科研布局调整优化和重大成果产出，提高投入产出效益。落实完善科研项目资金管理等政策，强化预算管理、过程管理、绩效管理，引进第三方和社会公众监督机制，提高科研资金的使用效率和透明度。落实和完善科研项目间接费管理制度，提高用于人员激励的绩效支出比例。建立科研财务助理制度。健全科研项目和资金巡视检查、审计等制度，强化监管机制。根据科技创新和事业发展要求，加强可持续发展的资源保障体系建设。

（六）建立健全以科技创新质量、贡献、绩效为导向的分类评价体系

深化科技评价制度改革，配合研究所分类改革和国家实验室建设，探索并建立健全分类评价的指标体系和评价方法。组织开展四类机构试点验收工作，落实动态调整和择优支持政策。结合科技报告制度和创新调查、绩效管理试点工作，以研究所基础数据监测体系为基础，以研究所诊断评估和“一三五”任务书目标完成情况验收为重点环节，进一步完善以重大产出为导向的研究所评价体系建设。推广完善研究所国际评估制度，开展重大科技项目中期评估和验收工作。精简评估程序，减少不必要的评估，让科研人员有更多时间潜心致研。指导和推动研究所改革科技评价制度。

二、科技资源条件与基本建设

（一）加强重大科技基础设施和科研仪器装备建设和运行管理

高质量、按计划完成重大科技基础设施建设任务，积极争取和承担高能同步辐射光源等一批“十三五”新的建设任务。加强未来重大科技基础设施预先研究，为设施建设提供技术和工程储备。结合国家实验室建设、国家综合性科学中心和我院大科学研究中心建设，实现集群化发展。对部分运行设施进行升级改造，提升技术指标和综合性能，充分发挥科学效益。构建高水平的实验研究和观测监测公共平台，加强专业化技术支撑服务队伍建设，加强管理体制和运行机制创新，建成重大科技基础设施和科研装备共享服务体系。重点建设院所两级公共技术服务支撑体系，健全用户参与机制，发

展完善北京、上海、合肥等大型仪器区域中心。

专栏 15　中国科学院运行和在建重大科技基础设施

运行设施	在建设施
北京正负电子对撞机	500 米口径球面射电望远镜
兰州重离子研究装置	稳态强磁场实验装置
郭守敬望远镜	陆地观测卫星数据全国接收站网
合肥光源	武汉国家生物安全实验室
EAST 超导托卡马克核聚变实验装置	航空遥感系统
遥感飞机	散裂中子源
中国遥感卫星地面站	X 射线自由电子激光试验装置
长短波授时系统	
神光高功率激光实验装置	
中国西南野生生物种质资源库	
上海光源	
“实验 1”号科学考察船	
东半球空间环境地基综合监测子午链	
大亚湾反应堆中微子实验	
海洋科学综合考察船	
国家蛋白质科学研究（上海）设施	

（二）健全完善重点实验室体系

围绕科技布局调整优化和四类机构建设，完善重点实验室布局，适度调整部分重点实验室方向，在交叉学科和新兴学科布局建设少量院重点实验室，淘汰特色优势不明显、成果产出能力弱的重点实验室。以重点实验室为基础，整合其他创新资源，推进重点实验室与学科建设、重大科技任务相结合，稳步提升重点实验室创新能力，促进重大成果产出。

（三）加强信息化建设

通过新一代信息技术，深度整合相关科技资源，构建以基础设施、实验条件、软件平台、数据文献等科技资源为基础的“中国科技云”服务平台，打造数据与计算平台，为我院及国家科技创新提供全面的资源和信息服务。建设“智慧中科院”基础服务平台，建设新一代 ARP，形成与各项科研活动深度融合的开放应用环境，为科学家、管理者、决策者等提供智慧化服务。建设科学大数据中心，加快构建权威、综合的科学数据共享基础设施。显著提升我院科研信息化水平，引领国家科研信息化发展。加强网络安全基础设施和保障环境建设。推动国家科研信息化基础设施重大工程（金科工程）立项。

（四）加强战略生物资源服务网络建设

继续开展资源环境本底调查、种质资源普查与收集，开展野生动植物资源有益基因挖掘，实现生物资源最大程度的收集保藏、分析评价和利用。强化对野生、特殊生境等生物资源的收集保藏，建设DNA条形码凭证标本与样品平台，研发新型模式动物模型，完善国家战略生物资源保护体系。与国家相关部门合作，建立布局合理、综合配套的生物多样性监测网络，定期发布动态变化数据和监测评估报告。实施战略生物资源评价与转化计划，系统开展战略生物资源功能评价与发掘利用研究，完善战略生物资源信息服务平台，完善中国植物园联盟，建立国家标本馆体系、全国微生物和细胞资源库联盟、生物遗传资源研究网络、特色动物资源库联盟、中国大陆生物多样性监测网络及其评价体系，构建国家战略生物资源产业化服务体系。

（五）加强野外站网络和农业基地系统建设

加强野外控制实验平台和物理模拟实验装置等建设，打造多所联合、多学科交叉的野外研究基地和农业基地系统，提高野外站和农业基地科研水平。推进野外站网络信息化能力建设，实现信息采集、集成管理、数据共享、系统模拟一体化及远程在线服务，实现野外站网络观测、研究模式变革。继续推进野外观测研究网络和野外站联盟工作，探索建立跨部门协同创新机制，制订统一的野外监测技术标准和规范指标体系，推进联网观测和研究，为行业重大需求提供科技支撑。结合我院农业平台基地的区域分布，建设水稻、小麦、玉米、家猪、鱼等动植物育种基地，研发新型农肥农药制剂，开发特色高值经济作物资源，配置育种专用装备设施，形成信息智能化采集、数据共享联网的育种基地网络体系，提高对农业基础研究和技术集成的支撑能力。

（六）加强文献情报建设

构建全院文献情报系统服务基础能力，建设分布式大数据科技知识资源体系，发展知识发现、集成、分析和服务的新理论、新方法、新工具，开展知识服务应用示范，基本实现主动、精准、泛在的知识服务。健全院所协同的知识资源保障与情报服务机制，实现已有能力向研究所扩散转移，面向研究所及领域和学科发展需求，开展覆盖创新价值链和普惠的文献信息服务。拓展新型文献情报服务内涵，创建面向产业和区域创新的科技咨询服务，成为支撑国家创新发展的综合性知识服务中心。加强档案资源建设，拓展开发利用与服务，提升档案工作信息化水平。

（七）建立健全“大后勤”保障服务体系

适应事业发展要求，加强科研创新平台建设，优先保障重大科技任务急需条件，保障科教用房刚性需求，提升科教基础设施保障水平。实施基础设施升级改造和房屋修缮专项，拓展功能，改善条件，提高使用效率和效益。调整优化科教园区布局，建设功能齐全、设施配套、环境宜人的一流园区。深入实施“3H”工程，通过建改购租等形式解决青年骨干安居问题，基本实现全覆盖；加强与地方优质教育资源合作共建，基本实现科研骨干人才子女入学全保障，为科研人员解除后顾之忧。加强安全和保密工作，保障科技创新和事业发展。

三、国际合作和对外开放

（一）加强与发达国家一流机构合作，形成科研机构合作网络

实施“国际伙伴计划”，围绕重大任务，突出重点领域，与国（境）外一流科研机构、研究型大学、创新型企业、国际科技组织，共同设立新的科研支持机制，探索建立科教合作单元和机构，以联合研究、科研网络等多种形式发展多层次伙伴关系，深化拓展实质性、战略性科技合作。适时启动设立境外办事机构，稳步拓展我院国际合作网络，提升我院国际影响力。

（二）围绕国家“一带一路”战略，加快科教“走出去”步伐

持续推进“发展中国家科教合作拓展工程”，坚持引进来与走出去相结合，充分利用发展中国家科学院（TWAS）平台，建设境外科教机构和CAS-TWAS卓越中心。启动实施“一带一路”国际科技合作计划，构建“一带一路”国际科学家联盟和信息网络平台，发挥我院在我国科技援外中的重要作用，促进我国与“一带一路”沿线国家和地区的共同繁荣和可持续发展。

（三）参与全球科技治理，牵头发起国际科技计划

加快提升我院深度参与全球科技治理的能力，围绕我院核心优势学科和重大科技基础设施，积极培育国际大科学计划，同时围绕全球共同挑战和热点问题，积极参与国际热核聚变实验堆（ITER）计划、大型强子对撞机粒子物理实验（LHC）、平方公里阵列射电望远镜（SKA）计划、地球观测组织（GEO）、国际大洋发现计划（IODP）等国际和区域性研究计划，率先发起国际大科学计划。继续发挥我院科学家在联合国教科文组织（UNESCO）、发展中国家科学院（TWAS）、国际科学联合会（ICSU）、发展中国家妇女科学组织（OWSDW）等国际科技组织中的骨干和引领作用。支持科学家在国际科学组织中任职，进一步扩大任职人数和影响力。

（四）全面实施国际化推进战略，营造国际化创新环境

进一步强化全院国际化理念和意识，重点推动我国我院国际化发展相关政策的研究与制定，持续强化全院国际合作队伍的能力建设，拓展和培养科研管理团队的国际化视野，加强院内各部门协同配合，探索国际化新模式与新机制，推动建设与我院创新发展要求相适应的国际化创新文化氛围。

四、创新文化建设和科学传播

（一）加强创新文化建设，为加快改革创新发展创造良好文化氛围

1. 弘扬科学精神和优良传统

引导全院职工自觉践行社会主义核心价值观，牢固树立“创新科技、服务国家、造福人民”的科

技价值观，增强加快改革创新发展、实现“四个率先”目标的责任感、紧迫感和自信心。加强学术道德、科研诚信和科学伦理建设，倡导自由畅想、大胆假设、认真求证，鼓励团队合作和协同创新，营造勇于创新、鼓励成功、宽容失败的良好氛围。弘扬追求真理、勇攀高峰的精神和实事求是、科学严谨的学风，把“科学、民主、爱国、奉献”的传统和“唯实、求真、协力、创新”的院风贯穿科技创新实践的全过程，增强创新文化的吸引力和凝聚力。

2. 丰富创新文化载体

广泛深入开展“本单位—省部级—全国”三级精神文明创建工作，全方位推进创新文化建设。设立“创新文化建设专项”，评选“创新文化优秀成果奖”，加强创新文化建设及创新生态系统构建的理论和实践工作。以院思想政治工作研究会为核心，搭建创新文化研究平台。推进创新文化传播基地建设，支持基地型分院的创新文化广场建设，不断丰富创新文化建设的有效载体。

（二）加强科学传播，增强科普工作服务社会和促进“双创”的能力

1. 推进科学传播效能建设

组织实施院重点工作跟踪宣传计划，加大动态宣传力度。面向不同受众群体，实施“精准传播”计划。实施“精品传播”战略，加强“走进中国科学院”、“公众科学日”等活动品牌建设，打造“创新报国 70 年”报告文学等一批科学传播精品。进一步发挥政务信息服务科学决策作用，提升舆情研判和应对能力，建立健全信息公开机制，深化对外科技宣传与国际合作，大力推动院属新闻媒体和出版社建设。充分调动院所两级网络宣传积极性，稳妥推进网格化新媒体战略。构建形象资产建设与管理体系，提高我院形象资产价值。

2. 推动科学普及核心能力建设

继续实施“高端科研资源科普化”计划，发挥科研设施科普功能，加强科普队伍建设和科普产品研发，加强科普资源信息化建设。积极承担科技活动周、科普日等全国性科普任务，组织实施“科学与中国”科学教育计划，支持院属单位开展特色科普活动。推动以院史馆为核心的科学文化传播基地建设。探索建立针对热点问题和突发事件的科普工作应急机制。积极搭建科普新媒体平台，拓展科学传播和普及渠道，为“大众创业、万众创新”提供科技服务，在全社会推动形成讲科学、爱科学、学科学、用科学的良好氛围，提升社会公众的科学精神和科学素养。

3. 实施科技期刊提升计划

推动期刊体制机制改革，落实办刊主体责任，探索集约化和多模式集中办刊，发展开放获取（OA）等新模式期刊，启动建设期刊学术传播知识服务平台，增强期刊竞争力，打造一批有国际影响力的科技期刊群，提升我院期刊支撑服务科技创新的能力。

五、党的建设工作

（一）加强党的思想建设

全面贯彻党的十八大和十八届三中、四中、五中全会精神，深入学习中国特色社会主义理论体系，深入开展“两学一做”学习教育，特别是学习贯彻习近平总书记关于全面从严治党和科技创新的重要论述，坚持问题导向，以理想信念教育为核心，以严格党内政治生活为重点，加强对党员干部和科技人员的理论教育和政治引领，教育和引导广大党员不忘初心、坚定信念，树立“四个自信”，强化“四个自觉”，增强政治意识、大局意识、核心意识和看齐意识。

（二）加强基层党组织建设

强化基层党组织的政治功能和服务功能，认真做好党员发展和教育管理工作，加强在科研骨干、学术带头人和留学归国人员中发展党员工作，继续做好党建述职评议考核工作，进一步发挥基层党组织的战斗堡垒作用和党员的先锋模范作用。加强党对统战和群团工作的领导，加强全院党外代表人士队伍建设。加强离退休干部工作，继续落实好离退休同志的政治生活待遇。

（三）加强领导班子和干部队伍建设

坚持党管干部原则和新时期好干部标准，健全领导人员选拔任用程序和考核评价体系，建设一支政治坚定、德才兼备、锐意改革、勇于担当、爱岗敬业、清正廉洁的领导人员队伍。扩大选人用人视野，探索全球选拔研究所学术领导人员，加强后备领导人员的选拔培养，进一步优化领导班子结构，增强班子整体功能。完善院所之间、所际之间领导人员交流机制，加强党员干部教育培训工作。落实中央从严管理干部有关规定，加强对领导人员管理监督。

（四）深入推进党风廉政建设

坚持党要管党、从严治党，贯彻执行《中国共产党廉洁自律准则》和《中国共产党纪律处分条例》，落实党风廉政建设主体责任和监督责任，建立健全问责追责制度，倒逼责任落实。巩固党的群众路线教育实践活动和“三严三实”专题教育成果，持续深入加强作风建设。适应中央纪委派驻机构改革调整，加强纪监审机构和队伍建设，巩固完善院、分院、研究所三级有效联动、纪监审巡视有效结合的工作体制机制，深入推进反腐倡廉建设。强化重点领域预防和监督，深入推进廉洁从业风险防控体系建设，建立健全惩治和预防腐败体系。

第六章　规划的组织实施

院“十三五”发展规划体系由院所两级三类规划构成，包括院规划纲要、院重点规划和专门规划、院属单位“一三五”规划。必须加强组织领导，加强统筹协调，加强过程管理，确保规划顺利有效实施，高质量完成规划提出的各项任务，如期实现规划确定的发展目标。

一、加强组织领导，强化责任落实

院“十三五”规划的组织实施由院党组统一领导，院“率先行动”计划暨全面深化改革领导小组负责部署、指导、推动和督促规划的实施工作。

院规划纲要由院机关部门按职能分工负责牵头组织实施，院重点规划和专门规划由编制部门负责牵头组织实施。院属各单位应结合实际，认真落实院规划纲要和重点规划、专门规划确定的相关目标任务。

院属单位“一三五”规划由各单位负责组织实施。各单位应加强组织领导，强化资源保障和政策支持，明确责任分工，抓好工作落实，确保规划顺利有效实施。

二、加强统筹协调，形成实施合力

加强统筹管理与衔接协调，建立院发展规划体系与国家相关规划有效衔接的机制，建立院重点规划和专门规划、院属单位“一三五”规划与院规划纲要统筹衔接的有效机制。

院机关各部门、院属各单位应建立健全规划组织实施的沟通联系机制，共同推动规划顺利实施。规划中科技布局各重点领域要加强学科、平台、队伍建设和重大任务部署的统筹组织，确保重大突破的实现，促进重大成果产出。加强研究所分类改革、国家实验室建设等重大改革举措的统筹协调与政策配套，科学合理配置人财物资源，形成保障规划顺利有效实施的合力。统筹全院各项事业全面协调发展，促进不同区域院属机构协调发展。

院机关部门应加强对院属单位“一三五”规划实施工作的指导督促和协调服务。发挥分院对系统内院属单位“一三五”规划实施工作的协调督促作用，加强与区域发展规划的衔接。

三、加强过程管理，严格评估验收

完善规划实施情况动态监测机制。结合年度工作总结和交流，对院所两级规划目标实现进度、任务部署和政策措施的落实情况进行监测，及时掌握规划实施情况。研究所可结合科技进展和发展环境变化，按照院有关规定和程序，对“一三五”规划内容进行修订和动态调整。

开展规划实施期末总结评估工作。采取自评估与外部评估相结合的方式，对研究所“一三五”规划任务书目标完成情况进行验收评估和交流评议，强化择优支持。对院级规划实施情况进行总结。验收评估和总结结果作为院所两级制定新一轮规划的重要依据。

气象科普发展规划（2019—2025 年）

为深入贯彻习近平新时代中国特色社会主义思想和党的十九大精神，全面落实习近平总书记关于科普工作的重要论述，全面落实中国气象局党组对气象科普工作的新部署新要求，依据《全民科学素质行动计划纲要实施方案（2016—2020 年）》《“十三五”国家科普与创新文化建设规划》《全国气象发展“十三五”规划》和《全国气象现代化发展纲要（2015—2030 年）》，制定本规划。

一、形势与需求

（一）气象科普工作现状

在中国气象局党组高度重视和正确领导下，各级气象部门坚持以人民为中心的发展思想，围绕气象现代化建设和改革发展大局，对接国家科普事业总体规划，认真组织实施《气象科普发展规划（2013—2016 年）》，取得了显著成绩，气象科普能力不断提高，人民群众获得感不断增强，为推进气象事业改革发展和全民科学素质提升做出了积极贡献。

社会化格局初步形成。气象科普纳入全民科学素质行动计划纲要，融入国家科普发展体系，“政府推动、部门协作、社会参与”的社会化格局基本建立。与中国科协签订战略合作协议，联合相关部委和地方党委宣传部建立气象灾害防御科普宣传机制，气象科普融入国家科技、文化、卫生“三下乡”等活动。600 余家社团和百度、腾讯、新浪等企业也积极参与气象科普工作。

常态化工作取得成效。世界气象日、气象科技活动周和防灾减灾日等主题气象科普活动成为常态，年均参与专家 1 万余人，受众 300 余万人。针对社会关注的热点、焦点问题和国家重大活动，面向决策者、公众和专业用户及时释疑解惑。各级气象部门以需求为导向，面向重点人群，联合政府及其相关部门持续开展特色鲜明的气象科普活动，促进全社会防灾减灾救灾意识和能力提升，2018 年气象科学知识普及率达 77.76%，为新阶段气象科普发展奠定了良好基础。

科普业务能力明显增强。国家级、省级气象科普业务机构相继建立，科普业务系统初步建成。截

中国气象局，气发〔2018〕110 号，2018 年 12 月 19 日。

至2018年年底，建成348个全国气象科普教育基地、1000多个校园气象站、1200多所气象防灾减灾科普示范学校、7.8万个乡镇气象信息服务站；专兼职气象科普人员覆盖99.7%的村屯。定期举办全国气象科普作品观摩交流活动和全国气象科普业务培训班，气象科普队伍不断壮大，初步形成由专兼职人员组成，包括专家和志愿者在内的气象科普人才队伍。

科普品牌打造特色鲜明。精心组织策划世界气象日、气象科技活动周等全国性重大气象科普活动，具有了较大社会影响力，形成了品牌效应。打造“流动气象科普万里行”“绿镜头·发现中国”“应对气候变化·记录中国”“气象防灾减灾志愿者中国行”和“全国青少年气象夏令营”等一批气象科普品牌活动。一批气象科普作品获得各类奖项。一些单位和一批个人获得各级科普工作先进集体和先进个人表彰。

科普创作创新成果丰硕。2013年以来，全国气象部门年均创作制作图文类气象科普作品2100种、影视动漫类366种、游戏类55种、宣传品类718种，其中内蒙古、广西、西藏、青海、新疆等省（区）局开发出少数民族文字产品；全国气象部门年均出版发行气象科普图书140余万册，制作播出气象科普影视作品1400多部（集）。气象科普传播形式不断丰富，初步实现部门内外资源共享，形成传统媒体与新媒体、气象部门媒体与社会媒体相互融合的立体传播局面，精准推送能力不断提升。

气象科普工作仍然存在一些有待解决的问题。一是对气象科普工作的意义和重要性认识不够充分，业务、服务、科研与科普融合有待增强，气象科普工作尚未由“软任务”变成“硬措施”；二是气象科普工作顶层设计不够完善，亟待构建社会广泛参与、部门充分联动、业务运行顺畅、开放合作高效、组织管理科学的气象科普格局；三是气象科普工作运用“互联网+”的能力不足，精准化服务水平有待提升；四是气象科普工作体系及其管理运行机制亟须完善，合力不足、品牌彰显和效益发挥不够，适应新时代新需求的高质量科普供给不足；五是气象科普创新动力不足，常态化的人才培养和激励举措、多元化的投入渠道等亟须建立，气象科普基础研究薄弱。

（二）气象科普面临的新形势新需求

1. 加强气象科普是实施国家创新驱动发展战略的必然要求。习近平总书记指出：“科技创新、科学普及是实现创新发展的两翼，要把科学普及放在与科技创新同等重要的位置。”新时代，国家实施创新驱动发展战略，着力创建创新型国家和世界科技强国，创新成为经济社会发展的第一动力。科学普及是实现创新驱动发展的重要之翼。气象事业是科技型、基础性社会公益事业，气象工作与经济社会发展息息相关，气象信息与人们日常生产生活密切相连。普及气象科学知识，提高全民气象科学素质，是提高全民科学素质的重要内容和必然要求，也是实施国家创新驱动发展战略的必然要求。

2. 加强气象科普是保障人民美好生活、建设美丽中国的现实需求。党的十九大报告提出，“要推进绿色发展”“持续实施大气污染防治行动，打赢蓝天保卫战”“建设美丽中国”，要“坚决遏制特重大安全事故，提升防灾减灾能力”“完善公共服务体系，保障群众基本生活，不断满足人民日益增长的美好生活需要，使人民获得感、幸福感、安全感更加充实、更有保障、更可持续”，这些目标的实现都需要气象的大力支持和保障。随着我国社会经济快速发展以及人民群众生活水平日益提高，气象服务已经成为人们生产生活不可或缺的重要内容。全球变暖背景下，极端天气气候对各行各业和人民群众安全的影响日益加剧，公众对于气象防灾减灾以及应对气候变化的科普需求进一步提高。因此，加强气象科普是保障人民美好生活、建设美丽中国的现实需求。

3.加强气象科普是气象事业科学发展的内在需求。气象科普工作是公共气象服务重要组成部分。一方面，在建设气象现代化强国新征程中，需要社会各界对气象的理解和支持。通过科普让公众有兴趣、有途径走近气象，分享气象文化以及气象科学技术工作的甘苦，促进公众对气象事业的理解。公众对气象科学社会价值的理解越深，就越能尊重气象科学，尊重气象工作者，它既是气象事业发展的良好氛围，也是培养未来气象科技工作者的最佳土壤。另一方面，21世纪科学发展本身的复杂性和交叉融合以及气象服务领域的拓展给气象工作带来极大挑战，要愈加重视对气象科技的投入和对气象科技的深层开发，实现气象科学的观念层面与物质层面的双向互动。气象科普有助于创造促进气象科学技术发展的条件。

4.新技术的快速发展给气象科普带来新的挑战。随着互联网、大数据、人工智能等信息技术飞速发展，新的传播生态下，公众对科普传播方式也提出了便利化、体验化的新需求，微博、微信、微视频等自媒体以及虚拟现实等人机互动方式为公众喜闻乐见，这需要气象科普供给水平进一步提高。随着公众信息获取方式发生变化，气象科普多元化、差异化需求明显，要求气象科普更有内涵、有特色，信息推送更及时、更精准，服务更贴心，依托全媒体传播进行多样化展示、多介质推送，从而让气象科普活起来，更富吸引力和影响力。

在新时代气象科普工作中，要深入学习贯彻习近平总书记关于科普工作的重要指示精神，落实中国气象局党组关于加强气象科普工作的新部署新要求，准确把握气象科普工作的新需求，在气象现代化建设和全民科学素质行动总体布局中，明确气象科普工作的定位、内涵、使命、任务，创新科普手段，拓展科普内涵，提升科普效益，推进气象科技创新与气象科学普及“一体两翼”协同发展。

二、指导思想、基本原则与发展目标

（一）指导思想

坚持以习近平新时代中国特色社会主义思想为指导，深入学习贯彻党的十九大精神，全面落实习近平总书记关于科普工作的重要论述，坚持以《中华人民共和国科普法》和《全民科学素质行动纲要》为指南；坚持以人民为中心的发展思想，坚持公益性基本定位，坚持以气象现代化建设为依托，以提升公民气象科学素质、加强气象科普能力建设为重点，深入推进气象科普社会化、专业化和品牌化发展，鼓励创新，切实提高气象科普的质量和效益，更好地服务于广大人民群众和经济社会发展，为建设创新型国家和世界科技强国做出新的更大的贡献。

（二）基本原则

统筹兼顾、均等普惠。以构建覆盖城乡的气象科普体系为目标，统筹区域、城乡，针对不同群体的需求和特点，探索气象科普精准服务，实现气象科技成果社会共享和气象科普普惠大众，增强群众气象获得感、幸福感和安全感。

整体推进、融合发展。以拓展气象科普内涵为抓手，整体推进气象科普与气象服务、气象科技创新、气象科学文化的全面深度融合，形成科学知识、科学方法、科学思想、科学精神互融的气象科普内容体系。

开放合作、分工联动。以“政府主导、部门协作、社会参与”为指引，紧紧依靠各级政府支持，广泛动员社会力量，充分利用各种资源，深化国际国内和部门内外合作交流，加强部门内部分工联动，形成共享、开放、协调的气象科普工作局面。

夯实基础、创新拓展。以适应新形势新需求为重点，加强气象科普的基础研究，加强气象科普创作方法研究，加强气象科普的新技术应用研究，提高科技含量，推进气象科普的内容创作、表达方式、传播手段、运行管理等全方位创新，扩大气象科普覆盖面和影响力。

（三）发展目标

到2025年，在不断提升科技内涵的基础上，建成与气象现代化水平相适应的现代气象科普体系：形成多样化、特色化的气象科普场馆体系，提升气象科普基础设施服务能力；形成科普内容、活动、传播互融互补的气象科普品牌体系，提升气象科普的社会影响力；形成管理顺畅、布局合理、流程规范的气象科普业务体系，提升气象科普对社会关切的响应能力；形成多渠道培育、专兼职结合、人才素质优良、激励措施完善的气象科普人才队伍，提升气象科普创新发展的能力。到2025年，实现气象科学知识普及率达到80%以上，气象部门科普水平达到全国科普领域领先地位。

三、主要任务

（一）服务国家重大战略，提升全民气象科学素质

围绕生态文明建设、创新驱动、脱贫攻坚、乡村振兴、可持续发展等国家重大战略实施，找准气象科普发力点，推进气象科技创新与科学普及“一体两翼”协同发展，为国家重大战略气象保障服务发展营造良好氛围。深入实施创新驱动发展战略，面向青少年特别是在校学生、农民、城镇劳动者、领导干部和公务员等重点人群，普及气象科学知识和气象科学方法，传播气象文化，激发气象科学兴趣，倡导科学思想，弘扬科学精神，有效提升公众气象科学素质，为全民科学素质的提高做出气象贡献。

突出气象科学的应用性，着力提升公众应用气象科学技术处理实际问题、参与公共事务的能力。围绕防灾减灾，加强针对气象预报预警信息的科学解析、标准的宣贯解读和防灾避险知识的宣传，提升全民防灾避灾救灾的意识和能力。积极普及应对气候变化、生态文明建设、可再生气候资源开发利用知识，提高全民建设美丽中国的自主意识和能力。

特别加强面向领导干部和公务员的气象科普，推动气象科普课程进机关、进党（干）校、进干部培训课堂，举办面向领导干部的高端讲座，邀请领导干部参加群众性气象科普活动。

适应气象学科发展，开展面向气象干部职工和科技人员的科普，促进气象工作者全面了解气象科学发展前沿，助力提升气象工作能力。

（二）融入气象现代化建设，提升气象科普现代化水平

大力推动“互联网+”气象科普。以气象科普信息化建设为核心，带动气象科普理念、内容创作、表达方式、传播方式、运行机制、服务模式、业务平台的全面创新。依托大数据、云计算、移动互联等信息技术手段，洞察和感知公众气象科普需求，创新气象科普精准、定向、定制的服务模式。运用新技术完善气象宣传科普业务系统，实现气象科普信息的快速汇集、数据深度挖掘、服务即时获取、用户精准推送、决策有效支持，不断提高对社会关切的响应能力。运用互联网思维，建设众创、众包、众扶、众筹、众享的气象科普生态圈。

大力推进气象科普实体场馆体系建设。按照因地制宜、创新思路、精准分类、突出特点、标准规范的原则，建设气象科普实体场馆体系；大力应用数字技术，建设数字气象博物馆（科技馆），开发现代气象科普展品展项。制定国家气象科普场馆管理办法，规范评价评估标准，加强对气象科普场馆建设的引导和规范管理。

（三）推动品牌体系建设，扩大气象科普社会影响力

充分调动各级气象部门气象科普的积极性和主动性，广泛吸纳社会力量和资源，以全国性大型科普主题活动为契机，以气象科普进校园、进社区、进农村、进企事业活动为桥梁，以志愿者活动为抓手，开展系列主题突出、特色鲜明、影响广泛的气象科普活动，创新手段、丰富内容，增强互动性、实用性、有效性，打造名牌。

加大气象科普创新创作支持力度，鼓励气象科研、业务成果转化为气象科普产品，吸纳文学、艺术、教育、传媒等社会各方面力量繁荣气象科普作品创作，挖掘、整理和传承气象文化遗产，促进原创优秀气象科普作品不断涌现。鼓励传媒、广告等社会相关行业和各类机构加大气象科学知识、重大气象科技成果及热点事件、人物的传播力度，提升气象科普品牌效应和传播效益。

（四）推动业务体系建设，促进气象科普转型升级

充分发挥气象科普的先导性作用，助推公共气象服务可持续发展，要将科普贯穿在气象核心业务的各个层面、各个环节，在核心业务设计和开展之初就将科普有机融入。加强气象科普业务体系建设，将气象科普纳入气象现代化业务体系中，推进国家—省—市—县四级气象科普业务体系建设。统筹谋划、建立全国气象科普业务布局和体系，理顺气象科普业务和管理体制机制，建立相应的业务流程、

标准和规范。中国气象局办公室组织协调相关职能部门各司其职，对气象科普工作进行综合管理和宏观指导；中国气象局气象宣传与科普中心牵头开展科普业务系统建设和应用推广，并对省级以下开展业务技术指导。各省级气象部门应建立相应的科普业务部门，健全本省（区、市）科普业务运行工作制度，确保科普业务正常、稳定运行。

建立气象科普资源共建共享机制，保护科普作品、产品知识产权，形成气象科普资源汇聚和分享的新格局。

拓展科普信息传播渠道，在充分利用现有传播渠道基础上，拓宽移动互联网的传播渠道，实现气象科普内容一次创作、多次开发、全媒体呈现、各渠道推送传播。

加强气象科普的理论和实证研究，为气象科普事业科学发展奠定理论基础。

（五）调动各方潜在力量，形成气象科普发展合力

完善气象科普管理机制。气象科普纳入各级气象发展战略与规划，列入年度工作计划和目标考核，明确机构、岗位和职责。

建立气象科普评估评价制度。树立气象科普成果也是科技创新成果的理念，将气象科普纳入各级气象科技计划项目、重大工程项目、专项任务以及气象标准规范建设、气象教育培训中，并开展评估考核，着力推动气象科技创新成果向气象科普产品的转化。

扩大气象科普社会化途径。争取将气象科普纳入国家、地方、部门发展规划。深化与科技、科协、教育等相关部门、行业的战略合作，充分发挥各级气象学会等社团组织作用，探索和创新跨行业、跨领域的科普合作模式。

推动气象科普产业发展。结合气象科普领域工作实际，探索气象科普市场化运作模式，鼓励引导企业参与气象科普活动，参与气象科普产品的研发、生产和推广，逐步形成气象科普产业链。

四、重点工程

（一）气象科普场馆体系建设工程

——国家—省—市—县四级实体气象科普场馆体系。充分利用社会资源，融入式发展，推动和支持各级气象部门在地方博物馆、科技馆、展览馆或其他公共文化场馆中建设气象科普展区以及气象科普公园、气象防灾减灾示范社区和气象科普示范村建设。在此基础上，国家级层面，以中国气象事业发展史馆为核心，国家级业务、科研单位根据自身特色，建立、完善相应的科普展示空间。省级层面，因地制宜建设和完善一批具有地方特色的综合气象博物馆、科技馆或气候变化、生态气象等专题气象科技馆。每个百年气象台站均设立台站史展区。鼓励有条件的市县级气象部门建设气象科普馆（展室），开发现有气象台站等场所的科普功能。普及推广流动气象科普设施，覆盖尚无任何科普展教设施的县（市）。逐步形成多样化、特色化的气象科普场馆体系。到2025年，实现气象科普场馆（展区、流动设施）县级全覆盖。

——数字气象博物馆（科技馆）。建设数字中国气象事业发展史馆。统一规划设计，依托若干有特色的实体气象博物馆建设数字气象博物馆；依托各类数字气象科普资源，建设国家级数字气象科技馆和虚拟现实气象科技馆。到2025年，国家级实体馆和有条件的部分省级实体馆建成数字博物馆（科技馆），同时实现所有数字馆资源共享，覆盖全部实体气象科普场馆（展区）。

制定全国气象科普教育基地创建规范，完善全国气象科普基地管理平台，逐步建成责任明确、操作规范、流程标准、措施到位的全国气象科普基地管理体系。

（二）气象宣传科普业务平台建设与应用工程

——气象宣传科普业务平台建设工程。建设符合气象现代化业务集需求分析、业务会商、选题策划、产品制作、产品发布、传播效果评估于一体的气象宣传科普综合业务平台。平台实行国家级、省级两级建设，国家级、省级、市级、县级四级应用。其中，省级对国家级科普业务系统进行本地化。到2020年，该系统在省级全面落地应用；到2025年，实现国家—省—市—县四级全覆盖。

——气象科普传播渠道打造工程。建成以中国气象科普网为主体，中国气象网（科普频道）、中国天气网（科普频道）为两翼，其他各级各类气象网站（科普专栏）为依托的网站体系。打造部门气象科普微博、微信、客户端等新媒体矩阵，支持和鼓励气象自媒体品牌建设。

充分发挥《气象知识》《中国气象报》、中国天气频道以及气象出版等在气象服务和气象科普业务中的作用，提升优质科普资源供给能力和传播能力。

到2025年，形成2～3个在科学普及领域内有影响力的气象科普传播品牌。

（三）繁荣气象科普创作工程

——创造条件。中国气象局联合中国科协建立气象科普创作基地，设立专项基金，择优支持各类优秀气象科普作品的创作。扩大资助范围，吸引气象行业及社会各界参与气象科普创作，形成气象科普内容品牌。

——繁荣作品。加强各类内容资源的融合共享、互补互动，形成优质气象科普资源的规模化效应。

图书：策划出版原创性的气象科普、科幻精品图书。到2025年，出版在业界有影响力（以获省部级以上奖项为标志）的气象科普图书不少于5种（套）。

影视：发挥部门气象影视资源优势，拍摄1部以上气象科教（科幻）片或反映气象人精神的影视片，弘扬科学精神，宣传气象工作。

新媒体：鼓励图解、动画、课件、微视频、游戏、VR、AR等新媒体内容创作。到2025年，达到点击量超千万的图解、动画、微视频5个，点击量超百万的15个；制作大型气象科普游戏1个，VR、AR作品10个。

展品展项：组织加强科学性强、生动有趣的气象科普展品展项（包括流动气象科普设施）的设计与研发，创新更加生动的展览展示手段。到2025年，形成涵盖面广、便于使用的可供全国气象科普场馆自主选择的系列气象科普展品展项。

文化创意产品：加强气象史料挖掘与研究工作，助力气象文化建设。以气象文化为元素，开展气象文化创意产品的设计、开发，提升气象文化影响力。

（四）气象科普品牌活动创建工程

——全国性主题气象科普活动提升工程。以世界气象日、气象科技活动周、防灾减灾日和全国科普日等大型全国性主题活动为契机，将世界气象日、气象科技活动周和全国科普日气象主题活动打造成为公众认可、社会满意的全国性气象科普品牌活动。

——校园气象科普活动提升工程。继续鼓励和支持中小学校自办校园气象站，把校园气象站建设与学校气象科技教育相结合，创造性地开展校园气象科普嘉年华、气象知识竞赛、宝贝报天气、小小减灾官全国科普大赛、气象研学之旅等多种活动。组建全国中小学气象科技教育联盟，形成针对不同年龄段的校园气象科普活动体系和气象科技教育整体解决方案。

——社区气象科普活动提升工程。把普及社区气象防灾减灾知识、生产生活气象知识、健康气象知识和生态环境气象知识作为重点，创建“防灾减灾气象知识竞赛社区行”和“气象专家进万家系列讲座”等品牌活动。

——农村气象科普活动提升工程。以农民需求为导向，结合国家精准扶贫和乡村振兴战略，组织气象专家深入农村开展“气象科技下乡”和“气象关注民生，科普助力扶贫”品牌活动。加大对革命老区、少数民族地区、边疆地区、贫困地区以及气象灾害多发、易发地区的关注。

——专题气象科普活动提升工程。进一步创新“气象防灾减灾宣传志愿者中国行”活动的形式与内容，促进全国高校学生社团增加气象类实践活动。探索开展“12379”推广活动，打造预警信息发布活动品牌。探索开展气象观测志愿者活动。拓展与主流社会媒体传播渠道的合作，将“直击天气”、“绿镜头·发现中国”和“应对气候变化·记录中国”等品牌活动打造成名牌。

（五）气象科普人才队伍建设工程

——专兼职气象科普队伍建设工程。国家级、省级气象部门明确专门的气象科普业务承担部门和专兼职业务、管理人员，组成一支业务精、管理强的专兼职气象科普队伍。建立健全气象科普业务和管理人才激励机制。

——高层次气象科普队伍培养工程。建立国家级气象科普工作团队，把气象科普业务人员纳入气象部门各类高层次人才培养计划。加强气象科研、业务人员科普责任的落实，鼓励和支持他们从事气象科普活动和创作。依托行业高校、科研机构、业务单位，建立高层次气象科普专家团队，激励动员院士、专家学者等高层次科研业务人员参与气象科普。实施“气象科普名家”培育计划，到 2025 年培育 5 名以上气象科普名家进入中国科协“首席科学传播专家”团队。

——科普志愿者队伍打造工程。建立完善气象科普志愿者组织管理制度，搭建气象科普志愿者网络服务平台，加强气象科普志愿者培训，建立气象科普志愿者激励机制。鼓励气象行业高校等建立气象科普志愿者社团组织，鼓励中小学生参与气象科普志愿活动，动员和组织社会各界人员积极参加气象科普工作，壮大气象科普志愿者队伍。建立一支来自主流媒体并长期关注气象的记者组成的气象科普队伍，激励其发挥媒体资源优势传播气象科普信息。

——气象科普人才培养和继续教育提升工程。加大力度开展面向各类气象科普人员的培训，将气象科普业务和管理培训纳入年度培训计划，加大省级以下气象科普业务的培训力度。建立气象科普人员定期交流制度，提高气象科普人才队伍的整体业务素质。

五、保障措施

（一）加强组织领导

各级气象部门要加强对气象科普工作的组织领导，把气象科学普及放在与气象科技创新同等重要的位置。形成规划协调、政策引导、监测评估和奖励激励等完整的科普工作链条。建立工作协调机制，加强对科普工作的谋划和统筹，充分发挥各类科普主体的作用，密切配合，形成合力，将各项任务目标落在实处，推进气象科普事业科学发展。

（二）强化政策支持

建立气象科技成果科普转化和评价机制，将气象科技成果的普及列入科研、业务项目成果验收；在科技人员职称评定和晋升等环节设立科普考核要素。建立气象科普激励机制，将气象科普纳入各级气象工作的奖励表彰范围，组织优秀气象科普作品、产品、活动评选、宣传和推广活动，激励气象科研业务和科普工作者做出突出贡献。

（三）完善经费保障

争取将气象科普业务经费列入同级财政预算，国家、省、市、县四级共同分担气象科普财政投入，实现科普业务经费稳定投入。在气象工程建设项目、科研业务项目、专项任务中安排一定比例经费用于气象科普。拓展气象科普社会资金来源渠道。加强气象科普经费使用的绩效考评，确保专款专用和使用效益。

（四）落实任务分工

制定本规划实施方案，细化落实规划目标和主要任务、重点工程的主要举措，明确分工，并对标规划任务进行督办。建立健全中国气象局职能机构之间、国家级直属单位之间、国家级和省级之间的气象科普工作沟通协调机制，加强不同气象科普任务落实的有机衔接，确保规划提出的各项科普任务落到实处。组织开展规划实施情况的动态监测和评估，将结果作为改进气象科普工作的重要依据。

（五）强化基础研究

跟踪国内外气象科普发展动态，加强气象科普工作的理论研究，重点开展气象科普体系建设的理论和实践研究、气象科普发展趋势研究、气象科普需求和科普舆情分析研究。开展公众气象科学素质水平定期调查，加强对气象科学知识普及率等评价指数的研究，建立以公众认知度、关注度和满意度为核心的气象科普绩效评价标准。加强气象科普主体的科普过程与效果的评估评价研究。加强科普作品创作方法、技巧以及信息化条件下科普融合创作的研究。

能源技术创新“十三五”规划

前　言

《能源技术创新“十三五”规划》(以下简称《规划》)按照《国民经济和社会发展第十三个五年规划纲要》《能源发展“十三五”规划》要求，旨在发挥科技创新的引领作用，增强能源自主保障能力，提升能源利用效率，优化能源结构，推进能源技术革命。《规划》分析了能源科技发展趋势，以深入推进能源技术革命为宗旨，明确了2016年至2020年能源新技术研究及应用的发展目标。按照当前世界能源前沿技术的发展方向以及我国能源发展需求，聚焦于清洁高效化石能源、新能源电力系统、安全先进核能、战略性能源技术以及能源基础材料五个重点研究任务，推动能源生产利用方式变革，为建设清洁低碳、安全高效的现代能源体系提供技术支撑。

本《规划》是《能源技术革命创新行动计划(2016—2030年)》在“十三五”期间的阶段性目标，是未来五年推进能源技术革命的重要指南，按照应用推广一批、示范试验一批、集中攻关一批的要求，针对能源技术创新中亟须突破的前沿技术规划了重点任务。

一、能源科技发展形势

随着新一轮工业革命兴起，应对气候变化日益成为全球共识，能源技术正在成为引领能源产业变革、实现创新驱动发展的原动力。尊重能源科技创新规律，把握世界能源技术发展趋势，重视能源科技创新体系的建立和完善，提高能源技术创新能力和装备制造水平，通过能源技术革命促进能源生产和消费模式的转变已成为我国能源产业历史性选择。

国家能源局，国能科技〔2016〕397号，2016年12月30日。

（一）世界能源科技发展现状与趋势

当前，以新兴能源技术为代表的新一轮科技革命和产业变革正在兴起，正在并将持续改变世界能源格局。非常规油气和深水油气、化石能源清洁高效利用，可再生能源、智能电网、安全先进核能等一大批新兴能源技术正在改变传统能源格局。

传统能源的清洁高效开发、转化、利用成为主要发展趋势。在勘探开发领域，页岩油气和致密油气等非常规油气资源成为油气产量的新增长点，复合开采成为整个石油开采的主要方向，深水油气勘探开发向海底化、智能化方向发展。在加工利用领域，劣质原油提质技术、清洁燃油生产技术、煤基多联产技术、煤气化技术、煤制化学品正成为能源科技主攻方向。火力发电技术正朝着清洁、高效、节能、节水的方向发展，主要国家均在开展700℃超超临界燃煤发电技术研发，整体煤气化联合循环技术、碳捕集与封存技术、富氧燃烧技术正在快速发展。

可再生能源发电与现代电网的融合是世界能源可持续转型的核心。太阳能光伏发电技术继续沿着高效率、低成本方向持续进步，太阳能热发电技术开始规模化示范；风力发电继续向大型化、智能化和高可靠性方向发展，远海和高空风能开发开始提上日程；可再生能源综合利用技术朝着多能互补、冷热电联产综合利用方向发展。现代电网向着智能化、混合化的方向发展，呈现大电网和微型电网并行发展的格局，融合分布式可再生能源的微电网技术、直流电网模式及交直流混合电网模式成为未来电网形态的重要趋势，大容量柔性直流输电技术、直流电网技术和超导直流输电技术等均得到快速发展，先进电力电子装置在可再生能源发电和智能电网建设方面发挥关键性作用，多种储能技术已进入应用阶段，但还需提升经济性。

核能利用的关键是安全。不断完善的第三代核电技术逐渐成为新建核电机组的主流，第四代核电技术、模块化小型堆技术、先进核燃料及其循环技术正在快速兴起，对在役核电机组进行延寿也是核电发展的重要环节。

能源基础材料是能源技术发展的基石。燃煤发电机组和燃气轮机对高温材料、大型构件用金属材料提出了更高要求，安全先进核电的发展需要更可靠的核级材料，对可再生能源高效利用的需求促使新型高分子材料、新型电池材料不断涌现，能源转换和传输形式的发展带动了新型储能材料、高效催化剂材料、先进电力电子器件的创新。

在战略层面，主要能源大国均制定政策措施加强技术创新，积极部署发展清洁能源技术，着力通过提升能源产业结构开辟新的经济增长点。欧盟通过制定《2050能源科技路线图》提出太阳能、风能、智能电网、生物能源、碳捕集与封存、核聚变以及能源效率等为主攻方向的发展思路，突出可再生能源在能源供应中的主体地位。日本先后出台《面向2030年能源环境创新战略》和《能源基本计划》，提出能源保障、环境、经济效益和安全并举的方针，继续支持发展核能，推进节能和可再生能源，发展储能技术，规划绿色能源革命的发展路径。美国发布了《全面能源战略》，并陆续出台提高能效、发展太阳能、四代和小型模块化核能等清洁电力新计划。

纵观全球能源技术发展动态和主要能源大国推动能源科技创新的举措，可以得到以下结论和启示：一是能源科技创新进入高度活跃期，新兴能源技术正以前所未有的速度加快对传统能源技术的替代，对世界能源格局和经济发展将产生重大而深远的影响。二是绿色低碳是能源科技创新的主要方向，重点集中在传统化石能源清洁高效利用、新能源大规模开发利用、核能安全利用、能源互联网和大规模储能技术、先进能源装备及关键材料等领域。三是世界主要国家均把能源技术视为新一轮科技革命和产业革命的突破口，制定各种政策措施抢占发展制高点，增强国家竞争力并保持领先地位。

（二）我国能源科技发展现状与趋势

“十二五”期间，我国能源技术自主创新能力和装备国产化水平显著提升，部分领域达到国际先进水平，但还需紧跟能源产业转型升级步伐，集中力量突破重大关键技术瓶颈，为全面构建我国安全、绿色、低碳、经济和可持续的现代能源产业体系提供技术支撑。

非常规和难开采油气勘探开发应用总体上达到国际先进水平，基本形成适合我国陆相储层的有效致密气勘探开发技术，初步掌握浅层海相页岩气成套开发技术和致密油开发关键技术，高煤阶煤层气勘探开发技术基本成熟，3000米深水半潜式钻井船等装备实现自主化，建立了浅层超稠油油藏经济高效开发技术体系。煤炭绿色开采和高效利用快速发展，年产千万吨级综采成套设备、年产2000万吨级大型露天矿成套设备实现国产化，智能工作面技术达到国际先进水平。煤制清洁燃料和化学品技术、低阶煤分级分质利用得到快速发展，煤炭气化、液化、热解等已实现产业化。具有完全自主知识产权的千万吨级炼油技术，劣质油加工技术取得突破。生物质能源替代化石能源初见成效。超超临界机组实现自主开发，大型循环流化床发电、大型IGCC、大型褐煤锅炉已具备自主开发能力，CO_2利用技术研发和CO_2封存示范工程顺利推进。燃气轮机设计体系基本建立，初温和效率进一步提升，天然气分布式发电开始投入应用。

可再生能源发电技术已显著缩小了与国际先进水平的差距，光伏、风电等产业化技术和关键设备与世界发展同步。晶体硅太阳电池产业化技术取得重大突破，形成晶体硅太阳电池产业化技术体系；太阳能热发电技术取得了长足进步。建立了大功率风电机组整机设计制造技术体系，3～6MW的海上风电机组实现示范应用，大型风电场运行管理等关键技术开始实际应用。

电网的总体装备和运维水平处于国际前列。电网技术与信息技术的融合不断深化，特高压输电技术处于引领地位，掌握了1000kV特高压交流和±800kV特高压直流输电关键技术。已建成多个柔性直流输电工程，智能变电站全面推广，电动汽车、分布式电源的灵活接入取得重要进展，电力电子器件、储能技术、超导输电获得长足进步。

核电技术与世界先进水平保持同步。三代核电技术研发和应用走在世界前列，四代核电技术、模块化小型堆、海洋核动力平台、先进核燃料与循环技术取得突破，可控核聚变技术得到持续发展。

“十二五”期间我国能源技术创新为打造新型能源产业奠定了坚实基础，但与新时期推动能源生产和消费方式革命的战略目标还有较大差距，突出表现为：创新模式有待升级，引进消化吸收的技术成果较多，与国情相适应的原创性成果不足；创新体系有待完善，创新投入的低收益问题仍较为突出；部分关键核心技术装备仍受制于人，重大能源工程依赖进口设备的现象仍较为普遍，技术“空心化”

和技术“对外依存度”偏高的现象尚未完全解决。

“十三五”时期是我国大力推动能源产业转型升级，实现“四个革命、一个合作”的关键时期，通过不断创新发展思路，不断健全能源科技创新体系，不断夯实能源科技创新基础，集中力量突破重大关键技术瓶颈，以科技为先导，引领能源生产和消费方式的重大变革，按照应用推广一批、试验示范一批、集中攻关一批的发展路径推动能源技术革命，重点发展清洁高效化石能源技术、新能源电力系统技术、安全先进核能技术、战略性能源技术、能源基础材料技术等，是未来五年我国能源科技创新的重大使命。

二、指导思想、基本原则和发展目标

（一）指导思想

全面贯彻党的十八大和十八届三中、四中、五中、六中全会精神，深入贯彻习近平总书记系列重要讲话精神，践行我国能源安全发展的“四个革命、一个合作”战略思想，推动能源技术革命，带动产业升级。围绕《国民经济和社会发展第十三个五年规划纲要》、《能源生产和消费革命战略（2016—2030）》和《能源发展“十三五”规划》关于构建清洁低碳、安全高效的现代能源体系的要求，应用推广一批相对成熟、有需求、有市场、成本低的技术，确保“十三五”提高能源效率、调整能源结构目标的实现；示范试验一批有一定技术积累，但工艺路线、经济性和市场可接受性有待验证的技术，探索技术定型、大批量生产的路径，为“十三五”及今后的能源转型提供技术支撑；集中攻关一批前景广阔、但核心技术仍需突破、亟待集中力量攻关的技术，为2030年前实现能源技术革命奠定坚实基础。

（二）基本原则

坚持自主创新。必须把自主创新摆在能源科技创新的核心位置，强化原始创新、集成创新和引进消化吸收再创新，以自主产权的关键技术重大突破，引领能源产业加快发展。

坚持市场导向。建立市场导向的技术创新机制，以企业为创新主体，以需求为创新指引，发挥市场在科研资源配置中的基础性作用，提高科技成果转化整体效能。

坚持重点突破。以国家能源安全和重大能源战略为导向，充分发挥国家示范工程、科技重大专项的引领和带动作用，以重点领域科技创新支撑新兴产业发展。

坚持统筹协调。健全政产学研用协同创新机制，建立研发、应用、产业化紧密结合的创新链条，推动重大技术研发、重大装备研制、重大示范工程和技术创新平台“四位一体”协调发展机制，利用国际国内科技资源实现开放式发展。

（三）发展目标

围绕由能源大国向能源强国转变的总体目标，瞄准国际能源技术发展的趋势，立足我国能源技术发展现状及科技创新能力的实际情况，从 2016 年到 2020 年集中力量突破重大关键技术、关键材料和关键装备，实现能源自主创新能力大幅提升、能源产业国际竞争力明显提升，能源技术创新体系初步形成。

在清洁高效化石能源技术领域，促进煤炭绿色高效开发，实现致密气、煤层气和稠重油资源的高效开发，推动页岩油气、致密油和海洋深水油气资源的有效开发。掌握低阶煤转化提质、煤制油、煤制气、油品升级等关键技术。进一步提高燃煤发电效率，提高燃煤机组弹性运行和灵活调节能力，攻克多污染物一体化脱除技术，整体能效水平达到国际先进水平。

在新能源电力系统技术领域，重点攻克高比例可再生能源分布式并网和大规模外送技术、大规模供需互动、多能源互补综合利用、分布式供能、智能配电网与微电网等技术，在机械储能、电化学储能、储热等储能技术上实现突破，提升电网关键装备和系统的技术水平；掌握太阳能、风能、水能等可再生能源为主的能源系统关键技术，开展海洋能、地热能利用试验示范工程建设，实现可再生能源大规模、低成本、高效率开发利用，支撑 2020 年非化石能源占比 15% 的战略目标。

在安全先进核能技术领域，建成自主产权的先进三代压水堆示范工程，掌握大型先进压水堆、高温气冷堆、快堆、模块化小型堆关键技术，钍基熔盐堆研究取得突破，深入研发先进核燃料技术、乏燃料及放射性废物先进后处理技术，建立适合我国大型压水堆核电厂延寿论证的技术体系。

在战略性能源技术领域，掌握微型、小型燃气轮机设计、试验和制造技术，实现中型和重型燃气轮机的设计、试验和制造自主化；突破高能量密度特种清洁油品关键技术，建设煤制油、生物航空燃油等示范工程；超导输电、储能装置达到国际先进水平；实现氢能、燃料电池成套技术产业化；可控核聚变、天然气水合物（可燃冰）利用技术得到进一步发展，总体达到国际先进水平。

在能源基础材料技术领域，研制出高温金属材料及核级材料，进一步提高光伏组件用高分子材料、储能用电极材料等技术参数，大幅降低成本，实现新型节能材料走向市场应用；掌握多种高效低成本催化材料生产技术。

在能源生产、输送、消费等各环节开展先进节能技术的研究，通过技术升级和系统集成优化实现能源利用效率明显提升、单位能耗明显下降。

三、重点任务

围绕“十三五”期间我国能源产业发展重大需求，着眼推动能源技术革命，聚焦形成五个重大能源科技专题，每个技术领域按照应用推广一批、示范试验一批、集中攻关一批进行任务分类。本章节中，集中攻关类以 G 代表（共 70 项），示范试验类以 S 代表（共 48 项），应用推广类以 T 代表（共 31 项），重点任务共计 149 项。

（一）清洁高效化石能源技术

在化石能源深度勘探开发领域，进一步提高煤炭开发效率和油气资源采收率，加强致密气、致密油、稠油、页岩气、页岩油和煤层气等勘探及低成本高效开发，研发深水油气有效开发关键技术及装备，提升我国煤油气资源的自我供给和保障能力。在燃料加工领域，掌握低阶煤提质工艺，研究适应性广的低阶煤热解分质转化技术，开发煤油共处理技术和分级液化技术；加强重劣质原油加工技术研发和应用，攻关清洁油品生产技术，适应油品升级的需要。在清洁高效燃煤发电领域，掌握具有自主知识产权先进超超临界机组、大型 IGCC 机组、循环流化床机组设计制造技术，研发低能耗大规模 CO_2 捕集工艺与设备，开展多污染物一体化脱除技术和工艺的自主化研发，开展火电机组深度调峰技术研究。

本规划围绕化石能源深度勘探开发、清洁燃料加工转化和清洁燃煤发电等技术领域部署 26 个集中攻关项目、18 个示范试验项目、12 个应用推广项目。

1. 化石能源深度勘探开发

1）集中攻关类

G01）煤炭资源开发地质保障技术与装备

研究目标：突破断层、陷落柱等地质异常体精细探查技术，实现煤矿隐蔽致灾地质因素的智能探测，断层断距分辨率不大于 3m，陷落柱直径分辨率不大于 10m。

研究内容：研发煤炭与煤系资源协同勘查技术，西部聚煤盆地地质系统和煤炭资源综合评价，煤矿现代化建设与开采地质保障系统，煤矿安全地质保障技术，煤系页岩气、致密砂岩气、煤层气及天然气水合物资源勘查开发系统技术，煤系共伴生元素与洁净煤技术的地质基础，煤矿区地下水系统研究和环境地质、灾害地质评价。

起止时间：2016—2022 年

G02）煤矿智能化采掘技术与成套装备

研究目标：掌握煤矿无人化开采技术，岩巷掘进速度达到 1000 米 / 月，煤巷掘进速度达到 2000 米 / 月，实现综采工作面无人开采，实现工作面设备远程协同控制和故障自诊断。

研究内容：研发全断面巷道 TBM 和顶管快速施工技术与装备、掘支运一体化快速掘进系统、智能化综采工作面成套装备、无人工作面巡检机器人、矿井设备协同控制及故障远程诊断系统、基于大数据的智能开采效能和安全分析决策系统。

起止时间：2016—2020 年

G03）特厚巨厚煤层绿色安全高效开采技术与成套装备

研究目标：掌握 20 ～ 50 米厚煤层开采技术，形成特厚巨厚煤层工艺、技术、装备体系，实现安全、绿色的一次采全高开采。

研究内容：研究特厚巨厚煤层开采工艺与方法，巨厚煤层采场围岩控制理论与技术，超大采高综放工作面成套装备，巨厚煤层开采瓦斯、火、冲击地压等灾害治理技术，超大采动条件下地下水资源保护和地表生态恢复技术。

起止时间：2016—2022 年

G04) 致密砂岩气藏精细描述技术

研究目标：结合地震、测井的多属性分析，精确描述致密砂岩储层空间展布，低饱和度致密气层含水率等关键参数预测符合率达到 80%。

研究内容：开展复杂条件三维地震采集处理技术攻关，提高地震资料品质；开展致密气藏有效储层精细描述研究，重点开展小幅度构造特征研究、砂体内部结构精细解剖和有效砂体空间展布特征研究；开展致密气藏精细建模技术研究，重点开展气藏精细建模方法研究、气藏精细建模动态约束条件研究，以及三维精细地质建模研究和储量复算与评价。

起止时间：2016—2020 年

G05）多层系致密气藏立体开发优化技术

研究目标：通过储层砂体展布精细描述、可动用储量评价、钻井轨迹优化、增产改造工艺优化和井网井距优化，实现致密气气藏经济有效开发，采收率总体达到 25% 以上。

研究内容：开展砂岩储层空间结构研究、隔夹层空间展布特征研究和砂体分布模式量化评价；开展基于多开发指标最优的多层系致密气藏井网井距、布井方式优化研究；研究人工裂缝模拟和预测技术、压裂液与支撑剂优选技术、压裂设计优化技术；研究大型水力压裂技术、水平井分段压裂改造技术和老井重复压裂改造技术；开展岩石分析测试技术、气水两相渗流评价技术，可动流体分析测试技术和储量可动用性评价技术研究。

起止时间：2016—2020 年

G06）致密油富集规律及资源评价技术

研究目标：开展全国致密油资源评价和有利区优选研究，落实 10 ～ 20 个致密气勘探开发有利区。掌握不同类型致密油精细评价技术，致密储层识别误差小于 20 米。

研究内容：开展致密油形成与富集规律研究、致密油储层精细描述与定量评价、致密油目标评价关键技术研究，以及重点地区致密油构造演化与保存条件研究；开展致密油形成地质条件研究、致密油成因机制研究及模拟、致密油形成主控因素研究、致密油资源评价关键技术研究，并对重点地区致密油资源条件综合研究与潜力预测。开展致密油储层多尺度孔喉归一化研究、致密油渗流系统特征研究和致密油层渗流测试及评价方法研究；开展致密油层流体赋存特征及可动性、致密油精细评价参数体系与分类评价等研究。

起止时间：2016—2020 年

G07）致密油产能评价及开发优化技术

研究目标：建立致密油产能评价技术体系，优选与致密油油藏特征相适配的合理补充能量开发方式和注入介质，使致密油采收率达到 5% 以上。

研究内容：开展致密油单井生产动态分析及跟踪评价，致密油井开发递减规律研究，以及致密油产能评价与预测技术研究；开展致密油生产特征与高效开发模式研究和致密油开发经济性分析与方法研究；开展准自然能量开发水平井泄油机理研究、水平井吞吐采油机理研究和注入介质驱油机理研究；

开展注水条件下水平井开发规律研究、注采异步等新注水开发方式研究和开展水吞吐开发方式优化研究；开展空气泡沫驱扩大试验、氮气驱技术、注 CO_2 开发方式和 CO_2 吞吐开发方式研究。

起止时间：2016—2023 年

G08）稠油原位改质技术

研究目标：提出稠油原位改质技术理论，研究井下加氢改质方法和可行性，使采收率提高 10%～15%。

研究内容：开展稠油原位改质技术理论、稠油井下加氢改质技术、重质油转化技术理论和稠油井下热裂解催化剂技术研究。

起止时间：2016—2020 年

G09）页岩气“甜点区”识别技术

研究目标：集成页岩岩石物理测试分析、储层参数测井综合评价、地震预测与综合评价、多学科页岩可压性地球物理评价和微地震监测等技术，优质页岩气储层解释符合率达到 80% 以上，储层识别精度达到 20 米以内。

研究内容：测井页岩 TOC 解释、游离气和吸附气定量预测、页岩岩性及储集参数评价、多尺度裂缝定量表征方法及综合预测、岩石力学参数和储层脆性解释、地应力和地层压力预测方法及关键仪器；研究开展地震 TOC 预测技术、脆性预测技术、应力预测技术、全方位各向异性地震裂缝预测技术研究，建立页岩油气地质—工程“双甜点”地球物理描述与综合评价方法；开展页岩气水平井压裂微地震监测资料处理、解释技术与应用研究，研发浅井永久埋置微地震采集装置和与之配套的处理解释技术。

起止时间：2016—2020 年

G10）深层页岩气水平井钻完井及增产改造技术

研究目标：针对埋深超过 3500 米页岩储层温度高、地应力高等因素导致的钻完井过程中井筒垮塌严重、套管变形，分段压裂过程中加砂困难、设备强度不够等问题开展研究，以实现 3500 米以深页岩气资源的有效开发。

研究内容：攻关长水平段井眼轨迹优化设计及控制技术、页岩水平井快速钻井技术，研制 5000 米或 7000 米顶部控压智能化钻机、47 吨连续油管作业装置，以及高速涡轮钻具和孕镶金刚石钻头等关键工具；攻关分段压裂技术及工具、微地震压裂裂缝监测技术。

起止时间：2016—2022 年

G11）陆相及海陆过渡相页岩气有效开发技术

研究目标：形成一套适用于陆相和海陆过渡相页岩气地质条件的目标优选技术和钻井完井技术、低成本高效的储层改造工艺技术体系，以实现我国陆相和海陆过渡相页岩气开发突破。

研究内容：开展陆相和海陆过渡相页岩气地质工程“双甜点”目标优选技术研究；开展不同岩性组合情况下的直井、定向井及水平井井型优选研究；开展清水压裂、重复压裂、分段压裂、同步压裂和微地震裂缝监测等技术研究，开展新型压裂液、压裂液处理和再利用、储层伤害机理及保护、长井段射孔、体积改造和岩石机械特性地质力学等技术攻关。

起止时间：2016—2025 年

G12）油页岩原位改造与热转化关键技术研究

研究目标：明确油页岩原位改造缝网形成机理，探索油页岩原位热转化及物性变化规律，掌握油页岩原位改造技术和热转化关键技术。

研究内容：研究油页岩原位改造破裂特征及缝网形成机理和油页岩原位改造缝网指标评价方法；研究适合油页岩原位改造形成缝网的技术方法和工艺参数，明确适应于油页岩原位改造封网形成的工艺；研究油页岩原位热解影响因素，明确热解规律；研究油页岩高温转化过程中孔隙度、渗透率、岩石力学参数等物性变化规律，为油页岩原位开采工艺方法制定提供依据。

起止时间：2016—2020 年

G13）深水浮式平台工程技术

研究目标：形成 TLP、SPAR、SEMI 等典型浮式平台工程化关键技术体系，突破 FLNG、FDPSO 等新型装置工程应用的关键技术，为我国 3000 米深水油气田的开发和安全运行提供技术支撑和保障。

研究内容：开展远海复杂的海洋环境条件下 TLP 工程化关键技术、SPAR 工程化关键技术和新型干式采油平台关键技术等典型浮式平台工程攻关，建立涵盖设计、建造、安装、监测及后期运营维护的深水浮式平台工程应用技术体系；开展 FLNG 装置工程应用技术、八角型 FDPSO 装置开发与设计，建立新型装置应用的工程技术体系。

起止时间：2016—2020 年

G14）水下生产系统工程技术

研究目标：突破 1500 米水下生产系统设计关键技术，形成水下生产系统设计能力与技术体系。掌握 1500 米水下管汇、水下阀门和控制脐带缆等核心装备国产化关键技术。

研究内容：开展水下生产设备设计技术、水下电力系统设计技术、水下控制模块 SCM 关键技术研究及相关通用软件开发。

起止时间：2016—2020 年

G15）深水海底管道和立管工程技术

研究目标：实现柔性软管和湿式保温材料国产化，提高深水海底管道和立管设计制造能力与安全运行保障能力，为我国南海深水油气田开发提供技术和产品支持。

研究内容：研究柔性软管关键技术、深水海底管道安全防护监测 / 检测技术、深水厚壁管屈曲、冲刷海床海底管道稳定性设计方法，开展深水管道湿式保温材料国产化及工程应用。

起止时间：2016—2020 年

G16）深水流动安全保障及控制技术

研究目标：构建深水油气田开发过程流动安全实验、工程设计、过程控制与智能管理技术体系，为3000米深水油气田流动安全系统设计、建造和运行管理提供技术支撑。

研究内容：开展海上油田流动安全实验研究与工程设计技术、深水高黏高含蜡原油输送技术、深水油田流动安全监测与流动管理技术、深水气田多相动态腐蚀评价技术与对策、深水流动安全保障技术中试及评价技术研究。

起止时间：2016—2020年

G17）深层煤层气开发技术研究

研究目标：形成深层煤层气钻完井及增产改造技术系列，实现埋深1000～1500米煤层气资源的有效开发。

研究内容：开展深煤层可采性评价，煤层气高渗富集主控因素分析和深煤层煤层气有利区优选技术研究；开展井身结构和井眼剖面的优化设计、钻具组合优化、井眼轨迹导向控制和主水平井眼与裸眼洞穴的连通等技术研究；开展选区评价及储层改造技术优选，分段方式、射孔工艺、压裂工作液研究，并进行现场试验、压后生产动态分析。

起止时间：2016—2020年

G18）复杂储层煤层气高效增产技术

研究目标：针对煤储层压裂效果不理想和专有装备尚处于研发起步阶段等难题，开展相关技术攻关，实现单井产量达到1200立方米/天以上，实现中低煤阶和薄煤层煤层气资源的有效开发。

研究内容：开展中低煤阶煤层气有效压裂技术、薄煤层（群）有效压裂技术、低透气性煤层煤层气抽采开发利用技术、低浓度胍胶压裂液体系、多项裂缝监测评估技术结合的煤层压裂裂缝综合诊断评估技术，以及煤储层脉冲致裂、高能气体压裂改造新技术研究。

起止时间：2016—2020年

2）示范试验类

S01）第四代现代化（智慧）煤矿示范工程

研究目标：建设智慧型矿山示范工程。

研究内容：以信息化、数字化和自动化为核心，集成应用通信、监测监控、物联网、云计算等新技术，将智能矿山建设从传统业务管理扩展至资源环境管理、采掘生产、洗选加工、煤矿安全等矿山各个领域。

起止时间：2016—2020年

S02）致密气田增产及稳产工程技术

研究目标：针对致密气井单井递减快、稳产难度大的生产特点，通过压裂增产、老井挖潜和压采一体化等方面研究，实现致密气田稳产20年以上。

研究内容：开展二氧化碳干法压裂技术研究及工艺试验和纤维素压裂液试验；开展老井潜力层地质特征及选井选层原则方法研究，老井增产措施配套工艺技术试验、低密度低伤害压井液体系优化完善及性能评价，致密气储层转向压裂技术研究和不压井作业工具研究与试验；开展压裂实施效果评价分析、压裂裂缝检测及参数评价分析和分层分段工具可靠性验证；开展多轮次压采一体化开发技术试验。

起止时间：2016—2020 年

S03）致密油水平井分段压裂及工厂化技术

研究目标：示范试验陆相储层致密油水平井分段压裂技术及工厂化作用技术，单井产量达到直井 5 倍以上，作业效率提高 30% 以上。

研究内容：开展致密砂岩体积压裂工程地质研究与评价、复杂裂缝形成与控制机理研究和水平井体积压裂优化设计技术研究；开展新型大通径桥塞体积压裂工艺研究、新型驱油型压裂液体系研发；开展人工裂缝监测技术优选与现场试验、致密砂岩储层体积压裂人工裂缝优化技术研究和致密砂岩压裂效果及增产潜力评价研究；开展工艺技术模式研究、液体利用模式研究和生产组织模式研究。

起止时间：2016—2025 年

S04）低产气井高效排水采气技术

研究目标：形成泡沫排水、柱塞气举智能控制技术，优化不同类型气井排水采气技术对策，技术措施有效率提高 10%，实施成本降低 30%。

研究内容：开展直井、定向井排水采气对策优化研究和水平井排水采气工艺适应性评价；开展数字化泡沫排水采气技术研究、柱塞气举排水采气技术自主研发、低成本速度管柱排水采气技术深化研究和地面涡流工具排水采气技术探索研究；开展气井井筒积液诊断技术研究、柱塞运行模式优化方法研究和排水采气智能控制系统软件开发。

起止时间：2018—2022 年

S05）页岩气开发优化技术

研究目标：针对南方海相页岩气井开发特点，形成页岩气单井产能评价和动态分析技术、井网优化技术等，优化岩气开发技术政策。

研究内容：页岩气储层地质表征与建模技术研究；不同层系、不同沉积环境页岩气流动条件与机理研究；页岩气井试井分析和产能评价技术研发；页岩油气藏和单井开发数值模拟技术研究；页岩气开发动态与储量评价方法，以及不同地质地表条件下页岩气开发技术政策与方案优化技术研究。

起止时间：2016—2022 年

S06）页岩气开采环境评价及保护技术

研究目标：通过页岩气环境评价及保护等装备试验示范，形成安全环保管理系列技术标准规范，使页岩气开发全过程符合国家相关要求。

研究内容：针对页岩气开发中废物处理、环境安全和地质灾害防范等突出问题，重点开展压裂返排液处理与利用技术及装备、油基钻完井废液处理处置技术及应用、页岩气开发地质灾害监控及工艺安全技术、页岩气开发生态及地下水环境风险评估与监控技术、页岩气开发安全环保管理技术标准体系等研究。

起止时间：2016—2020 年

S07）深水钻井技术装备与应用

研究目标：初步建立具有自主知识产权的深水油气田开发钻完井工程技术体系，制定适合水深 3500 米以上海域深水钻井作业装备和技术规范系列，进行深水油气勘探井钻探。

研究内容：开展浅层地质灾害预防及应对措施研究、深水钻井工程设计方案优化研究、深水钻井液性能优选研究、旋转导向钻进技术研究、复杂条件下固井技术研究，以及深水测井、录井、试油关键技术研究与应用。

起止时间：2018—2025 年

S08）低煤阶煤层气资源评价与开发技术

研究目标：立足低煤阶勘探开发热点地区，优选出 5～8 个低煤阶煤层气有利区，开展低煤阶煤层气井安全高效钻完井技术和相适应的压裂工艺技术试验，实现产量规模 10 亿立方米 / 年。

研究内容：开展低煤阶煤层含气性评价，煤层气高渗富集主控因素分析，低煤阶煤层气有利区优选；开展漏失井治理、井壁稳定机理等研究；开展煤层分层方式研究、压裂作业参数合理控制方法及解堵措施分析、机械分层工具优选，以及开展现场试验、应用及效果分析。

起止时间：2016—2020 年

S09）煤层气开发动态分析与评价技术

研究目标：通过对已开发的煤层气区块的生产动态进行分析研究，归纳基本规律，优化煤层气的开发过程，煤层气井单井 EUR 提高 10%～20%。

研究内容：通过对煤层气区块开发已获取的开发动态数据，结合煤层气地质数据和相关的测试与实验分析数据，利用动态分析方法和计算机数值模拟软件分析方法，对区块的煤层气开发效果进行分析评价，对区块的动态变化趋势和最终可采储量及相应的最终采收率进行分析计算。

起止时间：2016—2018 年

3）应用推广类

T01）致密气藏水平井组钻完井技术

研究目标：形成致密气藏水平井组钻完井配套技术，使长水平段（1000m 以上）水平井平均钻井周期＜ 65 天。

研究内容：开展三维水平井眼轨迹优化设计、三维水平井导向钻具优化设计和降摩减阻钻井技术研究；开展多段压裂水泥石封隔有效性研究、水平井窄间隙固井水泥浆体系研究、提高套管居中度研究和窄间隙固井工艺参数优化设计；开展复杂井段漏失坍塌机理研究、强抑制钻井液关键添加剂优选和环保钻井液体系研究及重复利用。

起止时间：2016—2020 年

T02）蒸汽辅助重力泄油（SAGD）技术

研究目标：在稠油区推广应用 SAGD（蒸汽辅助重力泄油）技术，使我国稠重油采收率提高 10%

以上。

研究内容：推广双水平井 SAGD 技术、单井 SAGD 技术、直井与水平井 SAGD 提高蒸汽波及体积技术、SAGD 间歇注气工艺技术、SAGD 高温大排量泵举升工艺技术和水平井 SAGD 蒸汽腔动态监测与优化控制技术。

起止时间：2016—2020 年

T03）3500 米以浅页岩气水平井分段压裂技术

研究目标：埋深 3500 米以浅页岩气水平井钻完井效率大幅提高，水平段长 1500 米的水平井钻井周期达到 50 天以内，实现页岩储层高效体积改造，关键技术及装备全面实现国产化。

研究内容：完善页岩段水平井钻井液体系和页岩段水平井井壁稳定控制施工工艺，以及页岩高效破岩钻头与配套工具、页岩水平段固井水泥浆体系及配套工具，开展压裂改造材料体系研究与应用、分段压裂装备及配套工具研发与应用；完善微地震采集仪器、井中监测与解释技术、地面监测与解释技术研究和微地震监测效果综合评估。

起止时间：2016—2020 年

T04）煤层气井高效排水降压工艺技术

研究目标：优化煤层气井排采设备和管柱体系、防腐工艺、排采制度等，使页岩气井连续稳定生产，单井产量提高 10% ～ 20%。

研究内容：开展煤层气井智能化排采研究，重点开展排采井产气产水能力分析、排采井工作制度设计、排采设备优化选择、油管和抽油杆优化设计以及抽油杆扶正器安装设计；开展煤层气井区块腐蚀评价，研发 FBY 型阴极保护器、MCZ 环保型缓蚀剂及化学吞吐技术；开展施工工艺、施工参数研究，并进行单井压后效果跟踪与评价。

起止时间：2016—2020 年

T05）低浓度煤层气 PSA 脱氮浓缩与液化集成制 LNG/CNG 技术

研究目标：在自主研发的可工业化低浓度煤层气变压吸附浓缩与液化集成技术的示范基础上，建成一批 5 万～ 15 万 Nm^3/d 规模的成套装置。

研究内容：解决低浓度煤层气浓缩与液化集成技术工业化应用推广的相关工程关键问题，包括原料气流量及组成波动适应性问题，长周期稳定安全运行的控制及管理技术等。

起止时间：2016—2020 年

2. 清洁燃料加工转化

1）集中攻关类

G19）重劣质原油加工技术

研究目标：最大限度利用好石油资源，提高重劣质原油、劣质渣油加工的经济性，提高原油综合利用率。沸腾床加氢技术脱金属率达 85% 以上，脱硫率达 80% 以上，转化率达 70% 以上；浆态床加氢技术相比焦化馏分油收率提高 15 个百分点以上，金属脱除率大于 95%，沥青质脱除率大于 85%，残炭脱除率大于 80%。

研究内容：针对高残碳含量、高金属含量的劣质渣油，研究开发沸腾床和浆态床加氢技术，包括反应器工程放大模拟、加氢催化剂设计及生产工艺、催化剂与液相分离技术等。开展渣油加氢与加氢裂化、催化裂化等其他二次加工技术的组合工艺研究。

起止时间：2016—2020 年

G20）新型低阶煤热解技术

研究目标：开发能够提高焦油产率、提高焦油中轻质组分含量的低阶煤中低温热解技术，焦油产率提高 20% ～ 50%，轻质组分含量达到 70% ～ 80%。

研究内容：研发低粉尘、高油产率和高品质油气的粉煤热解技术；研究煤加氢热解的反应机理及反应条件对加氢催化热解的焦油等产物的分布、品质的调控；研究煤加压热解的反应机理及反应条件对加压热解的产物的分布、品质的调控，建立试验装置并优化加压热解工艺；研究 $CO+H_2$ 混合气体系统气氛反应机理，研究催化剂对低阶煤热解过程的作用机理及催化剂制备，进行循环溶剂性能评价和加氢试验研究。

起止时间：2016—2020 年

G21）煤炭加氢液化新技术

研究目标：开发降低反应苛刻度煤加氢液化技术，原料煤转化率≥ 85%，油收率≥ 50%，反应压力≤ 10MPa。

研究内容：开发温和液化新工艺与催化剂、重质油轻质化新工艺与催化剂、温和液化工业反应器、固态产物分质加工新技术、煤溶剂萃取—催化加氢耦合技术，开展温和加氢工艺技术验证，研发煤和重质油共处理技术、循环溶剂制备技术并开展性能评价。

起止时间：2016—2020 年

2）示范试验类

S10）酶法生物柴油产业化示范工程

研究目标：优化年产 20 万吨酶法生物柴油、2 万吨生物法二元醇单套装置，实现累计产能 100 万吨 / 年生物柴油、10 万吨 / 年二元醇以上。

研究内容：完善酶法生物柴油技术适应低品质油脂原料的工艺条件，放大适用酶法生物柴油新工艺的专用反应器，开发高效生物催化剂；实施副产物甘油发酵制备生物基二元醇的关键菌种改造及工艺完善；优化发酵及产品分离精制工艺。

起止时间：2016—2020 年

S11）单系列百万吨 / 年及以上低阶煤热解示范工程

研究目标：开发具有自主知识产权、适应性广的低阶煤中低温热解技术装备，建设百万吨 / 年以上规模的示范装置，并实现长期稳定运行；系统能效不低于 75%，焦油产率大于格金实验的 85%。

研究内容：开展大型热解反应器及其附属设施研制、大型回转设备的密封技术研发、可长周期稳定使用的热载体开发、固体热载体的加热技术以及高温热载体的平稳输送系统研发、高效低耗长寿命的高温除尘技术研究；研发强腐蚀性介质输送设备、最优焦油和半焦产率下的工艺技术，研发热解气净化系统防结焦及废水处理回用技术、半焦的规模化成型与防粉化技术；突破半焦用于工业化锅炉燃烧技术、半焦用于替代部分喷吹/烧结原料的炼铁生产技术及半焦高效气化技术；开展干燥、热解、油品加工系统的集成试验。

起止时间：2016—2020 年

S12）新一代先进煤气化示范装置

研究目标：形成满足不同煤种和产品需求并具有自主知识产权的先进煤气化技术。

研究内容：开发适应于高灰熔点煤的新型超高温气流床气化技术；开发原煤日处理能力 3000～4000 吨的大型气化炉；突破流化床加压大型化关键技术，形成 2000 吨级加压流化床煤气化工业技术示范应用；开发千吨级/日连续自动液态排渣移动床加压气化技术；开发城市垃圾、生物质与煤共气化技术，以及气化污染物控制技术；开展新一代催化气化制氢和气流床加氢制取天然气技术研发。

起止时间：2016—2020 年

S13）煤制化学品新技术工业示范

研究目标：开发具有独立知识产权的煤制化学品新技术，完成新一代煤制乙二醇、甲醇制芳烃和合成气制高碳醇等技术工业示范。

研究内容：开发新型高效催化剂，研究催化剂工业制备方法；优化大型工业反应器设计，加强系统集成。开展甲醇制芳烃、煤基油制芳烃、第三代甲醇制烯烃技术的百万吨级工业化示范；开展非贵金属催化剂煤制乙二醇技术 50 万吨级工业化示范；开展甲醇甲苯制对二甲苯、合成气制高碳伯醇等技术中间试验；推动合成气一步法制烯烃、乙醇等技术工程放大和试验示范。

起止时间：2016—2023 年

S14）高酚氨煤化工废水零排放技术示范

研究目标：构建高酚氨煤化工废水零排放技术体系，优化集成技术的设计参数，建设 1000 立方米/小时以上规模的示范工程，实现中水回用率≥ 99%。

研究内容：优化高酚氨煤化工废水典型污染物高效预处理关键技术参数；优化高效厌氧技术参数，提高水质冲击适应性，进一步改善水可生化性；研发煤化工废水去除特征污染物酚及杂环类和氨氮的关键技术；开发浓盐水脱除 COD 技术、蒸发结晶组合技术，完善单质结晶盐分离流程。

起止时间：2019—2020 年

3）应用推广类

T06）清洁油品生产技术

研究目标：全面提高汽油和柴油性质，改善油品组成结构，满足我国现阶段对清洁油品的需求。

研究内容：研究推广降低催化汽油硫含量的各种有效脱硫技术、降低汽油烯烃并增产轻质烯烃或芳烃的催化裂化技术、生产高辛烷值的汽油组分技术和超低硫汽油调合和储运技术。应用二次加工柴油的超深度加氢脱硫技术、大幅提高柴油十六烷值技术、进一步降低柴油芳烃含量的技术、灵活多产清洁柴油和化工原料的加氢裂化技术，以及超低硫柴油的调合和储运技术。

起止时间：2016—2020年

T07）百万吨级煤炭间接液化成套技术装备

研究目标：建设百万吨级煤炭间接液化工业装置，生产清洁液体燃料。

研究内容：应用推广百万吨级煤炭间接液化工艺系统集成与优化技术；开发50万～80万吨/年费托合成大型反应器、合成催化剂的规模化生产技术、合成中间产品的加工提质技术、多产超清洁汽油技术、联产高附加值化学品技术、尾气转化和利用技术以及先进的节能节水和废水处理技术。

起止时间：2016—2023年

T08）百万吨级褐煤干燥提质技术

研究目标：建成一批100万吨/年以上规模的工业化装置及电厂原煤预处理装置；通过调节产物的性质及与下游产业的耦合，实现提质产品的商品化、标准化、系列化。

研究内容：应用推广大型干燥设备及其附属设施的设计技术与生产工艺、能量系统的模拟与计算、大型高效长寿命的高湿度气体除尘防结露技术、混合气体中水分的高效回收技术、再利用技术及水分潜热的回用技术、干燥煤的规模化成型技术、防自燃防复吸技术；干燥提质系统与电厂的集成技术；工业化系统的建设成本、装置能耗及环境影响；形成系统的设计、调试、运行标准；根据原煤和干燥煤的性质，形成煤炭产品的系列化标准。

起止时间：2016—2020年

3. 清洁燃煤发电

1）集中攻关类

G22）大型火力发电机组间接空冷技术

研究目标：实现1000MW机组间接空冷设计技术达到国际领先水平。

研究内容：研发1000MW级机组间接空冷塔设计技术、间接空冷系统的热力和空气动力计算方法、风机辅助自然通风空冷塔设计技术和间接空冷塔防冻技术。试验研究六排管铝制空冷散热器的热力特性和阻力特性，开展低污染物排放条件下利用间接空冷塔排烟和将脱硫装置布置在空冷塔内的设计技术研究，研究1000MW火电机组配置风机辅助自然通风间冷塔的大风、低温环境适应性。

起止时间：2016—2020年

G23）基于IGCC的CO_2捕集等绿色煤电技术研发

研究目标：掌握基于IGCC的CO_2捕集及与发电系统耦合和集成等技术。

研究内容：研究基于IGCC的燃烧前低能耗新型CO_2捕集吸收剂及节能新工艺，捕集系统与发电系统的耦合和集成技术，开发核心专有设备；开展IGFC-CC复合发电系统研究；研发中温（300～400℃）煤气除尘、脱硫技术，降低净化系统能耗；研发煤气脱汞技术等。

起止时间：2016—2020年

G24）新一代高效低能耗CO_2吸收剂及CO_2捕集系统与发电系统耦合优化集成技术

研究目标：掌握新型 CO_2 吸收剂和捕集材料，以及燃烧后 CO_2 捕集系统与发电系统的耦合优化集成技术。

研究内容：研发新一代高效低能耗的 CO_2 吸收剂和捕集材料，提高吸收剂的吸收性能、长期稳定性和环保安全性，降低吸收剂再生能量消耗；研发吸收和再生过程强化技术；研究燃烧后捕集系统与发电系统的耦合优化集成技术，开发核心专有设备；研究 CO_2 与细微颗粒物、SO_2 等污染物的协同脱除技术。

起止时间：2016—2020 年

G25）多污染物（SO_2、NO_x、Hg 等）一体化脱除技术

研究目标：研发具有自主知识产权的多污染物一体化脱除技术。

研究内容：研发具有同时吸附多污染物的新型高效吸附剂及高效、低成本氧化剂、氧化工艺与设备，以及高效催化剂等，研发多污染物一体化脱除技术工艺关键装置设计及制造技术。

起止时间：2016—2020 年

G26）700℃超超临界燃煤发电技术

研究目标：掌握 700℃超超临界燃煤发电关键技术，开发具有自主知识产权的 700℃超超临界燃煤发电机组示范工程。

研究内容：完成 700℃超超临界燃煤发电机组关键部件及系统验证实验，验证自主研发制造的 700℃高温材料及关键高温部件；开发 700℃超超临界锅炉、汽轮机；开展 600MW 等级蒸汽参数为 35MPa/700℃ /720℃ /720℃超超临界燃煤发电机组方案设计。

起止时间：2016—2025 年

2）示范试验类

S15）600MW 等级超超临界循环流化床锅炉示范工程

研究目标：建成燃煤矸石或无烟煤 600MW 超超临界循环流化床锅炉发电机组示范工程。

研究内容：验证燃煤矸石、无烟煤 600MW 等级超超临界循环流化床锅炉的关键技术；掌握燃煤矸石、无烟煤 600MW 等级超超临界循环流化床锅炉的制造技术、系统集成技术、控制技术及安装、调试与运行技术。

起止时间：2016—2022 年

S16）600MW 等级或以上容量超（超）临界全燃准东煤锅炉机组示范工程

研究目标：建成 600MW 等级或以上容量超（超）临界全燃准东煤锅炉机组示范工程。

研究内容：设计制造 600MW 等级或以上容量超（超）临界全燃准东煤煤粉锅炉；研究锅炉全燃准东煤的系统集成设计技术；研究锅炉燃烧和控制技术，解决准东煤锅炉结渣问题，研制满足低 NO_x 排放要求的准东煤锅炉燃烧器。

起止时间：2017—2025 年

S17）400 ～ 600MW 级 IGCC 示范工程

研究目标：建成自主知识产权的 400 ～ 600MW 级 IGCC 示范电站。

研究内容：掌握 400 ～ 600MW 级 IGCC 发电系统设计技术，进行 400 ～ 600MW 级 IGCC 系统工程示范与运行技术研究；掌握 F 级燃机的中低热值合成气的改造设计技术；掌握 $30\times10^4m^3/h$ 级轴流 / 离心空分压缩机的设计与制造技术。

起止时间：2016—2025 年

S18）百万吨级碳捕集利用和封存系统示范工程

研究目标：建设百万吨级大型 CO_2 捕集系统示范工程。

研究内容：完成燃烧后 CO_2 捕集技术的放大研究，包括百万吨级捕集系统和设备设计技术、与电厂的深度耦合及系统控制技术；配合开展百万吨级 CO_2 驱油和封存的协同优化，保证 CO_2 封存的长期安全性。

起止时间：2017—2025 年

3）应用推广类

T09）600MW 等级及以上容量超超临界二次再热燃煤高效发电机组工程

研究目标：进一步提高超超临界发电机组能效，降低污染排放。

研究内容：积累二次再热高效超超临界发电机组运行控制技术方面经验，提高机组的安全性和可靠性，提高经济技术指标，降低建设成本。

起止时间：2016—2020 年

T10）节能 / 超低排放型超临界循环流化床锅炉技术

研究目标：掌握具有节能和超低排放效果的 350MW 等级或 600MW 等级超临界循环流化床锅炉优化运行方案，进一步降低污染物排放，达到超低排放的标准。

研究内容：研究超临界循环流化床锅炉的提效技术，进一步降低锅炉厂用电率，提高锅炉热效率；开展超临界循环流化床锅炉的超低排放技术研究，掌握适用于循环流化床锅炉的深度除尘、脱硫和脱硝技术的工艺技术方案。

起止时间：2015—2020 年

T11）燃煤耦合生物质发电技术

研究目标：掌握燃煤耦合生物质发电技术，进一步提高对现役燃煤电厂的技术改造水平。

研究内容：研究现役燃煤电厂耦合生物质发电的改造技术，验证并推广生物质成型和干燥技术、生物质燃烧和气化发电技术、锅炉结焦和腐蚀对策、燃煤电厂掺烧生物质的适应性、污染物排放和灰渣综合利用、藻类生物质掺烧等技术，并获得现役电厂改造的运行经验。

起止时间：2016—2020 年

T12）火电灵活性改造技术

研究目标：根据系统调峰能力需求以及火电机组自身特点，提高火电机组运行灵活性和燃料灵活性，提高现有火电机组的调峰幅度、爬坡能力以及启停速度，减少对燃料的依赖性。通过灵活性改造，热电机组增加 20% 额定容量的调峰能力，最小技术出力达到 40% ～ 50% 额定容量；纯凝机组增加

15%～20%额定容量的调峰能力，最小技术出力达到30%～35%额定容量。部分具备改造条件的电厂力争达到国际先进水平，机组不投油稳燃时纯凝工况最小技术出力达到20%～25%。

研究内容：借鉴国际先进经验，研究制定我国火电运行灵活性升级改造技术路线，引进推广国外先进技术和标准化工作，研究相关政策和价格机制。通过开展国内火电灵活性改造示范试点工作，重点掌握火电机组灵活性提升改造中制粉系统、燃烧系统、汽机系统、供热系统、控制系统等的关键技术，解决污染物排放控制、疲劳损伤控制以及效率损失控制等关键问题。

起止时间：2016—2020年

（二）新能源电力系统技术

在可再生能源利用领域，研究8～10MW陆/海上风电机组关键技术，建立大型风电场群智能控制系统和运行管理体系；突破高效太阳能电池的产业化关键技术，发展新型太阳能电池技术，持续提高光伏发电系统的能量转换效率、经济性和智能化水平；完善大型太阳能热发电站高效集热和系统集成技术，实现可全天运行的100MW级电站商业化运行；开展复杂条件下水电开发相关技术研究；开展海洋能、地热能利用关键技术及装置研发和示范工程建设。

在高比例可再生能源并网及传输领域，重点突破大型可再生能源基地和大量分布式可再生能源并网、特高压直流与柔性输电核心技术与装备等关键技术；进一步提升电网和互联网信息的相互融合，源网荷协同水平；在现代信息通信技术的运用、新型电力设备制造及传统电力设备的智能升级等方面持续取得进展。

立足于电力系统调峰和电能质量管理需要，推动压缩空气储能、液流电池、钠硫电池、锂电池和飞轮储能等多种储能技术发展，在大容量储能等技术上实现突破。推进能源互联网建设，加强智能配电与用电网络建设，促进分布式能源和多能互补式发电项目在微网中的利用，开展能源互联系统运营交易技术研究。

本规划在可再生能源利用、高比例可再生能源并网与传输、储能与能源互联网等领域部署13个集中攻关项目、15个示范试验项目、10个应用推广项目。

1. 可再生能源高效利用

1）集中攻关类

G27）新型高效低成本光伏发电关键技术

研究目标：研制出新型高效低成本光伏电池，突破大型光伏电站设计集成和运行维护关键技术，掌握GW级光伏电站集群控制技术。

研究内容：主要开展包括碲化镉、铜铟镓硒薄膜、硅薄膜等太阳能电池产业化技术研发，大面积柔性硅基薄膜电池组件的规模化生产工艺研发，以及III-V族化合物电池、铁电—半导体耦合电池及铁电—半导体耦合/晶体硅叠层电池、钙钛矿电池、染料敏化电池、量子点电池、新型叠层电池、硒化锑电池、铜锌锡硫电池等新型电池的研究和探索，着力提高效率和降低成本；研究多类型分布式光伏系统设计集成技术及示范，开展大型光伏电站及光伏发电站集群的设计、控制、运维及并网技术研究。

起止时间：2016—2020年

G28）复杂条件大型水电工程关键技术研究

研究目标：掌握高地震烈度区、超深覆盖层等复杂建设条件下超大型地下空间工程技术、地质灾害防治技术。

研究内容：针对高地震烈度区、超深覆盖层等复杂建设条件下水电工程，重点研究超大型地下洞室群工程技术，深埋长大输水隧洞工程技术，高压水道衬砌结构和高压灌浆工程技术，高强度、大体积混凝土温控和防裂技术，高地震烈度区、超深覆盖层坝基处理工程技术，超高坝筑坝技术研究，高边坡爆破开挖与支护技术，地质预报与防护技术、高外水压力地下突涌水治理技术、超高地应力条件下施工技术等。

起止时间：2016—2020年

G29）流域梯级水电站综合管控关键技术研究

研究目标：掌握流域梯级水电站安全运行、生态环境监测关键技术。

研究内容：研究流域梯级水电站安全与应急、防恐防暴关键技术，基于水文预报情况的流域梯级电站群多目标联合优化调度关键技术，梯级水电站深度开发、改造、退役技术。研究基于陆气耦合模式的流域梯级水库群分布式水文预报系统关键技术，梯级水库群防洪减灾预警预报系统关键技术。构建流域环境监测体系和数据库平台，动态监控并掌握流域水电开发生态环境演变规律。

起止时间：2016—2020年

G30）水电工程环境保护与水土保持关键技术研究

研究目标：掌握水电环保关键技术、生态重建与修复技术。

研究内容：研究流域生态环境监测和生态调度技术，水温、水生生境修复、过鱼、库区消落带治理、珍稀特有鱼类人工驯养繁殖、河流和水库生态重建与修复等水电工程环境保护关键技术，以及高寒地区施工过程水土保持、施工结束场地清理与还原等水土保持关键技术。

起止时间：2016—2020年

2）示范试验类

S19）8～10MW等级及以上的超大型海上风电机组示范工程

研究目标：研制出具有自主知识产权的8～10MW等级及以上的海上风电机组及关键部件，并进行工程示范。

研究内容：研发8～10MW等级及以上海上风电机组的整机优化设计与制造技术、超大型海上风电机组关键部件设计制造技术，以及超大型海上风电机组基础、塔筒设计及运输、吊装和电网接入等关键技术；开发超大型海上风电机组先进测试技术与测试平台。

起止时间：2016—2025年

S20）大型太阳能热发电关键技术研究与示范

研究目标：突破100MW级太阳能热电联供电站关键技术，掌握中高温固体储热技术，实现太阳热发电站的全天候运行。

研究内容：研究大型太阳能热发电及热电联供电站设计技术与关键部件设计制造技术，研究太阳能热电联供高效梯级利用技术，研究大容量熔融盐储热及储热混凝土和储热陶瓷、多模块固体储热系统集成与优化运行技术。

起止时间：2016—2025 年

S21）生物质集中高效热电联产及多能互补技术示范

研究目标：开展 10MW 规模的分布式生物质热解—气化燃气轮机发电技术的示范试验，并突破生物质与太阳能、风能等可再生能源多联供综合利用关键技术，建成 10000 立方米 / 天级的大型生物质制气工程和多能互补综合利用示范工程。

研究内容：研究分布式燃料高效热电联产技术，主要包括热解炉与气化炉间的最佳配套技术、热电联产系统的清洁和环保技术。研究生物质能与多种能源互补利用技术，重点开展生物燃气高效制备研制及其与太阳能综合利用的关键技术。

起止时间：2016—2025 年

S22）大型抽水蓄能电站关键技术示范与推广

研究目标：掌握大型抽水蓄能机组设备制造与系统集成技术，并开展示范工程建设。

研究内容：重点研究高水头、大容量抽水蓄能机组设备自主化，高水头大 PD 值埋藏式钢管和钢岔管设计，大型可变速抽水蓄能机组关键技术，大型抽水蓄能机组配套设备与系统集成技术，海水抽水蓄能电站关键技术，抽水蓄能电站与新能源、核电等多能互补联合运行技术。

起止时间：2016—2020 年

S23）海洋能利用关键技术及示范工程

研究目标：研制波浪能、潮汐能、潮流能、温差能利用装置，建设波浪能、潮汐能、潮流能发电示范工程。

研究内容：研究波浪能利用关键部件设计制造技术、海上生存能力技术，研究高转换率波浪能发电技术，研发波浪能发电装置，开展百千瓦级波浪能发电示范工程建设。推进潮汐电站方案设计及优化、万千瓦级低水头大流量水轮发电机组设计与制造、潮汐能环境影响评价及预测、电站运行控制等关键技术研究，开展万千瓦级潮汐能发电试验示范工程建设。研发适合潮流资源特点的高效率叶轮，突破发电机组水下密封、低流速启动、模块设计与制造等关键技术，研发兆瓦级潮流能发电装置，开展兆瓦级潮流能发电示范工程建设。研究温（盐）差能发电热力循环技术，研制温（盐）差能实际海况试验样机。

起止时间：2016—2020 年

S24）干热岩开发利用技术示范工程

研究目标：掌握干热岩开发关键技术，建成 100kW 级干热岩发电示范。

研究内容：研究靶区定位和探测的技术设备、大体积压裂技术设备及配套施工工艺；突破人工裂隙发育延伸控制技术及施工工艺、裂隙网络优化技术、宽负荷耦合发电技术、干热岩中高温发电工艺，开发高效热电转换发电设备，建设小型干热岩发电试验装置。

起止时间：2016—2020 年

3）应用推广类

T13）碳纤维复合材料风电叶片及其抗冰技术应用研究

研究目标：开发碳纤维复合材料风电叶片新产品，建立百套量级的碳纤维复合材料风电叶片和抗冰风电叶片生产线。

研究内容：开展大尺寸、大厚度碳纤维复合材料主承力件成型技术工程应用研究，碳纤维复合材料风电叶片热载荷与力学载荷综合作用研究，碳纤维复合材料风电叶片结构优化设计，碳纤维复合材料抗冰风电叶片系统优化设计，建立碳纤维复合材料风电叶片制造标准化平台。

起止时间：2016—2020 年

T14）5～6MW 等级大型海上智能风电机组应用推广

研究目标：降低海上风电场的度电成本，实现大型海上风电机组安装规范化和机组运维智能化。

研究内容：实现关键部件的国产化设计、制造与测试应用技术，完善高可靠性低度电成本海上风电机组整体优化设计技术，应用推广大型海上风电机组的基础工程设计和建造技术，以及大型海上风电场的智能化监控运行维护技术。

起止时间：2016—2020 年

T15）高效、低成本晶体硅电池产业化关键技术研发及应用

研究目标：实现 HIT、IBC 等电池国产化，晶体硅电池效率≥ 23%，建成 HIT 电池和 IBC 电池的 25MW 示范生产线。

研究内容：开展低成本晶体硅电池国产化技术攻关，包括关键材料、工艺、装备以及配套辅材的国产化；进行 HIT 太阳能电池产业示范线关键技术研究和示范，进行 IBC 电池产业示范线研究，并实现规范化、产业化；掌握产业化高透太阳能电池用玻璃制备技术。

起止时间：2016—2020 年

2. 高比例可再生能源并网与传输

1）集中攻关类

G31）直流电网关键技术装备

研究目标：突破高压直流 DC/DC 变换器、换流器、断路器的设计及制造成套关键技术，并建立直流电网标准；±320kV 及以上直流断路器、±200kV 高压直流 DC/DC 变换器等达到实用化水平。

研究内容：研究 ±200kV 级别 DC/DC 变换器的主电路拓扑结构，研制其试验样机；研究直流断路器的关键技术参数、直流断路器与多端直流系统的协调控制策略、±320kV 及以上级别直流断路器的技术可行性与实现方法、高性能低成本的高压大电流直流断路器的主电路拓扑结构，研制其试验样机；开展直流电网标准体系研究。

起止时间：2016—2020 年

G32）±500kV 直流输电电缆研制

研究目标：开发出超净级高生产率 XLPE 绝缘材料，研制 ±500kV 直流输电电缆样缆。

研究内容：研究 ±500kV 直流电缆用绝缘料及屏蔽料的配方及生产工乙国产化；开展直流电缆线路运行中的各种过电压形式分析和新型高压直流电缆结构优化；研发新型直流电缆制造工艺，搭建直流电缆电、热联合老化试验平台；研究直流电缆用绝缘材料在不同应力条件下的老化性能。

起止时间：2017—2020 年

G33）新型特高压交流输电技术

研究目标：突破适用于特高压远距离输电的直挂式大容量 SVC 装置关键技术，以及环保型特高压交流 GIL 的设计和制造关键技术，产品技术指标和性能达到国际先进水平。

研究内容：开展高压大容量 SVC 的主电路结构及参数设计研究，开展特高压系统同时加装高补偿度串补、可控高抗、SVC 条件下的系统运行特性与过电压及电磁暂态研究；研究特高压系统多 FACTS 设备的系统多目标协调控制策略；开展环保型绝缘介质在特高压电压下基础特性和应用技术研究，以及环保型特高压交流 GIL 样机设计和研制、安装工程设计与关键技术、测试评估与运维关键技术研究等。

起止时间：2016—2020 年

G34）基于云技术的电网调度控制系统研究

研究目标：构建基于云技术的电网调度控制系统支撑平台，提升调度核心业务的智能化水平；攻克大电网多时空尺度一体化协调优化关键技术，实现风光水火联合优化调度，提升大规模清洁能源跨区消纳能力。

研究内容：研发基于云技术的调控系统体系架构和平台支撑关键技术、统一的调度数据共享与信息交流平台关键技术、多级调度多专业之间一体化协同维护的关键技术、基于大数据的广义电力可靠性分析和控制决策技术、电力系统智能充裕度分析技术；适应特高压电网发展与清洁能源大规模接入的无功电压控制模式与策略，研究特高压交直流混联大电网联合控制模型；开展电网调度运行综合评估方法研究。

起止时间：2016—2020 年

G35）智能电网信息采集及通信技术

研究目标：掌握先进智能状态监测传感器技术，建立电网信息物理融合系统（CPS）体系架构，形成广域分布环境下电网协同计算及属地化多级计算体系。

研究内容：掌握先进智能状态监测传感器技术，突破传感 / 通信一体化技术及智能传感器群数据融合技术；发展光纤、无线、空间等通信网络的互联和融合方案；研究电网信息物理交互模型，建立电网 CPS 体系架构；研究基于嵌入式系统的分布式计算与信息智能处理技术。

起止时间：2016—2025 年

G36）智能电网信息安全自主化关键技术研究

研究目标：开展下一代电网信息通信安全技术体系研究，实现工控系统与移动应用安全、信息安全监控预警、信息安全与业务融合等技术突破，研制自主化的电网信息安全自主可信可控设备。

研究内容：研究面向电网生产运行的信息安全防御体系；研究适用于智能电网环境下的信息安全风险评估、可信计算、数据安全、攻防对抗及其技术；研究面向工控系统、移动互联等业务的信息安全综合防御和监测预警技术；研究信息安全自主可控防御体系、安全软硬件基础平台支撑技术及安全芯片，研究安全隔离、接入及数据交互实用关键技术；研发电网信息安全自主可信可控设备。

起止时间：2016—2020 年

2）示范试验类

S25）风电场群智能控制、调度及能效评估

研究目标：突破风电场群智能化运行维护技术、发电功率优化调度运行技术；实现风电场群电能多效利用，建设百万千瓦及以上规模风电场群高效运行示范工程。

研究内容：研究百万千瓦级风电场群智能化运行维护系统、风电场群优化调度技术；风电场群智能控制及电能质量控制关键技术；利用储能等方式实现风电场群功率波动平抑的关键技术；包含风电场群运行数据、气象数据的大数据平台关键技术；基于资源相关性和电网调度模式的风电场群划分技术。

起止时间：2016—2020 年

S26）柔性直流输电关键技术研发与示范

研究目标：掌握 ±500kV 大容量柔性直流输电系统的设计与成套关键技术，解决基于柔性直流输电的大规模海上风电并网及运行控制关键技术。

研究内容：研究适用于架空线的 ±500kV/1000～3000MW 超大容量柔性直流输电换流器主电路拓扑设计及换流阀优化设计与制造技术、试验方法、运行控制及现场调试技术；研究基于柔性直流输电的大规模海上风电接入及运行控制技术；开展柔性直流输电在电网互联和海上风电接入方面的应用示范。

起止时间：2016—2020 年

S27）高压大容量交流电网故障电流限制关键技术

研究目标：突破串联谐振型限流器、分裂电抗器和低漏磁电抗器的关键技术，掌握限流设备的等效试验技术，实现应用示范。

研究内容：研究交流电网的短路故障检测和预测方法；研究故障电流限制器的电路拓扑设计、关键部件设计与制造技术；研究高压大容量、低损耗及低漏磁的空心电抗器和分裂电抗器的电磁与结构设计方法；研究限流器的控制和保护方法以及限流器与断路器的匹配运行等。

起止时间：2016—2020 年

S28）电网安全稳定自适应保护系统研发与示范

研究目标：掌握大规模可再生能源接入电网条件下，交直流、多直流协调控制保护技术和电网振

荡抑制技术，研制自适应协调控制保护系统并示范应用。

研究内容：研究特高压交直流输电、可再生能源并网对电网控制保护的新需求，以及传统控制保护架构、控制保护方式及策略的适应性；研究多种智能控制手段与传统控制方法相结合的协调控制方案、多区域稳控系统的自适应协调控制技术；研究大型柔性可控元件的交流电网的暂态特性及控制保护策略；研究广域保护原理，构建广域控制保护系统的网络架构。

起止时间：2016—2022 年

3）应用推广类

T16）大规模新能源特高压直流外送及调度运行示范及推广

研究目标：解决大规模新能源远距离输送的安全稳定关键问题，提高新能源输送比例，实现大规模新能源的跨区消纳。

研究内容：依托哈密—郑州、宁东—浙江、酒泉—湖南等特高压直流工程，重点解决大规模新能源基地连锁故障问题、次同步振荡问题，提升故障风险评估与预警技术、紧急控制技术、无功优化和协调控制技术、新能源发电消纳能力评估技术等。

起止时间：2016—2020 年

T17）大容量特高压直流输电示范及推广

研究目标：掌握 ±1100kV/12000MW 特高压直流输电的设计与工程建设关键技术，建设示范工程并推广应用。

研究内容：开展 ±1100kV 及以上直流输电方案、安全稳定性及交直流协调控制、控制保护技术，过电压与绝缘配合的研究，积累运行经验；实现直流套管等 ±1100kV 直流输电关键设备的国产化和设计、运行技术标准化。

起止时间：2016—2020 年

T18）智能电网多级调度控制系统推广应用

研究目标：研发适应电气特性紧密耦合特征的智能电网多级调度控制系统并实现推广应用，提升现代电网运行风险的在线防控能力和自动化系统的集约化水平。

研究内容：研究保障电网安全稳定运行的多级调度协同防御系统的总体架构；深化研究省地一体化、地县一体化及调配一体化关键技术；研究全网稳态潮流统一生成、在线安全稳定量化分析、广域控制协调决策等实用化技术；研制满足工程化需求的智能电网多级调度控制系统，开展应用功能的工程验证；制定多级调度协同分析与控制的技术标准，实现系统的推广应用。

起止时间：2016—2020 年

T19）交直流大电网实时仿真技术推广应用

研究目标：建立电网大数据实时仿真分析平台，实现基于实时仿真的大电网安全稳定控制系统，并得到推广应用。

研究内容：研发大容量柔性直流输电 / 直流电网建模及实时仿真技术；建立风电、光伏、核电机组的仿真模型，发展适用于大规模交直流电网的机电—电磁暂态混合仿真计算分析平台，建立适用于大电网的多时间尺度并行实时仿真平台；构建电力系统仿真大数据平台；发展基于实时仿真技术进行安全稳定控制系统试验验证技术。

起止时间：2016—2025 年

3. 储能与能源互联网

1）集中攻关类

G37）新型高效电池储能技术研究

研究目标：开发出低成本、长寿命、高安全、高能量密度锂电池，建立低温化、高安全性和高性能的钠硫储能新体系，掌握高性能铅炭电池制备关键技术；突破大型机械储能关键技术，建立示范系统；研制出高能量密度、长寿命、低成本固态化学电池。

研究内容：研究水系锂电池、凝胶锂电池、固态锂电池以及锂硫电池技术的电极材料及规模制备技术，新型钠、硫体系储能系统的关键技术，低电阻、高可靠性铅炭电池电极板的制备工艺技术，大容量机械储能（如飞轮储能、压缩空气储能）的系统结构、控制、大功率高效电机及变流等关键技术，以及固态电化学储能电池的关键材料匹配、电芯设计、电芯规模制造关键技术。

起止时间：2016—2022 年

G38）大规模高渗透率分布式电源并网集成和控制技术

研究目标：突破渗透率 30% 以上的大规模分布式电源规划布局、并网集成和运行控制关键技术，实现用户侧多能源融合和高效利用。

研究内容：开展风光等资源监测和电源功率预测研究，开展大规模分布式发电及储能与配电网交互影响研究，研究分布式发电系统新型变流控制技术、分布式电源群控群调关键技术、基于虚拟电厂的高渗透分布式电源消纳技术，以及适应分布式电源、零售电等大规模应用的新型互动营销技术。

起止时间：2016—2020 年

G39）能源互联系统运营交易关键技术研究

研究目标：建立能源流与信息流融合的协同控制技术，建立多元化能源商品交易平台。

研究内容：研究多能融合能源系统的整体建模及分析技术，研究面向电网、气网、热网等的多物理量信息归一化处理技术，研究多能源形态能量的量测、计算、预测及控制技术，研究多能融合能源系统中支持虚拟电厂及需求响应的动态平衡技术；研发支持多元交易主体、多元能源商品复杂交易类型的能源交易平台，研究支持分布式、并发式交互响应的实时交易方式和能源期货交易模式，研究互联网虚拟能源货币认证、定价、流通、交易与结算等关键技术。

起止时间：2016—2025 年

2）示范试验类

S29）大容量长寿命钛酸锂储能电池及装置示范验证

研究目标：掌握低成本长寿命储能锂离子电池关键技术，建成 20MW/10MWh 钛酸锂电池储能示范系统，并投入示范运行，储能系统循环寿命达到 10000 次，成本低于 3000 元 /kWh。

研究内容：研究长寿命钛酸锂材料、储能用锂离子电池设计及工艺、电池系统集成等关键技术；研究开发钛酸锂电池模块结构设计、系统结构、散热设计方案、模块成组及连接技术，以及低成本、高可靠性储能系统管理控制设计技术；开展 20MW/10MWh 钛酸锂电池储能示范系统的建设；研究储能系统和电力系统联合控制方法和控制策略。

起止时间：2016—2020 年

S30）MW 级以上大容量钠硫电池储能装置示范验证

研究目标：掌握大尺寸陶瓷电解质的低成本制备与产业化放大、金属 / 陶瓷 / 玻璃高温多相封装的产业化放大与稳定服役、MW 级以上大容量钠硫电池储能电站集成与运维技术，实现 1MW/8MWh 钠硫电池系统制造和电站实地示范运行。

研究内容：研发 Beta″ $-Al_2O_3$ 陶瓷电解质制备工艺和设备，金属 / 陶瓷 / 玻璃密封结合技术、连接技术以及批量化制备工艺和设备，高自动化精密激光焊接系统和标准工艺，铝质壳体防腐蚀涂层量产制备专用设备和工艺；研究中试规模（2～5MW/ 年）的铝质单体电池的批量制备的专用设备工具、工艺和检测方法；研发大容量模块设计与批量化装配技术、模块化集成技术、钠硫电池储能系统并网及监控技术、基于智能化管理模式设计技术；研发低温钠硫电池技术；开展不同应用领域的 MW 级储能电站的设计、控制与运维技术研究、钠硫电池运行性能评估等。

起止时间：2017—2020 年

S31）10MW/100MWh 先进压缩空气储能系统示范

研究目标：突破 10MW/100MWh 先进压缩空气储能系统核心部件设计技术，建成系统工程示范，系统性能达到国际领先水平。

研究内容：研发 10MW/100MWh 先进压缩空气储能系统中宽负荷压缩机和高负荷透平膨胀机、紧凑式蓄热（冷）换热器等核心部件的流动、结构与强度设计技术，以及系统集成及其与电力系统的耦合控制技术和示范系统的调试与性能测试技术。

起止时间：2016—2020 年

S32）适应多种发电形式和用户主动影响的交直流配电网示范

研究目标：建设具备集成、互动、自愈、兼容的新形态交直流配电网示范工程。

研究内容：研发新型交直流变流装置；研究适应分布式电源高渗透率接入和“即插即用”的交直流混合配电网运行控制技术、多场景优化调度技术、故障隔离与恢复技术；研究适应用户主动影响的配电网需求侧响应技术；研究小型化、低成本、快速可靠的适应多种发电形式和用户主动影响的配电网测控终端。

起止时间：2016—2023 年

S33）能源互联网示范工程

研究目标：建设以智能电网为基础，与热力管网、天然气管网、交通网络等互联互通，电、热、冷、氢多种能源形态互相转化的能源互联网试验示范工程。

研究内容：建设高灵活性的柔性能源网络，接纳高比例可再生能源、促进灵活互动用能行为和支持分布式能源交易；研究标准化、模块化的不同能源网络接口设备，支持多种能源形态灵活转化、高效存储；研究电网、气网、热网等智能网络的协同控制调度技术；研究电、热、冷、氢等不同能源形态的量化评价方法，构建不同形式能源的能量品位统一量化模型，提出多能互补系统能量优化方法；研发气、热、电多物理量智能终端高级量测系统；研究多能互补综合能源网络内不同类型储电、储热、储冷、储氢装置的优化协调控制方法，研发适用于多能源输入和输出的能源互联网能量管理系统。

起止时间：2016—2020 年

3）应用推广类

T20）全钒液流电池储能产业化技术

研究目标：实施百兆瓦以上级全国产化材料全钒液流电池储能装置示范应用工程；建造 300MW/ 年液流电池产业化基地，实现规模化生产。

研究内容：开展全钒液流电池用高性能、低成本非氟离子传导膜的规模化制备，开展 30kW 及以上级高功率密度电堆、高集成度集装箱式 200kW 以上级的全钒液流电池模块的工程化技术开发；制定全钒液流电池标准。

起止时间：2016—2020 年

T21）多能互补分布式发电和微网应用推广

研究目标：实现智能化分布式光伏应用、光伏微电网互联、交直流混合微电网以及多能互补微网统一能量管理等的工程示范和推广应用。

研究内容：掌握区域性高比例分布式光伏发电设计集成、直流并网、功率预测及智能化技术，研究微电网内的储能系统及风、光、柴、水、燃气轮机等微电源标准通信交互模型，研发基于微电网标准化信息模型的微电网监控平台，形成典型的微电网网络结构和信息流设计实用范例研究微电网通信网络架构和通信方式，实现微电网标准化、模块化集成。

起止时间：2016—2020 年

T22）交互式智能用电与需求侧响应

研究目标：构建电力负荷需求响应的技术标准体系。建设智能用电管理与服务平台，实现智能家居、电动汽车等柔性负荷参与电网互动响应。

研究内容：基于大数据分析实现群体用电行为精细化描述；研究需求侧资源动态响应特性及响应潜力评估技术，提出配用电侧信息模型和用户交互接口解决方案；结合智能用电接口标准研发适用于工商业用户及电动汽车的需求响应智能控制终端，提出关键家庭用电设备、电动汽车充电设施的用电负荷特性及智能电器的标准接口。

起止时间：2016—2025 年

（三）安全先进核电技术

加快自主知识产权先进核电堆型的持续改进创新，推广应用自主知识产权的先进三代压水堆，加快高温气冷堆、快堆、模块化小型堆的技术示范工程建设和产业化，积极开展微型堆、钍基熔盐堆等新堆型研究。开展先进核燃料元件研发，推进乏燃料处理技术，发展大型核燃料后处理厂自主技术，突破严重事故预防和缓解技术、废物最小化技术、设备管道去污技术等。积极推进在役核电机组延寿相关技术的研究开发，发展先进监 / 检测技术、关键设备时限老化评估技术和缓解 / 修复技术等。

本规划围绕安全先进民用反应堆，先进核电燃料，建设、运行与延寿等技术领域部署了 8 个集中攻关项目、4 个示范试验项目、6 个应用推广项目。

1. 安全先进民用反应堆

1）集中攻关类

G40）超高温气冷堆技术研究

研究目标：通过关键技术、关键设备与材料以及性能试验的研究，论证 HTR-10 实现 950℃高温运行及核能制氢的可行性。

研究内容：依托 10MW 高温气冷实验堆，开展 950℃下超高温运行及核能制氢技术研究，主要包括：反应堆物理热工设计、安全与事故分析、堆内构件材料及结构分析，燃料元件高温性能试验等。开展中间换热器关键技术研究与性能实验验证，开展碘硫循环分解水与高温蒸汽电解制氢技术研究等。

起止时间：2016—2022 年

G41）快中子反应堆运行和控制技术研究

研究目标：通过关键技术、关键设备的研究，提升我国快堆运行和控制能力，掌握维护、保养、大修、故障维修等方面的技术方法。

研究内容：完成中国实验快堆运行模式的优化，明确各运行模式下完整的技术条件要求和控制方法；研究钠冷快堆电站运行仿真和在线诊断技术、涉钠设备在役检查技术、关键设备老化管理技术、运维一体化管控技术。

起止时间：2016—2020 年

G42）铅基合金冷却反应堆技术研究

研究目标：完成铅基合金冷却反应堆总体设计及综合演示试验，为实现自主知识产权的铅基合金冷却反应堆的工程应用奠定基础。

研究内容：突破铅基合金冷却反应堆设计、试验、燃料材料等关键技术，掌握燃料制备工艺及堆内辐照数据等，开展铅基合金冷却反应堆总体设计及主设备研制，冷却传热和腐蚀特性、冷却系统工艺技术、系统及设备试验验证，电站仪控系统开发和运行维护等关键技术研究。

起止时间：2016—2021 年

G43）基于高度安全燃料的 5 ～ 10MW 级制造型模块堆

研究目标：掌握全陶瓷微包覆燃料及包壳材料技术，突破 5 ～ 10MW 级制造型反应堆核电机组工厂化制造技术，论证制造型小微堆核电机组及其分布式应用的可行性。

研究内容：研制碳化硅基质包覆颗粒燃料芯块制造工艺、流程与设备，开展燃料与材料辐照、正常工况与严重事故下性能测试与验证，以及安全许可取证；开展 5 ～ 10MW 级制造型模块堆设计、安全分析、许可取证、应用开发，智能化控制与安全系统设计、研制与验证，先进高效紧凑型超临界二氧化碳布雷顿循环能量转化系统研制与示范，独立运行电站系统集成与配套设备研制，数字化、智能化工厂制造与组装流程和设备设计与研制。

起止时间：2016—2021 年

G44）钍基熔盐堆核能系统关键技术研究

研究目标：掌握钍基熔盐堆关键技术，实现关键材料与设备产业化，完成世界首座钍基熔盐仿真堆与 2MW 钍基熔盐实验堆建设，总体技术水平居国际领先。

研究内容：开展钍铀燃料循环工作模式、熔盐堆设计和安全标准、熔盐回路设计等关键科学技术问题研究；掌握镍基等高温合金、高密度石墨和燃料熔盐等关键材料的制备和加工工艺；研发熔盐回路仪器设备、熔盐堆本体设备和仪控系统等关键设备；突破锕系元素高温干法分离、轻同位素离心萃取分离、熔盐高温制氢与熔盐储能等关键技术。

起止时间：2016—2020 年

2）示范试验类

S34）CFR600 快堆示范工程

研究目标：完成示范快堆关键技术和关键设备研发，完成 CFR600 的标准设计，完成快堆 MOX 燃料的定型设计。

研究内容：开展 CFR600 示范快堆关键工艺研究，确定总体技术方案和主要工艺参数；开展机械式钠泵、蒸汽发生器、控制棒驱动机构等关键设备的样机制造，开展示范快堆的设计工作；开展 MOX 燃料芯块的研制、CN15-15 和燃料辐照样件的堆内辐照和检验，以及工业规模 MOX 生产线的技术研发和设计。

起止时间：2016—2025 年

S35）模块化小型堆示范工程

研究目标：建设模块化小型堆和低温供热堆示范工程。

研究内容：进行模块化建造技术研究、运行技术研究、模块化反应堆法规标准及安全审查技术研究，开展压力容器、蒸汽发生器、控制棒驱动机构、小型屏蔽泵 / 湿绕组泵等主设备研制，进行安装及调试技术研究。

起止时间：2016—2020 年

3）应用推广类

T23）自主三代大型先进压水堆核电技术应用推广

研究目标：开展“华龙一号”和 CAP1400 应用推广相关研究，初步形成批量化、规模化能力。

研究内容：依托示范工程，开展“华龙一号”和 CAP1400 批量化、规模化应用研究，进一步提高设备国产化率，研究设备批量化生产技术，开展核电自主化软件验证及认证标准规范体系研究，初步建立三代大型先进压水堆自主产业化体系。

起止时间：2017—2025 年

T24）600MW 级高温气冷堆核电站

研究目标：实现商业规模的 600MW 级高温气冷堆核电站（简称 HTR-PM600）的规模部署。

研究内容：开展 600MW 级高温气冷堆总体设计和分析研究、球形燃料元件大规模生产关键技术研究、多模块高温气冷堆协调控制技术研究；开展高温气冷堆热电联产技术研究，包括蒸汽供应技术、热交换器技术，发电 / 蒸汽供应能量分配和平衡技术；开展核级石墨国产化研究。

起止时间：2016—2025 年

2. 先进核电燃料

1）集中攻关类

G45）新一代先进核燃料技术研究

研究目标：研制性能优于 M5、ZIRLO 合金的新锆合金包壳材料，以及长寿期、高安全性的燃料元件；研究能缓解严重事故后果的耐事故燃料元件（ATF），研发出具备入堆考验的先导棒 / 先导组件，突破具有更优良性能的环形燃料等先进核燃料关键技术。

研究内容：针对当前我国主要压水堆型，研制 CF4、第二代 STEP-14 系列等下一代压水堆先进核燃料以及自主化的 N45、优化 CZ 等先进锆合金包壳材料，开展元件和组件设计、制造工艺、堆外性能检测、堆内辐照考验和辐照后检验等关键技术研发等；积极开展 ATF 元件先进包壳和芯块材料样品的研究，完成第一代 ATF 燃料可行性验证及初步设计，适时启动材料堆外性能测试、堆内辐照考验；在第一代 ATF 燃料反馈的基础上，积极优化革新型第二代 ATF 燃料新材料选型论证及关键技术研究。

起止时间：2016—2025 年

G46）核电厂放射性废物最小化技术

研究目标：完成先进的核电厂放射性固废处理技术和废液净化技术研究，实现去污效率的量级提升。

研究内容：研究先进的核电厂放射性废物处理技术和核心装备，开展高完整性容器盛装技术、放射性废树脂湿法氧化技术、PVC 高效降解技术、低放射性废油处理技术、放射性沾污管道及容器去污技术、等离子体熔融减容技术的研究；开展废液净化和除氚技术研究，攻克核电厂放射性废液中核素、硼、弱电解质的分离技术，实现硼回收复用。开展易去污、易处置的新型辐射屏蔽材料及新型超吸附材料研发；开展核设施退役材料去污与拆除等相关技术研究。

起止时间：2016—2023 年

2）应用推广类

T25）自主 CF 及 STEP 系列先进核电燃料应用推广

研究目标：掌握自主 CF 及 STEP 系列燃料组件、N36 及 CZ 锆合金燃料包壳的批量化生产技术，建立燃料组件原材料国产化供应体系，2020 年前逐步实现自主品牌燃料在“华龙一号”出口项目、国内现役二代及二代加压水堆核电厂、在建“华龙一号”项目中批量使用；掌握自主品牌燃料组件的批量化生产技术，初步建立自主品牌燃料组件产业化体系。

研究内容：开展 CF 系列组件规模应用研究；积极开展 STEP 系列燃料组件的堆内辐照试验及应用研究；针对成熟的自主品牌燃料，对国内燃料组件批量的生产线进行适应性改造或新建燃料组件批量生产线。

起止时间：2016—2020 年

3. 建设、运行与延寿

1）集中攻关类

G47）核电站运行维护技术研究

研究目标：面向第三代、第四代、小型堆等核电技术，以保障核反应堆安全、经济、高效运行为目标，实现核电站在役检查及关键设备的在线检修与更换等技术研究。

研究内容：通过智能辐射防护监控、智能巡检、智能设备管理等技术研究，构建核电智慧运营基础架构；研究先进无损检测新方法、高精定量在役检测技术；研制核电站智能检修机器人，开展仿真技术、运行支持技术研究，开发人因数据采集与分析系统，开展核电智慧运营关键技术研究；开展辐射剂量监测定位技术、自动抄表技术等智能巡检技术研究；开展设备全生命周期资产管理技术等智能设备管理研究。

起止时间：2016—2020 年

2）示范试验类

S36）核电厂延寿关键技术示范应用

研究目标：解决我国核电厂延寿涉及的范围界定与筛选、老化管理审查、时限老化分析等关键支撑技术，完成大亚湾核电厂示范机组的延寿论证工作。

研究内容：开展长寿期下核材料服役行为与机理研究，开发新的预测模型或评估技术；开展安全壳应变监测、部件疲劳及损伤检测、反应堆压力容器检测及评估等技术应用研究；开发先进焊接、构筑物腐蚀缓解阴极保护、管道腐蚀缓解、辐射水环境下特种维修、核级电缆环境鉴定、破前漏评估、安全壳钢筋束预应力损失评价等先进技术，并进行应用验证；开发核电厂延寿管理平台；开展核电厂延寿文件体系、管理导则研究，形成我国自主的核电厂延寿技术文件体系和规范。

起止时间：2016—2020 年

S37）核电工程智能化设计建设技术示范

研究目标：推进实现核电工程的数字化、网络化与智能化，并在防城港核电站“华龙一号”中进行示范应用。

研究内容：在核电站设计建造全业务流程中建立万级业务单元之间的业务逻辑网络，建设核电工程统一业务流程平台；开发核电数据源和数据流模型，实现智能化的跨专业、跨领域、跨阶段业务协同和信息交互，设计、采购、施工、调试过程的无缝衔接，进而实现核电业务与管理的全面协同。

起止时间：2016—2020 年

3）应用推广类

T26）自主先进核电监测检测装备应用推广

研究目标：实现自主核电监测检测装备在国内外的应用推广，形成核电装备国产化体系。

研究内容：应用推广核电站安全级传感器及其在线快速故障诊断装置、报警事件远程专家分析平台、主蒸汽管道 LBB 泄漏监测系统、电流在线监测与诊断系统、燃料破损在线探测、池边检查设备、金属部件监测技术规模化应用研究；开展维修装备规模化应用研究和关键器件规模化应用研究；建立核电先进检测、维修装备以及关键设备的供货体系；开展自主三代核电堆芯测量系统信号处理设备的批量化生产技术研究。

起止时间：2016—2020 年

T27）核电站数字化仪控平台技术应用推广

研究目标：针对“华龙一号”、AP1000 等三代核电站实现安全级数字化仪控系统在国内及出口核电站中的应用推广。

研究内容：针对三代核电机型，充分验证非安全级 NicSys2000 平台和安全级 NicSys8000 平台、ACP 系统的 SpeedyHold 平台、安全级保护系统 FirmSys 平台、非安全级控制系统的 HOLLiAS-MACS 平台，以及 FirmSim 和 HOLLiAS-MACS 仿真平台等的适应性和系统通信的可行性；开展 OPS 远程布置、POP 大屏显示、弧形盘台、NC-VDU 支架显示等先进设计方案验证。

起止时间：2016—2020 年

T28）核事故应急技术与装备

研究目标：通过技术应用与推广，为核电厂应对严重事故提供技术与装备，其中，处理规模为 $5m^3/h$ 的放射性废水应急处理装置完成标准化设计并推广应用。

研究内容：应用推广核事故放射性废水应急处理技术及工艺、核电站应急高容量蓄电池蓄能系统、核电站非能动应急高位冷却水源系统、大容量核电站 1E 级应急柴油发电机组、核电厂厂址选择阶段的应急可行性评价方法、核电厂应急指挥中心等设施的设计方法和先进核事故后果实时评价技术。

起止时间：2016—2020 年

（四）战略性能源技术

从国民经济和社会发展的战略高度有针对性地发展一批关键战略储备技术，重点加强先进高效微小型燃气轮机、重型燃气轮机、特殊领域专用燃气轮机关键技术的开发；进一步研发高能量密度特种清洁油品的制造技术，发展煤直接液化、煤衍生油等制造清洁燃料和特种油品的成套技术，攻关生物质航空燃油技术；开展海洋核动力平台示范工程建造；开展氢能利用及燃料电池发电技术研究，发展高效催化技术，研究高效低成本氢气储运技术，推动高性能低成本燃料电池发电产业化；积极开展高温超导材料基础性研究，实现超导输电、超导储能和超导电力装备的突破；持续推进可控核聚变、天然气水合物（可燃冰）利用技术的发展。

本规划围绕当前战略性的能源技术聚焦燃气轮机，高清洁、高能量密度特种油品，海洋核动力平台，氢能与燃料电池，超导输电，天然气水合物，可控核聚变等技术领域部署 11 个集中攻关项目、8 个示范试验项目、1 个应用推广项目。

1. 燃气轮机

1）集中攻关类

G48）先进径流式回热循环微型燃气轮机研制

研究目标：形成完全自主知识产权先进径流式回热循环微型燃气轮机产品。

研究内容：开展高温高效换热器设计与验证、整体插拔式单筒燃烧室设计、离心压气机 / 向心涡轮设计加工与试验验证、燃气轮机与高速电机一体化设计、燃机—传动系统轴承轴系的结构完整性和动力稳定性技术研究，以及气浮轴承、磁悬浮轴承技术研究。

起止时间：2016—2019 年

G49）压裂车与压裂船用燃气轮机装置研制

研究目标：研制满足我国页岩油气开发需求的、性能达到国际目前先进水平的压裂车、压裂船用燃气轮机装置。

研究内容：开展压裂车 / 船用燃气轮机装置集成总体设计及优化技术研究，完成满足应用要求的、高功率密度、轻量化燃气轮机装置系统集成设计，完成样机制造。

起止时间：2016—2020 年

G50）300MW 级重型燃气轮机研制

研究目标：研制具有自主知识产权、性能达到目前国际水平的重型燃气轮机装备。

研究内容：通过引进、消化、吸收、再创新的技术途径，开展 300MW 级重型燃气轮机整机装备研制，完成整机设计、关键部件试验及工业考核，完成样机制造以及试验验证。

起止时间：2016—2025 年

2）示范试验类

S38）先进轴流式简单循环小型燃气轮机示范

研究目标：实现 4MW 级分布式供能用轴流式燃气轮机的工程示范，系统能源利用效率不低于 80%，完善相关设计和生产规范。

研究内容：开展伴生气、煤制气等低热值燃料燃烧室设计、加工与试验；开展分布式冷热电供能系统设计与集成、分布式供能系统测试和评价技术研究；开展能适应天然气、伴生气、柴油、煤制气等灵活燃料的燃气轮机分布式能源系统集成与示范。

起止时间：2017—2020 年

S39）管道增压用中型工业燃气轮机自主示范

研究目标：研制具有自主知识产权、性能达到国际先进水平的中型工业燃气轮机装备并开展试验示范。

研究内容：研制具有良好技术基础、应用范围广、有代表性中型工业燃气轮机装备，完成整机设计、关键部件试验、样机制造以及试验验证；开展国产燃气轮机驱动压缩机组示范。

起止时间：2017—2020 年

S40）F 级 50 ～ 100MW 重型燃气轮机工程示范

研究目标：突破 F 级 50 ～ 100MW 重型燃气轮机核心技术，具有完全自主知识产权的燃气轮机、天然气联合循环效率达到国际同类产品先进水平。

研究内容：完成 F 级 50 ～ 100MW 重型燃气轮机设计和样机制造；完成全尺寸燃烧室的全温全压性能试验、透平叶片冷却效果试验、整机空负荷试车。完成燃用天然气和燃用煤气化合成气的 50 ～ 100MW 燃气轮机带负荷试验。

起止时间：2018—2020 年

S41）天然气分布式能源示范工程

研究目标：建设具有自主知识产权，通过冷热电三联供等方式实现能源的梯级利用，年平均综合能源利用效率在 70% 以上的天然气分布式能源示范工程。

研究内容：研究自主知识产权的中小型、微型燃气轮机等核心装备的工业化应用，研究自主产权的运行控制技术，形成成熟可靠的分布式能源系统集成方案，进一步提高天然气分布式能源系统的能源利用效率，降低天然气分布式能源系统的发电成本。开展天然气分布式能源与其他能源进行多能互补系统集成和并网技术研究。

起止时间：2016—2020 年

3）应用推广类

T29）自主知识产权微型和小型燃气轮机分布式发电推广

研究目标：实现百千瓦级微型燃气轮机和兆瓦级小型燃气轮机分布式发电系统的应用和大规模推广应用。

研究内容：研发与应用远程监测、诊断和信息化管理技术；完成适合分布式供能用微小型燃气轮机的产品化、型谱化制造；实施不同燃料燃气轮机分布式发电技术推广。

起止时间：2018—2025 年

2. 高清洁、高能量密度特种油品

集中攻关类

G51）煤基专用油品技术

研究目标：开发出新一代高效煤液化催化剂、煤油共处理成套技术，提高煤基专用油品收率及质量，形成煤基火箭燃料、特种油品等成套技术。

研究内容：研发降低煤直接液化苛刻度关键技术，主要包括高效催化剂制备技术及煤液化催化反应工程；研发煤液化油提取化学品技术、液化残渣清洁高效综合利用技术，煤油共处理原料匹配性调控技术，大比重、低凝点、超清洁特种柴油和航空煤油生产技术，高体积热值、高热安定性、高比热容火箭煤油及超音速飞行器燃料生产技术，利用费托合成过程生产高级润滑油基础油、聚 α 烯烃等特种油品，开展大型悬浮床加氢反应器、高压差减压阀和高压煤浆输送泵的研制；开展煤液化与煤油共处理过程中污染物控制和处理技术研究。

起止时间：2016—2023 年

G52）生物航空燃油关键技术

研究目标：开发油脂与糖基原料互补的生物航空燃油关键技术，达到与传统航空煤油以 50∶50 比例掺混应用的目标。

研究内容：研究糖基生物质水相催化合成生物航空燃油技术，包括纤维素及非粮生物质水热降解、糖平台化合物增碳异构、中间体加氢脱氧等技术，研发油脂原料培育、种植及油脂提取技术，以及油脂加氢异构技术；开展油脂与糖基生物航空燃油的加氢精制技术、油脂与糖基原料互补的生物航空燃油组成及能质性能调控技术、生物航空燃油与传统航空煤油调和及航空发动机燃烧技术研究。

起止时间：2016—2021 年

3. 海洋核动力平台

示范试验类

S42）海洋核动力平台示范工程

研究目标：研制建造 50 ～ 100MW 级海洋核动力平台，形成具有自主知识产权的核心技术，建立健全标准规范体系。

研究内容：示范工程建设主要开展法规标准、关键技术验证、关键系统和设备研制、总体建造技术、运行和维修保障技术等相关技术研究；完成工程设计、设备制造、工厂化总体建造和运行调试、海上试运行和商业运行等相关工作。

起止时间：2016—2020 年

4. 氢能与燃料电池

1）集中攻关类

G53）燃料电池（氢能）催化剂材料研究

研究目标：针对高比能燃料电池移动分布式电站、应急储备电源和车用动力电源，研发低成本、高活性、高稳定性的催化剂，开发廉价电解质膜及膜电极批量制备工艺。

研究内容：开展低成本、高效、高稳定性燃料电池催化剂的研究；开展长寿命、低成本燃料电池电解质膜的研究；攻关低成本燃料电池膜电极批量制备技术；开展高效、稳定的光催化太阳能分解水制氢材料研究，高选择性、高稳定性水电解制氢非贵金属催化材料研究，以及分散式现场制氢催化剂及系统集成研究。

起止时间：2016—2020 年

G54）高效低成本氧气储运技术

研究目标：掌握气态氢气管道运输、液态氢气储运、固态氢气储运技术，研发高密度低成本储氢材料。

研究内容：开发适用于长距离输送的低损耗氢气输送管道；掌握利用现有天然气管道实现氢气与天然气混合输送的技术，并进行工程示范；开发高压碳纤维复合材料及储氢罐设备的工业化制造技术；开发高性能、低成本的低温绝热液态储氢罐和真空多层绝热液氢输送管道；研究低成本的氮基、硼基、铝基、镁基和碳基等轻质元素储氢材料；开展以有机液态化合物和氨等为储氢介质的大规模储运技术研究；开展轻质高容量储氢材料高效吸氢 / 脱氢催化剂研究。

起止时间：2016—2020 年

2）示范试验类

S43）可再生能源制氢示范工程

研究目标：研制高效稳定的水制氢催化剂，建设可再生能源制氢系统集成示范工程。

研究内容：研究高效稳定光催化太阳能分解水制氢催化剂材料，高选择性、高稳定性水电解制氢非贵金属催化剂材料；开展分散式现场制氢催化剂及系统集成研究；开展风电碱性电解水制氢系统集成试验验证，开展太阳能光伏固体聚合物电解水制氢系统集成试验示范，开展太阳能光热高温固体氧化物电解水制氢系统集成试验示范。

起止时间：2016—2020 年

S44）燃料电池分布式发电示范项目

研究目标：建设氢气 / 空气聚合物电解质膜燃料电池（PEMFC）、甲醇 / 空气聚合物电解质膜燃料电池（MFC）、固体氧化燃料电池 (SOFC）、金属空气燃料电池（MeAFC）、煤气化燃料电池集成发电技术（IGFC）等类型燃料电池分布式发电示范项目。

研究内容：突破氢气 / 空气聚合物电解质膜燃料电池、甲醇 / 空气聚合物电解质膜燃料电池、固体氧化燃料电池、金属空气燃料电池、煤气化燃料电池的关键材料、核心部件、系统集成、质能平衡管理等核心技术，开发低成本、长寿命、高稳定性的燃料电池堆；建设千瓦至百千瓦级 PEMFC 分布式发电示范项目，建设百千瓦至兆瓦级 SOFC 发电示范项目，建设 MeAFC 分布式发电示范项目。

起止时间：2016—2020 年

5. 超导输电

1）集中攻关类

G55）超导直流输电技术

研究目标：掌握超导输电—输气能源管道和超导直流限流器的拓扑及制造关键技术，并进行试验验证。

研究内容：研究改善超导材料的电磁性能的方法，研发混合工质温度（85 ～ 90K）的超导直流输电—输送燃料的超导能源管道及液氮温度（77K）超导直流限流器的原理和结构、关键部件的设计和制造技术等，研制试验样机及试验方法，开展示范验证工作。

起止时间：2016—2020 年

2）示范试验类

S45）2.5MW/5MJ 高温超导储能装置研制

研究目标：开发 2.5MW/5MJ 高温超导储能装置，实现挂网示范运行。

研究内容：开展高温超导储能系统设计新型原理与仿真计算；研发 2.5MW/5MJ 以上的高温超导储能磁体设计技术，包括储能磁体结构的设计与制造技术、失超保护技术和磁体稳定性仿真计算等；研发高温超导储能系统的功率调节系统；开展高温超导储能低温高压绝缘结构、低温绝缘材料及制冷系统设计。

起止时间：2016—2020 年

6. 天然气水合物

集中攻关类

G56）天然气水合物目标资源评价与试采方法优选

研究目标：解释海洋天然气水合物成藏机制并优选试采目标区，进行海洋天然气水合物试采方法评价与优选。

研究内容：依托海上高精度地震采集技术、时移地震技术以及综合岩石力学和地化分析方法，开展南海北部多类型水合物成藏机制、天然气水合物试采目标区优选、天然气水合物试采目标区域资源预测、随钻解释分析技术研究，锁定海域水合物试采目标区，给出资源分布特征。建立多类型天然气水合物储层精细评价方法，从微观、宏观多尺度研究针对储层开采方法适应性评价和优选，为海域试采方法制定提供支持。

起止时间：2016—2022 年

G57）天然气水合物试采技术及技术装备

研究目标：建立海洋天然气水合物钻采技术体系，研制自主知识产权的海洋天然气水合物钻完井及排采技术装备，实施我国海域天然气水合物首次试采。

研究内容：开展海洋潜在目标区水合物钻完井关键技术、防控砂一体化技术、海底及井筒举升技术、二次生成防控制、试采安全技术和装备研究，实现海域水合物连续排采。针对海域试采目标区，进行目标区详细勘探、随钻分析，海上试采工程方案、配套开采装备的研制，以及海上试采装备的集成配套，依托自主技术、自主装备，实施海域天然气水合物试采。

起止时间：2016—2022 年

7. 可控核聚变

集中攻关类

G58）可控核聚变前沿技术研究

研究目标：掌握磁约束核聚变关键技术，初步建立核聚变工业发展体系。惯性约束聚变能方面，围绕 Z-FFR 实验堆总体技术路线获得关键技术与参数验证结果。

研究内容：开展中国聚变工程实验堆的详细工程设计，并结合已有物理设计数据库在“东方超环”（EAST）、“中国环流器 2 号改进型”（HL-2M）托卡马克装置上开展与 CFETR 物理相关的验证性实验；开展聚变堆关键技术预研，发展氚技术、聚变材料等 ITER 未涵盖的聚变堆技术。惯性约束聚变能方面，围绕 Z-FFR 实验堆总体技术路线的解决方案，获得关键技术与参数验证结果，为 Z-FFR 实验堆的方案制定、设计和研制提供核心的技术支撑，重点开展局部整体点火靶、重频驱动器、次临界包层、材料等关键技术研究。

起止时间：2016—2020 年

（五）能源基础材料技术

结合 700℃燃煤发电和重型燃气轮机技术发展，开展高温金属材料的研究，掌握金属材料测试能力。开展高性能核电用传热材料、绝缘材料的研发及应用，开展针对核能环境服役的复合材料探索研究。开发钙钛矿类光电材料、光伏组件用高分子材料、银电极材料和碲化镉薄膜材料，以适应高性能光伏电池发展的需要。开展新型高效储能材料研制，开展电池储能系统用聚合物薄膜材料、微纳米制电极材料的开发。发展完善各类催化剂材料。以智能电网为导向开展先进电力电子器件研究。

本规划围绕高温材料、核级材料、电池材料、催化剂材料和先进电力电子器件等技术领域部署 12 个集中攻关项目、3 个示范试验项目、2 个应用推广项目。

1. 高温材料

1）集中攻关类

G59）620 ~ 700℃超超临界火电机组高温金属材料研制与部件制造

研究目标：推进 700℃机组用新材料研制以及已有合金性能优化，发展出满足技术要求的高温合金体系；开展 620 ~ 700℃高温部件制造基础研究与关键制造技术开发。

研究内容：开展适用于 620 ~ 750℃的新型耐热钢、镍铁基和镍基高温合金成分、组织结构优化和强韧化机制研究，提出适用于我国超超临界技术发展要求的高温合金体系；研究新型高温合金耐腐蚀与焊接性能；采用计算模拟、制造、实验分析相结合的研究方法，开展 620 ~ 700℃机组锅炉管材制造技术开发、高中压转子锻件制造技术开发、汽轮机盘件与叶片制造技术开发、高温合金部件的焊接技术开发；开展 620 ~ 700℃电站用高温结构材料与部件评价。

起止时间：2016—2025 年

G60）重型燃气轮机核心热端部件高温材料与制造技术

研究目标：掌握 F 级重型燃气轮机高温材料与制造技术，突破未来 G/H、J 级重型燃气轮机叶片材料及制造关键技术。

研究内容：开展抗热腐蚀等轴晶铸造高温合金及大型涡轮叶片工程化应用技术研究、高强抗热腐蚀定向合金及定向空心涡轮工作叶片工程化应用技术研究，完成 F 级重燃用一、二级和 G/H 级重燃二级涡轮动叶片的研制与考核验证；突破抗热腐蚀单晶高温合金和大型单晶空心叶片制造技术，形成制造规范和验收标准；开展超级气冷叶片制造技术研究、高温长寿命 50℃和 100℃热障涂层材料及应用技术研究，发展涡轮叶片用长寿命高温防护热障涂层成套技术及涂层使役评估方法和寿命预测模型；建立燃机叶片使役损伤检测评价标准和基于组织损伤的寿命评估技术。

起止时间：2015—2025 年

G61）能源装备用耐腐蚀耐高温镍基焊接材料研制

研究目标：研究核用镍基耐蚀焊接材料体系，开发镍基焊接材料高效高质量制造工艺；开发700℃超超临界机组用高温焊接材料，完成焊接接头性能考核。

研究内容：研制核电用镍基耐蚀焊接材料，主要包括核电镍基焊材成分设计、开发纯净化熔炼工艺和焊材制备工艺；开展熔敷金属制备及各项性能评定测试；完成熔敷金属焊接制备；开展镍基焊缝点状缺陷、DDC 裂纹形成机理分析及控制技术研究；进行工业规模焊材制造工艺开发和现场焊接及性能考核；进行 700℃超超临界火电机组材料焊接性研究；研究 700℃高温火电焊接材料合金体系，开发焊材制造工艺，研制焊材焊接熔敷金属制备；开展焊接接头高低温瞬时性能及高温组织稳定性和持久性能测试、焊接接头裂纹敏感性试验。

起止时间：2016—2020 年

2）应用推广类

T30）金属材料性能及部件测试和试验平台

研究目标：建立耐高温和抗辐射等极端服役材料关键性能（包括蠕变、腐蚀、氧化、辐射等）测试平台、近使役环境性能考核试验平台。

研究内容：完善高温力学性能测试实验室，测试高温持久蠕变、高温疲劳、蠕变疲劳交互作用、热机械疲劳性能；建设近使役条件材料和部件损伤行为实验室；建设应力、腐蚀、氧化、磨损、高温、辐射等多因素耦合材料（部件）性能试验考核试验室；具备大叶片高温疲劳性能试验考核能力、700℃机组部件现场高温高压验证试验能力、核电材料辐照考核试验检测能力。

起止时间：2015—2020 年

2. 核级材料

集中攻关类

G62）核电蒸汽发生器 690 传热管材料稳定化制备技术

研究目标：掌握 690 传热管材料制备的关键技术，实现高质量传热管稳定化生产，管材成品率逐步提高到 85% 以上。

研究内容：结合国内已经具有的 690 传热管生产线，针对批量生产成品管材存在的质量稳定性差、信噪比波动大、合格率低等问题，研究 Si、Mn 等合金微量元素对合金强化机制及腐蚀性能的影响规律、大容量 690 合金纯净均质冶炼技术研究、690 合金冷热变形与组织均匀性控制技术、690 合金传热管力学性能稳定性关键影响因素和 690 管材信噪比影响因素。

起止时间：2016—2020 年

G63）核电用绝缘材料关键技术研究

研究目标：开发包括高强度层压制品、长寿命主绝缘云母复合制品、高硬度水溶性硅钢钢片漆等系列核电大容量汽轮发电机用绝缘材料，以及抗辐射电缆关键材料，形成具有自主知识产权的系列核电用绝缘材料制造技术，实现项目产品在核电机组上应用。

研究内容：研制长期耐热指数≥ 180℃的耐高温改性环氧树脂，突破采用增强材料互补复配技术制备定子槽楔层压绝缘复合材料的方法；研制长期耐热指数≥ 155℃的高强度环氧树脂，研究采用玻璃毡预浸渍工艺技术、真空成型技术制备 F 级环氧玻璃毡层压绝缘复合材料的方法；研制具有耐电痕化、耐电弧性特点和良好应用性的过氧化双环戊二烯环氧树脂；合成同时具有高硬度（8H）、柔软性（一级）的完全水溶性树脂；配制高填料含量的硅钢片漆；研究适用于 VPI 工艺及多胶模压工艺的新型系列云母复合材料；研制开发耐辐照、长寿命交联聚烯烃、乙丙橡胶等多种核级电缆材料。

起止时间：2016—2020 年

G64）核级 SiC_f/SiC 复合材料技术攻关研究

研究目标：研制核级 SiC_f/SiC 复合材料。

研究内容：研制 PIP 技术制备低气孔率、高强度、高热导的 SiC_f/SiC 复合材料，满足核级应用的性能要求；研究 SiC_f/SiC 复合材料的无损检测和性能评价技术、复合材料连接技术与构件制备技术和核级 SiC_f/SiC 复合材料构件制备技术；研究核级 SiC_f/SiC 复合材料制备工艺、微观组织与性能之间关系，建立复合材料性能评估方法 / 标准。

起止时间：2016—2020 年

3. 电池材料

1）集中攻关类

G65）新型钙钛矿材料制备太阳能电池研究

研究目标：研究新型的钙钛矿类光电材料体系，研制效率超过 20% 性能稳定的薄膜型单结太阳能电池器件，制备大面积柔性钙钛矿电池，钙钛矿叠层太阳能电池的效率超过 25%。

研究内容：开展新型钙钛矿材料（环境友好型钙钛矿材料、高相变温度钙钛矿材料、不同带隙的钙钛矿材料）的设计与合成，研究钙钛矿薄膜形态的控制方法，以及钙钛矿界面材料设计与性质调控，设计新型平面结构钙钛矿太阳能电池；突破高效钙钛矿叠层太阳能电池技术；研究钙钛矿太阳能电池的低温全溶液制备方法，低温制备柔性光伏器件；研究钙钛矿太阳能电池的稳定性和衰减机制；研究钙钛矿电池的封装技术；研究大面积钙钛矿薄膜的制备技术，进而研究大面积钙钛矿电池及组件的制备技术。

起止时间：2015—2023 年

G66）高能量密度电池用聚合物薄膜材料研究

研究目标：开发具有自主知识产权的系列能源用高分子薄膜材料，实现在高效电池组及高密度储能元器件上应用。

研究内容：通过分子设计、树脂合成、配方研究、增强材料及纳米功能性填料界面处理、复合材料结构设计及制造工艺研究等，开发耐高温高强度磺化聚芳醚腈质子交换膜、蜂窝交联结构的高效质子交换膜、锂离子电池用聚合物基功能隔膜材料、耐高温高储能密度薄膜电容器核心材料和电池用聚合物基功能电极材料等，开展材料在电池组或储能元器件上的应用验证研究。

起止时间：2016—2020 年

G67）先进微纳米产业制造技术制备电极材料

研究目标：利用先进的微纳米制造技术制备高性能的电极材料，应用于高性能电池能源存储系统的电极界面。

研究内容：突破动力锂离子电池的电极材料结构形貌控制及其微纳米化技术，提高电极材料质量能量密度和体积能量密度，改善电极材料骨架结构稳定，提高材料的循环稳定性和热稳定性，构筑高性能电极界面；研发高容量的硅负极材料替代传统的以石墨为主的负极材料，开发高离子电导率、高强度、自修复的隔膜；突破超级电容器用高能量密度、三维多孔、功能化碳材料修饰的电极界面；开发低成本、不易挥发和高离子迁移速率的电解液。

起止时间：2016—2020 年

G68）新型高效储能材料技术开发

研究目标：研制长寿命的硫电极、空气电极等高比能量锂二次电池的正极，实现钠电池的推广应用，开发核心材料 β″-氧化铝电解质陶瓷的低成本制造技术并实现产业化示范；制备满足超导输电、超导储能、超导磁体和超导限流器等装置需求的高性能超导长带。

研究内容：研究高导电性能、低多硫化物溶解特性的硫与导电材料复合电极，开发与硫电极匹配的电解液体系，开展新形态锂硫电池研究；研究 β″-氧化铝陶瓷电解质隔膜中陶瓷的低成本化粉体、成型和烧成技术，研发陶瓷高精度以及晶粒异常生长的控制技术、陶瓷与金属及绝缘陶瓷的组合技术；研究基于 YBCO 超导材料的第二代高温超导带材批量化制备技术，开展钇钡铜氧高温超导带材产业化相关装备研究。

起止时间：2015—2020 年

2）示范试验类

S46）光伏组件用高分子材料开发及应用

研究目标：形成具有自主知识产权的系列光伏用高分子材料制造技术，实现项目产品在光伏发电上大规模应用。

研究内容：研究耐老化、耐紫外的功能聚酯切片合成配方及工艺；研究模块化功能（抗老化、抗紫外、导热、阻燃等）薄膜相关配方与工艺，研发新一代光伏背板基膜材料；研究 PVB 合成及胶膜工艺、聚苯醚改性配方、支架高分子材料改性等；开发包括多种功能聚酯切片、组装式功能背板薄膜及其制造技术、PVB 及其胶膜材料（替代进口）、光伏电池的长寿命接线盒材料、光伏电池模组支架专用材料，形成具有自主知识产权的系列光伏用高分子材料制造技术，实现项目产品在光伏发电上大规模应用。

起止时间：2016—2020 年

S47）晶硅太阳能电池的银电极浆料技术

研究目标：研制出印刷性能优良、低欧姆接触界面、可焊性好和附着力强的银电极浆料，形成产业化示范，替代银电极浆料进口。

研究内容：研究银电极浆料流变性能和电极/晶硅界面特性、产业化生产技术与品质控制技术，研制出印刷性能优良、低欧姆接触界面、可焊性好和附着力强的银电极浆料，降低晶硅太阳能电池组件生产成本；研究大绒面制备及抛光添加剂并进行示范应用；研究硅基低温银浆的原理、配方设计与应用性能评估，获得高性能低温银浆的配方，形成产业示范。

起止时间：2016—2020 年

S48）化合物半导体能源材料应用示范

研究目标：开发大面积碲化镉薄膜太阳能电池组件的规模化制造技术；研发出稳定、环保、低成本铜铟镓硒（CIGS）产业化技术；研制出高效、高稳定性的高倍聚光Ⅲ－Ⅴ族太阳能电池芯片、接收模块和模组；建成 MW 级染料敏化太阳能电池幕墙应用示范；建成高功率 LED 封装胶国产化应用示范。

研究内容：研究低成本 CIGS 薄膜太阳电池产业化成套关键技术，实现效率高于 13% 的 CIGS 薄膜太阳电池组件的规模化生产；系统研究Ⅱ－Ⅳ族三元系半导体的制备方法；研发高纯硫化锌、硒化锌等Ⅱ－Ⅳ族化合物高纯材料的规模化制造技术；研究Ⅲ－Ⅴ族光伏材料的制备技术；研究大面积染料敏化太阳能电池批量制备，建成 MW 级染料敏化太阳能电池幕墙应用示范；研究 8 英寸碳化硅衬底材料稳定制备技术，实现 6 英寸碳化硅晶体衬底材料批量生产；发展击穿电压大于 5kV 的 GaN 单晶生长技术，实现 6 英寸 GaN 单晶衬底的量产；研究高功率 LED 封装胶低成本国产化关键技术。

起止时间：2015—2023 年

4. 催化剂材料

1）集中攻关类

G69）生物质转化催化剂材料应用

研究目标：开发碳水化合物水热化学转化为小分子多元醇反应的催化材料；开发木质素高效转化新型催化材料；开发木质纤维素平台化合物合成生物燃料新型催化剂材料；开发生物质甲醇制备 1，3- 丁二醇催化剂；开发甘油高选择性制备 1，2- 丙二醇催化剂；开发山梨醇加氢裂解制多元醇催化剂；开发六碳糖制备 HMF 的超强酸催化剂。

研究内容：研发水热稳定性优异，适用于碳水化合物催化转化高选择性制备高附加值多元醇的催化剂材料；发展木质素氢解新型碳化物催化材料和双/多功能金属催化剂，实现木质素高效转化制备芳香化学品和环烷烃燃料；开发廉价高效的催化剂材料，以木质纤维素平台化合物催化加氢脱氧反应制备高品位航空燃料或生物柴油；开发生物质甲醇制备甲醛、甲醛丙烯缩合反应制备 1，3- 丁二醇的高性能催化剂和工艺技术；开发高活性、高选择性、高稳定性的甘油制备 1，2- 丙二醇的催化剂及工艺技术；开发选择加氢裂解催化新材料，应用于葡萄糖—山梨醇催化加氢裂解制备聚合级多元醇产品；开发系列钽基超强酸材料合成技术和催化六碳糖转化 HMF 过程放大工艺。

起止时间：2015—2023 年

2）应用推广类

T31）制油制气制化学品催化剂材料示范推广

研究目标：开发合成气完全甲烷化催化剂材料；开发适用于悬浮床加氢裂化的高活性、高分散性纳米硫化物催化剂材料；开发烯烃多相氢甲酰化制高碳伯醇催化剂；开发合成气制高品质柴油和石脑油催化剂；开发清洁油品超深度脱硫催化剂；开发甲醇羰基化制乙酸甲酯及其加氢制乙醇催化剂；开发润滑油基础油加氢异构脱蜡催化剂；开发高性能草酸酯加氢制乙二醇催化剂；进行成套技术示范推广及产业化升级。

研究内容：开展合成气完全甲烷化催化剂升级示范；研制悬浮床加氢裂化高活性高分散性纳米硫化物催化剂、烯烃多相氢甲酰化制高碳伯醇催化新材料；研发合成气制高品质柴油和石脑油催化剂及成套生产技术、甲醇多相催化羰基化制乙酸甲酯及其加氢制乙醇技术；研制清洁油品超深度脱硫催化剂、润滑油基础油加氢异构脱蜡催化剂和高性能草酸酯加氢制乙二醇催化材料。

起止时间：2016—2025 年

5. 先进电力电子器件

集中攻关类

G70）新型电力电子器件关键技术

研究目标：突破 10kV 以上低损耗 SiC 器件关键技术及 SiC 多芯片级联关键技术，实现 10kV/100A 以上的功率器件稳定运行。开发高功率密度 IGBT 器件；开展 6 英寸 IGCT 器件研制；开展特大功率晶闸管技术研究。

研究内容：研究 10kV 碳化硅多芯片级联器件的模块封装技术、高性能低损耗驱动技术及多层级多模式高可靠保护技术、成套 IGBT 芯片及其配套 FRD 芯片技术、先进模块封装技术、器件级动静态测试验证与可靠性试验评估技术、IGCT 物理建模及硬关断仿真技术、8000A 以上关断能力的低感门驱设计及检测技术和 6 英寸 IGCT 芯片精密光刻及梳条均匀成型工艺；研发超大功率晶闸管器件结构设计和全工艺流程仿真技术、高压大电流晶闸管的动静态参数综合优化设计技术和超大功率晶闸管的测试环境及测试方法。

起止时间：2016—2020 年

四、保障措施

加强政策引导，支持开展能源技术创新工作，促进能源自主技术的推广应用；开展试验示范，以技术创新推动能源产业升级；打造创新平台，掌握能源科技核心技术；增进合作，创建开放式的国际化创新协作体系。从政策法规、社会环境、人才培养和合作交流等方面不断完善机制，推动能源技术按“三个一批”要求分层滚动发展，保障本《规划》的实施。

（一）加强政策引导，推广应用先进成熟技术

研究能源技术与产业发展重大问题，组织制定国家能源科技创新发展战略、规划和政策，加强对能源互联网、电力储能等新兴产业的引导，围绕能源科技管理模式创新，建立“政—产—学—研”协调机制，促使企业真正成为技术创新、研发投入和成果转化的主体，促进有利于创新发展的市场环境形成。

降低能源新技术进入市场的门槛，以成品油质量升级国家专项行动为重点，在油气开采及转化、清洁燃煤发电、新能源发电及并网、第三代核电等领域应用推广一批技术成熟、有市场需求、经济合理的技术。

加强国家重点工程技术装备质量检测和评定，提升国家重点工程建设和运行质量，开展评审论证、表彰奖励等工作，提高市场主体应用新产品、新技术的积极性。建立健全能源行业技术标准体系，加快推进自主核电、成品油升级、煤炭深加工等领域标准体系建设，保证技术合理应用。

（二）依托示范工程，促进先进技术产业化

根据《国家能源科技重大示范工程管理办法》的要求，按照行业主管部门的规划布局，结合企业自身利益，积极落实重大能源依托工程，建立多元化投融资渠道，对批准立项的示范工程项目给予资金和政策支持，把能源技术及其关联产业培育成新的增长点。

结合“十三五”期间我国能源行业产业升级需要，大力推动能源技术革命，以绿色低碳为方向，着力推进重大技术研究和重大技术装备项目，切实把示范项目作为实现技术国产化、知识产权自主化和市场竞争力的标杆，带动产业升级。

在煤炭深加工、清洁燃煤发电、储能、高效太阳能、海上风电、能源互联网、先进反应堆型等重点领域率先推进一批采用自主化先进能源科技和装备的示范工程，鼓励先行先试，支持技术创新，探讨应用条件，提高装备国产化水平，探索新技术带来的商业模式和价格机制问题。

（三）打造创新平台，培育前沿技术开发能力

在能源领域依托重点能源企业、科研院所和高等学校开展协同创新，发挥各自优势，联合组建一批“产—学—研—用”一体的研发基地作为联合创新平台，集中攻关一批前景广阔的技术，加速科技创新成果转化应用。依托科研院所优势创新单元共同组建洁净能源国家实验室、国家西部能源研究院等重大科技创新平台，加强国家能源研发中心（重点实验室）的管理，持续推进创新能力建设。

能源科技创新平台以规范化、高效率为目标，最大限度实现各类资源的有效集成、最优配置和充分利用，重点解决关键技术、核心装备问题，将其建成核心技术研究中心、工程化应用中心、高层次人才培养基地，成为能源技术革命中的重要攻坚力量。

在核电重大技术、新能源技术、非常规油气勘探开发技术、先进燃气轮机技术等领域设立国家科技计划重大专项，依托能源科技创新平台组织能源重大关键技术攻关。实现市场导向技术创新、研究

成果快速转化、创新价值充分保护、资源配置效率大幅提高，提高人才、资本、技术和知识流动效率，构建更加高效的能源科技创新体系。

（四）加强国际交流，提升技术装备国际竞争力

在能源技术领域推进国际合作，广泛开展双多边合作与交流，加强与优势国家和地区在先进核能、高效储能、高比例可再生能源消纳、非常规油气开发、先进能源材料、碳捕集封存利用、燃气轮机等领域的合作，提高我国在相关领域的技术水平。

紧密结合国家战略，配合有关部门完善能源装备、部件、材料相关政策，促进国外先进能源技术和装备的引进、消化、吸收，实现知识产权自主化，提升国产化水平和市场竞争力。建立能源装备出口服务机制，充分利用我国在新能源、大型水电、输配电、煤炭深加工、清洁燃煤发电等领域的优势地位，依托重大工程建设和政府合作平台，支持我国能源技术走出去。

结合“一带一路”建设，利用沿线国家和地区的资源优势，进行能源技术领域务实合作，培育有全球影响力的先进能源装备制造基地，锻造有国际竞争力的能源工程人才队伍。

附表：

《能源技术创新“十三五”规划》重点任务总表

技术方向	技术领域	集中攻关类	示范试验类	应用推广类
清洁高效化石能源技术	化石能源深度勘探开发	煤炭资源开发地质保障技术与装备	第四代现代化（智慧）煤矿示范工程	致密气藏水平井组钻完井技术
		煤矿智能化采掘技术与成套装备	致密气田增产及稳产工程技术	蒸汽辅助重力泄油（SAGD）技术
		特厚巨厚煤层绿色安全高效开采技术与成套装备	致密油水平井分段压裂及工厂化技术	3500 米以浅页岩气水平井分段压裂技术
		致密砂岩气藏精细描述技术	低产气井高效排水采气技术	煤层气井高效排水降压工艺技术
		多层系致密气藏立体开发优化技术	页岩气开发优化技术	低浓度煤层气 PSA 脱氮浓缩与液化集成制 LNG/CNG 技术
		致密油富集规律及资源评价技术	页岩气开采环境评价及保护技术	
		致密油产能评价及开发优化技术	深水钻井技术装备与应用	
		稠油原位改质技术	低煤阶煤层气资源评价与开发技术	
		页岩气“甜点区”识别技术	煤层气开发动态分析与评价技术	
		深层页岩气水平井钻完井及增产改造技术		
		陆相及海陆过渡相页岩气有效开发技术		
		油页岩原位改造与热转化关键技术研究		
		深水浮式平台工程技术		
		水下生产系统工程技术		
		深水海底管道和立管工程技术		
		深水流动安全保障及控制技术		
		深层煤层气开发技术研究		
		复杂储层煤层气高效增产技术		

续表

技术方向	技术领域	集中攻关类	示范试验类	应用推广类
清洁高效化石能源技术	清洁燃料加工转化	重劣质原油加工技术	酶法生物柴油产业化示范工程	清洁油品生产技术
		新型低阶煤热解技术	单系列百万吨/年及以上低阶煤热解示范工程	百万吨级煤炭间接液化成套技术装备
		煤炭加氢液化新技术	新一代先进煤气化示范装置	百万吨级褐煤干燥提质技术
			煤制化学品新技术工业示范	
			高酚氨煤化工废水零排放技术示范	
	清洁燃煤发电	大型火力发电机组间接空冷技术	600MW 等级超超临界循环流化床锅炉示范工程	600MW 等级及以上容量超超临界二次再热燃煤高效发电机组工程
		基于 IGCC 的 CO_2 捕集等绿色煤电技术研发	600MW 等级或以上容量超（超）临界全燃准东煤锅炉机组示范工程	节能/超低排放型超临界循环流化床锅炉技术
		新一代高效低能耗 CO_2 吸收剂及 CO_2 捕集系统与发电系统耦合优化集成技术	400～600MW 级 IGCC 示范工程	燃烧耦合生物质发电技术
		多污染物（SO_2、NO_x、Hg 等）一体化脱除技术	百万吨级碳捕集利用和封存系统示范工程	火电灵活性改造技术
		700℃超超临界燃煤发电技术		
新能源电力系统技术	可再生能源高效利用	新型高效低成本光伏发电关键技术	8～10MW 等级及以上的超大型海上风电机组示范工程	碳纤维复合材料风电叶片及其抗冰技术应用研究
		复杂条件大型水电工程关键技术研究	大型太阳能热发电关键技术研究与示范	5～6MW 等级大型海上智能风电机组应用推广
		流域梯级水电站综合管控关键技术研究	生物质集中高效热电联产及多能互补技术示范	高效、低成本晶体硅电池产业化关键技术研发及应用
		水电工程环境保护与水土保持关键技术研究	大型抽水蓄能电站关键技术示范与推广	
			海洋能利用关键技术及示范工程	
			干热岩开发利用技术示范工程	

续表

技术方向	技术领域	集中攻关类	示范试验类	应用推广类
新能源电力系统技术	高比例可再生能源并网与传输	直流电网关键技术装备	风电场群智能控制、调度及能效评估	大规模新能源特高压直流外送及调度运行示范及推广
		±500kV 直流输电电缆研制	柔性直流输电关键技术研发与示范	大容量特高压直流输电示范及推广
		新型特高压交流输电技术	高压大容量交流电网故障电流限制关键技术	智能电网多级调度控制系统推广应用
		基于云技术的电网调度控制系统研究	电网安全稳定自适应保护系统研发与示范	交直流大电网实时仿真技术推广应用
		智能电网信息采集及通信技术		
		智能电网信息安全自主化关键技术研究		
	储能与能源互联网	新型高效电池储能技术研究	大容量长寿命钛酸锂储能电池及装置示范验证	全钒液流电池储能产业化技术
		大规模高渗透率分布式电源并网集成和控制技术	MW 级以上大容量钠硫电池储能装置示范验证	多能互补分布式发电和微网应用推广
		能源互联系统运营交易关键技术研究	10MW/100MWh 先进压缩空气储能系统示范	交互式智能用电与需求侧响应
			适应多种发电形式和用户主动影响的交直流配电网示范	
			能源互联网示范工程	
安全先进核电技术	安全先进民用反应堆	超高温气冷堆技术研究	CFR600 快堆示范工程	自主三代大型先进压水堆核电技术应用推广
		快中子反应堆运行和控制技术研究	模块化小型堆示范工程	600MW 级高温气冷堆电站
		铅基合金冷却反应堆技术研究		
		基于高度安全燃料的 5 ～ 10MW 级制造型模块堆		
		钍基熔盐堆核能系统关键技术研究		
	先进核电燃料	新一代先进核燃料技术研究		自主 CF 及 STEP 系列先进核电燃料应用推广
		核电厂放射性废物最小化技术		

续表

技术方向	技术领域	集中攻关类	示范试验类	应用推广类
安全先进核电技术	建设、运行与延寿	核电站运行维护技术研究	核电厂延寿关键技术示范应用	自主先进核电监测检测装备应用推广
			核电工程智能化设计建设技术示范	核电站数字化仪控平台技术应用推广
				核事故应急技术与装备
战略性能源技术	燃气轮机	先进径流式回热循环微型燃气轮机研制	先进轴流式简单循环小型燃气轮机示范	自主知识产权微型和小型燃气轮机分布式发电推广
		压裂车与压裂船用燃气轮机装置研制	管道增压用中型工业燃气轮机自主示范	
		300MW 级重型燃气轮机研制	F 级 50 ～ 100MW 重型燃气轮机工程示范	
			天然气分布式能源示范工程	
	高清洁、高能量密度特种油品	煤基专用油品技术		
		生物航空燃油关键技术		
	海洋核动力平台		海洋核动力平台示范工程	
	氢能与燃料电池	燃料电池（氢能）催化剂材料研究	可再生能源制氢示范工程	
		高效低成本氢气储运技术	燃料电池分布式发电示范项目	
	超导输电	超导直流输电技术	2.5MW/5MJ 高温超导储能装置研制	
	天然气水合物	天然气水合物目标资源评价与试采方法优选		
		天然气水合物试采技术及技术装备		
	可控核聚变	可控核聚变前沿技术研究		
能源基础材料技术	高温材料	620 ～ 700℃超超临界火电机组高温金属材料研制与部件制造		金属材料性能及部件测试和试验平台
		重型燃气轮机核心热端部件高温材料与制造技术		
		能源装备用耐腐蚀耐高温镍基焊接材料研制		

续表

技术方向	技术领域	集中攻关类	示范试验类	应用推广类
能源基础材料技术	核级材料	核电蒸汽发生器 690 传热管材料稳定化制备技术		
		核电用绝缘材料关键技术研究		
		核级 SiC_f/SiC 复合材料技术攻关研究		
	电池材料	新型钙钛矿材料制备太阳能电池研究	光伏组件用高分子材料开发及应用	
		高能量密度电池用聚合物薄膜材料研究	晶硅太阳能电池的银电极浆料技术	
		先进微纳米产业制造技术制备电极材料	化合物半导体能源材料应用示范	
		新型高效储能材料技术开发		
	催化剂材料	生物质转化催化剂材料应用		制油制气制化学品催化剂材料示范推广
	先进电力电子器件	新型电力电子器件关键技术		

林业科技创新“十三五”规划

为贯彻《国家创新驱动发展战略纲要》、《深化科技体制改革实施方案》、《中华人民共和国国民经济和社会发展第十三个五年规划纲要》、《国家中长期科学和技术发展规划纲要（2006—2020）》、《“十三五”国家科技创新规划》、《林业发展“十三五”规划》和全国科技创新大会的总体部署，明确“十三五”林业科技创新的战略需求、总体思路、主要目标、重点任务和重大科技工程，全面指导林业科技工作，促进林业现代化建设，特制定本规划。

一、形势与需求

（一）“十二五”林业科技发展成就

“十二五”期间，林业科技围绕国家和林业发展大局，科学谋划，统筹布局，突出生态，升级产业，服务民生，取得显著成效。获得国家科学技术奖励 22 项，科技成果 4768 项，授权专利 3659 件，制修订国家和行业标准 909 项，授权林业植物新品种 593 件，科技进步贡献率达到 48%，科技成果转化率达到 55%。

1. 生态建设与保护技术取得重大突破。天然林保护与生态恢复技术已在吉林、四川、云南等 9 个省区开展示范应用，为保护占我国森林面积 70% 的天然林提供技术支撑。创新了森林生物量测算技术，首次建立 11 个树种的相容性生物量模型。森林重大病虫害松材线虫综合防控技术取得重大突破，松褐天牛高效引诱剂累计推广面积 528 万亩，综合防控率达 95% 以上。创新提出低覆盖度治沙造林理论与技术模式，降低固沙造林成本 40% 以上，推广面积达 416 万公顷。攻克了大熊猫等珍稀濒危野生动物繁育和保护关键技术，建立了 300 多种珍稀濒危野生动物稳定的人工繁育种群，成功开展了大熊猫、朱鹮、麋鹿等 10 种野生动物放归自然工作。

2. 产业升级转型关键技术不断创新。农林剩余物热解气化技术达到国际先进水平，生产装备 190 台（套），国内市场占有率达 30% 以上，并出口英国、意大利、日本等 10 多个国家。国产化人造板

国家林业局，林规发〔2016〕129 号，2016 年 9 月 14 日。

连续平压压机技术打破了国外垄断，价格降低60%。竹木复合结构材料在集装箱、模板和车厢底板等领域实现大规模应用。竹缠绕复合管技术为世界首创，是绿色材料领域原创性重大成果，在农业、水利、石化、城建、住宅、储运等多领域具有广泛应用前景。竹基纤维复合材料制造关键技术使竹材工业利用率从50%提高到90%以上，已在我国21个省区推广应用，产品远销美国、德国等46个国家。

3. 良种选育与高效培育技术取得重大进步。选育出杨树、桉树、杉木、马尾松、落叶松、泡桐等优良家系和无性系4000多个以及良种300多个。杨树良种新造林覆盖80%以上的主产区，30个新品种在26个省区推广650多万亩，单位面积材积生长量提高20%以上。林木网袋容器育苗技术达到国际先进水平，在全国各地广泛应用，繁育良种苗木30多亿株。筛选出耐寒能力在-8℃以上、速生丰产桉树良种10个，建立耐寒桉树大径材培育技术体系，人工林单位面积材积生长量提高25%以上。构建杉木大中径材定向培育技术体系，单位面积材积生长量提高20%以上，缩短轮伐期7～8年，内部收益率达15%以上。全面完成马尾松第二代遗传改良并进入第三代育种新阶段，分区育成一批高生产力二代良种，材积增益比一代良种提高15%以上。

4. 兴林富民实用技术应用成效显著。针对油茶、核桃、油橄榄、银杏、杜仲、枸杞、林菌、林药等经济林和特色资源，开展了良种选育、高效培育、加工利用等技术研发和推广应用，形成示范带动、一县一品和企业集群的产业发展模式。选育出高产抗逆油茶新品种48个，良种示范林亩产油量达50公斤以上，突破油茶低产林综合改造技术，亩产油量由5公斤提高到20公斤以上。解决了核桃扦插繁殖的世界性难题，建立了核桃优质高效栽培技术体系，单产提高3倍以上，在云南、山西、新疆等8省区示范推广2000万亩。成果应用助推林下经济产值由2011年的2081亿元增加到2015年的5404亿元。

5. 前沿和基础研究取得新进展。完成毛竹、枣、梅花和油桐基因组测序，对林木遗传改良和基础生物学研究产生显著影响。转基因抗虫杨树进入大田试验，使我国林木转基因技术步入新阶段。揭示了生物质细胞壁组分结构及键合机制，构建了农林生物质高值化组分清洁分离与定向转化技术体系。揭示了森林调控$PM_{2.5}$等颗粒物的作用和机理，明确了不同尺度植被对$PM_{2.5}$的定量阻滞作用。解析了亚高山区域森林采伐和恢复过程对流域水文和水资源的调控机制，实现了碳氮循环过程的耦合模拟，提出了亚高山区域水碳平衡分配的植被配置模式。

6. 战略性决策支持作用日益凸显。联合国家统计局发布了森林资源核算与生态服务功能评估成果，全国林地林木价值21.29万亿元、森林生态服务价值12.68万亿元，彰显了林业的作用、地位和价值。生态文明制度建设、生态文化理论体系、长江绿色生态廊道建设、“一带一路”林业合作等重大理论和战略研究取得重要进展。国际森林问题、林业应对气候变化、境外林产品贸易与投资等重点领域研究实现了新突破，为林业对外合作、国际履约和国际贸易谈判提供了重要支撑。

7. 科技基础条件能力大幅提升。建立了林业行业首个国家重点实验室、产业技术创新战略联盟、国家林木种质资源平台、国家林业科学数据平台、国家创新人才培养示范基地等一批国家级科技创新平台，成立了我国林业领域第一个秘书处设在中国的国际标准化组织技术委员会——竹藤技术委员会

(ISO/TC296)。新建生态定位站、工程(技术)研究中心、林产品质检中心、林业植物新品种测试中心等部门科技平台238个。组建了一批国家、行业和地方科技创新团队,培养了一大批科技创新人才。选派林业科技特派员13000多名,帮扶建立科技示范户7万多个,营建示范林3000多万亩。

"十二五"期间,我国林业科技取得了重大成就,与林业发达国家相比,总体处于"跟进并行,局部领跑"发展阶段,但林业行业科技进步水平尚难满足林业现代化建设的需求。一是科技创新能力不强。科技成果供给不足,科技进步对林业发展的贡献率仅为48%,低于全国55.1%和农业56%。二是科技成果转化率不高。产学研结合不够紧密,成果转化率仅为55%,比发达国家低20个百分点。三是人才队伍结构不尽合理。人才队伍建设滞后,领军人才和拔尖人才明显不足,基层林业科技队伍结构不均衡、素质待提高。四是条件能力建设有待加强。国家重点实验室仅有1个,重点实验室、工程(技术)研究中心和生态定位站建设水平有待提升,长期科研试验基地数量明显不足。五是林业科技体制机制不完善。林业科技投入总体不足,长期固定投入和多元化投入机制尚未形成,科技评价的导向作用不够明显,科研院所改革、科研项目管理改革、科技成果处置和收益管理改革等有待深化。

(二)发展趋势

当今世界,科技发展突飞猛进,创新创造日新月异。分子育种、数字林业、生态功能修复、多功能经营、绿色制造等新技术应用更加广泛,多学科交叉融合、新理论相互渗透、多区域乃至全球科技合作不断深化,科技对未来林业发展的支撑引领作用日趋显著。

——生物技术促进林木种业迅猛发展。基因组学、蛋白质组学、高通量分子标记、基因组选择、基因组编辑及转基因等生物技术快速发展,给林木种业发展带来新机遇。生物技术育种与常规育种深度结合,大幅度提高林木定向育种效率和水平;火炬松、云杉等裸子植物的全基因组测序已成为国际关注热点;落叶松、杂交鹅掌楸等树种体细胞胚胎发生技术已成为规模化繁育新手段。

——生态修复技术向集成化方向发展。生态系统修复更加注重自然因素与人类活动对生态过程的影响,更加注重多学科交叉融合,更加注重多维度、多尺度、多系统综合治理及稳定性维护。林业应对气候变化技术得到进一步加强,区域生态安全屏障构建技术持续进步,集生物技术与工程技术为一体的生态修复体系日趋完善。

——多功能适应性经营技术持续进步。森林经营目标转向建立更加健康、稳定、高效的森林生态系统,景观管理、森林功能区划、多功能经营规划、异龄混交林经营、森林生长模拟和优化决策及工具研发等核心技术研究持续深入,适应性经营监测和评价技术得到加强,森林健康和生物多样性保护得到国际社会关注。

——绿色与智能制造技术蓬勃发展。以木基纳米材料、木基结构材料、有机挥发物减控、活性物绿色提取与利用等为代表的绿色制造技术和以木制品数控加工、柔性制造等为标志的智能制造技术迅速发展,林木种苗、生物质能源与材料、生物医药和文化创意产品等新兴产业日益兴起,成为加速我国传统林业产业升级转型的新引擎。

——信息技术与林业发展深度融合。遥感技术向高分辨率和无人机方向发展,三维信息提取技术不断升级。以云计算、大数据、人工智能、物联网、移动互联网等为代表的新一代信息技术，在森林经营、生态修复、森林防火、森林资源、生态和环境监测和林业经济等领域产生了革命性影响。

——全球森林治理体系构建备受关注。联合国气候变化等公约、国际森林论坛及其运行和改革成效进一步凸显；森林的经济价值、生态价值、社会价值和文化价值评价，生态资源产权、保护、监管、配置、补偿等理论和方法日益完善；制定可持续森林管理国际标准、打击非法木材贸易、倡导环境正义、开展非国家治理等行动日趋活跃；法治、科技、信息化、基础设施、生态文化传播和国际合作等治理体系备受重视。

（三）战略需求

“十三五”是全面建成小康社会的决胜阶段，也是林业改革发展的关键时期。协调推进“四个全面”战略布局和“五位一体”总体布局，落实“四个着力”明确要求，全面推进林业现代化建设，迫切需要强化林业科技改革与创新，提升林业科技支撑能力。

1. 建设生态文明，保障生态安全，迫切需要突破生态保护与修复技术瓶颈。林业建设是事关经济社会可持续发展的根本性问题，肩负着维护国土安全、淡水安全、物种安全、气候安全，以及建设生态文明和美丽中国的历史重任。经过几十年的不懈努力，我国生态建设取得了举世瞩目的成就，但总体来看，仍是一个缺林少绿、生态环境脆弱的国家。森林覆盖率仅有 21.66%，低于全球 31% 的平均水平；土地荒漠化、沙化的严峻形势尚未根本改变，仍有 31 万平方公里的土地呈现沙化趋势；湿地保护面临总量减少、功能减退等问题。当前，我国林业生态建设已进入攻坚克难阶段，加快生态建设的步伐，提升生态建设的质量，关键是依靠科技创新。因此，必须进一步加强科技创新与技术集成，突破森林生态系统、湿地生态系统、荒漠生态系统和生物多样性保护与恢复技术瓶颈。

2. 全面建成小康，实现共享发展，迫切需要加快扶贫富民实用技术集成转化。绿水青山就是金山银山。大力发展林下经济，做大做强经济林、竹藤、花卉等产业，是促进贫困地区农民增收的重要途径。我国山区占国土面积的 69%，山区人口占全国的 56%，山区发展仍然是全面建成小康社会的“短板”。实施精准扶贫，促进林农增收致富，推动生态与产业协调发展，必须加大林木良种选育、高效培育以及林产品精深加工等实用技术的研发力度，强化科技成果推广与应用，推动科学化、标准化和规模化经营。

3. 适应经济新常态，实现绿色发展，迫切需要攻克产业升级转型关键技术。深化供给侧结构性改革，推进“三去一降一补”，转方式、调结构、增效益，不断增加生态产品的有效供给，实现绿色发展，是“十三五”期间林业产业发展的重中之重。虽然我国已经成为林产品生产和贸易大国，但资源消耗型、劳动密集型、产品低端型企业所占比重大，高技术新兴产业发展缓慢，产品附加值仅为发达国家的 1/3 左右，我国林业产业在全球产业分工中仍处于中低端水平。促进产业升级转型，实现林业产业制造大国向创制强国转变，必须加快推进木竹高效加工、特色资源开发利用、林产化工等绿色环保生产技术的创新与集成，发展生物质材料、生物质能源等战略新兴产业。

4. 提升森林质量，保障木材安全，迫切需要创新森林资源高效培育技术。我国已连续实现森林面积、蓄积双增长，人工林面积稳居世界第一。但总体来看，森林资源总量不足、质量不高、分布不均的状况仍未得到根本改变。我国人均森林面积仅为世界人均水平的1/4，人均森林蓄积只有世界人均水平的1/7，每公顷森林蓄积量仅为世界平均水平的78%。目前，我国木材对外依存度已经接近50%，随着天然林商业性采伐的全面停止，木材供需矛盾将更加突出。因此，必须加强林木新品种选育、速生丰产林、珍贵用材林定向培育与高效利用等关键技术创新和推广应用，构建高水平的森林资源培育技术体系，促进森林质量精准提升，加快国家储备林建设。

5. 全面深化改革，创新治理体系，迫切需要加强林业重大战略和政策研究。林业治理体系和治理能力现代化，是国家治理体系和治理能力现代化的重要组成部分。落实生态文明体制改革任务，推进国有林区、国有林场改革，深化集体林权制度改革，实施京津冀一体化生态保护与修复、长江经济带生态建设、“一带一路”生态治理等国家战略，仍有许多重大而急迫的问题需要深入研究和探索。因此，必须进一步加强林业重大战略和政策问题研究，强化顶层制度设计，提高决策支撑能力。

6. 实施创新驱动，推进科技进步，迫切需要加强林业科技条件能力建设。创新是引领发展的第一动力。林业科技创新离不开良好的基础平台、长期的数据积累和完善的管理机制。目前，各类林业科技条件平台仍存在数量不足、布局不够合理、发展不均衡等问题，林业科技推广体系和林产品质量监督体系亟待完善，森林认证、林业知识产权、生物安全监管等需进一步加强。因此，必须强化对林业科技创新平台的持续稳定支持，增加总量，完善布局，提升运行质量。

二、总体思路

（一）指导思想

全面贯彻党的十八大和十八届三中、四中、五中全会以及全国科技创新大会精神，深入贯彻习近平总书记系列重要讲话精神，坚持创新、协调、绿色、开放、共享发展理念，按照“四个着力”明确要求，落实创新驱动发展战略，深化科技体制改革，推动自主创新、协同创新、制度创新，增强科技供给能力，加快成果转化推广，促进科学技术普及，充分发挥科技第一生产力和创新第一驱动力的作用，支撑生态建设，引领产业升级，服务社会民生，为推进林业现代化、全面建成小康社会和建设生态文明提供强有力的科技支撑。

（二）基本原则

坚持需求导向。准确把握经济社会发展和林业现代化建设的科技需求，找准主攻方向，强化科技创新，突破关键技术，力争在重点领域取得重大进展。

坚持协同推进。统筹中央、地方、企业和社会科技资源，推动产学研紧密结合，强化基础研究、应用开发、成果转化协同发展，实现创新链、产业链和资金链的有效对接。

坚持继承发展。发挥传统优势，继承创新成果，稳定支持长周期研究，聚焦科技前沿，拓展新兴领域，加强集成融合，推动创新发展，全面提高林业科技供给能力。

坚持人才为先。实施人才强林战略，把人才作为创新的第一资源，强化激励机制，营造用好人才、吸引人才的良好环境，支持科技人员创新创业，激发林业科技创新活力。

坚持开放合作。坚持“引进来”与“走出去”相结合，加强国际科技合作交流，主动融入全球林业创新网络，吸纳全球创新资源，推动技术和标准输出，以全球视野谋划和推动林业科技创新。

（三）主要目标

到 2020 年，基本建成布局合理、功能完备、运行高效、支撑有力的国家林业科技创新体系。创新能力大幅提升，创新平台日趋完善，创新环境更加优化，重点研究领域跨入世界先进行列，科技进步贡献率达到 55%，科技成果转化率达到 65%，为林业现代化建设提供有力支撑。

自主创新能力显著提升。在林木育种、生态修复与保护、森林资源培育与可持续经营、重大灾害防控、资源高效利用等领域取得重大突破，跻身世界先进行列。新增重要科技成果 1000 项、专利 4000 项、新品种 1000 个。

成果转化应用显著增强。林业科技推广和服务体系更加健全，科技成果转移转化机制不断完善。林木良种使用率达到 75%，单位面积森林蓄积量达到 95 立方米，主要用材树种材积生长量提高 10% 以上，主要木本粮油新品种单产提高 15% 以上，重大灾害测报准确率达到 90% 以上。

标准化水平显著提高。政府主导与市场自主制定相结合的林业标准体系不断完善，林业重点工程建设实现标准化，林业标准化国际影响力明显增强。制修订林业国家标准和行业标准 1000 项，新建全国林业标准化示范区 200 个、林业标准化示范企业 100 家，主要林木制品质量国家监督抽查合格率稳定在 90% 以上。

创新平台日趋完善。创新平台布局更加合理，体系更加完善，运行机制更加优化，支撑保障能力显著增强。新建重点实验室、工程（技术）研究中心、生态定位站、区域科技创新中心、长期科研试验基地和产业技术创新战略联盟等国家级科技创新平台 200 个以上。

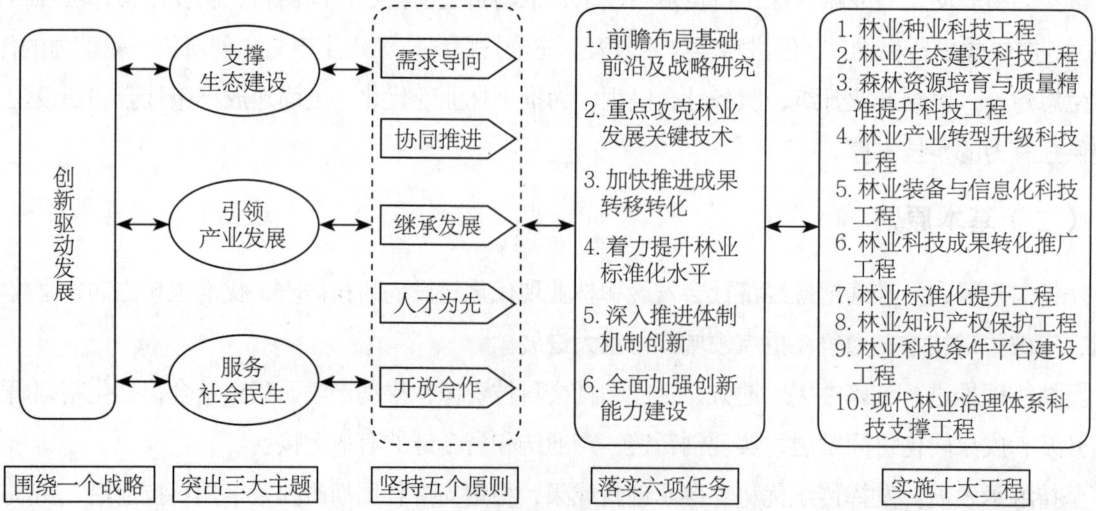

图 1 “十三五”林业科技创新总体思路

表 1 “十三五”林业科技创新主要目标

指标名称	2020 年
总体	
(1)林业科技进步贡献率(%)	55
(2)林业科技成果转化率(%)	65
科技创新成果	
(3)新增重要科技成果(项)	1000
(4)新增林业专利(件)	4000
(5)新增新品种*(个)	1000
(6)制修订国家和行业标准(项)	1000
支撑林业生产	
(7)单位面积森林蓄积量(立方米/公顷)	95
(8)主要用材树种**材积生长量提高(%)	10
(9)主要木本粮油***新品种单产提高(%)	15
(10)林木良种使用率(%)	75
(11)重大灾害测报准确率(%)	90
科技条件平台	
(12)国家/局重点实验室(个)	2/90
(13)国家/局生态定位站(个)	20/300
(14)长期科研试验基地	50
(15)国家/局产业技术创新战略联盟(个)	10/20
(16)国家/局工程(技术)研究中心(个)	10/100

备注:* 林木花卉等新品种。
** 杉木、杨树、马尾松、落叶松、桉树等主要用材树种。
*** 油茶、核桃、枣、板栗等主要木本粮油新品种。

三、重点任务

“十三五”期间,林业科技工作要紧紧围绕京津冀协同发展、长江经济带、“一带一路”、精准扶贫等国家战略,按照着力推进国土绿化、着力提高森林质量、着力开展森林城市建设和着力建设国家公园“四个着力”明确要求,瞄准前沿,紧扣需求,系统谋划,科学布局基础前沿、关键技术、成果转化、标准化建设、体制机制创新、能力建设等重点任务,全面提升科技创新水平,支撑引领林业现代化发展。

(一)前瞻布局基础前沿及战略研究

1. 持续加强林业重大基础研究。围绕涉及生态安全、资源安全等国家战略需求的基础前沿研究领域,针对事关林业长远发展的重大基础理论和关键科学问题,重点开展森林、湿地和荒漠等陆地生态系统的过程与功能、生物多样性稳定维持机制等研究，加强林木优异种质资源形成与演化规律、林木功能基因组学、林木产量和品质性状分子基础、人工林生产力形成的结构与环境效应、天然林功能维持机制、林业重大灾害的成灾机理和调控机制等研究，阐明木材材质改良的生物学和化学基础、生物基材料功能化转化基础、林业生物质高效转化的生理和代谢过程等基础理论，厚植科学基础，强化原始创新，积累原创资源，增强源头供给和原创能力。

2.超前部署林业前沿技术研究。瞄准生物、信息、新能源、新材料等国际前沿领域，重点研究林木分子设计育种、基因组选择育种、林木转基因育种、生物合成反应器等生物技术；攻克"互联网+林业"关键技术，发展天空地一体化资源监测评价、森林灾害精准监测与预警等信息技术；攻克木竹材料与制品柔性制造、绿色生产、智能林业装备等先进制造技术，突破木质纤维生物炼制、先进液体燃料催化合成、高效生物质热解等新能源技术，催生引领行业变革的颠覆性技术，前瞻布局新兴产业前沿技术，力争实现"弯道超车"。

3.深入开展林业发展战略研究。围绕生态文明建设、林业治理体系和治理能力现代化对决策支撑的重大需求，着力推进京津冀生态率先突破、长江经济带生态保护、"一带一路"互惠互通、林业现代化发展路径、应对气候变化等林业重大战略研究，重点开展森林资源核算与生态资本、生态文化等重大理论研究，加强林业公共财政投入、产权模式、林业金融等政策研究，深化国有林区、国有林场和集体林区改革管理体系研究，完善林业决策支撑体系。

（二）重点攻克林业发展关键技术

1.突破林业生态保护与修复关键技术。针对我国林业重大生态工程建设存在的技术瓶颈，重点突破：退化天然林恢复与适应性管理、非木质资源保育和开发利用等技术；"三北"、沿海、长江流域等重点生态脆弱区防护林体系构建、结构调控和功能提升等技术；退耕还林林分改造及功能提升、城市林业与美丽乡村建设、森林灾害防控等技术；重要湿地生物栖息地保护与恢复、湿地有害生物入侵监测预警及防控、湿地污染防控等技术；攻克沙区生态恢复与重建、丝绸之路经济带防沙治沙与沙产业开发、石漠化治理等荒漠化综合防治关键技术；研究解决野生动植物保护、自然保护区建设、国家公园建设和古树名木保护等生物多样性保护关键技术，为筑牢国土生态安全屏障提供科技支撑。

2.攻克森林培育与可持续经营关键技术。为保障国家木材安全、粮油安全，实施森林质量精准提升科技行动，重点研究林木种质资源保存与评价，攻克主要速生用材林、珍贵用材林、生态林、经济林、竹藤资源和林业特色资源等育种和高效培育关键技术；研发立地质量精准评价、森林结构优化和可持续经营、森林质量精准提升监测评价等关键技术，集成示范典型区域森林全周期经营技术，显著提升我国森林经营水平，科学引领森林质量精准提升。

3.创新林业资源高效利用关键技术。围绕传统林业产业技术升级、新兴产业培育等战略需求，重点开展木材工业绿色制造、木基材料与制品增值加工、竹藤资源高值化利用、非木质资源高效利用、生物质能源与材料开发、经济林增值加工、林业智能装备制造、森林旅游与休闲康养等关键技术研究，构建从林业特色资源培育、原料收储、制造加工到产品服务一体化的产业技术创新链，开展全产业链增值增效技术集成与示范，支撑林业产业绿色低碳发展。

4. 研发集成精准扶贫实用技术。围绕山区、林区、沙区林业经济发展和林农增收致富的技术需求，重点研究基于新型经营主体的林业规划和经营管理、不同区域森林经营模式选择、低产低效林分改造等技术，开发核桃、油茶、枣、板栗、竹子、枸杞、花椒等特色经济林栽培与加工利用技术，开展林菌、林药、林菜等林下种养殖技术研究，建立不同林下经济开发模式。通过技术集成、组装配套和试验示范，构建服务精准扶贫的林业实用技术体系。

（三）加快推进成果转化推广

1. 构建成果信息及交易平台。加强科技成果信息汇交，完善国家林业科技推广成果库，建设面向全国、覆盖各领域的科技成果大数据平台，建立成果信息发布制度，实现科技成果征集、遴选、展示、共享为一体的功能化信息服务。建立林业科技成果网上对接和交易市场，以“互联网 +”科技成果转移转化为核心，集聚成果、资金、人才、服务、政策等各类创新要素，打造线上与线下相结合的国家林业科技成果（技术）交易网络平台。运用云计算、大数据等新一代信息技术，开展成果信息增值服务，发布符合产业升级转型方向、带动作用大的科技成果包。研建“中国主要树种适地适树一张图”信息系统，鼓励开发“一点通”科技信息服务平台和各类 APP 客户端，提供符合行业、地方和企业发展需求的精准科技成果信息。

2. 完善成果转化推广体系。加强基层林业科技推广标准站建设，建立健全以国家公益性林业科技推广机构为主导，科研院所、高校、企业、专业合作组织等社会力量广泛参与的新型科技推广体系，壮大林业科技成果转化推广队伍，继续开展林业科技特派员科技创业行动，加快推动科技成果转化推广。引导科研院所、高校建设一批运营机制灵活、专业人才集聚、服务能力突出、具有较大影响力的林业技术转移机构，探索有效机制与模式，提升市场化运营能力。鼓励企业自主或与科研院所、高校联合设立技术转移机构，探索企业技术难题竞标等“研发众包”模式，完善技术成果向企业转移扩散的有效机制。

3. 创新成果转化推广服务模式。紧扣林业生产对科技成果的迫切需求，优化林业科技成果示范基地布局，发挥各类示范基地窗口效应和带动作用。加大林业科技成果产业化基地建设力度，推进林业高新技术产业示范区、林业科技园区及生物产业基地建设，带动林业战略性新兴产业发展。构建多种形式的林业产业技术创新联盟，发挥林业骨干企业、科研院所及高校的主导作用，推动跨领域跨行业协同创新，完善利益共享、知识产权运营的有效机制与模式。发挥科技社团的纽带作用，组织动员社团智力资源服务企业转型升级，开展科技信息服务，促进科技成果转化推广。

4. 加强林业科学技术普及。创新林业科普服务模式，实施“互联网 + 林业科普”行动，丰富植树节、森林日、林业科技周等各类科普活动，普及科学知识、弘扬科学精神、传播科学思想、倡导科学方法，不断提高全民的生态意识和林业从业人员的科学素质。充分利用国家公园、自然保护区、森林（湿地、沙漠）公园等公众科普资源载体，完善科普活动场所和科普设施，推动林业科研院所、高校等优质科普资源开放共享，加强林业科普工作队伍建设，提高社会化科普服务水平。通过开放论坛、科学沙龙、展览展示等多种形式，加强科学家与公众对话与交流，增进科技界与公众的互动互信。激发创作热情，打造优秀作品，营造浓厚的林业科普文化氛围。

（四）着力提升林业标准化水平

1.完善标准体系。整合精简林业强制性标准，优化国家、行业和地方推荐性标准体系结构，推动强制性和推荐性标准向公益类标准过渡。培育发展团体标准，鼓励制定具有竞争力的企业标准。合理界定国家、行业、地方、团体和企业等各层级标准制定范围，明确林业各领域标准的制修订重点，构建由政府主导制定和市场自主制定共同构成的新型林业标准体系。强化林业标准化管理机构，加强林业标准化技术委员会建设，完善制定程序，健全复审制度，加大整合力度，提升标准质量水平。

2.强化标准实施。强化法律法规对标准的引用，增强标准实施的法制驱动力。构建“互联网+”林业标准化技术服务体系，积极开展标准宣贯培训、信息咨询、标准评价等标准化特色服务，营造标准实施的良好环境。实施“标准化+”现代林业行动，建立“执行标准清单”制度，强化林业重大工程按标准设计、施工、验收，推进管理和服务标准化，鼓励林业企业采用先进标准，积极开展标准实施试点示范，加快标准化在林业各领域深度融合。建立标准实施情况反馈机制，开展标准实施效果评价，加强标准实施的社会监督。

3.加强质量监督。强化林业质检机构建设，提升人员业务素质，提高检验检测能力，构建布局合理、职能明确、专业齐全、运行高效的林业质检体系。建立林产品质量安全监测制度，实施林产品质量提升行动，切实加强质量监管，重点加大涉及健康和安全的林产品监测力度，扩大监测覆盖面，促进企业标准化生产和产品质量提升。健全林产品质量风险评估制度，开展林产品风险评估和预警。积极推动行业协会和社会组织完善行业自律机制，制定行业质量自律行为公约，引导和推动林业企业诚信经营，主动发布企业质量信用报告。

4.推进标准国际化。积极参与国际标准化活动，加快国际标准和国外先进标准向国内标准的转化，鼓励林业企事业单位主导或参与国际标准研制，积极推进竹藤、木制品、荒漠化防治等我国优势领域标准向国际标准转化。研究应对涉林技术性贸易措施，加快推动与主要贸易国之间的林产品质量标准、技术服务标准互通互认。以“一带一路”战略为契机，推动中国林业标准“走出去”，带动我国林业产品、技术、装备、服务“走出去”，赢得技术话语权，增强我国林业的国际影响力和竞争力。

（五）深入推进体制机制创新

1.优化林业科技管理机制。推进科技领域“放、管、服”改革，转变政府科技管理职能，加强对林业科技发展的宏观管理，统筹林业科技发展战略、规划、政策、评估和监管。主动适应国家科技计划体系改革新形势，服务国家发展战略，瞄准重大关键问题，凝练林业发展重大需求，强化基础前沿、共性关键技术与应用示范的全链条设计。完善林业科技介入机制，推进科技对重大林业工程规划制定、组织实施、效益评估等过程的全程介入。落实财政科研项目资金管理新政策，改进和规范科研资金管理制度和流程，提高资金使用效率。积极稳妥推进科研院所分类改革，建立“职责明确、评价科学、开放有序、管理规范”的现代林业科研院所制度。扩大科研机构学术自主权，鼓励非共识创新，宽容科研失败，构建宽松自由的创新环境。

2. 完善科技评价机制。健全人才、机构和项目绩效评价体系，建立以能力和贡献为导向的评价和激励机制，发挥科技评价的“指挥棒”作用。改进人才评价考核方式，完善职称评定制度，对基础研究人员、应用研究和技术开发人员、科研辅助和实验技术人员实行分类考核评价。建立健全与岗位职责、工作业绩和实际贡献紧密联系的收入分配激励机制。创新科研机构绩效评价办法，强化公益性研究机构在国家目标和社会责任等方面的评价，评价重点从研究成果数量转向成果质量、原创价值和实际贡献。加强科技项目考核评价，完善科技管理信息系统，对科技项目实行全流程痕迹管理，逐步实行科技信息公开制度和科研信用管理制度。

3. 强化协同创新机制。优化公共科技资源配置，加强跨部门对口沟通，深化部省科技合作。优化创新力量布局，建立科研院所、高校、涉林企业高效协同的研发组织体系。按照优势互补、强强联合的原则，以区域内现有的中央和地方林业科教单位为依托，建立区域协同创新中心，开展区域共性技术研发与集成示范。强化产学研结合，壮大林业产业技术创新战略联盟，建立企业主导、院校协作、多元投资、成果分享的新模式。完善资源共享机制，推动重大林业科研基础设施、大型科研仪器开放共享，逐步实现林业科技信息资源向社会开放，提高资源使用效率。

4. 培育企业技术创新主体。健全技术创新的市场导向机制和政府引导机制，鼓励企业加大研发投入，支持龙头企业建立重点实验室、工程（技术）研究中心、企业技术创新中心等研发平台，支持有条件的企业牵头承担国家科技创新任务。建设面向中小微企业的公共科技服务平台，探索政府采购、财政后补助、间接投入等方式，支持中小微企业开展技术改造与升级，鼓励科研院所、高校科技成果向中小微企业转移转化。引导科技要素向生产企业集聚，促进科技成果工程化和市场化开发，提高企业自主创新能力。

（六）全面加强创新能力建设

1. 加快创新型人才队伍建设。加大“林业高端科技人才引进计划”实施力度，充分利用国家“千人计划”等人才引进平台，加快引进高端林业科技人才和急需紧缺人才。创新人才培养模式，以重大项目和科技平台为依托，培养和造就一批林业科技领军人才和优秀创新团队。设立青年科技人才培养专项基金，支持青年人才创新创业，培养具有国际视野的科技创新人才。注重基层科技人才培养，加强职业技术培训，充实壮大基层科技人才队伍。完善林业科技人才流动机制，鼓励和促进人才合理有序流动，激发林业科技人才的创新活力。

2. 优化创新平台布局。聚焦国家林业发展重大科技需求，加强创新平台建设，强化重点实验室、生态定位站、长期科研试验基地、区域科技创新中心等平台的规划布局和条件能力建设，不断增强林业科技自主创新能力。优化布局林业工程（技术）研究中心，积极打造产学研相结合的成果转化平台。加强林业科学数据、种质资源库、质检中心、转基因生物测试、新品种测试、生物安全、知识产权等技术服务平台建设，拓展平台功能，提高科技公共服务能力。

3.推进林业科技国际合作。充分利用全球林业科技创新资源，加强应对气候变化、生物多样性保护、荒漠化治理等领域重大科学问题和应对共同挑战的合作研究。围绕“一带一路”战略需求，布局建设一批聚集创新要素的国际林业科技合作基地，全面提升科技创新合作层次和水平。提高“引进来”质量，重点面向“互联网＋林业”、林业种业、智能制造、林业资源化学等领域，定向引进优质林木遗传资源、先进适用技术和智力资源。提升“走出去”水平，加强对外林业技术输出，积极开展面向发展中国家的技术援助和技术培训，开拓林业技术和产品的国际市场。积极主办和参与重要国际林业学术会议及科技活动，推荐专家在国际林业学术组织和机构任职。

四、重大科技工程

“十三五”期间，重点组织实施十大林业科技工程，部署一批对经济社会发展和全行业科技进步有带动性、标志性的重大科技项目，组织多学科、跨地域的科技协作与攻关，着力攻克影响林业发展的共性关键技术，加强成果转化应用，推进林业标准化，加强林业知识产权保护，强化创新平台和人才队伍建设，大幅提升林业科技整体实力。

（一）林业种业科技工程

重点开展林木种质资源保存与评价，主要抗逆生态树种、主要速生用材树种、主要珍贵树种、主要经济林树种、主要竹类植物、主要观赏植物等育种研究，注重常规育种与分子育种有机结合，加速新品种的良种化应用（见专栏1）。

1.林木种质资源保存与评价

针对林木种质资源收集不足、评价技术体系不完善等问题，阐明林木核心种质构建的分子基础，攻克种质资源精准鉴定与评价、重要树种优异种质离体长期保存等关键技术，完善全国林木种质资源信息系统和收集保存平台。

2.主要抗逆生态树种育种

针对我国生态树种高抗良种缺乏、生态公益林稳定性差等问题，以刺槐、木麻黄、白蜡、海桑、侧柏、樟子松等主要生态树种为对象，开展寒旱区、土壤瘠薄地区、沿海重盐碱地区等特殊立地条件工程抗逆树种选育研究，解析抗干旱、耐盐碱等重要抗逆性状的分子调控网络，攻克特异抗逆种质挖掘、高抗良种选育及高效繁育等关键技术，开展技术集成示范。

3.主要速生用材树种育种

针对主要用材树种突破性品种少、人工林生产力低等问题，以杉木、杨树、马尾松、落叶松、桉树、杂交松等速生用材树种为对象，开展性状遗传变异、基因克隆及功能调控等基础研究，攻克林木育种群体构建、体胚规模发生及同步化调控等关键技术，开展良种规模化繁育等技术集成示范。

4.主要珍贵树种育种

针对主要珍贵树种品种少、人工林生产力低等问题，以降香黄檀、柚木、桦木、红松、楠木、樟树、水曲柳、红椎、栎类等珍贵用材树种为对象，开展心材形成和材质材色遗传机理解析等基础研究，攻克特异种质挖掘、珍贵树种新品种选育等关键技术，开展良种规模化繁育等技术集成示范。

5. 主要经济林树种育种

针对主要经济林树种高产、优质、专用良种缺乏等问题，以油茶、核桃、枣、板栗、杜仲等为对象，揭示产量和品质形成的遗传基础，攻克多性状联合遗传改良、专用新品种选育等关键技术，开展良种规模化繁育等技术集成示范。

6. 主要竹类植物育种

针对我国竹类植物现有良种数量、品质难以满足生产需求等问题，以材用竹、笋用竹和观赏用竹为对象，研究重要性状的调控关键功能基因及其遗传机理，攻克不同用途的竹类良种选育关键技术，开展高效组培快繁等生产示范。

7. 主要观赏植物育种

针对我国优异观赏植物主要依赖进口、现有良种数量和品质难以满足生产需求等问题，以主要商品花卉、特色花卉、功能性花卉为对象，重点研究主要观赏性状的形成机制和遗传规律等基础理论，攻克观赏植物新品种选育等关键技术，开展优良新品种商业化、标准化高效生产等技术集成示范。

专栏1　主要林木育种创新重点

林木种质资源保存与评价：开展种质资源适应性、稳定性及抗逆性等生物学特性研究和遗传多样性评价，构建核心种质；研究原地、异地、设施保存及监测、预警技术，建立完整的林木种质资源保存技术体系。

抗逆生态树种育种：开展杂交育种、抗逆性状分子标记开发、分子辅助育种、种子园稳产丰产、良种高效繁育等关键技术研究，创制抗旱、抗寒、耐盐碱、耐水湿、耐污染生态树种新种质和新品种。

速生用材树种育种：开展聚合育种、分子设计育种、遗传转化及安全性评价、高世代种子园营建及矮化丰产等关键技术研发，育成优质高产低耗林木新品种。

珍贵树种育种：开展特异种质挖掘、杂交新种质创制、选择育种、分子辅助育种、种子园营建及稳产丰产等关键技术研究，培育材质优异珍贵树种新品种。

经济林树种育种：揭示产量、品质等性状形成分子机理，开展主要经济林树种倍性育种、分子标记辅助育种、砧木筛选、苗木脱毒等研究，定向选育高产、优质、高抗及适宜机械作业的经济林良种。

竹类植物育种：挖掘生长、材性和品质等重要性状相关功能基因，开展种质资源评价、开花诱导与调控、分子辅助育种等关键技术研究，构建较为成熟的竹子转基因育种平台，选育一批不同用途竹类良种。

观赏植物育种：挖掘调控观赏性状的重要功能基因，研究杂交育种、诱变育种、转基因育种、基因组选择与定点编辑、规模化及标准化制繁种等关键技术，选育多功能观赏植物新品种。

（二）林业生态建设科技工程

重点开展天然林保育与恢复、重要湿地保护与修复、生物多样性保护、重点区域防护林体系构建与调控、退耕还林建设和功能提升等关键技术研究。

1. 天然林保育与恢复

针对我国全面实施天然林保护战略的技术需求，以典型天然林生态系统为对象，研究天然林生长演替规律、退化天然林生态功能恢复等理论，攻克不同空间尺度典型天然林保育和适应性经营等关键技术，开展天然林保护与恢复技术集成示范（见专栏 2）。

专栏 2　天然林保育与恢复创新重点

天然林生态系统功能维持机制：研究不同类型天然林中动植物对干扰的响应机制和适应策略、生物多样性保护空间格局、关键生态学过程及其与生态系统功能的关系、生态系统服务权衡机制和评估方法等基础理论。
天然林保育与退化天然林生态修复技术：研究不同立地条件下天然次生林适应性和功能性结构调整、提质增效技术，开展脆弱和困难立地条件下退化天然林的恢复与重建技术研究，构建基于生态系统综合管理的退化天然林恢复与可持续经营模式。

2. 重要湿地保护与恢复

针对自然湿地面积锐减、污染加重、生物多样性下降等问题，以全国重点区域的自然湿地和具有重要生态价值的人工湿地为对象，研究湿地生态系统退化机理等基础理论，攻克湿地保护管理、退化湿地恢复重建和受污染湿地修复等关键技术，开展湿地保护和生态修复技术示范（见专栏 3）。

3. 生物多样性保护

针对物种资源过度利用、栖息地丧失和遗传资源流失等问题，以典型珍稀濒危野生动植物、古树名木和自然保护区为对象，研究物种濒危机制和解濒机理等基础理论，攻克珍稀濒危野生动植物和古树名木保护与利用、野生动植物执法鉴定等关键技术，开展生物多样性保护综合技术示范（见专栏 4）。

专栏 3　重要湿地保护与恢复创新重点

湿地生物多样性和栖息地保护：加强湿地关键生物种群动态监测，研究湿地生物保育与栖息地改良技术，构建大尺度湿地生物入侵防治技术体系与湿地生态安全预警决策系统。
退化湿地恢复：研究湿地退化机理，建立湿地退化评估体系，集成湿地富营养化防治、关键污染物去除及退耕还湿技术，构建面向湿地生态系统服务功能的综合恢复技术体系。
湿地合理利用模式创新：集成兼顾湿地生态功能和湿地景观效果等多目标的景观设计技术，探索退化湿地改造与人工湿地构建模式，建立利益相关方参与的湿地综合管理模式。

专栏 4　生物多样性保护创新重点

野生动物保护：开展主要濒危动物的濒危机制、保护技术、遗传资源保存和利用技术，野生动物迁徙等活动规律和生理响应机制等研究；开展候鸟重要病原体感染状况评估及其时空传播规律研究，构建可视化的预警模型；开展野生动物疫源疫病预测研究，研发防控技术和措施。
野生植物保护：研究关键珍稀濒危植物资源现状、种群及其栖息地恢复技术；开展优质种质资源评价、就地和迁地保护地点筛选、生境适应性评价方法的研究；重点开发极小种群野生保护植物的种质保存、繁殖、就地与迁地保护、生境修复和野外回归技术；建立极小种群野生植物的保育和保护效力评估体系。
自然保护区建设：重点开展自然保护区生态功能和珍稀野生动植物监测、保护区数字化构建、优先保护区域的自然保护区网络构建、生物多样性系统保护规划、适应气候变化的自然保护区廊道设计和生态系统恢复以及保护区社区管理等关键技术研究。
国家公园建设：开展国家公园完整性和原真性保护、生态资源资产评估和生态补偿、生态功能提升、优化综合管理等技术研究。
古树名木保护：开展古树名木种质资源保存收集，研究古树年龄无损伤测定、衰老与健康诊断、受损古树保护、古树衰退复壮、古树“克隆”组织培养与扦插繁殖等关键技术。

4. 重点区域防护林体系构建与调控

针对我国生态环境脆弱、水土资源紧缺等问题，以“三北”及长江流域、青藏高原等生态脆弱区、沿海地区、国家重要工程水源区、平原农区等重点区域防护林为主要对象，研究生态系统退化过程及其发生机制、恢复机理及稳定性维护机制等基础理论，攻克不同功能防护林结构配置与调控关键技术，集成示范具有区域特色的防护林技术体系（见专栏5）。

专栏5　重点区域防护林体系构建与调控创新重点

“三北”防护林体系构建与调控：研究抗旱节水造林、大流域防护林体系景观格局调控、小流域防护林体系空间配置、功能导向型防护林体系结构化经营、农林复合系统种间调控与管理等关键技术。

沿海防护林构建与功能提升：研究低质低效防护林更新与改造、沿海防护林体系优化配置与功能稳定、综合效益计量等关键技术。

长江防护林体系优化与质量调控：研究区域防护林体系景观规划与优化管理、流域防护林体系林种空间结构优化与调控、低效防护林林分改造与功能提升等关键技术。

平原农田防护林体系构建与调控：研究农田防护林景观格局优化配置、资源节约与环境改良型防护林构建、生态经济型防护林结构配置与调控、低效林分更新与改造、效益监测与评价等关键技术。

5. 退耕还林建设和功能提升

围绕巩固退耕还林工程成效，支撑新一轮工程建设，实现改善生态与改善民生互利共赢，攻克林分调控、资源培育与利用、效益评价等退耕还林工程功能提升关键技术，开展集成示范（见专栏6）。

专栏6　退耕还林建设和功能提升创新重点

退耕还林林分改造与功能提升：以第一轮退耕还林工程为对象，研究林分结构调控、林下资源优化利用、退耕还林综合效益监测与评价等关键技术。

退耕还林模式构建与优化：针对新一轮工程建设，研究陡坡地水土保持、严重沙化土地防风固沙型退耕还林构建技术，筛选生态经济型退耕还林优化模式；研究重要水源区陡坡耕地水土资源保育型退耕还林林分结构配置技术与优化模式；研究严重污染耕地高富集耐污染树种选择和空间配置技术。

6. 荒漠化综合治理

针对植被严重退化、土地荒漠化及石漠化加剧的现状，以典型荒漠（石漠）生态系统为对象，研究荒漠化形成机制及生态修复机理等基础理论，攻克植被恢复与建设等关键技术，在不同生态功能区开展技术集成与示范（见专栏7）。

专栏7　荒漠化综合治理创新重点

沙区生态恢复与重建：研究固沙植被稳定性维持机制与生态修复机理、流动沙丘植被快速恢复、退化人工固沙植被恢复重建、沙化草地生产力恢复与提升等关键技术。

丝绸之路经济带防沙治沙与沙产业开发：研究丝绸之路经济带水土资源承载力和土地利用优化格局、不同类型防风固沙林结构优化与生态系统服务提升、沙区资源高效利用与沙产业开发等关键技术。

京津冀风沙源区生态治理与修复：研究沙化土地综合治理与产业开发、不同功能防护林协同调控与功能提升、沙化土地治理与产业化等关键技术。

石漠化综合治理：研究石漠化驱动机制、水土资源高效利用和优化调控、水土漏失阻控、退化植被生态修复与优化配置等关键技术。

7. 城市林业与美丽乡村建设

围绕人口密集区城乡一体化人居环境建设的技术需求，以城市森林及美丽乡村为对象，开展城市森林树木对城市环境污染的适应性与调控机理等基础研究，攻克城市森林生态廊道、城郊生态景观林、乡村与社区森林等不同功能森林的结构配置及近自然培育关键技术，开展集成示范（见专栏 8）。

专栏 8　城市林业与美丽乡村建设创新重点

城市林业：开展城市森林功能性树种选择、城市森林近自然经营、城市林地绿地土壤保育、城市森林康养环境营造与利用以及城郊生态风景林培育和经营等技术研发。

乡村林业：开展乡村生态景观优化布局、乡土植物筛选与培育、文化景观林等特色林木保育、生态缓冲区与生态廊道建设等技术研发。

8. 林业灾害防控

针对我国林业灾害频发、外来生物入侵严重等问题，以主要有害生物和森林火灾为对象，研究林业重大灾害的成灾机理和调控机制，攻克灾害监测预警、生态调控、特殊火行为扑救等关键技术，开展重大生物灾害和森林火灾综合防控示范（见专栏 9）。

9. 林业应对气候变化

针对我国森林生态系统比较脆弱、森林质量和碳密度普遍较低等问题，以典型森林生态系统为主要研究对象，研究林业应对气候变化的适应与减缓机制及其协同效应等基础理论，攻克林业适应和减缓气候变化综合配套、国家林业碳计量系统构建等关键技术，开展适应气候变化技术示范区建设与林业碳汇项目技术示范（见专栏 10）。

专栏 9　林业灾害防控创新重点

森林火灾监测预警与安全防控：研究森林火灾监测与预警、森林可燃物综合调控与过火区域森林植被恢复、特殊火环境下的林火扑救、扑火安全防护等关键技术。

林业生物灾害成灾机理与调控：研究重大林业生物灾害区域性扩散与流行的生态适应性基础，攻克林业重大病虫灾害快速检验检疫、立体化监测、化学生态调控、分子生态调控、生物防治、树木和林分抗性利用、阻遏森林病害扩散蔓延的景观安全格局设计等关键技术。

外来生物入侵机制与应急控制：研究重大林业外来入侵生物的生物学特性和生态适应性，开发主要入侵生物的分子快速鉴定、扩散阻截、紧急处理和生态修复调控技术，建设主要入侵生物的动态分布与资源库，构建数据信息标准化、集成、检索与综合分析技术体系。

专栏 10 林业应对气候变化创新重点

适应气候变化：研究揭示气候变化对森林、湿地和荒漠生态系统的影响，典型物种和群落对气候变化的响应和适应机制；研究生态系统脆弱性与适应性评估、适应气候变化的综合生态系统管理等关键技术。 减缓气候变化：研究生态系统碳源 / 汇过程与驱动机制等基础理论，研究高碳储量森林营建、减缓气候变化的森林经营方案优化和土地可持续利用管理、土地利用变化和林业温室气体清单编制、碳汇监测计量等技术，构建国家林业碳计量监测系统。

10. 生态系统服务功能监测与评估

针对完善绿色国民经济核算体系和编制自然资源资产负债表等科技需求，以监测评估生态系统质量和效益为目标，研究不同生态系统长期连续定位观测、重点林业生态工程效益评价、生态服务功能评估等关键技术，科学评估全国森林、湿地、荒漠生态系统服务功能（见专栏 11）。

专栏 11 生态系统服务功能监测与评估创新重点

森林生态系统服务功能监测与评估：研究森林生态系统服务功能分布式测算评估、全指标体系连续观测与清查等技术，开展全国森林生态服务价值核算、竹林生态服务功能评估及退耕还林、天然林保护等重大林业生态工程效益监测评估，建立森林各项服务功能指标的实物量及价值量数据信息库。 湿地生态系统服务功能监测与评估：构建湿地生态系统服务监测指标体系和技术体系，研发湿地生态系统服务尺度转换和价值评估技术，开展全国湿地生态系统服务功能评估，建立湿地各项服务功能指标的实物量及价值量数据信息库。 荒漠生态系统服务功能监测与评估：研发基于遥感反演与地面观测数据相结合的生态服务功能尺度转换技术和综合评估模型，开展全国荒漠生态系统服务功能评估，建立荒漠各项服务功能指标的实物量及价值量数据信息库。

（三）森林资源高效培育与质量精准提升科技工程

重点开展速生用材林、珍贵用材林、经济林、竹藤资源、林业特色资源高效培育以及国家储备林建设、森林质量精准提升等关键技术研究。

1. 速生用材林高效培育

针对我国速生用材林生产力低、技术集成度弱等问题，以杉木、杨树、马尾松、落叶松、桉树等主要速生用材树种为对象，研究林木生长发育及其对环境条件适应性的生理生态和遗传学机理等基础理论，开展遗传控制、立地控制、结构调控等关键技术研究，建立高效培育技术模式，开展集成示范（见专栏 12）。

专栏 12 速生用材林高效培育创新重点

杉木高效培育：研究杉木不同轮伐期速生材高效培育、中心产区大径材定向培育、健康可持续经营等关键技术。 杨树高效培育：研究杨树良种壮苗繁育、大径材定向培育、纤维材定向培育、农林复合经营等关键技术。 马尾松高效培育：研究马尾松良种壮苗繁育、大径材定向培育、增脂增产保留密度与空间结构调控、材脂兼用林多目标经营、健康可持续经营等关键技术。 落叶松高效培育：研究日本落叶松优良品系精细化水肥管理、立地与密度控制、生长模拟及地力维护技术，长

白落叶松结构化经营技术及无节良材培育技术，华北落叶松优良品系水肥管理、目标树管理及地力维护技术。

桉树高效培育：研究桉树大径材定向培育、高纤维纸浆材定向培育、高效可持续经营等关键技术。

其他速生用材树种高效培育：研究油松、湿地松、华山松、云南松等松杉类树种脂用林、材脂兼用林高效培育，泡桐无节良材高效培育以及刺槐大径材高效培育等关键技术。

2. 珍贵用材林高效培育

针对我国珍贵用材林生产力低、高效培育技术供给不足等问题，以降香黄檀、柚木、楠木、红松、栎树、桦树和水曲柳等珍贵树种为对象，研究培育措施对心材形成影响的分子机理等基础理论，开展立地控制、结构调控等高效培育关键技术研究，集成示范珍贵树种高效培育技术（见专栏 13）。

3. 经济林高效培育

针对我国经济林产业成本增加、单产水平低、比较效益不高等问题，以油茶、核桃、板栗、杜仲、柿子、花椒、仁用杏、油桐等主要经济林树种为对象，研究生长发育机理和主要目标收获物形成机制等基础理论，攻克高效培育与采收、栽培环境安全控制等核心关键技术，开展良种规模化繁育、高效栽培等产业技术集成示范（见专栏 14）。

专栏 13　珍贵用材林高效培育创新重点

南方主要珍贵用材树种高效培育：针对降香黄檀、柚木、楠木、西南桦、红椎、樟树等珍贵树种，研究体胚发生、组培快繁、轻基质容器育苗、无性系与立地匹配、密度控制与无节材培育、营养诊断与精准施肥、可持续经营等关键技术。

北方主要珍贵用材树种高效培育：针对红松、栎树、桦树、楸树、水曲柳、核桃楸等珍贵树种，研究适合北方主要珍贵用材树种人工林生长的最佳立地条件、造林密度和混交效应、新品系高效无性繁育、精细化水肥管理及接干抚育、大径级无节良材定向培育等关键技术。

专栏 14　经济林高效培育创新重点

木本油料树种高效培育：研发提升油茶、核桃、油橄榄等树种种苗生产技术，建立高效育苗技术体系。开展林分结构优化、品种优化配置、营养诊断与配方施肥、重大病虫防控等技术研究，筛选省力化高效栽培模式和生态栽培模式，构建高效集约化栽培技术体系。

木本粮食树种高效培育：开展柿、板栗、锥栗、枣等主要木本粮食树种树体调控、花果管理、密度控制、土壤改良、营养诊断与配方施肥、节水灌溉、肥药双控与高效复合经营、设施园艺化栽培以及种苗规模化扩繁与轻型基质育苗等技术研究。

4. 竹藤资源高效培育

针对竹林生产力退化、藤资源匮乏等问题，重点研究竹藤资源生长发育调控机理等基础理论，开展竹藤优质增效集约经营、竹林林分及区域尺度动态变化监测等关键技术研究，集成示范竹藤资源高效培育技术（见专栏 15）。

专栏 15　竹藤资源高效培育创新重点

材用竹林高效培育。开展材用竹林规模化、省力化、机械化经营技术研究，建立适合机械化作业的培育技术体系；开展竹资源动态变化监测与区域生物量反演技术，建立多级、多目标竹资源监测技术体系。

笋用竹林无公害栽培。开展优良笋用竹种快繁、养分精准管理、功能性竹笋培育、竹笋机械化采收等技术研究，建立笋用竹林高效无公害栽培体系。

多目标竹林经营。开展材用竹林立体经营、笋用竹林复合经营、生态竹林混交经营等技术研究，筛选具有竹林特色的竹阔（针）混交模式，“竹—农”“竹—牧”“竹—药”等复合经营模式，建立多目标竹林复合经营技术体系。

5. 林业特色资源高效培育

针对林下经济生物资源开发不足、花卉产业竞争力弱、沙产业比较效益不高等问题，以我国林下动植物、观赏植物（花卉）、沙生植物等为对象，研究林下经济生物资源高效培育、乡土景观植物与花卉规模化高效培育、特色工业原料林资源和特色昆虫资源培育、沙生植物资源挖掘与规模化培育等关键技术，开展规模化扩繁、高效栽培与利用等全产业链技术集成示范（见专栏 16）。

专栏 16　林业特色资源高效培育创新重点

林下经济植物高效培育：开展适宜林下种植的蔬菜、药材、食用菌等品种资源挖掘和扩繁、高效配置与可持续经营、有害生物预警与生态防控、产品储藏保鲜和冷链物流、产品质量安全控制及其快速检测等关键技术。

工业原料林资源高效培育：开展银杏、杜仲、油桐、山苍子、漆树等主要工业原料林树种苗木脱毒和工程化快繁、密度控制、树体立体空间布局与营养调控、肥水高效利用、省力与高效定向培育、林地生产力长期维护等关键技术研究。

6. 国家储备林建设

针对我国木材资源战略储备不足的现状，以现有较高质量的松杉人工林以及松类、栎类、木荷、桦木等优良天然林为主要对象，开展国家储备林珍稀树种目标树经营、大径级用材定向培育和混交（复层）林高效经营等关键技术研究，在不同区域组织国家储备林建设技术集成及应用示范（见专栏 17）。

专栏 17　国家储备林建设创新重点

人工林集约栽培技术集成示范：针对立地条件好的荒山荒地、采伐迹地和火烧迹地等宜林地，集成示范优良种源、家系或无性系的集约经营技术。

现有林改培技术集成示范：针对有培育潜力的现有林，集成示范抚育、补植、间伐、施肥等结构调整和立地控制技术，改变林分结构，提高林分质量，培育优质大径材和珍稀树种用材。

中幼林抚育技术集成示范：针对木材增产潜力较大的中幼龄林，集成示范目标树抚育、修枝、施肥等定向抚育技术，调整树种结构和林分密度，缩短培育周期，提高林分质量。

7. 森林质量精准提升

针对我国森林质量不高、生态功能不强等问题，重点研究森林生长及生态功能对经营措施的响应机制、不同森林类型质量提升的差异化机理，攻克多功能森林经营规划与决策、精准化林分作业法、立地质量评价、森林经营效果监测评价、森林资源动态监测等关键技术，开展技术集成示范（见专栏18）。

专栏18 森林质量精准提升创新重点

森林对经营措施的响应机理：研究主要森林类型结构特征与功能关系、产量形成机制，揭示森林经营对生物量生产和分配、养分循环、生态功能等过程的影响机理。
森林精准经营技术：研究多功能森林经营规划与决策、生长收获过程表编制、立地质量评价与管理、目的树种选择、结构优化、林分作业法与抚育更新等关键技术，构建精准高效的经营技术体系。
森林质量提升综合监测：建立森林质量精准提升固定样地和示范林网络，研究森林质量提升监测评价的指标和技术方法，开展各种经营技术对森林生产力和生态效益影响的长期跟踪观测。

（四）林业产业升级转型科技工程

重点开展木竹高效加工利用、林产化工绿色生产、林业生物质能源和材料开发、经济林和特色资源高值化利用、森林旅游与休闲康养产业发展等关键技术研究与示范。

1. 木竹高效加工利用

针对节能降耗、清洁生产和产品增值等绿色制造技术难题，重点开展木竹材质改良等基础理论研究，突破木竹产业绿色制造、高效加工、安全生产和质量保障等关键技术，在人造板、地板、木门、竹制品和家具等产业典型聚集区，开展全产业链提质增效技术集成示范（见专栏19）。

2. 林产化工绿色生产

针对林产资源利用效率低、清洁生产程度低等瓶颈问题，开展活性成分代谢调控与富集基础研究，攻克林产化工清洁低耗生产关键技术，在资源分布集中区开展全产业链技术集成与示范（见专栏20）。

专栏19 木竹高效加工利用创新重点

木材材质改良的生物学与化学基础：研究主要速生材细胞壁构造，组成与性能的特性及其变化规律，木材细胞壁结构与木质材料性能之间的内在关联机制，不同改性处理方式对木材细胞壁构造、化学组成与性能的影响规律，木质素、纤维素、半纤维素化学改性及细胞壁功能调控机制等基础理论。
木材工业绿色制造：研究木材节能备料与质量控制、木制品节材加工技术与装备、木质材料表面绿色装饰、人造板生产安全与污染减控、无甲醛绿色木材胶黏剂制造、木质家居材料健康安全性能检测与评价等关键技术。
木基材料与制品增值加工：研究木质家居产品柔性化制造、传统木结构民居工业化制造、轻质木基功能材料制造、木质纳米材料规模化制备、低质木材化学改良、木质结构材制造与应用等关键技术。
竹藤材高值化创新利用：研究竹重组材、竹集成材等工程材料连续化制造，大跨度、大规格竹质工程产品创制，竹质缠绕材料、圆竹展平材料、竹材原态制品、竹藤装饰与家具、耐久性竹藤材、竹藤资源高值化学品等绿色增值加工技术，以及产品性能快速检测等关键技术。

专栏 20　林产化工绿色生产创新重点

非木质资源高效增值利用：研究松脂油脂资源高值化利用、植物单宁精深加工、紫胶生漆改性、生物蜡制造、杜仲橡胶和植物多糖多酚绿色生产等关键技术，研发数字化控制连续新型反应器及高效提取装置，开发高效增值生产工艺。

木质资源低耗清洁生产：研究木质资源预处理分离、功能性木质纤维高分子新材料制造、抚育材高效清洁制浆、废弃木质资源低消耗清洁制备活性炭及碳基肥等关键技术，开发源头清洁生产工艺，开展木质原料高效绿色转化研究，创制多元化利用新产品。

3. 林业生物质能源和材料

围绕资源有效供给不足、加工转化成本高等瓶颈问题，开展林业生物质资源高效转化基础研究，突破林业生物质能源、生物基材料、生物基化学品制备关键技术，在资源集中与产业集聚区开展大宗生物质能源和材料规模化应用示范（见专栏 21）。

专栏 21　林业生物质能源和材料创新重点

生物质能源：研究固化成型收集、热解气化及分布式生物质气化供热发电多联产碳材料关键技术，攻克木质纤维全成分制取高品位液体燃料技术，实现生物质全利用及副产物综合利用。

生物基材料：研究全降解、阻燃保温、隔音、抗菌等功能化生物基新材料制备技术，开发木塑复合材料、多功能生物基聚酯、乙烯基酯树脂及环氧树脂、聚氨酯、多糖凝胶材料等产品，创制新型生物质炭材料。

生物基化学品：研究木质纤维素糖基平台生物炼制、糠醛和乙酰丙酸等生物基平台化合物催化转化、生物基聚合单体高效绿色转化等关键技术，开发生物基增塑剂和生物表面活性剂产品。

4. 经济林和特色资源高值化利用

针对经济林和特色资源开发利用程度低、高价值产品少、产业链短等问题，以主要木本粮油树种、工业原料林、特色昆虫资源、林下动植物等为对象，研究其特殊成分功能及加工过程中转化修饰基础理论，攻克高值化综合利用和产品质量安全控制等关键技术，开展技术集成示范（见专栏 22）。

5. 森林旅游与休闲康养

针对标准缺乏、功能不足和效益不高等林业休闲康养发展现状，依托森林、湿地、沙漠等自然资源，发展生态旅游产业、森林康养产业、生态文化创意产品与生态服务，重点研究森林（湿地、沙漠）游憩环境监测与评价、城乡森林景观建设、生态疗养、林药保健等关键技术，开展标准化技术集成示范，构建以国家公园、森林（湿地、沙漠）公园、国有林场等为主体，博物馆、观光园和康养园等相结合的休闲康养产业体系。

专栏 22　经济林高值化利用创新重点

经济林增值加工：研究主要经济林树种特殊营养品质功能评价与转化机理，攻克经济林产品高效收储、精细加工、副产物综合利用、加工自动化、产品质量安全控制与溯源等关键技术。

林业特色资源高值化利用：研究林业特色资源机械化采收、活性物高效提取与深加工、林下经济动植物储藏保鲜、产品质量安全控制、林业特色资源全质循环利用、“三废”综合控制及绿色治理等关键技术。

（五）林业装备与信息化科技工程

重点开展林业装备和林业信息化等关键技术研究，推进林业现代化建设。

1. 林业装备

针对林业生产机械化程度低、先进装备缺乏等问题，以“中国制造 2025”新一轮装备制造革命为契机，重点攻克营造林抚育、林果采收、木竹材高效利用、林副产品加工、森林灾害防控等装备制造关键技术，开展人工林智能联合采育、木竹材高效利用、森林防火减灾装备技术集成示范（见专栏 23）。

专栏 23　林业装备创新重点

营造林装备：研发林木种苗培育、困难立地造林与整地、节水灌溉、抚育与采伐、经济林果实采收、森林资源监测与管护、林业生物质资源收储、林下经济生产与加工等装备。 木竹加工装备：研发家具木门智能制造、大规格结构材自动化制造、竹材整竹与原态利用成套装备、木竹胶合板连续压机制造、低能耗林业生物质燃料成型及供热、人造板清洁节能生产等装备。 森林火灾与病虫害防控装备：研发森林病虫害信息监测、地面与空中高效精准施药、林火探测监测预警与通信、大中型多功能高效灭火、空中森林火灾扑救等装备。

2. 林业信息化

针对林业数据挖掘程度低、智能化决策水平不高、林业资源精准预测和监测亟须强化等问题，重点突破智能化林业资源监测、森林三维遥感信息反演及海量林业资源空间信息智能管理等关键技术，开展智慧林业应用示范，建立“互联网 + 林业”服务平台（见专栏 24）。

专栏 24　林业信息化创新重点

林业经营决策平台构建：研究林地立地质量评价与适地适树在线决策、森林经营方案编制辅助决策系统、林业虚拟现实、林业资源动态监管与精准保护等平台构建关键技术。 智能化林业资源监测：研究森林三维遥感信息反演、大范围信息快速获取与传输、北斗导航、基于物联网的林业数据采集、基于大数据的资源数据一体化处理与服务、林业产业与林产品市场监测与预警、监测数据综合分析与评价等关键技术。 互联网 + 林业：研究“互联网 +”及大数据集成技术，建设智慧林业运行平台和林业大数据中心，提供依托互联网的林业政务管理、林业资源监管、生态修复工程、灾害应急管理等服务。

（六）林业科技成果转化推广工程

重点开展科技成果转化示范行动、精准扶贫富民行动、产业培育行动、科技服务行动和科学普及行动，加强科技成果转化推广体系建设（见专栏 25）。

专栏 25　林业科技成果转化推广重点内容

科技成果推广：发布年度重点推广林业科技成果 100 项，重点转化和示范推广科技成果 2000 项以上，建立林业科技成果推广示范基地 500 个。 示范基地建设：优选建立 100 个林业科技示范企业，建设一批林业科技示范园区和生物产业基地。帮扶指导和发展林业科技扶贫示范户 1 万户，使示范户农民增收 20% 以上。 推广体系完善：重点建设 2000 个地、县级林业科技推广标准站，岗位培训基层林业技术推广人员 5000 人次以上，培训基层骨干技术人员和林农 500 万人次。 科技信息服务：建立林业科技成果网上对接和交易市场，建设面向全国、覆盖各领域的林业科技成果集成大数据平台。

1. 转化示范行动

以各类林业科技推广资金计划为依托，重点转化和示范推广优良林木新品种繁育与高效栽培、林业生态治理与修复、木本粮油树种高效经营、森林可持续经营、森林灾害防治、木竹材及林化产品加工、林特资源开发利用等领域先进、成熟、实用的科技成果 2000 项以上，集中优选建立林业科技成果推广示范基地 500 个。通过科技成果转化示范行动，加快林业新技术、新成果在林业生产和重点工程建设中的转化和示范应用，推动科学技术与林业生产密切结合，实现“同步设计，同步施工，同步验收”，提升林业生产建设科技水平。

2. 精准扶贫富民行动

支持并鼓励林业科技人员、科技特派员深入乡村农户，深入生产一线，开展多种形式的科技精准扶贫富民活动。以提高当地农民收入和经济发展水平为目标，选择先进实用、简便易学、成效明显的技术成果，在贫困地区开展“一对一”科技精准扶贫活动，重点推广木本粮油新品种和培育、名特优经济林果高效栽培、竹林定向培育及加工、林下种植养殖、林特资源培育及加工、林化产品加工等技术，帮扶指导和发展林业科技精准扶贫示范户 1 万户，使示范户农民增收 20% 以上。在林业资源优势明显、产业发展基础较好的县（市），围绕县域经济特色和产业发展方向，整合现有科技资源，选择具有示范带动作用的科技项目，建设一批林业科技示范园区和生物产业基地，引导和支撑区域经济发展，带动和加快林农脱贫致富。

3. 产业培育行动

围绕传统产业升级转型和培育战略新兴产业发展需求，推动科研院所、高校和生产企业开展林业产业科技示范行动，实现科技成果与产业、企业需求有效对接。引导科技要素集聚生产企业，促进科技成果工程化和市场化开发，推动林业传统产业升级转型。依托现有林业工程（技术）研究中心等，在木材加工、林产化工、林业生物质资源利用、林业机械、林业新材料、生物制药等生产领域，孵化企业所需的关键科技成果，优选建设 100 个具有显著窗口效应的林业科技示范企业。推广绿色环保、低碳节能、循环经济发展模式，创建一批林业高新技术产业示范区，打造具有区域特色的林业新兴产业集群和经济品牌，培育新的经济增长点。

4. 科技服务行动

创新科技资源的聚集、配置、交易和转化模式，打造“互联网 +”科技服务新路径、新模式，融合形成“互联网 +”科技服务链。构建和完善“国家林业科技推广成果库管理信息系统”、“国家林业科技推广项目库管理信息系统”，建设面向全国、覆盖各领域的科技成果集成大数据平台。建立林业科技成果网上对接和交易市场，发布年度重点推广林业科技成果 100 项，开发“中国主要树种适地适树一张图”信息系统，鼓励研建各类 APP 客户端，建立测土配方施肥、病虫灾害防控、经济林果栽培、林下种养殖等“一点通”式公众信息服务平台，为公众提供快捷、专业的林业科技信息服务。

5. 科学普及行动

以提高公众的生态意识和林业从业人员的科学素质为目标，创新政府、科研院所、学校、社团、企业等共同参与的林业科普工作机制，完善激励政策措施，建立健全各级工作机构，强化队伍建设，完善资源开发与共享体系，推进基础设施和信息化建设，创新林业科学传播、林业科技周、科技下乡活动的形式和内容，繁荣林业科普作品创作，打造林业科普品牌，扩大国际科普交流与合作。

6. 推广体系建设

按照分级分批、重点地区优先、独立机构优先的原则，建立健全以国家林业科技推广机构为主导，林业科研院所、高校、企业、林业专业合作组织等单位广泛参与的新型林业科技推广体系。重点建设 2000 个地、县级林业科技推广标准站，进一步提高基层推广机构社会化服务水平。加强各级林业科技推广机构技术人员的引进和培养，县级专业技术人员比例不低于编制总量的 80%。组织开展林业科技特派员科技创业行动，推行“风险共担、利益共享”机制，以技术入股、技术承包或租赁经营等多种形式，开展科技创业活动，打造一批科技特派员创业基地和创业培训基地。鼓励社会力量广泛参与林业科技推广事业，组织开展基层林业技术推广人员岗位培训、业务培训和学历教育，岗位受训技术人员 5000 人次以上，培训林业基层骨干技术人员和林农 500 万人次。

（七）林业标准化提升工程

重点开展标准实施示范行动、林业标准国际化行动、林产品质量提升行动、森林认证拓展行动，推进林业标准体系建设（见专栏 26）。

1. 标准实施示范行动

组织实施生态保护修复标准化试点示范和林业企业综合标准化工程，围绕重点生态工程、森林经营、特色经济林、速生丰产林、珍贵树种培育等建立标准化示范区 200 个，围绕种苗花卉、经济林产品、竹木制品、林产化工、林业装备等领域，培育和认定国家林业标准化示范企业 100 家。强化标准实施监督，推动法律、法规、政策、规划制定实施与标准结合，建立标准实施情况检查、评估和信息反馈机制，开展标准贯彻与实施效果评估等服务。开展标准化宣传培训，引导林业从业者学标准、用标准，提升标准化意识和标准化能力。

2. 林业标准国际化行动

围绕中国林业“走出去”优先领域，制定中国林业标准“走出去”名录。依托国际标准化组织（ISO）竹藤技术委员会，加快竹藤国际标准研制。实质性参与相关专业性国际、区域组织的标准化活动，在荒漠化治理、森林可持续经营、木制品加工等领域，依托我国技术标准优势，加强林业标准国际合作，推动国际标准制定。推进林业国家标准、行业标准外文版翻译及出版工作，带动中国标准海外推广和实施。组织开展“一带一路”沿线国家林业标准对比分析，推动与沿线国家签署林业标准化合作协议和标准互认，为“一带一路”建设提供林业标准化服务。

3. 林产品质量提升行动

贯彻落实《质量发展纲要（2011—2020 年）》，完善林产品质量监督工作机制，建立健全林产品质量监测制度和风险评估制度，探索建立林产品追溯体系，加强林产品质量安全监测，开展林产品行业监测、风险评估和预警。确定重点监测品种和区域，加强涉及人体健康和生命安全的林产品质量监管。引导林业企业诚信经营，主动发布企业质量信用报告。推动行业协会和社会组织完善行业自律机制，制定行业质量自律行为公约。

4. 标准体系建设

修订和完善重点领域标准体系，建立重大生态工程、主要树种标准综合体，开展林业行政审批、执法监督、社会公共服务等标准研制，整合构建林业强制性标准体系，优化林业推荐性标准体系，形成覆盖生态保护修复、资源综合利用、产业升级转型、生态公共服务等领域完善的标准化体系。建立林业标准复审常态机制，及时修订超龄标准。优化现有林业专业标准化技术委员会，建立新的技术委员会，形成基本覆盖林业各个领域的标准化专业队伍。

5. 森林认证拓展行动

以促进森林可持续经营和林业产业发展为目标，建立健全森林认证制度，完善认证标准与规范，全面加强森林认证能力建设；扩大森林认证制度试点，拓展认证领域，探索不同类型森林认证模式；建立认证林产品市场准入机制，推动森林认证产品纳入公共采购体系，培育和规范认证市场；应对绿色贸易壁垒，开展森林认证国际互认，增强林产品国际市场竞争力。

专栏 26　林业标准化提升工程重点内容

林业标准体系建设：建立新型林业标准体系，制修订林业国家标准和行业标准 1000 项以上。

标准实施示范：建立标准化示范区 200 个，培育和认定国家林业标准化示范企业 100 家。

林业标准国际化：加强 ISO 竹藤技术委员会秘书处工作，重点加强木材、人造板、竹藤、林业机械、森林认证等领域国际标准制修订，编制国际标准 5 ～ 10 项。

林产品质量监督：建立重点林产品质量监测制度和风险评估制度，开展林产品质量提升行动，监测 1000 家以上林产品企业或生产企业。

（八）林业知识产权保护工程

重点开展林业植物新品种保护、林业生物遗传资源保护、林业专利技术保护和林产品地理标志保护，构建林业知识产权公共服务体系（见专栏 27）。

专栏 27　林业知识产权保护工程重点内容

林业知识产权服务：完善和建设 15 个林业知识产权基础数据库，建成知识产权信息咨询服务综合平台。建立和完善林业专利信息预警分析系统，完成 8 ～ 10 个林业重点领域或核心技术的专利分析报告。建立 30 家林业知识产权示范单位，组建 5 个林业知识产权联盟。

林业植物新品种保护：编制测试指南 100 项、UPOV 测试指南 5 ～ 8 项。林业植物新品种申请量累计达到 2500 件，授权品种达到 1500 件。建立林业植物新品种权转化运用示范基地 15 家，健全 10 个授权植物品种的基因图谱数据库。

1. 林业植物新品种保护

修订《中华人民共和国植物新品种保护条例》及其林业实施细则。建立林业植物新品种电子申报系统，提高申报和审批效率，显著提升申请量和授权量。完善行政执法体系建设，建立授权植物品种的基因图谱数据库。健全林业植物新品种权利益分享机制，建立公益性授权植物新品种转化应用的政府补贴制度。优化林业植物新品种测试机构布局，编制植物新品种保护名录测试指南，积极参与国际规则的制定，争取承担更多国际植物新品种保护公约（UPOV）测试指南编制任务，努力提高国际话语权。

2. 林业生物遗传资源保护

加强林业生物遗传资源管理，开展重点林木遗传资源调查编目工作，建立林业生物物种资源优先保护和分级制度，确定优先保护名录。构建珍稀林业生物遗传资源空间地理信息系统和林业生物遗传资源信息共享平台，建设中国特有林业生物遗传资源基因库。建立林业生物遗传资源获取和惠益分享制度，开展林业生物遗传资源及相关传统知识权属登记、遗传资源原产地信息披露工作，防止林业生物遗传资源的流失和无序利用，实现安全保存、可持续利用，公平公正分享资源利用惠益。

3. 林业专利技术保护

促进林业核心技术专利申请，提高涉林专利数量和质量，形成林业核心技术专利群和重点领域专利池，提升专利转化水平。组织实施重大林业专利产业化项目，建立一批林业专利产业化示范基地。以林业骨干企业专利转化运用为突破口，带动中小企业积极参与，形成专利产业化集群。推动林业行业具有核心专利技术的林产品纳入政府优先采购计划，鼓励将专利转化为标准，推广专利标准化应用。

4. 林产品地理标志保护

建立林产品地理标志保护制度，完善林产品地理标志标准和技术检测体系，建立林产品地理标志产品示范基地。加强对林产品地理标志优惠规则和标准的研究与应用，培育品牌企业和品牌产品，推进林业知名品牌走向国际化。规范林产品市场流通秩序，建立林产品追溯体系，完善质量监测、留样备查、销售备案等监督管理制度，对地理标志产品从生产加工到流通销售实行全过程监管。

5. 林业知识产权公共服务体系

建立林业知识产权示范体系，组建联盟，整合资源，提升保护和运用水平。完善林业知识产权基础数据库，加强数据统计与分析，建设公共信息服务平台。建立林业重点领域知识产权预警机制，完成林业重点领域专利分析报告，引导林业企业公平参与国际竞争。探索建立林业知识产权评估机制和交易平台，完善中介服务体系，促进林业知识产权转化运用。

（九）林业科技条件平台建设工程

围绕现代林业科技创新对科技条件平台的需求，着力加强创新、转化、服务三类科技平台建设，提高科技基础条件能力，保障林业科技创新发展动力。

1. 创新平台

聚焦国家林业发展重大科技需求，加强重点实验室、生态定位站、长期科研试验基地、区域科技创新中心等创新平台的规划布局和条件能力建设，支撑科技创新任务实施，保障创新目标实现，不断增强林业科技自主创新能力（见专栏 28）。

2. 转化平台

以加速科技成果工程化和市场化开发、支撑林业产业升级转型为目标，优化布局林业工程（技术）研究中心，引导组建林业产业技术创新战略联盟，构建产学研相结合的成果转化平台（见专栏 29）。

3. 服务平台

以提升林业科技服务水平为目标，加强林业科学数据、林木种质资源、森林生物标本、质检中心、林业知识产权、林业转基因生物测试、新品种测试等技术服务平台建设，创新科技公共服务模式，创造良好的林业科技服务环境（见专栏 30）。

专栏 28　创新平台能力提升重点内容

重点实验室：优化现有重点实验室学科、专业和区域布局，在相关学科领域建设一批国家林业局综合性重点实验室、专业（区域）性重点实验室，建成 1～2 个国家级重点实验室。

生态定位站网：完善站点布局，生态定位站达到 300 个。指导省级生态定位站网建设，规范数据采集和质量控制，推进数据平台建设。继续推进全国生态服务功能及林业重点工程生态效益监测评估，完善站网管理机构，优化分级管理和绩效考核评估制度。制修订生态定位站标准 20 项，总数达到 42 项。

长期科研试验基地：新建林木种质资源保存库 50 个、大型林木长期育种基地 30 个、生态保护与恢复试验基地 30 个、森林培育与经营长期试验林 20 个、森林资源利用综合示范基地 20 个。

林业区域科技创新中心：整合优势资源，在长江经济带、“一带一路”、京津冀一体化等重点区域建立区域林业科技创新中心，构建支撑国家和区域生态安全、产业发展的技术创新体系。

专栏 29　转化平台能力提升重点内容

林业工程（技术）研究中心：建设林业工程中心 100 个，国家工程中心 5～7 个，培养工程技术及管理人才 5000 名，孵化和熟化重大科技成果 1000 项，建立一批具有产业化前景的林业新技术试点工程或示范工程。

林业产业技术创新战略联盟：重点面向种苗、森林资源培育、竹藤、木浆造纸、林化、经济林、生物基产品、林业装备、森林旅游、野生动植物繁育利用、沙生资源开发利用等产业，引导建立一批林业产业技术创新战略联盟，推动形成产业经济效益高、市场竞争能力强的产业集群。

专栏 30 服务平台能力提升重点内容

国家林业科学数据平台：开展林业科学数据资源整合、网络服务系统更新等能力建设。新建和更新基础数据库100个，数据实体1500GB，建立和完善由1个主平台和10个专业子平台与区域子平台组成的、集中—分布式的数据共享运行服务系统。年均新增网络注册用户1000户，年均向各类用户提交数据1000GB。

国家林木（含竹藤花卉）种质资源平台：建成原地保存库22处、异地保存50处，设施保存库3座，种质资源与新优品种集中服务与展示基地5处；整合各类林木种质资源5万份，总量达12万份；完善平台门户网站建设、移动终端服务平台和标准规范体系建设。

国家森林生物标本信息平台：建立完善森林植物、动物、鸟类、昆虫以及植物病理生物标本数据库，开展多种标本分类信息的整合、数据分析与共享服务。

林产品质量检验检测中心：加强检验检测机构能力建设，提高质检机构内部质量控制能力，规范质检机构管理。加强林业公共检测服务平台建设，有机融合技术研发、检测评估、质量培训等服务功能。

植物新品种测试中心：加强1个林业植物新品种测试中心、3个分中心、2个分子实验室和5个专业测试站建设，新建5个专业测试站。

林业转基因生物检测平台：加强林业转基因生物安全检测能力建设，建立健全林业转基因生物安全检测监测、监督管理体系，扩大林业转基因生物安全监测范围，对林业转基因采取严格的安全控制措施。

（十）现代林业治理体系支撑工程

强化林业发展战略、理论、政策、法律法规和制度体系研究，支撑现代林业治理体系，提升林业治理能力现代化水平。

1. 林业发展战略研究

把握和前瞻世界林业发展趋势，立足我国林业发展实际，开展林业现代化发展战略研究，科学谋划林业发展的战略目标和实现路径（见专栏31）。

专栏 31 林业发展战略研究重点内容

林业现代化发展战略研究：开展主要国家林业发展和科技创新驱动竞争力比较研究，明确我国林业现代化建设路径；开展京津冀一体化生态保护与修复、长江经济带生态建设等区域林业发展战略研究，服务国家重大战略；开展绿色产业、森林城市（镇）、美丽乡村、国家公园等重大林业发展战略研究，支撑生态文明和美丽中国建设。

林业国际化发展战略研究：开展林业“走出去”发展战略研究，服务国家“南南合作”和“一带一路”战略布局；开展林业应对气候变化、野生动植物非法交易、木材非法采伐及相关贸易等应对策略和涉林国际公约履约对案研究，为林业国际谈判提供科学支撑。

2. 林业重大理论问题研究

以创新、协调、绿色、开放、共享五大发展理念为指导，开展与林业发展密切相关的重大理论问题研究，为建设生态文明、推进林业现代化提供理论支撑（见专栏32）。

专栏 32　林业重大理论研究重点内容

重点开展"山水林田湖"一体化治理、生态建设与国家安全、全球生态治理与现代林业、创新驱动与产业升级转型、森林服务与森林康养、生态保护与扶贫富民、森林核算与生态资本、生态文化与生态伦理等重大理论研究，引领林业发展方向。

3. 林业重大政策与法律体系研究

开展林业重大政策和法律法规体系研究，深入分析林业发展中存在的主要问题，为构建符合林业可持续发展的政策体系和适合我国国情、林情的法律法规体系提供科技支撑（见专栏 33）。

专栏 33　林业重大政策与法律体系研究重点内容

林业重大政策研究：重点开展林业公共财政投入、产权模式、多元化融资、林业税收、贴息贷款、政策性森林保险、森林采伐管理、林业科技管理与评价等重大政策研究。

林业法律法规研究：重点开展不同类型国家林业法律法规形成、支撑保障作用的比较研究，围绕修订《森林法》和制定《湿地保护条例》，以及森林城市、国家公园、天然林保护、国有林场、石漠化防治等法律法规的立法工作开展系统研究，针对林业现代化发展过程中出现的新情况和新问题开展深入研究。

4. 林业管理体系研究

系统开展国有林区改革、国有林场改革、集体林区改革中的管理体系研究，为深化林业管理体制改革提供科技支撑（见专栏 34）。

专栏 34　林业管理体系研究重点内容

国有林区改革管理体系研究：重点围绕森林资源管理、国有森工企业管理、林区经济社会转型发展、社会职能转移、人力资源提升、投融资模式等改革任务开展系统研究。

国有林场改革管理体系研究：重点围绕管理体制、产权模式、生态资源监管、公益林管护、场外经营、社会资本投入等改革任务开展系统研究。

集体林权制度改革深化及配套政策研究：重点围绕林业产权管理、集体林经营管理、林权流转、新型经营主体、社会资本投入、社会化服务体系、纠纷调解、林业法律援助等改革任务开展系统研究。

5. 生态文明制度体系研究

按照深化生态文明体制改革要求，系统开展管理制度、评价制度、考核制度、公众参与制度等研究，为构建完善的生态文明制度体系提供支撑（见专栏 35）。

专栏 35　生态文明制度体系研究重点内容

生态文明管理制度：开展森林、湿地、物种、沙区植被等生态红线管控、自然生态系统保护修复、重点生态功能区产业准入负面清单等制度研究。

生态文明评价制度：开展生态文明目标体系、自然资源环境承载力监测预警、林业自然资源资产负债表编制及纳入考评体系等制度研究。

生态文明监督考核制度：开展林业资源监测和评估、林业资源用途管制、林业资源有偿使用、林业生态补偿、

领导干部离任生态审计、林业资源损害责任终身追究、林业重大规划实施监督评估等制度研究。 生态文明公众参与制度：开展公众参与机制、公众生态环境权保障、生态环境公益诉讼、生态环境国情教育、非政府组织发展等研究。

五、保障措施

（一）加强组织领导

成立国家林业局科技创新领导小组，协调部署全国林业科技工作，统筹全国林业科技资源，为实施创新驱动发展战略提供组织保障。各级林业部门及有关单位依据本规划结合实际制定科技发展规划。强化各级林业主管部门对林业科技工作的领导，加强行业指导，健全科技管理机构，提高保障能力和服务水平。充分发挥专家咨询委员会和科学技术委员会的作用，建立林业发展战略、重大政策和重大工程咨询论证制度。充分调动和激发全行业和社会各界的积极性，动员力量、凝聚共识，共同推动规划顺利实施。

（二）加大科技投入

发挥好财政科技投入的引导激励作用和市场配置各类创新要素的导向作用，优化创新资源配置，引导社会资源投入创新，形成财政资金、金融资本、社会资本多方投入的新格局。完善稳定支持和竞争性支持相协调的机制，提高稳定支持力度，建立以国家投入为主、长期稳定的林业科研投入机制。加强地方财政预算与规划实施的衔接协调，强化各级地方财政对规划实施的保障作用。加强林业生态建设的科技支撑，组织实施重大林业生态工程科技支撑项目，地方也要安排一定比例的林业生态工程科技支撑经费，用于新技术新成果的推广应用。发挥中央财政对科技成果转化推广的引导作用，加大对林业标准化以及科技服务保障体系的资金支持力度，建立对林业科技创新平台建设及运行经费的持续稳定投入机制。探索林木新品种（良种）后补助机制、专利技术质押贷款机制，激发创新活力。充分利用国家有关补助、贴息、减免税等优惠政策，发挥市场投融资机制作用。

（三）强化实施评估

开展规划实施情况的动态监测评估，将监测评估结果作为各级林业部门创新管理的重要依据。开展规划实施的中期和期末评估，对规划实施效果作出综合评价，为规划调整和新一轮规划提供依据。加强规划的贯彻宣传，调动和增强社会各方面落实规划的主动性、积极性，汇聚全行业的力量和智慧，形成群策群力、共同推进规划实施的良好局面。

民航科技发展“十三五”规划

第一章　现状和形势

一、发展现状

“十二五”期间，中国民航围绕民航强国战略，创新科技管理体制与机制，完善科技创新与成果应用体系，提升行业信息化水平，显著增强了民航科技创新能力，大幅提升了民航信息化水平，明显提高了民航科技资金投入效益和成果转化水平，积极开展了民航科技知识和文化普及工作，发挥了科技在民航强国建设中的支撑与引领作用。

1. 民航科技体系与管理机制改革取得重大进展。民航科技创新活动纳入国家科技计划体系，完成“十二五”国家计划重大项目“中国民航协同空管技术综合应用示范”等多项研究任务，突破一批具有自主知识产权的关键技术，在国家科技创新体系中发挥日益重要的作用。民航科技创新体系建设取得成效，初步建成以政府为主导、企业为主体、市场为导向、产学研相结合、多层次、开放的民航科技创新格局。形成了由国家科技计划、国家自然科学基金计划、民航科技创新引导计划和企业科技计划组成的民航科技计划体系，承担国家科技计划 14 项，民航联合研究基金 145 项，民航院校、研究所、企事业等多家单位参与，并吸引了 50 余个行业外科研院所参加，形成了民航科研开放平台。

2. 民航科技创新能力迅速提升。民航重大科技项目创新性研究和集中攻关取得集群突破，实施科技计划项目 292 项，取得一批科技成果，发挥了科技的支撑作用。基于性能导航 PBN 的飞行程序设计系统，在 RAIM 预测和导航数据库校验方面取得重要技术突破；自主创新的跑道特性拦阻材料 EMAS、翻盘式高速行李自动处理系统，打破国外技术与产品垄断，取得了巨大的社会与经济效益。民航企业开展科技创新活动的积极性大大提高，企业牵头申报各类科技项目的比例，大幅提升到 24.3%，强化了民航企业在科技创新中的主体地位。全行业获得国家科技进步奖 1 项，申请专利 2304 项，授权专利 1252 项，其中发明专利 271 项。重大项目研究的突破和应用在民航创新体系中发挥了重要

中国民用航空局，民航发〔2016〕137 号，2016 年 12 月 29 日。

作用，民航科技在民航强国建设中的支撑与引领作用日益凸显。

3. 民航科技创新平台和团队建设取得进展。科技研发平台、科技条件平台建设成效显著，完成了对 14 个民航科研基地建设的验收，建立了由民航科技计划体系和民航科研基地组成的民航科技创新平台体系。民航科技产业基地建设与运营取得突破，已建成 2 个国家级科技企业孵化器。在适航、空管等领域打造多个科技创新团队，培养一批民航科技领军人才，1 人入选国家“中青年科技创新领军人才”，125 人次入选民航特聘专家和中青年技术带头人，发挥了人才在民航科技创新中的核心作用。

4. 民航信息化建设取得长足进展。基本完成六大信息化系统工程建设，完善了空管数据通信网和航空运输商务通信网两大专用骨干通信网络，网络基础设施初具规模；建成了民航局及七大管理局的电子政务门户网站，民航电子政务成效显著；民航旅客服务系统（PSS）、货运系统、收入管理系统、结算系统不断扩容和升级，航空企业信息化覆盖离港、飞行、到港、市场销售、服务等业务流的各功能环节；民航电子商务迅速普及，民航电子客票促进了国内简化商务发展；建设的民航网络与信息安全系统为重要生产运行系统提供了有力保障。

5. 民航科技投入力度持续加大。“十二五”期间，获得国家财政投入 25 299 万元，民航局科技项目资金投入 33 800 万元。政府科技投入有效调动了企业科技创新的积极性，企业研发投入资金增至 70 721 万元。通过组织实施民航重大科技项目和应用技术研究，明显提高了行业科技创新能力和技术水平，取得了加大民航科技投入力度的显著成效。

二、面临形势

1. 民航技术发展的新形势。世界民航强国借助“天空开放”政策和技术优势，不断扩张国际航空运输市场。美、欧等民航先进国家和地区分别开始了新一代航空运输系统 NextGEn 和 SESAR 计划的实施，以卫星技术、数据链技术、信息技术、网络技术等新兴科技在民航领域的整合应用，实现民航运输系统的全面提升。2013 年，国际民航组织发布了航空系统组块升级（ASBU）框架计划，针对空中交通管制系统明确了四个具体的相关性能改善，包括机场运营、全球性互操作系统及数据、最优能力与灵活航班以及高效飞行路径。ICAO 的组块升级计划安排是 15 年滚动前进的战略方法，从 2013 年开始每 5 年递增一次，一直持续到 2028 年及以后年份，这意味着民航新技术会源源不断涌现并得到应用。

相比而言，中国民航虽然发布了部分新技术的纲领性文件，但由于缺乏系统性的国家新一代航空运输系统的实施规划，一方面造成国际民航领域的成熟新技术在我国民航评估、应用与推广缓慢；另一方面对能够满足中国空域运行环境与民航运输特征的新技术研究分析滞后、引导推动乏力、持续投入不足。同时，中国民航在国际民航组织相关技术大会上缺乏有效发言权，使我国航空运输业处于国际竞争的劣势地位。中国民航科技发展必须面对新一代航空运输系统变革中产生的新技术与新应用问题。

2. 国家科技体制机制改革的新形势。目前，国家已经宣布进行国家科技体制的重大变革，即国家将实施公开统一的国家科技管理平台、优化科技计划（专项、基金等）布局、整合现有科技计划（专项、基金等）等重大举措，科技投入与管理主体将发生变革，国家行业管理体制与大部制改革也将进一步深化，这些将对民航科技计划、科研基地建设、科技人才队伍建设以及科技计划项目管理等诸多方面产生深远影响。

虽然民航科技已经取得了明显的进步，但相对于航班运量高增长、空域运行资源紧张、高铁发展对航空形成挑战及国际航空强国战略挤压等发展问题，民航科技发展整体水平仍然不能满足国家战略和保障持续安全对科技支撑的需求。同时，民航科技发展自身也存在产学研用层面上合作不足，科技成果转化不够充分，技术领军人才相对匮乏等问题。

三、发展需求

目前，中国民航不但面临着国际民航新技术的冲击，而且面临着国家大飞机制造与发动机专项的研制、北斗导航应用技术突破、低空空域改革等一系列重大变革的挑战，京津冀协同发展、“一带一路”、创新驱动发展等国家重大战略的实施，以及民航强国建设与持续发展，这些都对民航科技提出了新的需求。

1. 支持国家重大战略发展的需求。国家民用航空产品重大项目的适航审定战略研究，ARJ21 飞机等航空产品证后管理及 C919 飞机等航空产品的适航审定工作，适航审定技术的研发和推广；低空空域管理的改革和通用航空的发展；北斗在民航领域中应用的技术与策略；智能机场和绿色机场的行业发展要求；京津冀协同发展、“一带一路”、“长江经济带”、综合交通枢纽布局等国家重大战略的实施，都需要民航科技在相关领域取得关键技术突破，以提升民航在国家经济社会发展中的地位和作用。

2. 支撑民航强国建设与提升科技创新能力的需求。民航强国建设和持续安全发展必须依靠科技创新，增强民航科技自主创新能力已经成为民航科技创新体系建设中亟待解决的问题。完善民航科技创新队伍结构，发挥企业在民航科技创新中的主体作用，加大科技基础条件建设力度，提升民航科技创新能力、支撑作用和对外竞争实力，是民航科技发展的重要环节。

3.加速民航信息化建设的需求。信息空间安全问题已提升到国家安全层面，信息网络向宽带、融合、泛在方向演进，以云计算、大数据、物联网、移动应用、智能控制技术为核心的“新 IT”，对经济、社会和文化产生了深刻影响。美欧各国启动变革，引领世界主要国家都把深化信息化建设作为民航发展的重要战略，在民航信息的可视化、智能化、信息交互和共享等方面的创新将成为重要的发展趋势。持续深化民航信息化建设，是我国民航推动民航全运行监控网络建设、深化“真情服务”、加强民航网络与信息空间安全的迫切需求。

4. 科技成果转化及产业化力度加强的需求。需要搭建完善的民航技术成果转化服务平台，建立健全科技成果转化及产业化机制，为民航科技成果转化不仅提供优质的物理空间和资金支持，更要提供后续的试验、开发、应用、推广等服务支持，促进技术优势向产品优势的转变，加快自主知识产权成果的转化和产业化。

第二章　指导思想和发展目标

一、指导思想

深入贯彻党的十八大及十八届三中、四中、五中全会精神，落实习近平总书记“强化科技支撑”的重要指示，按照国务院《关于促进民航业发展的若干意见》和民航强国建设要求，紧密围绕民航发展“一二三三四”总体思路，坚持“创新驱动，重点突破，保障安全，支撑发展”的基本原则，着力推进重点科技项目研发，着力加强科技人才与基地建设，着力推动民航企业科技创新，着力强化科技成果转化应用，着力提升信息化水平，着力提高网络安全保障能力，为实现民航“十三五”发展目标提供科技支撑，为民航科学发展、持续安全和强国建设奠定坚实基础。

二、发展目标

到2020年，按照“出成果、出人才、出效益”的总体要求，创建基础技术研究型、应用技术开发型、成果转化枢纽型和技术政策暨服务智库性科研院所，打造民航基础技术研究基地、应用技术开发基地、核心技术产业基地、成果转化效益基地和创新人才发展基地。民航科技支持国家战略实施的能力明显提高，民航发展的科技支撑能力加速提升，民航高新技术的研发水平明显提高，民航科技人才与基地建设力度大幅增强，民航企业创新主体的地位加速确立，民航科技成果推广应用取得显著成效，民航信息化水平快速提升，民航网络安全保障能力显著增强，构建以企业为主体、市场为导向、“产学研用”紧密结合的技术创新体系，为民航科学发展和持续安全提供科技支撑，有力保障民航强国建设目标的实现。

1. 民航科技支持国家战略实施的能力明显提高。面向国家重大战略需求，力争在综合交通枢纽体系、航空监视网及服务、国产大型客机适航审定关键技术等方面取得突破进展。

2. 民航发展的科技支撑能力加速提升。针对“十三五”民航安全与发展的重大科技需求开展研究，力争在民航持续安全保障能力建设、基于大数据的航空器全寿命维修工程、复杂环境下机场建设与安全运行、飞行员生理心理健康评估与人因工程、基于北斗的民航技术应用等方面取得重要突破。

3. 民航高新技术的研发水平明显提高。着眼民航科技自主创新能力提升，力争在新一代机场运行控制与安全技术、机场安检安防新技术、民航重点基础或应用基础研究等方面取得重点跨越。

4. 民航科技人才与基地建设力度大幅增强。针对民航科技创新能力提升的需求，力争围绕民航重点领域建设一批行业重点实验室（工程技术中心），培养一批中青年科技领军人才与创新团队。

5. 民航企业创新主体的地位加速确立。针对民航创新体系的薄弱环节，推进科技体制机制创新，进一步确立和发挥企业的创新主体作用，加快形成政府主导、企业主体、市场导向，产学研用相结合，全社会共同参与的民航科技协同创新体系。

6. 科技成果推广应用取得显著成效。着眼于自主创新能力提升，优化完善民航科技成果转化应用的政策环境，择优选取成熟的重大科技成果进行转化推广。

7. 民航信息化水平快速提升。面向民航行业巨大的信息化需求，力争在民航公共云服务、新一代空管基础设施、智慧机场、民航互联网＋行动计划、网络安全等领域取得重点提升。

第三章　主要任务

“十三五”期间，面向支持国家重大战略、支撑民航科学发展、布局高新技术研发的重点需求，凝练“十三五”民航科技发展主要任务。

一、着力推进重点科技研发

围绕支持国家重大战略、支撑民航科学发展、布局高新技术研发的 3 大技术战略，力争在支持国家重大战略的 3 个技术领域，达到跟跑世界先进水平；在支撑民航科学发展的 3 个技术领域，达到领跑世界民航技术水平；在布局高新技术研发的 3 个技术领域，达到并跑世界民航技术水平。

1. 支持国家重大战略

推进航空监视网及服务、综合交通枢纽体系、国产大型客机适航审定关键技术等方面研究取得突破进展，形成一批拥有核心自主知识产权的重大成果，到 2020 年末力争在本领域达到跟跑世界民航科技水平，积极有效地支持国家重大战略的推进与实现。

专栏 1　航空监视网及服务

研究基于自主 PNT 资源和通信资源的广域航空安全监控网技术架构和技术规范，突破星基 ADS、多照射源低空监视、北斗最低性能及高精度增强模拟、北斗机载设备检测与适航评估技术，航空器飞行动态信息一致性、完好性、安全性保障与风险评估技术、高风险航迹追踪识别与风险预警技术，搭建实验平台和验证系统开展机载设备飞行测试和地面测试场集成测试，在空管和航空公司运行部门开展验证示范。

专栏 2　综合交通枢纽体系

研发集成综合交通信息精准获取与运行态势智能解析技术、综合交通运输系统运行优化与智能调控技术、移动互联环境下交通信息综合智能服务技术、综合交通运输安全风险主动防控技术，打通基础设施、载运工具、运行系统的信息融合与交互的技术链条，形成综合交通运输系统协同运行与智能服务的技术体系和系统平台，实现在国家京津冀区域和长江经济带区域的大型空港枢纽规模化应用示范。

专栏 3　国产大型客机适航审定关键技术

研究机载设备和零部件适航标准，适航审定规章规范性文件，研究机载电子设备适航审定关键技术，坠撞安全与乘员保护审定基础技术，座舱空气环境审定基础技术，风车不平衡振动的适航审定基础技术，噪声适航审定基础技术，机电作动系统安全性审定关键技术，急需的结构强度专业适航审定技术，研究动力装置相关特殊风险转向审定技术，研究性能操稳相关适航审定关键技术、电传飞控系统适航审定技术、飞机实际风险管理技术、机内数据通信网络、卫星导航应用及 EWIS 适航审定技术。

2. 支撑民航科学发展

推进民航持续安全保障科技能力建设、基于大数据的航空器全寿命维修工程、复杂环境下机场建设与安全运行、飞行员生理心理健康评估与人因工程、基于北斗的民航技术应用等五个领域共性核心技术研发，到 2020 年末力争在本领域达到领跑世界民航科技水平，支撑和保障“十三五”期间民航持续安全高效发展。

专栏 4　民航持续安全保障科技能力建设

研究支撑民航持续安全的航行新技术，支持航空器、航空公司、机场、空管安全运行、危险品运输等关键技术，建立民航安全运行风险网络化监控及预警系统，拓展航空安全技术分析及实验验证研究，积极开展通用航空运行及监管技术研究。

专栏 5　基于大数据的航空器全寿命维修工程

研究云计算架构的航空器维修工程体系及标准技术，飞机全寿命维修规划关键技术，网络化航空器状态监控及故障预测技术，航空器维修工程体系的云平台及交互机制，研究建立自主机载信息数据处理装备及空地数据传输系统，空地一体化的电子数据获取与传输信息网。

专栏 6　复杂环境下机场建设与安全运行

研究建设信息系统平台及复杂环境下的机场规划设计与建设运行的新技术 / 新方法，森山高填方中的填筑建造技术与稳定性，高原高寒高温机场道面建造与维护技术，极寒地区研制高原机场终端区风切变、湍流探测与预警系统，填海机场的建造与运维技术。

专栏 7　飞行员生理心理健康评估与人因工程

研制飞行员、管制员的关键生理数据实时采集系统，研究飞行员、管制员行为和生理大数据、心理特征 / 图像数据、生理数据和非安全行为的关系模型。

专栏 8　基于北斗的民航技术应用

研究北斗信息服务在民航的通信 / 导航 / 监视应用技术开发，北斗空间信号测试与评估标准体系，北斗接收机测试评估与适航技术，推动北斗在民航通信导航监视 / 空中交通管理（CNS/ATM）和通用航空中的应用示范，推进基于北斗信息服务的空管装备国产化。

3. 发展新一代高新技术

推进新一代机场运行控制与安全技术、机场安检安防新技术、民航重点基础或应用基础研究取得重点跨越，到2020年末力争在本领域达到并跑世界民航科技水平，奠定未来民航科技创新与进步的坚实基础，为实现民航事业从大国走向强国的跨越做出贡献。

专栏9　新一代机场运行控制与安全技术

研究机场站坪目标高精度实时三维重建与控制引导技术，低空空域监视雷达组网与多元数据融合技术，基于光电融合的多制式FOD检测技术，基于大数据、云计算的多机场协同运行与决策系统应用，新一代高速行李输送分拣DCV系统，推广应用新型供电方式下的LED助航灯光系统。

专栏10　机场安检安防新技术

研发基于太赫兹波与毫米波的安检技术和装备，基于物联网/视频图像分析的机场综合安防系统，基于大数据的人脸生物识别与快速追踪安检技术和装备。

专栏11　民航重点基础或应用基础研究

研究民用航空智能交通与信息安全，国家空域资源管理理论与方法，新航行系统与通用航空，机场网、航线网、运行监控网以及客货流、航班流、空管流量等系统仿真；机场感知理论与技术，航空公司运营信息化理论与技术；犯罪预防控制理论与技术，非正常条件航空突发事件应急协同决策方法优化与实现；研究民用航空系统可靠性与安全性理论与方法，航空安全科学理论，航空安全检查新技术与方法，飞机运维新材料新工艺及其检测理论与技术；研究民航运输服务质量的理论、方法、评价体系、品质优化设计与仿真。

二、着力加强人才与基地建设

针对科技创新能力的需求与挑战，着力优化科技资源配置，加强民航科技创新平台与基地建设，推动高端科技人才队伍建设，造就一批高层次科技创新团队，进一步改善科研基础条件和创新型科技人才队伍建设，通过加强条件支撑和智力保障提升科技创新能力。

1. 加强民航科技创新平台与基地建设。围绕重点领域，立足现有科研基地，强化运行支持与考核评估，面向全国建设、认定和发展10个左右行业重点实验室（工程技术中心），培育形成2～3个学科交叉、综合集成的国家实验室，择优组织申请纳入中央财政科技计划“基地人才专项”进行建设和管理。针对各自优势领域，持续支持重点实验室（工程技术中心）牵头承担中央财政科技计划（专项、基金等）项目。

2. 推动高端科技人才队伍建设。重视高层次创新型科技人才队伍建设，实施民航中青年科技领军人才的培养，加大对优秀青年科技人才培养和资助力度。坚持向科研一线和企业科技人才倾斜，配合国家实施创新人才推进计划，激发广大民航科技工作者的创新创造热情，建立行业创新人才培养示范基地，开展针对性培养，重点培养与支持50名左右中青年民航科技创新领军人才，打造民航专家、领域带头人和青年科技人才三个层次的民航科技人才队伍，提升民航科技人才在国家层面的影响力。

3. 造就一批高层次科技创新团队。依托重大科技项目、重大工程和科研基地（重点实验室），加强项目—基地—人才—团队一体化高水平创新团队建设，持续推进建立一支技术精湛、特色鲜明、思想活跃、能征善战、勇于承担国家和民航创新任务的团队。瞄准民航科技前沿和重点产业方向，重点建设与支持 10 个左右行业重点领域科技创新团队，培育若干涵盖民航主要科技领域的高水平科技创新团队，引导广大民航科技工作者为建设创新型民航贡献力量。

三、着力推动民航企业科技创新

推进民航科技体制机制创新，进一步巩固和增强企业技术创新主体的地位和作用，加快发展民航科技服务业，形成以政府为主导、企业为主体、市场为导向，产学研用相结合，全社会共同参与的民航科技协同创新体系，大幅提升科技进步和创新对于民航科学发展与持续安全的支撑能力。

1. 营造支持企业创新的政策环境。联合有关部门研究完善支持企业技术创新的产业、财税、金融等方面的政策，着手建立健全首台（套）重大技术装备保险机制，支持企业研发和重大创新产品的推广应用。

2. 完善引导企业加大技术创新投入的机制。鼓励和引导企业加大研发投入，大力培育创新型企业，充分发挥其对技术创新的示范引领作用。充分听取企业专家对于国家科技计划项目征集和指南编制的意见，支持有条件的企业牵头组织实施产业化目标明确的重大科技项目。

3. 支持企业建立研发机构。引导企业围绕市场需求和长远发展，建立研发机构，健全组织技术研发、产品创新、科技成果转化的机制。鼓励和支持行业骨干企业和运行单位建设行业重点实验室（工程技术中心），牵头组织实施民航领域科技项目，加以成果推广应用。

4. 发展企业主导的技术创新战略联盟。支持行业骨干企业、运行单位与科研院所、高等学校签订战略合作协议，建立联合开发、优势互补、成果共享、风险共担的产学研用合作机制，组建具有“民航特色”的技术创新战略联盟，开展技术创新活动。

5. 完善面向企业的技术创新服务平台。面向行业技术创新需求，促进科技资源整合和优势互补，加快推动民航科技服务业的发展，在研究开发、技术转移、检验检测认证、创业孵化、知识产权、科技咨询、科技金融、科学技术普及等专业科技服务和综合科技服务方面，为民航科技创新和产业发展提供支持。

四、着力强化科技成果转化应用

落实与优化科技成果转化政策，继续支持科技成果转化基地建设，搭建民航科技成果转化平台，适时择优选取适宜领域实施重大技术装备试验和示范项目，加速自主知识产权技术与产品的应用推广，不断提升科技创新对民航事业发展的推动作用。

1. 积极落实国家促进科技成果转化的有关政策，支持科研院所、高等学校以及科技人员创办科技型企业，加快技术转移和科技成果转化。研究行业促进自主创新成果转化和产业化的配套政策，推动科技成果的应用。将科技创新活动纳入民航领域科技计划，积极利用首台首购、订购等政府采购政策扶持科技创新产品的推广应用。完善成果转化激励政策，通过技术要素参与收益分配，充分调动科技人员的积极性和创造性，让科技人员的收入与岗位技能、工作业绩、经济效益挂钩，让科技人员通过成果应用体现创新价值，通过成果转化创造财富。

2. 搭建民航具有自主知识产权的高技术产品和服务展示交流平台，提高其市场知名度和影响力。加强与国外有实力的科研单位合作，多渠道推进民航专业工程技术产品走出国门。探索建立专业化成果推广机构，有效发挥成果转移转化的中介作用。积极利用民航投资基金和其他社会资本，促进行业科技成果转化。

3. 围绕行业需求拉动导向，选取条件成熟的领域实施重大技术装备试验和示范项目，加速新技术新产品的应用和推广，切实推动科技生产力的转化。重点支持开展机场跑道端特性材料拦阻系统、机场高速行李分拣系统、机场综合监视系统（MLAT、A-SMGCS、APES）、智慧旅客服务系统等重大科技成果转化工作。

五、着力提升信息化水平

推进民航公共云服务、新一代空管基础设施、智慧机场、民航互联网 + 行动计划、网络安全等方面的工程建设，为民航持续安全、科学发展提供强有力的信息支撑。

专栏 12　民航信息化提升工程

民航公共云服务。民航云计算服务示范工程：推动安全可靠的云计算产品和解决方案在民航的应用，发展民航云计算服务，鼓励民航大型企业开放云平台资源，打造协作共赢的云计算服务生态环境；民航大数据应用示范工程：发挥云计算对数据资源的集聚作用，实现民航数据资源的融合共享，推动民航大数据挖掘、分析、应用和服务；民航政务云示范工程：统筹民航各部门的公共信息资源共享和利用，开展公共服务需求数据的跨部门融合分析，建设服务政府管理和提供公共服务的统一民航政务云平台；民航中小企业云示范工程：依托、引进优势软件企业和大型电子商务企业，围绕生产运行、旅客服务、商业运营和决策支持，建立民航中小机场、航空公司公共云服务平台。

新一代空管基础设施。空管通信网升级改造：全面优化、改造、升级空管运行地侧光纤、空侧卫星路由、雷达端口硬件等设施和设备，完成空管通信网络、通信设备及通信监管系统的更新换代；空管新技术应用运行仿真验证平台：建立空管新技术应用运行仿真验证平台，仿真、验证并评估空管新技术、新装备、新模式所面临的安全性、有效性、实用性、经济性等。

智慧机场。智慧生产示范：运用通信、GIS、GPS、云计算、物联网、移动互联网等先进技术，实现航班运行相关信息的实时感知、地面资源的智能分配和特种车辆的智能调度等；智慧安全示范：建立统一的安全信息平台，实现安防信息实时感知、安防事件智能捕获、危险人物自动定位和预警等；智慧服务示范：运用通信、HIS、GPS、物联网、移动互联网和大数据分析等先进技术，感知和定位服务对象，组装服务信息，并在恰当时机、以恰当方式、推送恰当服务给恰当对象。

民航互联网 + 行动计划。互联网 + 便捷运输：研究突破海量异构数据存储与整合、大并发在线交易快速响应、全网收益管理、旅客价值挖掘、旅客个性化推荐技术和航班收益预测等关键技术并进行产品研发集成，建设智能化新一代民航旅客服务系统（PSS）；互联网＋高效物流：以物联网、大数据及云计算技术为核心，建设适应我国新型物流模式的公共、中性、行业级的航空货运物联网社区服务平台（CCS），覆盖舱位分销、OD 搜索、运输保障、货物跟踪与定位、结算与支付、中国海关电子数据申报、数据交换和即时通信等。

网络安全。关键技术和重点产品安全可控工程：支持针对制约民航网络安全发展的关键技术和重点产品的技术攻关，开展民航重要信息系统安全可控试点示范；民航网络安全试点示范工程：建立完善统一的实时在线安全监测和预警系统、跨网信息安全交换管理平台、敏感信息防泄露系统、核心生产运行系统仿真平台，制定完善民航领域网络信息安全相关标准规范；民航网络与信息安全管理平台建设工程：建设民航网络与信息安全管理数据中心和民航信息安全管理业务平台，实现民航网络与信息安全监管电子化，各项管理工作流程化。

第四章　保障措施

一、加强科技创新顶层设计

民航局成立科技工作领导小组，设立民航科技专家咨询委员会，跟踪分析民航科技发展状况，定期研究民航科技工作重大事项，为科学决策提供咨询意见建议。民航各企事业单位成立相应科技工作组织，领导本单位科技工作，加强对科技工作的组织领导和内部管理，将科技创新纳入各单位年度重点工作。

完善民航特色的科技创新体系。加强多方战略合作，统筹衔接与国家部委、地方政府的科技发展规划。深入实施行业科技创新工程，保障重要科研平台载体的持续服务能力。培育民航科技创新战略联盟，建立企业主导的行业技术创新体系。

加强规划实施的协调落实。健全民航科技规划的任务分解、监测评估和动态调整的工作机制，对规划提出的重大任务的执行情况进行制度化、规范化的检查评估，为科技规划的动态调整提供依据，确保各项任务落到实处。

二、保证科技投入持续稳定

建立多层次、多渠道的科技投入体系。面向国家战略、行业重大需求、科技前沿技术，争取国家支持和投入，加大民航联合基金资助力度。探索对民航科技创新活动的后补贴机制，吸引社会资本参与，激励企业加大科研投入，持续提升企业自主创新能力。设立民航科技成果转化专项资金，促进高新技术成果转化。设立民航科学普及专项资金，普及民航科学和文化知识。着力为民航重点实验室（工程技术中心）建设提供资金支持。

三、建立科学评估评价体系

完善科技评估评价体系。建设由行业内外部高水平专家构成多层级专家库，在科技计划项目征集、评估、评审过程中，充分发挥专家作用，提高企业代表在评估评审、决策咨询中的作用。改进科技评价方式，完善以创新和质量为导向的科研评价办法，建立以科技创新绩效为导向的资源配置模式。

推动政府简政放权。支持、鼓励行业协会、第三方专业机构科技服务能力建设，逐步将科技评估、科技奖励等工作整体或部分交由相关协会或第三方专业机构承担，探索决策、执行、评价相对分开的运行机制，有序实现政府职能转移。加强政府对行业科技活动的政策引导和监督管理。

四、完善科技管理制度体系

完善科技项目管理制度，优化科技管理流程。完善民航科技报告制度，加强科技管理信息系统建设。加强行业重点实验室（工程技术中心）、创新人才与团队、科技成果转化等制度建设，加快行业科技成果使用、处置和收益管理改革；完善有关新技术实验验证和新产品开发、应用的法规、规章和标准，为科技创新活动创造良好的制度环境。

文物保护装备发展纲要
（2018—2025年）

为贯彻落实《中共中央办公厅　国务院办公厅关于加强文物保护利用改革的若干意见》《国务院关于进一步加强文物工作的指导意见》，推动文物保护装备领域高质量发展，支撑保障文物保护利用和文化遗产保护传承，特编制本纲要。

一、总体要求

（一）指导思想

以习近平新时代中国特色社会主义思想为指导，全面贯彻党的十九大和十九届二中、三中全会精神，认真落实习近平总书记关于文物工作系列重要论述精神，按照新时代加强文物保护利用改革的新要求，聚焦重大需求，凝聚社会力量，创新发展模式，优化发展生态，构建产品体系，全面提升文物保护装备对文物事业发展的综合保障和支撑服务能力。

（二）基本原则

坚持供给提升与需求牵引相结合。突破核心技术和产品，补齐发展短板，提升产品供给能力；适应新时代文物保护利用改革需求，深化“制造商＋用户”“产品＋服务”创新发展模式。

坚持统筹推进与重点突破相结合。坚持文物保护利用并重，统筹文物保护装备与文物事业发展，提升装备支撑能力和应用水平；聚焦文物保护重点难点领域，明确主攻方向，实施重点突破。

坚持创新发展和开放合作相结合。努力掌握关键核心技术，加大管理、模式和业态创新，提升文物保护装备创新发展能力；鼓励社会力量积极参与文物保护利用，支持军民融合发展，推动国际交流合作，形成开放合作发展模式。

坚持市场主导与政府引导相结合。发挥市场配置资源的决定性作用，调动市场主体积极性，推动

国家文物局、工信部、科技部，文物博发〔2018〕22号，2018年11月6日。

市场活跃有序发展；发挥政府引导作用，健全文物保护装备发展机制，优化产业生态环境。

二、发展目标

到2025年，文物保护装备综合实力显著增强，核心技术和产品实现创新突破，产品体系基本形成，基本覆盖文物保护利用全链条，产品供给和服务能力大幅提升，产业生态趋于完善，市场活力不断焕发，产业快速增长和高质量发展兼顾的局面基本形成。

创新能力明显提高。“十三五”期间，形成一批稳定的文物保护装备“产学研用”联合体，培育形成一批创新型企业和创新载体，重点领域的关键装备和核心技术率先形成突破。“十四五”期间，力争在文物保护细分领域突破百项关键装备、器件及专用材料，培养一批技术创新人才和专业服务团队，在部分领域涌现一批拥有较强技术和商业模式创新能力的创新型企业。

产品供给显著增强。“十三五”期间，文物安全防护、监测预警、巡查监管、预防性保护、保护修复、展示利用等现有装备的性能和质量大幅提升，文物勘查探测、分析检测等高端装备的供给实现突破。“十四五”期间，形成品类基本齐全的文物保护装备产品体系，涌现一批填补空白的关键装备，专用装备及关键零部件实现有效供给，先进技术产品在文物保护利用重点领域普遍应用。

产业生态逐步完善。“十三五”期间，文物保护装备产业生态体系建设初见成效，国家引导与市场竞争相协调的产业环境初步形成，建立较为完善的行业标准体系，培育形成重点装备、关键零部件领域5～10家优势企业。“十四五”期间，文物保护装备产业生态体系逐步健全，产业环境进一步优化，初步形成质量认证机制，培育形成5～10家具有系统解决方案供给能力和重大工程实施能力的优势企业，以及2～3个特色鲜明、国际知名的文物保护装备产业集群。

行业应用不断深化。“十三五”期间，在文物安全监管、预防性保护、展示利用等领域开展应用示范，满足行业需求的文物保护装备集成应用力度进一步加大，有效带动产业链上下游协同发展和应用服务能力提升，形成一批示范案例。“十四五”期间，组织实施一批应用范围较广、市场效益显著、具有突破性的应用工程，文物保护装备对文物事业的综合保障和支撑服务能力显著提升。

三、重点领域

（一）安全防护与监管

加大古文化遗址、古墓葬、石窟寺、田野石刻、水下文物保护区域及考古现场的安全防范与监管，加强文物建筑（群）火灾防控预警与灭火等方面的先进适用技术攻关，推进技术产品专业化、系列化和智能化发展，逐步实现领域全覆盖；注重系统集成，为实现分层分级文物安全远程监管、消防物联网监控提供系统解决方案。

（二）文物勘查与考古

加强文物建筑（群）测量测绘、田野考古勘查测绘技术装备的专业化集成和智能化升级；加大考古勘探、考古发掘、文物及标本提取、信息采集、应急保护、保存保管、转运等方面辅助装备和设施的技术研发和工程化应用；在浑浊水域、浅埋藏、多礁激流等复杂环境水下文物探测，水下及水面多功能搭载平台，水下文物加固提取，出水文物应急保护、环境可控储存与运输等技术装备实现突破和工程化应用。

（三）文物监测与修复

推进基于风险管理的田野文物、文物建筑（群）及考古现场赋存环境监测技术装备的专业化升级和工程化应用；重点突破室内外文物本体状态监测、文物建筑结构稳定性监测，水下文物环境监测、水下遗址及文物状态监测等核心技术，推进关键装备研发和工程化应用；持续加强馆藏环境监测与调控、文物防震装置及系统等文物预防性保护装备产品的系列化和智能化升级；推动先进检测分析技术的应用研究，实现文物检测分析专用装备突破；重点推进可移动文物清洗、加固、缓蚀、封护、生物病害防治等保护修复及辅助装备的技术研发和集成应用。

（四）文物展示与利用

加大田野文物、文物建筑（群）、水下文物现场展示技术装备及设施的技术研发和应用；加强文物展柜、照明灯具、数字化展示等馆藏文物陈列展览装备的专业化和智能化；推进文物数字化采集、存储、信息安全等技术装备的升级；加强智慧博物馆、文物素材再造、文物数字创意等前沿技术突破，推动关键装备的技术研发和集成应用。

四、主要任务

（一）分类推进文物保护装备发展

1. 突破重大及前沿技术装备

对研发复杂性和难度较高的、填补市场空白的文物保护重大技术装备，支持通过联合攻关加快关键技术研发、装备研制和工程化，突破产业瓶颈。鼓励以应用研究为先导，围绕文物安全防护与监管、勘查与考古、监测与修复、展示与利用等领域前沿技术方向，提早布局前沿技术装备研究，实现原始创新和集成创新突破。

2. 扶持量小急需关键装备

对细分市场规模不大、用户急需和技术要求高的文物保护关键装备，支持搭建开放式文物保护装备研发设计及应用平台，推动创新产品研制和应用，不断提升产品先进适用性、安全性、可靠性和技术性能。通过首台（套）采购、保险等方式，支持提升创新能力和推动关键装备小规模应用。

3. 壮大市场竞争性装备

对具有充分竞争特性和市场需求量大面广的文物保护装备，鼓励从产品设计、生产制造到应用服务等环节实现产品全生命周期管控，提升市场竞争力。进一步规范市场环境，保障产品质量，降低采购成本，支持装备产品系列化和规模化。

专栏1　文物保护装备突破发展工程

组织文物保护重大及前沿技术装备创新计划。支持相关单位积极承接国家科技重大专项、科技计划，集中力量突破勘查考古专用自动化装备，考古现场文物应急保护检测分析，文物存储运输，适用于文物无损分析的光谱仪、高光谱设备、透射仪、CT扫描仪等检测分析设备，突破文物勘查考古、保护修复供给瓶颈的新一代移动考古实验平台、考古探测集成系统、文物修复大型集成装备、水下机器人搭载平台、无人机搭载平台、专用增材制造设备等装备。

实施量小急需文物保护装备应用示范项目。围绕水下文化遗产安全防范装备，可移动文物保护检测分析、保护修复研究装备等暂不具有市场竞争力的文物保护装备创新产品，编制政府采购目录，组织实施一批应用示范项目，鼓励创新产品研究和应用，带动创新成果拓展细分市场。

编制市场竞争性文物保护装备产品目录。满足量大面广文物保护装备市场需求，围绕不可移动文物赋存环境监测装备、不可移动文物展示装备、博物馆馆藏环境监测调控装备、可移动文物保管装备、文物运输装备、可移动文物陈列展览装备、博物馆安全消防装备等，编制发布优秀产品目录，引导市场竞争性文物保护装备规模化发展。

（二）提升文物保护装备保障能力

1. 推动现有装备升级

支持企业、科研单位与文博单位联合技术攻关，提升装备设计制造和集成创新能力，破解产品安全性、可靠性、稳定性、环境适应性等问题，提高文物保护装备供给质量。推动新一代信息技术、人工智能技术与文物保护装备制造技术的深度融合与集成创新，提升文物安全防护、监测预警、考古发掘、保存保管、保护修复、文物防震、展示利用等现有文物保护装备的性能，促进产品升级。推动开展网络协同制造、个性化定制、远程运行维护服务等智能制造新模式应用，提高文物保护装备设计、制造和服务能力。

2. 强化基础支撑能力

支持优势企业突破工程化、产业化瓶颈，推动核心基础零部件（元器件）、关键基础材料性能提升和综合保障，形成较为完善的文物保护装备技术基础体系。按照小规模、专业化、精细化原则组织生产专用核心基础零部件（元器件）和关键基础材料，解决终端用户的迫切需求。按照大批量、标准化、模块化原则组织生产通用核心基础零部件（元器件）和关键基础材料，推广先进基础工艺，提升产品可靠性和稳定性。

3. 支持军民融合发展

响应国家军民融合发展战略，支持国防军工单位转化适于文物领域的军工技术，研制高水平文物保护装备。对接《军用技术转民用推广目录》《国防科技工业知识产权转化目录》，鼓励通过联合孵化、专利转让、技术入股和知识产权托管等方式，以成果转化和产业孵化为核心，加快先进适用军用技术及科技成果转化，并与文物保护装备集成创新发展。

专栏 2　文物保护装备保障提升工程

产品性能质量提升。推动环境监测传感器性能提升，克服现有传感器存在的精度、稳定性、破坏性安装、成本高等方面的问题；推动考古勘测装备升级，提高考古调查勘测的效率、精度；推动保管、展示、传播装备升级，提升柜架、囊匣、转运箱等可移动文物储藏装备的安全性、可靠性和适用性；推动不同类型文物清洗、加固阈值研究与相关数据库建设，促进文物修复装备升级；推动文物防震装备轻量化，提升精度、防震适宜性；推动文物数字采集装备性能提升，实现装备更加高效、可靠和精确。

网络化智能化能力提升。推动开展网络协同制造，促进企业信息共享以及供应链关键环节的并行组织和协同优化；推动开展个性化定制，搭建用户个性化需求信息平台和个性化定制服务平台，实现研发设计、计划排产、柔性制造数据采集与分析；推动开展远程运行维护服务，促进文物保护装备远程操控、环境预警、运行监测、故障诊断，建立产品生命周期分析平台、用户使用习惯信息模型。

文物保护装备基础提升。面向文物保护装备需求，遴选标志性核心基础零部件（元器件）、关键基础材料和先进基础工艺，组织开展工程化、产业化突破。以提升基础产品质量和可靠性为目标，强化产业链协作，形成上下游互融共生、分工合作、利益共享的一体化产业组织新模式。发挥文物保护装备骨干企业引领作用，鼓励整机产品开发初期制定基础需求计划，吸收基础零部件企业参与。支持中小企业围绕文物保护装备整机需求，聚焦特定细分产品市场，专注发展核心业务。

军民融合和技术成果转化。支持文博单位争取国家军民融合发展政策试点，组织开展军民科技成果交流对接活动；支持军地在文物保护装备项目预研和型号研制、生产等方面开展合作；支持国防军工单位转化电子、卫星应用、航空航天、船舶、机器人、无人系统等军工技术，研制开发高水平文物保护装备；支持文博科研单位、用户单位与国防军工单位联合实施一批成果转化项目。

（三）深化文物保护装备发展模式

1. 完善产学研用服务平台

加强企业与科研单位、文博单位的合作，协同推进文物保护装备研发、产业化和应用。依托文物保护装备公共服务平台，强化产需对接、联合攻关、成果转化、推广应用等功能，积极开展品牌推广、产品应用第三方评估、技术交流合作等活动。依托国家工程技术研究中心、国家重点实验室、国家文物局重点科研基地、专业性创新联盟、区域创新联盟，打造文物保护装备协同创新平台。支持企业联合国家重点实验室、国家工程技术研究中心、文物科研机构等单位，建设集共性技术研究、行业应用研究、先进科技成果转化、人才培养等于一体的文物保护装备创新载体。

2. 推进服务型模式创新

支持文物保护装备企业通过创新优化生产组织形式、运营管理方式和商业发展模式，不断增加服务要素在投入和产出中的比重。以产需互动和价值增值为导向，支持企业由提供产品向提供“产品 + 服务”转变，积极拓展运行维护、检测升级等设备全生命周期管理服务，不断延伸和提升价值链，提高全要素生产率。

3. 培育系统解决方案供应商

围绕文物安全防护与监管、勘查与考古、监测与修复、展示与利用等领域需求，培育专业性强、行业特色明显的文物保护装备系统解决方案供应商，在文物保护方案研发设计、装备集成和改造升级、工程规划和总承包、技术支持和运营维护等方面为行业提供服务。鼓励文博科研单位、用户单位依托专业优势，与文物保护装备系统解决方案供应商加强合作，研发和推广一批细分领域系统解决方案，带动文物保护装备系统解决方案供给能力的提升。

专栏 3　文物保护装备发展模式创新工程

打造文物保护装备产学研用服务平台。完善文物保护装备公共服务平台功能，加强文物保护装备产需对接，强化文物保护装备标准制定、检测认证、示范应用项目管理等服务，支持生产型制造企业向服务型制造企业转型。打造文物保护装备协同创新平台，围绕安全防护与监管、勘查与考古、监测与修复、展示与利用等领域，构建专业化文物保护协同创新体系，推动关键及高端文物保护装备研发和科技成果转化。面向文物保护装备应用需求，按照“科研＋产业＋资本”建设模式，支持企业联合科研机构，建设一批成果共享、风险共担的文物保护装备新型创新载体。

发展文物保护装备新业态新模式。深化“产品＋服务”创新模式，鼓励企业与文博科研机构组建文物保护装备应用服务团队或实体，开展数据采集处理与存储、数据分析与评估、辅助管理等定制化服务；开展航空勘测装备、移动实验平台、田野考古基础设施、水下考古探测装备、检测分析设备、大型文物修复装备等高端、大型装备应用服务；开展在线检测、在线校准、应用培训、全面维护、产品升级与回收等产品全生命周期质量管理服务。鼓励企业不断挖掘行业需求，探索装备应用服务新业态新模式，延伸文物保护装备产业价值链。

推动文物保护装备系统集成服务。鼓励企业将文物保护装备设计制造技术与文物安全防护、勘查与考古、预防性保护、智慧博物馆等关键技术集成应用，满足用户对装备先进适用性、集成应用程度、供给保障能力以及个性化定制等方面的需求。培育一批具备整体设计能力和解决方案提供能力的文物保护装备企业，着力发展一批提供方案设计、产品采购、装备开发、安装维护等配套服务的专业机构。

（四）优化文物保护装备发展环境

1. 全面加强标准化建设

加强文物保护装备标准化顶层设计，逐步完善涵盖数据、产品、管理、应用、服务的文物保护装备标准体系。依托全国文物保护标准化技术委员会，组织制定行业基础共性标准、关键技术标准和重点应用标准。加强国家、行业及团体标准的研制和衔接，鼓励企业制定企业标准。依托专业机构，开展标准试验验证和试点示范。支持相关单位参与国际标准化工作，推动文物保护装备标准国际化。

2. 健全质量检测认证体系

研究形成文物保护装备检测认证体系，争取纳入国家检测认证和质量评价体系。依托不同领域专业产品性能测试检验中心，建设文物保护装备检测联合实验室。提升文物保护装备计量技术支撑能力和可靠性、环境适应性、安全性等试验测试能力，为行业提供首件及批次产品的环境耐用性和设备可靠性鉴定测试验证试验、可靠性加速试验等检验检测服务。健全产品检验检测认证机构，鼓励企业完善生产运行及质量管理规范。

3. 打造文物保护装备产业集群

围绕细分市场需求，支持企业推动要素集聚和优化配套体系，提升产业链协同发展能力，培育形成文物保护装备产业集群。鼓励有条件的地区吸引文物保护装备企业、科研机构聚集，打造产需高度融合、产业协同创新的文物保护装备产业基地和应用示范区。以研发设计、测试验证、中试孵化、应用服务为导向，进一步完善文物保护装备产业基地运转机制。

专栏 4　文物保护装备发展环境优化工程

推进文物保护装备标准化。安全防护与监管领域，推动古遗址古墓葬等田野文物、水下文物以及文物建筑（群）等安全防护标准的研究与制定，加强在装备领域的推广应用。文物勘查与考古领域，研究制定地上遗址测量测绘、地下遗址考古探测、水下探测、地上遗址信息提取、实验室考古等技术标准，完善遗址考古发掘等装备应用标准。文物监测与修复领域，研究制定遗址及地上文物本体监测、考古现场环境监测、水下环境监测、文物储藏保管及转运等标准，完善馆藏环境监测调控等标准。文物展示与利用领域，研究制定照明灯具、数字化展示、数字创意等馆藏文物展陈装备标准，完善馆藏文物展柜等标准。

完善文物保护装备检测认证。通过研究管理模式、管理制度、认证流程，形成文物保护装备质量检测认证体系。按照自愿性认证和强制性认证相结合的原则，建立和完善文物保护装备检测认证体系。健全文物保护装备产品检验检测认证机构，保证进入市场的产品质量达到国际、国家、行业标准要求。由政府认证的第三方评估机构对文物保护装备用户单位进行摸底调研，对现有装备进行质量检测。鼓励文物保护装备制造企业完善内部生产运行及质量管理规范，从产品设计、制造到包装、销售环节实现装备全生命周期质量管控。

建设文物保护装备产业基地。支持重庆市加快建设国家首个文物保护装备产业基地，打造全产业链的文物保护装备产业集群，创建文物保护装备产学研用协同创新联合体，实施一批重点文物保护装备示范项目。鼓励文博资源丰富、具有较好装备制造基础和产业配套能力的地区建设文物保护装备产业基地，出台政策措施，聚集文物保护装备产学研用资源，支持文物保护装备研发、产业化和示范应用。

五、保障措施

（一）加强统筹组织协调

建立由国家文物局、工业和信息化部、科学技术部等相关部门组成的文物保护装备发展部门协调工作机制，共同研究制定加快文物保护装备发展的相关配套政策措施。鼓励有条件的地区建立文物保护装备发展应用协调机制。

（二）优化完善激励政策

充分利用中央财政科技计划（专项、基金等）、各级及各类文物保护资金，首台（套）装备示范应用和保险补偿及高新技术企业税收优惠等政策渠道，加大资金投入力度，统筹支持文物保护装备研发、制造和应用。鼓励有条件的地方设立文物保护装备发展基金，吸引社会资本投资文物保护装备。

（三）健全人才保障体系

建立适应文物保护装备发展需求的人才培养和评价体系。鼓励高校积极培养文物保护装备专业型人才和复合型人才。结合高端装备人才培养计划、文博人才培养“金鼎工程”，支持高校与企业、文博单位联合开展实习培训，加强专业人才职业技能培养。鼓励文物保护装备企业引进国外高端人才和团队。

（四）开展国际交流合作

鼓励企业、高校、研究院所、行业组织等拓宽交流渠道，广泛开展国际合作，积极参加国际组织有关活动，参加和承办国际性高端论坛、会议及博览会，讲好文物保护“中国故事”。响应国家“一带一路”倡议，支持企业拓展海外市场，鼓励更多企业参与国际竞争，提升我国文物保护装备影响力。

民族医药“十三五”科技发展规划纲要

为促进民族医药传承创新，提升民族医药科技对医疗保健、产业进步和经济社会发展的支撑服务能力，根据《国家中长期科技发展规划纲要（2006—2020年）》《中医药创新发展规划纲要（2006—2020年）》《国务院关于扶持和促进中医药事业发展的若干意见》《中医药发展战略规划纲要（2016—2030年）》和《“十三五”国家科技创新规划》，制定本纲要。

一、重要意义

民族医药是中华民族传统医药学宝库的重要组成部分，具有鲜明的民族地域文化特色、医药保健理论知识和药用资源特色，不仅在历史上为各族人民的健康维护与民族繁衍昌盛做出了重要贡献，在民族地区现代医疗卫生体系中仍发挥着不可替代的作用，对于促进民族地区公共服务均等化，对于保障人民健康、传承民族文化、维护团结稳定、促进民族繁荣和经济社会全面发展具有重要意义。

民族医药的抢救、保护、传承和发展必须依靠科技进步。大力发展民族医药科技，是贯彻落实创新驱动发展国家战略和大力推进“一带一路”建设的客观需要，是丰富我国原始创新资源、提升医药科技原始创新能力的重要内容，是提高民族医药医疗健康服务能力和水平、提升民族医药产业核心竞争力、推动民族医药可持续发展的重要保障，对于在我国深化医改工作中进一步发挥民族医药作用、建设“健康中国”以及维护我国药用资源与生态安全具有重要意义。

二、发展现状与挑战

“十一五”以来，民族医药科技工作取得了长足进步，传承研究取得显著成效，部分民族医药文献得到比较系统的挖掘整理，一批民族医药名老专家诊疗经验与医技医法得到研究和传承；临床研究

国家中医药管理局、国家民委，国中医药科技发〔2016〕27号，2016年8月22日。

形成部分规范的诊疗标准、诊疗方案和技术方法，取得一些临床疗效评价证据；通过全国第四次中药资源普查试点工作，取得一些民族药资源的初步数据；组织民族药新药研发与关键技术研究，形成一批民族药特色炮制技术规范与制备工艺规范，初步探索了民族药安全性、有效性相关物质基础；培养了一批相对稳定的民族医药科研机构与人才队伍，建成一批重要科研平台，科研条件与基础得到显著改善。

与此同时，民族医药总体上仍处于起步阶段，存在很多制约发展的重要挑战，传承与保护研究急需加强，理论体系尚需进一步深化与提升；民族医药治疗有优势和特色的诊疗技术与诊疗方案优化与评价不足；民族医药需求日益增加与资源不断减少的矛盾突出；民族医药的安全性、稳定性、临床疗效、质量标准与作用机理的科学基础薄弱，成果转化率低，对民族药特色炮制加工技术与制备工艺传承不足；民族医药科技人才队伍薄弱，科技平台较少，水平有待提升。

三、指导思想、发展思路与目标

（一）指导思想

认真贯彻落实党的十八大和十八届三中、四中、五中全会和全国科技创新大会精神，深入实施创新驱动发展战略，坚持为人民群众提供优质医疗健康服务的宗旨，坚持创新、协调、绿色、开放、共享发展理念，把握科技创新支撑民族医药服务于临床、产业和经济社会发展的目标，紧紧抓住国家深化医药卫生体制改革、发展健康服务业和实施“一带一路”建设的战略机遇，遵循民族医药特点与发展规律，继承发扬民族医药特色与优势，借鉴利用现代科学技术方法，推动民族医药科技进步，提升民族医药对人民健康的服务能力和对经济社会发展的贡献度。

（二）发展思路

遵循“抢救传承，支撑创新，夯实基础，重点突破”的原则，针对民族医药发展的重大科技问题，借鉴利用现代科学技术、研究方法与既往发展成果、经验，鼓励资源整合、协同创新，立足民族医药科技发展现状与规律，强化战略导向，有重点、分步骤地推动民族医药科技工作，加强民族医药传承、保护与理论研究，加强符合民族医药特点和规律的评价与标准化体系建设，加强民族药资源可持续发展与产业关键共性技术研究，以知识创新完善发展民族医药理论体系，以技术创新提升民族医药临床服务能力和产业竞争力。

（三）发展目标

到 2020 年，民族医药得到全面传承保护，古籍文献得到系统发掘整理并完成民族医药古籍文献总目，名老专家学术经验与医技医法得到传承，民族医药理论研究取得一定进展，科学内涵进一步丰富；民族医药医疗保健服务能力得到进一步提升，民族医药具有诊疗优势和特色病种的诊疗水平显著提高，民族医药评价与标准化体系建设取得明显进步；民族药资源可持续发展利用相关技术研究取得较大进展，构建民族药资源数据库，民族药产业核心竞争力及产业化水平得到较大提升；民族医药科技人才队伍结构和科研条件明显改善，民族医药科技创新能力和支撑服务能力显著提升，国际合作交流取得较大进展。

四、重点任务

（一）民族医药传承保护与理论研究

以继承发展民族医药特色与优势为目标，加大继承挖掘力度，开展民族医药名老专家学术经验技术的传承研究、民族医药文献抢救性发掘整理与系统研究以及民族医药理论研究，推动民族医药继承与发展。

专栏 1

民族医药名老专家学术经验技术的传承研究。对民族医药名老专家的学术思想、临床经验、特色医技医术进行挖掘与传承研究，拓展传承范围，建立传承工作室，构建民族医传承模式和传承数据平台。

民族医药文献抢救性发掘整理与系统研究。对民族医药知识和经验，开展抢救性发掘、整理和评价研究；对前期已开展文献整理、理论体系较完善的民族医药的经典文献开展系统的文献学研究，促进其成果转化应用；丰富和构建民族医药文献数据库；加强民族医药文化传承研究。

民族医药理论研究。重点针对理论体系较系统完整或具有古籍文献记载的民族医药，在医药文献与名老专家经验技术发掘整理的基础上，结合临床实践，以民族医治疗有优势或特色的病种相关理论、民族药特色用药理论与方法等为重点，推动民族医药理论整理与提升。

“一带一路”周边国家民族医药合作研究。发挥我国民族医药与东盟、南亚、中亚等区域传统医学在医学理论上相通、治疗手段相似、药用品种共用等优势，开展与“一带一路”周边国家民族医药与传统医学之间的基础理论、特色疗法、药物应用等合作研究、学术交流与健康服务推广，提升我国民族医药的国际影响力。

（二）民族医药医疗保健服务能力提升关键技术研究

以提高临床疗效为目标，围绕民族医药治疗有优势或特色的重大疾病、慢性病、地方病、常见病和传染病等病种开展名词术语规范化、诊疗方案优化及规范化、特色诊疗和养生保健康复技术挖掘整理与规范化、临床疗效评价、方药评价、 民族医药特色诊疗器械研发以及适宜特色诊疗技术整理推广等研究，提升民族医药临床疗效与服务能力，推动临床医疗规范化研究。

专栏 2

民族医药名词术语规范化研究。以医药理论体系较完整、医疗体系较为健全、使用人群广泛的民族医药为对象，开展系统的名词术语整理与规范化研究，形成规范标准。

民族地区常见病、多发病的基础与临床研究。以民族医药治疗有优势或特色的民族地区常见病、多发病为研究对象，进行人群与药物的流行病学调查，开展民族医药临床诊疗方案和医技医术、用药特点的发掘整理和疗效评价研究，为民族医药有关临床规范标准的制定与民族药的开发利用提供依据。

民族医药治疗有优势或特色的病种综合诊疗方案的规范化研究与评价研究。以民族医药具有治疗优势或特色的病种为对象，开展符合民族医药特色的诊疗方案优化与规范化的探索研究，形成疗效确切、规范实用、便于推广的综合诊疗方案或临床诊疗指南、路径和标准；开展民族医药临床疗效评价研究，为民族医药临床应用的安全有效提供科学依据，探索建立科学客观的、符合民族医药特色规律的临床评价方法与评价标准。

民族医药特色诊疗和养生保健康复技术的规范化研究与评价研究。以临床疗效显著、简便适宜、使用范围较广的民族医药特色诊疗技术与养生保健康复技术为重点进行挖掘整理，系统开展古籍文献、医药理论、关键技术要素、临床评价及基础研究，制定相关技术规范及评价标准体系，提高其安全性与有效性，促进技术的推广使用。

基于民族医药理论的现代化特色诊疗仪器设备研发。在遵循民族医药理论或经验、保持民族医药特色的前提下，选择民族医药临床诊疗中亟须创新研发、功能改进的仪器设备进行研究，形成一批具有自主知识产权、可以产业化生产和应用于临床实践的民族医药诊疗仪器设备，制定操作技术规范。

（三）民族药资源可持续发展研究

以促进民族药资源可持续发展为目标，组织民族药品种整理与质量标准研究，继续开展民族药资源调查和资源信息库建设，构建民族药种质资源库，开展民族药种质资源评价、民族药材繁育与生产加工技术研究，为民族药资源的科学管理、合理保护与利用提供支撑，促进民族药生产模式转变、技术进步与产业发展。

专栏3

民族药品种整理与质量标准研究。以民族药常用大宗特色药材品种和民族药经典成药制剂主要生产原料品种为重点，开展基于资源、本草考证、使用现状调查、药效物质基础和生物活性评价的品种整理与质量标准研究，形成民族药品种整理与质量评价技术规范，编制形成《民族药规范应用指南》，为构建民族药质量标准体系、保障临床用药准确安全有效、规范民族药成药制剂生产投料和加强药品市场监管提供支撑。

民族药资源调查与资源信息库建设。结合全国中药资源普查工作，开展民族药资源物种、分布、使用现状等调查，丰富我国药用资源；结合应用数据库与网络技术，开展民族药资源普查数据、文献、标本信息的标准化和规范化描述，构建民族药资源数据库和信息网络化共享平台，编制《民族药资源濒危物种红皮书》，为民族药资源的合理保护、综合利用和科学管理提供支撑。

民族药种质资源库构建及种质评价技术研究。以民族药特色、常用、珍稀、濒危品种为重点，收集种子等繁殖材料，建立民族药常用品种种质资源库及其共享机制；开展种质保存技术、种质评价及种子生物学特性等研究，建立种质资源保存技术与评价技术规范，为民族药种质资源保护、资源再生奠定基础。

民族药材繁育与生产加工技术研究。以民族药成药制剂大品种原料药材及临床常用、濒危药材品种为对象，开展野生品种人工驯化、规模繁育、规范化种植及产地加工等关键技术研究，探索建立民族药材规范化种植生产模式及其示范基地，保障民族药资源的可持续利用。

（四）民族药产业发展关键共性技术研究

以提升民族药临床疗效、保障用药质量与安全为目标，开展特色炮制技术规范化研究、民族药医院制剂技术提升、民族药新药创制与保健品研发、民族药成药大品种上市后再评价、制药工程关键共性技术与现代制药装备的研发与应用等产业发展关键共性技术研究，促进民族药产业技术进步与市场竞争力提升。

专栏 4

民族药炮制加工技术规范化研究。以具有特殊炮制要求和用药特色的民族药品种为重点，开展特色炮制技术整理，基于化学成分、药效学、毒理学等的炮制减毒与增效机理、安全性评价、技术标准、工艺优化与规范化等内容的系统研究，阐明炮制科学原理，形成相关技术规范与质量标准。

民族药医院制剂技术提升。在保持民族药医院制剂特色的基础上，以临床常用、疗效确切的民族药医院制剂为对象，开展剂型改造、制药工艺技术改进、质量标准及其控制技术研究，以提高其安全性、有效性和质量稳定可控。

民族药新药与保健品等相关产品创制研究。以治疗民族地区常见多发病、慢性病具有临床优势和养生调理特色、具有长期应用历史的民族医药传统经典制剂、医院制剂为重点，开展民族药新药、保健品等相关产品研发。

民族药成药上市后再评价、制药工程关键共性技术及装备研发。选择具有市场潜力、市场占有率高的民族药成药大品种，以临床疗效为导向，开展上市后再评价示范研究、制药工艺技术改进研究及配套制药装备研发与产业化转化，推动民族药产业制药技术水平提升。

五、保障措施

（一）加强领导，完善扶持发展政策环境

各级政府相关部门要高度重视民族医药科技发展工作，结合本地区民族医药科技发展现状与需求，加强政策研究与统筹协调，制定鼓励民族医药科技发展的政策措施，创造良好的发展环境。

（二）加大支持，探索建立经费保障机制

加大对民族医药科技投入的力度，落实政府对民族医药事业投入倾斜政策；推动纳入国家重点研发计划，优化科技资源配置；建立健全多形式、多元化的投入机制，调动地方和社会资本的积极性，共同推动民族医药科技发展。

（三）夯实基础，推动科技创新能力提升

加强民族医药临床研究基地、重点研究室、重点实验室和协同创新中心等科研条件平台建设；继续加强民族医药院校教育，加强民族医药重点学科和重点专科建设；加强科技人才队伍培养，着重培育一批继承人及领军人才；加大对民族地区人才培养的对口支援力度，探索建立民族医药人才培养专项基金；加强民族医药科技成果转化应用与知识产权保护研究；加强民族医药科技国际合作与交流平台建设。

（四）整合资源，促进民族医药协同创新

扶持和鼓励民族地区牵头组织民族医药科技项目，鼓励民族医药与相关领域的优势科技资源整合、合作，鼓励建立民族医药产学研科技联盟，鼓励多学科融合与协同创新。

（五）部门联动，推动民族医药科技发展

加强部门间沟通协调，探索建立民族医药科技协调联席会议制度，促进与相关科技计划的衔接与实施，充分发挥学会与行业组织作用，协同推进民族医药科技发展。